Thomas Beier, Petra Wurl

Regelungstechnik

Basiswissen, Grundlagen, Beispiele

3., aktualisierte Auflage

Die Autoren:

Dr.-Ing. Thomas Beier, Staatliche Technikerschule Berlin

Dipl.-Ing. Petra Wurl, Staatliche Technikerschule Berlin

Bibliografische Information der Deutschen Nationalbibliothek:
Die Deutsche Nationalbibliothek verzeichnet diese Publikation in der Deutschen Nationalbibliografie; detaillierte bibliografische Daten sind im Internet über
http://dnb.d-nb.de abrufbar.

Internet: www.hanser-fachbuch.de

Lektorat: Dipl.-Ing. Natalia Silakova-Herzberg
Herstellung: Frauke Schafft
Covergestaltung: Max Kostopoulos
Coverkonzept: Marc Müller-Bremer, www.rebranding.de, München
Titelmotiv: Max Kostopoulos, unter Verwendung von Grafiken von © stock.adobe.com/getti
Satz: le-tex publishing services GmbH, Leipzig
Druck und Bindung: CPI books GmbH, Leck
Printed in Germany

Print-ISBN 978-3-446-47277-8
E-Book-ISBN 978-3-446-47403-1

Thomas Beier, Petra Wurl

Regelungstechnik

Vorwort zur 3. Auflage

Die Autoren freuen sich über die Möglichkeit, mit der 3. Auflage noch kleine Fehler beseitigen zu können. Wir haben viele positive Rückmeldungen bekommen. Als Zielgruppe waren ursprünglich Studierende an Technikerschulen vorgesehen, doch hat sich gezeigt, dass das Buch auch als Einstiegsliteratur und Prüfungsvorbereitung an den Fachhochschulen benutzt wird. Das Buch enthält die allgemeinen Grundlagen der Regelungstechnik ohne große Anforderungen an die Mathematik. Es ist ein Anwendungsbuch der Regelungstechnik in der 3. Auflage. Die einzelnen Abschnitte des Buches wurden sehr aufmerksam gelesen und wir haben die konstruktiven Anregungen und Vorschläge in die 3. Auflage einfließen lassen. Das Buch wurde an einigen Stellen erweitert. Den Autoren war es wichtig, neben den Grundlagen zu den Operationsverstärkern auch die Modellierung eines Systems 2. Ordnung aufzunehmen. Die Themen vermaschte Regelkreise und digitale Regler wurden durch Beispiele erweitert. Wir möchten die Leser weiter ermutigen, uns Anregungen und konstruktive Kritik mitzuteilen. Bei unseren Studierenden bedanken wir uns für das akribische Fehlersuchen und Finden. Bedanken möchten wir uns auch wieder für die sehr gute Zusammenarbeit mit dem Lektorat des Hanser Verlags.

Berlin, Januar 2022 *Petra Wurl, Thomas Beier*

Inhalt

Ergänzendes Material auf https://plus.hanser-fachbuch.de:

- Weiterführung zur komplexen Rechnung
- ausführliche Musterlösungen

1 Einführung in die Regelungstechnik

Nach dem Durcharbeiten dieses Kapitels können Sie diese und weitere Fragen beantworten:

- Was unterscheidet eine Steuerung von einer Regelung?
- Welche Baugruppen gehören zu einem Regelkreis?
- Wie werden die Kenngrößen in der Regelungstechnik bezeichnet?
- Welche Darstellungsformen sind in der Regelungstechnik üblich?

Regelungsvorgänge spielen in der „Natur" und in der Technik eine große Rolle. Eine Größe soll hierbei gezielt beeinflusst werden.

Ein Beispiel aus dem Bereich Natur ist unsere Körpertemperatur. Unabhängig von der Umgebungstemperatur und der körperlichen Verfassung soll sie nahezu konstant bleiben.

In der Technik kann die Temperatur in einem Rührkessel betrachtet werden. Auch hier soll die Temperatur unabhängig von der Umgebungstemperatur und von einer eventuellen Schwankung der zu erwärmenden Produktmenge sein.

Der Eingriff in den Ablauf könnte von Hand erfolgen. Mit der technischen Entwicklung wurden diese Vorgänge aber weitgehend automatisiert. Laufen die Vorgänge in rechnergeregelten Produktionsprozessen ab, spricht man von Prozessautomatisierung.

Unter einem Prozess versteht man die Umwandlung, den Transport bzw. die Speicherung von Materie, Energie bzw. Information. Das bedeutet, dass es sich bei jedem Arbeitsablauf um einen Prozess handelt.

Soll ein Material zu einem bestimmten Produkt verarbeitet werden, wird der Arbeitsablauf ständig überwacht. Diese Arbeit übernehmen Sensoren. Sie erfassen bestimmte physikalische

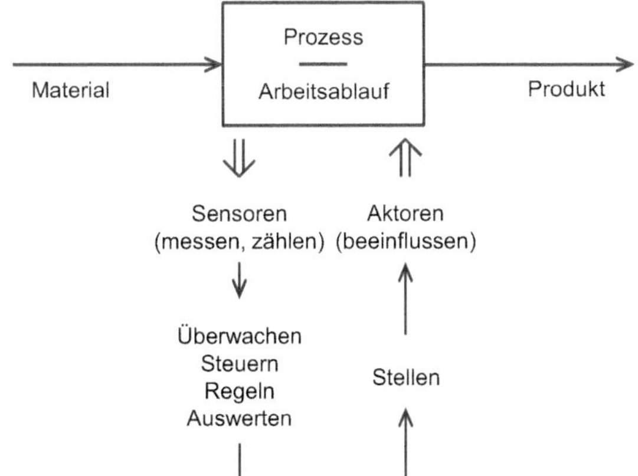

Bild 1.1 Der Prozess

Größen. Damit ist es möglich, den Ablauf zu kontrollieren oder zu dokumentieren. Wird dabei erkannt, dass ein weiterer Arbeitsschritt folgen soll, kann steuernd oder regelnd eingegriffen werden. Dazu müssen Geräte verstellt werden. Diese Aufgabe übernehmen Aktoren. Sie beeinflussen den Arbeitsablauf. Für einen Prozess sind damit bestimmte Techniken notwendig.

Prozessautomatisierung:

- Messtechnik
- Steuerungstechnik
- Regelungstechnik
- Informationstechnik

1.1 Grundbegriffe der Regelungstechnik

1.1.1 Steuern oder Regeln?

In der Regelungstechnik können die Begriffe „Steuern“ und „Regeln“ klar voneinander getrennt werden. Das soll am Beispiel der Drehzahlregelung eines Gleichstrommotors verdeutlicht werden.

Forderung: Ein Gleichstrommotor soll mit einer bestimmten Drehzahl n_{Soll} laufen.

1. Dem Gleichstrommotor wird eine konstante Erregerspannung U_{E} zur Verfügung gestellt. Außerdem wird der Motor an eine Spannung U_{A} angeschlossen. Die Drehzahl der Gleichstrommaschine ist direkt abhängig von dieser Ankerspannung. Sie ist damit eine Eingangsgröße.
2. Der Motor dreht sich dann mit einer bestimmten Geschwindigkeit. Er hat jetzt eine bestimmte Drehzahl. Das ist die geforderte Ausgangsgröße n_{Soll}.
3. Werden unterschiedliche Drehzahlen am Ausgang gefordert, ist die einfachste Möglichkeit, die Drehzahl zu verändern, die Ankerspannung über einen Anlasser zu beeinflussen.
4. Die Eingangsgröße für diesen Spannungsteiler ist eine feste Betriebsspannung U_{B}.
5. Schwankt diese Betriebsspannung ΔU_{B} oder ändert sich die Belastung des Motors ΔM_{L}, wirkt sich das auf die Drehzahl aus. Diese Störungen bewirken eine Drehzahländerung Δn.

Bei der Anordnung in dem Bild 1.2 handelt es sich um eine Steuerung.

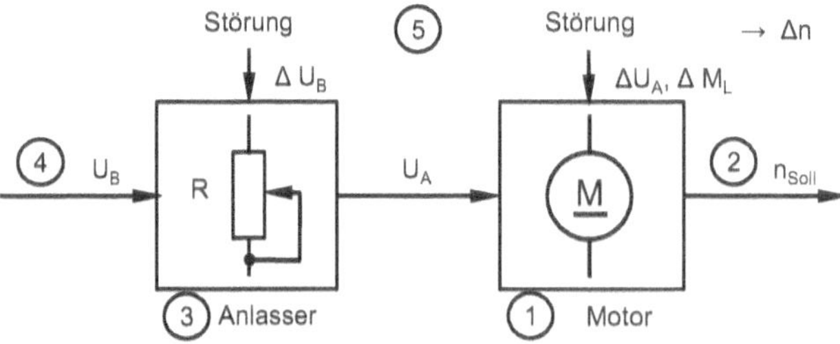

Bild 1.2 Die Steuerung einer Drehzahl

Steuerung

Die Steuerung ist ein offener Wirkungsablauf, bei dem ein Eingangssignal ein Ausgangssignal beeinflusst, Störungen aber nicht ausgeglichen werden.

■

Die Struktur einer Steuerung ist die Steuerkette aus Bild 1.3. Ein Bestandteil ist die Steuerstrecke. Hierbei handelt es sich um das Objekt, das den gewünschten Prozess realisiert. Außerdem beinhaltet die Steuerkette eine Steuereinrichtung, die in der Lage ist, die Steuerstrecke im geforderten Maß zu beeinflussen.

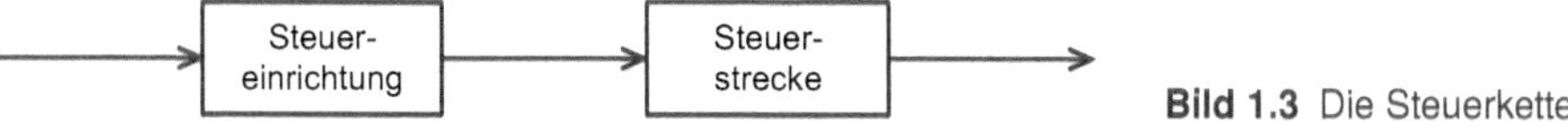

Bild 1.3 Die Steuerkette

Wird eine Aufgabenstellung durch eine Steuerung realisiert, könnte das Ergebnis, z. B. der Drehzahlregelung, den Verlauf in Bild 1.4 zeigen. Die Maschine läuft hoch und die Drehzahl pendelt sich auf einen Endwert ein. Wird der Motor belastet, sinkt die Drehzahl dauerhaft.

Diese Vorgehensweise ist für die Praxis nur sinnvoll, wenn das Verhalten der Strecke möglichst genau bekannt ist und gleich bleibt. Es sollten also keine Störungen zu erwarten sein. Ansonsten wird statt einer Steuerung eine Regelung verwendet. Hierbei wird erwartet, dass die Drehzahl nach einer kurzen Reaktion wieder auf den gewünschten Wert zurückgeht. Außerdem kann durch eine Regelung das Verhalten beim Ändern des Eingangssignals verbessert werden. Der Endwert kann wie im Bild 1.4 dargestellt schneller erreicht werden.

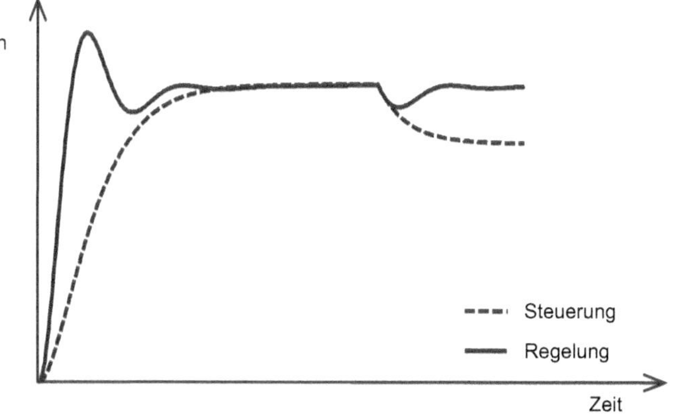

Bild 1.4 Drehzahlverlauf

Um eine Regelung zu realisieren, muss die Ausgangsgröße messtechnisch erfasst werden. Damit ist es möglich, den tatsächlichen Wert mit dem gewünschten zu vergleichen. Anschließend wird nachgeregelt, das heißt das Ergebnis des Vergleichs beeinflusst das Eingangssignal. Die Ausgangsgröße wirkt so auf den Eingang zurück.

Regelung

Bei einer Regelung wird die Ausgangsgröße ständig erfasst, mit dem Sollwert verglichen und auf den Eingang zurückgeführt. Es entsteht ein geschlossener Wirkungsablauf, der Regelkreis.

■

1.1.2 Die Größen des Regelkreises

Die auftretenden Größen in einem Regelkreis und dessen Bestandteile haben festgelegte Bezeichnungen. Diese sollen wieder am Beispiel einer Drehzahlregelung erläutert werden. Im Bild 1.5 ist das Technologieschema dieser Drehzahlregelung dargestellt. Hier ist keine konkrete Beschaltung zu entnehmen, sondern nur die prinzipielle Funktion. So lässt sich das Zusammenspiel von Ursache und Wirkung eindeutig erkennen.

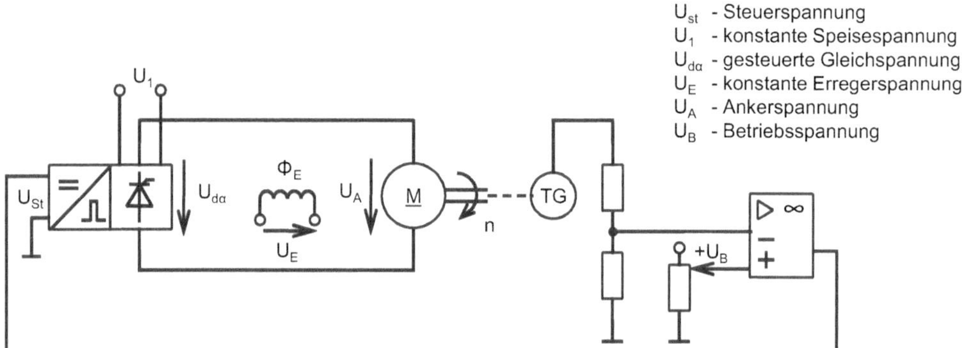

Bild 1.5 Drehzahlregelung

Der Erregerstrom soll auch bei dieser Regelung als konstant angenommen werden. Abgebildet ist eine fremderregte Gleichstrommaschine. Die einzige Eingangsgröße für den Motor ist damit die anliegende Ankerspannung. Heute sind stromrichtergespeiste Antriebe üblich. Hierbei wird eine anliegende Spannung im Mittel durch eine Thyristorschaltung verändert. Die Steuerspannung der Thyristoren wird somit zur Eingangsgröße.

Die Drehzahl ist hier die zu regelnde Größe und wird als **Regelgröße** x bezeichnet.

Die Regelgröße hat zu jedem Zeitpunkt einen tatsächlichen Wert, den Istwert x_i. Damit dieser Wert im Regelkreis weiterverarbeitet werden kann, wird er in eine elektrische Spannung umgewandelt. Das geschieht hier in der Messwerterfassung. Sie besteht aus Tachogenerator und Spannungsteiler. Die so erzeugte Größe wird als **Rückführgröße** r bezeichnet.

In einer Regelung wird ein bestimmter Sollwert x_S gefordert. Der gewünschte Wert wird in Form einer elektrischen Größe, der **Führungsgröße** w, dem Regelkreis zugeführt.

In einer Regelung müssen Soll- und Istwert miteinander verglichen werden. Im betrachteten Beispiel bildet der Differenzverstärker die Differenz von Führungsgröße und Rückführgröße, die **Regeldifferenz** e.

Die Regeldifferenz ist die eigentliche Eingangsgröße des Reglers. Im Regler wird die **Stellgröße** y erzeugt. Sie liefert die Energie, mit der nachgeregelt werden soll. In der Drehzahlregelung wird die Steuerspannung zur Veränderung des Zündwinkels der Thyristoren beeinflusst.

So ändert sich die Ankerspannung des Motors und damit die Drehzahl, die Regelgröße. Der Wirkungsablauf ist geschlossen.

Bis hierhin gab es eine Eingangsgröße, die Führungsgröße, und eine Ausgangsgröße, die Regelgröße. Notwendig wird eine Regelung durch das Auftreten einer weiteren Eingangsgröße, der **Störgröße** z.

Unter Störgrößen werden Einflüsse verstanden, die die Regelgröße in unerwünschter Weise beeinflussen.

Im Beispiel der Drehzahlregelung könnten das sein:

- eine Änderung des Lastmoments
- eine Schwankung der Speisespannung der Thyristoren
- die Temperaturbeeinflussung der verwendeten Bauelemente

Damit kann im Bild 1.6 ein Wirkungsplan gezeichnet werden, aus dem die Wirkungsabläufe und die auftretenden Größen hervorgehen.

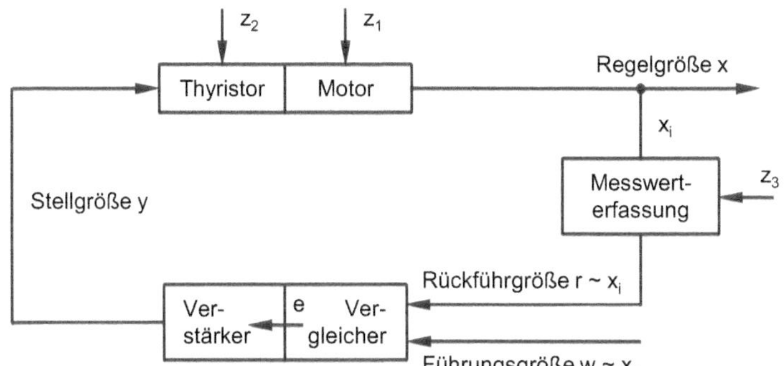

Bild 1.6 Wirkungsplan der Drehzahlregelung

Im Beispiel der Drehzahlregelung treten folgende Größen auf:

- Die Regelgröße x

  ist die von der Regelung zu beeinflussende Größe. Sie hat immer einen tatsächlichen Istwert x_i. Die Regelgröße x ist die Ausgangsgröße des Regelkreises.

- Die Rückführgröße r

  geht aus der Messung der Regelgröße hervor. Sie entspricht dem Istwert x_i.

  $$r \sim x_\mathrm{i}$$

- Die Führungsgröße w

  ist die Eingangsgröße des Regelkreises. Sie entspricht dem geforderten Sollwert x_S.

  $$w \sim x_\mathrm{S}$$

  Bleibt die Führungsgröße über einen längeren Zeitraum konstant, handelt es sich um eine **Festwertregelung**.

  Eine **Folgeregelung** besitzt dagegen einen Sollwert, der laufend verändert wird. So eine Regelung liegt bei einer lastabhängigen Drehzahlregelung einer Aufzugsteuerung vor.

- Die Regeldifferenz e

  (e – engl. error) ergibt sich aus der Differenz von Führungsgröße und Rückführgröße. Sie wird durch einen Vergleich gebildet und ist damit die eigentliche Eingangsgröße für den Regler.

  $$e = w - r$$

- Die Stellgröße y

  überträgt die Wirkung des Reglers auf das zu beeinflussende Objekt.
- Die Störgröße z

  beeinflusst die Regelgröße in unerwünschter Weise. Sie ist eine weitere Eingangsgröße des Regelkreises.

1.1.3 Die Regelkreisglieder

Im Wirkungsplan der Drehzahlregelung im Bild 1.6 ist zu erkennen, dass sich der Regelkreis in drei wesentliche Bestandteile zerlegen lässt.

Die Messeinrichtung: Die Messeinrichtung dient der Erfassung der Regelgröße x und der Umformung in ein Ausgangssignal, das sich im Regelkreis weiterverarbeiten lässt.

Bild 1.7 Die Messeinrichtung als Regelkreisglied

Die Messwerterfassung hat damit zwei Aufgaben:

Zum einen dient sie zur Aufnahme der Messgröße und zur Umwandlung in ein für den Regler nutzbares Signal. Dabei wird eine Reihe von physikalischen Effekten genutzt. Diese Aufgabe übernimmt ein Sensor oder Messfühler. In der Elektrotechnik unterscheidet man je nach Wahl des betreffenden Fühlers aktive und passive Sensoren. Aktive Sensoren wandeln die nichtelektrische Energie am Eingang in elektrische Energie um. Passive Sensoren ändern dagegen beim Auftreten der Messgröße ihre elektrische Eigenschaft. Hierbei ist elektrische Hilfsenergie notwendig.

Tabelle 1.1 Beispiele für Messwertaufnehmer

Zu messende Größe	Messwertaufnehmer
Drehzahl	Tachogenerator, Inkremental-Drehgeber
Drehmoment	Dehnungsmessstreifen, magnetoelastische Aufnehmer
Weg, Winkel	induktive und kapazitive Aufnehmer, Ultraschallsensoren, optische Aufnehmer
Temperatur	Thermoelement, Widerstandsthermometer (Metall, PTC und NTC)
Kraft, Druck	Dehnungsmessstreifen, Piezosensor
Strom	Nebenwiderstand, Stromwandler

Zum anderen soll die Messwerterfassung ein Signal erzeugen, das sich gut weiterverarbeiten lässt. In der Analogtechnik wurden dafür Normpegel festgelegt. Hier ist das Ausgangssignal häufig sehr klein. Dann muss es mithilfe eines Umformers auf einen normierten Wert, das Einheitssignal, verstärkt werden.

Wird als Einheitssignal eine Gleichspannung verwendet, liegt der Wertebereich zwischen 0 und 10V. Muss mit eingestreuten Störsignalen gerechnet werden, ist die Verwendung eines Gleichstromes als Einheitssignal sinnvoll. Hier sind zwei Messbereiche möglich. Entweder kann der Bereich von 0 bis 20 mA oder von 4 bis 20 mA gewählt werden. Der zweite Bereich mit dem lebenden Nullpunkt bietet die Möglichkeit eine Funktionsstörung bei 0 mA sofort zu erkennen. Ist eine große Entfernung durch lange Leitungen zu überbrücken, wird das Ergebnis durch den eingeprägten Strom auch nicht durch einen Spannungsfall auf der langen Leitung verfälscht.

Beispiel 1.1

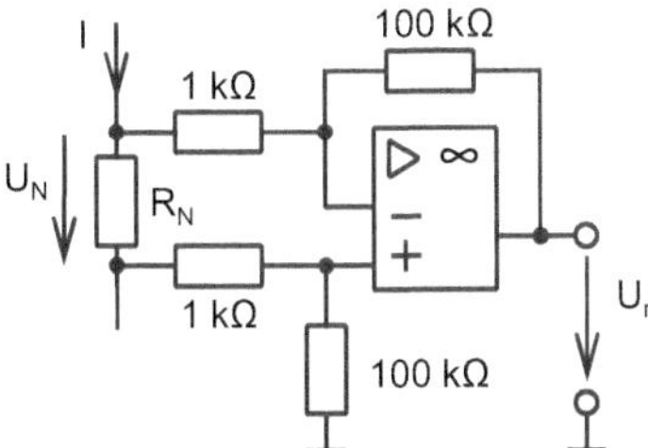

Bild 1.8 Strommessung

Im Bild 1.8 ist eine Strommessung durch einen Nebenwiderstand mit einem Messverstärker realisiert. Welcher Zusammenhang ergibt sich zwischen der zu erfassenden Größe und der Rückführgröße?

Lösung 1.1

Der Strom ruft am Nebenwiderstand einen Spannungsfall hervor.

$$U_\mathrm{N} = I \cdot R_\mathrm{N} \tag{1}$$

Dieser Spannungsfall ist gerade die Differenzeingangsspannung für den als Differenzverstärker beschalteten Operationsverstärker.

$$U_\mathrm{a} = -\frac{R_\mathrm{f}}{R_\mathrm{e}} \cdot U_\mathrm{diff} \quad \rightarrow \quad U_\mathrm{r} = -\frac{100\,\mathrm{k\Omega}}{1\,\mathrm{k\Omega}} \cdot U_\mathrm{N}$$

Mit der Gleichung (1) ergibt sich der Zusammenhang zwischen der aufgenommenen und der weiterzuverarbeitenden Größe.

$$U_\mathrm{r} = -\frac{100\,\mathrm{k\Omega}}{1\,\mathrm{k\Omega}} \cdot I \cdot R_\mathrm{N} \quad \rightarrow \quad U_\mathrm{r} = -100\,R_\mathrm{N} \cdot I$$

■

Die Regeleinrichtung: Die Regeleinrichtung hat zwei Aufgaben im Regelkreis.

Hier erfolgt der Vergleich zwischen Soll- und Istwert. Die Eingangsgrößen sind die Führungsgröße w und die Rückführgröße r. Die so gewonnene Regeldifferenz e wird anschließend auf einen für ein gutes Regelverhalten sinnvollen Wert verstärkt. Die Ausgangsgröße ist die Stellgröße y.

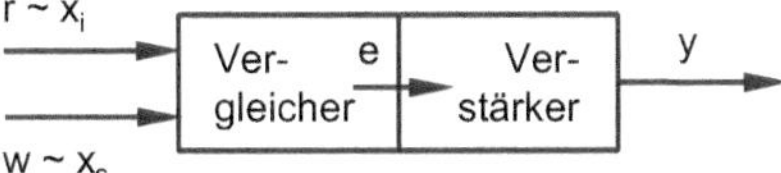

Bild 1.9 Die Regeleinrichtung als Regelkreisglied

Beispiel 1.2

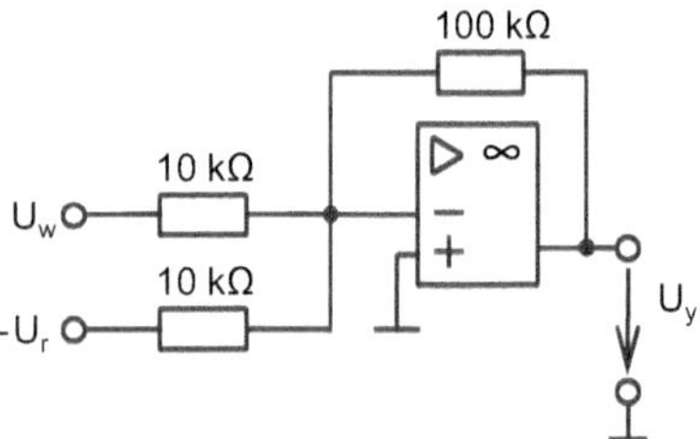

Bild 1.10 Operationsverstärker als Regeleinrichtung

Geben Sie den Zusammenhang zwischen der Ausgangsgröße und den Eingangsgrößen an.

Lösung 1.2

Für den abgebildeten Summierverstärker aus dem Bild 1.10 lässt sich die Ausgangsspannung wie folgt berechnen.

$$U_\mathrm{a} = -\left(\frac{R_\mathrm{f}}{R_\mathrm{e1}} \cdot U_\mathrm{e1} + \frac{R_\mathrm{f}}{R_\mathrm{e2}} \cdot U_\mathrm{e2}\right) \quad \rightarrow \quad U_\mathrm{y} = -\frac{R_\mathrm{f}}{R_\mathrm{e}}\,(U_\mathrm{w} - U_\mathrm{r})$$

Damit aus Führungs- und Rückführgröße die Differenz gebildet werden kann, muss eine dieser Größen immer invertiert am Eingang auftreten.

$$U_\mathrm{y} = -\frac{100\,\mathrm{k\Omega}}{10\,\mathrm{k\Omega}}\,(U_\mathrm{w} - U_\mathrm{r}) \quad \rightarrow \quad U_\mathrm{y} = -10\,(U_\mathrm{w} - U_\mathrm{r})$$

■

Dieses Beispiel gehört zu der Gruppe der stetigen Regler.

Bei **stetigen Regeleinrichtungen** kann die Ausgangsgröße, die Stellgröße y, im Stellbereich Y_h jeden beliebigen Wert annehmen. Die Regelgröße kann damit sehr genau auf einen bestimmten Sollwert eingestellt werden. Der Stellbereich wird durch die verwendete Regeleinrichtung bestimmt. Meist wird auch hier der Normpegel von 10 V gewählt.

Im Gegensatz dazu stehen die **unstetigen Regeleinrichtungen**, die nur wenige Zustände kennen. Ein Zweipunktregler liefert am Ausgang nur jeweils ein Signal für „Ein" und „Aus".

Die Regelstrecke: Die Regelstrecke kann in zwei Teile gegliedert werden. Die Eingangsgröße, die Stellgröße y, wird hier in die geforderte Regelgröße x umgeformt.

Bild 1.11 Die Regelstrecke als Regelkreisglied

Die Regelstrecke ist der aufgabengemäß zu beeinflussende Teil des Regelkreises.

Bei dem Beispiel der Drehzahlregelung aus Bild 1.5 handelt es sich um den Motor. Er erzeugt durch die anliegende Spannung die Drehzahl.

Soll stattdessen die Temperatur in einem Kessel geregelt werden, stellen der Kessel und der benötigte Wärmetauscher die Strecke dar.

Am Eingang der Regelstrecke befindet sich das Stellglied. Es ist ein Bestandteil der Regelstrecke. Das Stellglied hat die Aufgabe, dem zu beeinflussenden Teil des Regelkreises die für die Regelaufgabe notwendige Energie zuzuführen. Liefert die Regeleinrichtung am Ausgang eine Stellgröße im Bereich von 0 bis 10 V, reicht das häufig nicht aus, um die gewünschte Regelgröße zu erzeugen.

Im Beispiel der Drehzahlregelung benötigt der Motor eine höhere Ankerspannung. Hier muss das Stellglied eine Verstärkung bewirken.

Wird die Temperaturregelung betrachtet, würde die Stellgröße allein keine Temperaturänderung erzielen. Hier könnte die Stellgröße auf ein Ventil wirken, das die benötigte Menge an Heizdampf zur Verfügung stellt. In diesem Beispiel liefert das Stellglied auch eine andere Art der Energie.

1.2 Darstellung von Regelkreisen

Ein Regelkreis kann aus vielen Geräten und Baugruppen bestehen. Zur übersichtlichen Darstellung wählt man dazu einen Wirkungsplan. Dabei handelt es sich um die symbolische Darstellung der Wirkungsabläufe in einzelnen Blöcken, die durch Wirkungslinien miteinander verbunden werden.

1.2.1 Das Übertragungsglied

Jede Komponente des Regelkreises wird als Übertragungsglied betrachtet. Die Darstellung erfolgt als Rechteck, an dem die Beziehung zwischen Ein- und Ausgang angegeben werden kann. Ein- und Ausgangsgröße werden als Pfeil in der Signalflussrichtung gezeichnet.

Im Bild 1.12 ist der Übertragungsfaktor oder Übertragungsbeiwert K angefügt. Der Übertragungsbeiwert gibt an, welche Änderung die Ausgangsgröße eines Übertragungsglieds bei Variation der Eingangsgröße erfährt.

Bild 1.12 Das Übertragungsglied

Die Darstellung und die Bezeichnungen entsprechen der zuständigen DIN EN 60027-6 (Steuerung- und Regelungstechnik) und DIN IEC 60050-351 (Leittechnik).

Verschiedene Übertragungsglieder können unterschiedliche Verhalten aufweisen.

Als Beispiel wird der Spannungsteiler aus dem Bild 1.13 betrachtet. Er dient zur Anpassung von hohen Spannungen.

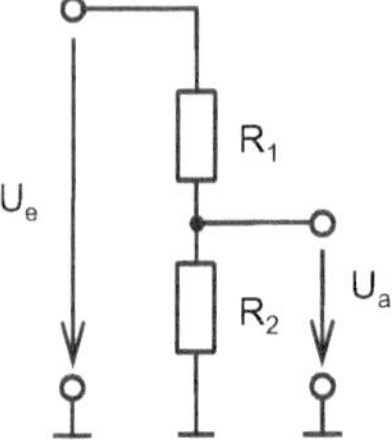

Bild 1.13 Spannungsteiler

Werden in einem Diagramm für verschiedene Eingangsspannungen die Teilspannungen aufgetragen, entsteht folgendes Bild 1.14.

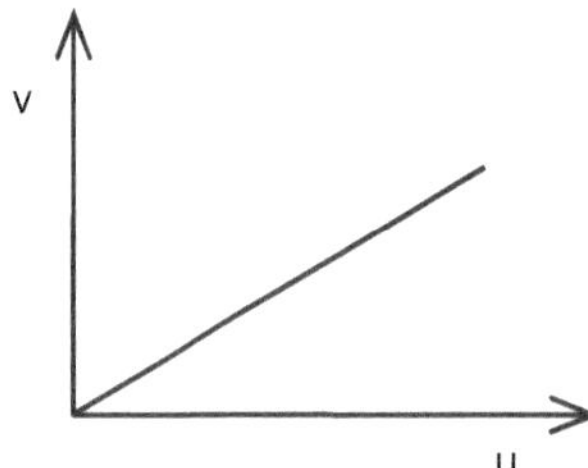

Bild 1.14 Kennlinie für ein lineares Übertragungsglied

Hier entsteht ein fester Zusammenhang zwischen Aus- und Eingang. Das Ergebnis ist eine Gerade, eine lineare Funktion. Es handelt sich hier um ein **lineares Übertragungsverhalten**. Dafür kann an jeder Stelle der gleiche Übertragungsfaktor berechnet werden.

$$K = \frac{v}{u} = \text{konstant}$$

Wird als Beispiel stattdessen eine Raumheizung gewählt, ändert sich der Zusammenhang im Diagramm wie im Bild 1.15 dargestellt.

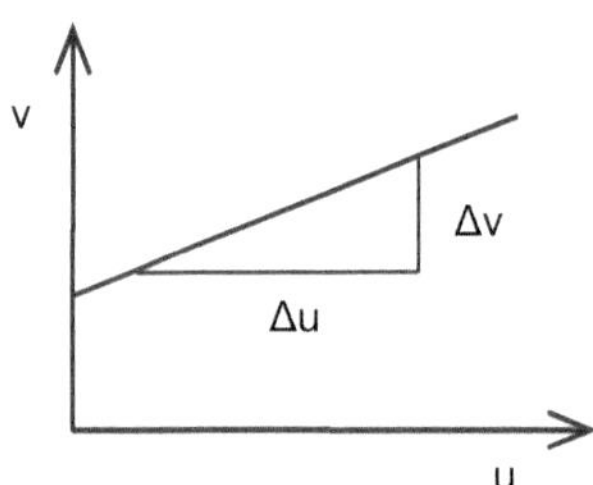

Bild 1.15 Lineares Übertragungsverhalten

Auch wenn noch keine Eingangsgröße u wirksam ist, ist schon eine Anfangstemperatur messbar. Wird angenommen, dass bei halber Ventilöffnung die Hälfte der maximalen Temperaturerhöhung erzielt wird, ist der Zusammenhang wieder linear. Zur Beschreibung müssen dann die Änderungen von Aus- und Eingangsgrößen betrachtet werden.

$$K = \frac{\Delta v}{\Delta u} = \text{konstant}$$

Beispiel 1.3

Für einen Motor ist bekannt, dass er bei einer anliegenden Spannung von 400 V mit einer Drehzahl von 1200 min^{-1} läuft. Stellen Sie den Motor als Übertragungsglied dar.

Lösung 1.3

1. Schritt: Festlegung von Ein- und Ausgangsgröße

$$x_e = u = 400\,\text{V} \qquad x_a = v = 1200\,\text{min}^{-1}$$

2. Schritt: Bestimmung des Übertragungsfaktors

Da hier nur ein Betriebspunkt bekannt ist, muss vorausgesetzt werden, dass es sich um einen linearen Übertragungsfaktor handelt, der sich direkt berechnen lässt.

$$K = \frac{v}{u} = \frac{1200\,\text{min}^{-1}}{400\,\text{V}} = 3\,\frac{\text{min}^{-1}}{\text{V}}$$

Der Übertragungsfaktor behält hier seine Einheit. Dadurch kann direkt der Einfluss der Eingangsgröße auf die Ausgangsgröße abgelesen werden.

3. Schritt: Darstellung des Übertragungsgliedes

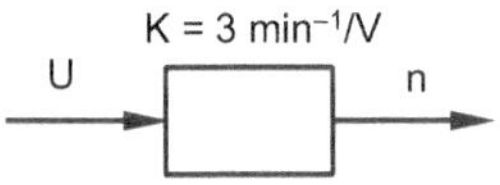

K = 3 min⁻¹/V

U → [ ] → n

Bild 1.16 Der Motor als Übertragungsglied ■

Als Beispiel soll nun eine Erregerwicklung für eine Gleichstrommaschine dienen. Der Zusammenhang zwischen der Eingangsgröße, dem Erregerstrom, und der Ausgangsgröße, der magnetischen Flussdichte, gleicht dem Verlauf einer Magnetisierungskennlinie wie im Bild 1.17. Offensichtlich handelt es sich um ein **nichtlineares Übertragungsverhalten**.

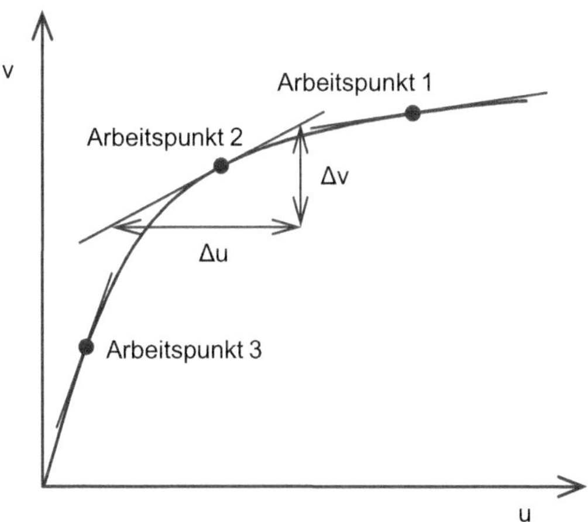

Bild 1.17 Nichtlineares Übertragungsverhalten

In unterschiedlichen Arbeitspunkten ist die Steigung der Kurve, und damit die Änderung am Ausgang unterschiedlich. Dadurch ergibt sich ein dynamischer Übertragungsfaktor. Er bestimmt den Anstieg im jeweiligen Arbeitspunkt.

$$K_{\text{dyn}} = \frac{\Delta v}{\Delta u} \neq \text{konstant}$$

Am Beispiel 1.3 wird deutlich, dass Übertragungsfaktoren Einheiten tragen, wenn am Ein- und Ausgang unterschiedliche physikalische Größen auftreten. Diese Einheiten können vermieden werden, wenn die Größen auf einen Nennwert oder den Maximalwert mit derselben Dimension bezogen werden.

$$\Delta u \rightarrow \frac{\Delta u}{u_N} \qquad \Delta v \rightarrow \frac{\Delta v}{v_N} \qquad K = \frac{\Delta v}{\Delta u} \rightarrow K^* = \frac{\Delta v / v_N}{\Delta u / u_N}$$

Damit ergibt sich der normierte Übertragungsfaktor

$$K^* = \frac{\Delta v}{v_N} \cdot \frac{u_N}{\Delta u} = K \cdot \frac{u_N}{v_N}$$

Der Übertragungsfaktor

Übertragungsfaktor für lineares Verhalten

$$K = \frac{\Delta v}{\Delta u} \tag{1.1}$$

Dynamischer Übertragungsfaktor für nichtlineares Übertragungsverhalten im Arbeitspunkt

$$K_{\text{dyn}} = \frac{\Delta v}{\Delta u} \tag{1.2}$$

Normierter Übertragungsfaktor

$$K^* = \frac{\Delta v}{v_N} \cdot \frac{u_N}{\Delta u} = K \cdot \frac{u_N}{v_N} \tag{1.3}$$

■

Werden mehrere Übertragungsglieder betrachtet, dann werden sie durch Wirkungslinien wie im Bild 1.18 miteinander verbunden. Die Wirkungslinien zeigen die Signalflussrichtung an und müssen mit einem Richtungspfeil versehen werden.

Bild 1.18 Reihenschaltung von Übertragungsgliedern

Wird das gleiche Eingangssignal an mehreren Übertragungsgliedern benötigt, verzweigt sich die Wirkungslinie wie im Bild 1.19.

Bild 1.19 Die Verzweigungsstelle

Im Gegensatz dazu dient die Additionsstelle zur Überlagerung mehrerer Signale. Soll ein Vergleich durchgeführt werden, muss ein Signal mit einem negativen Vorzeichen auf die Vergleichsstelle treffen. Dazu sind die beiden Darstellungsformen wie im Bild 1.20 üblich.

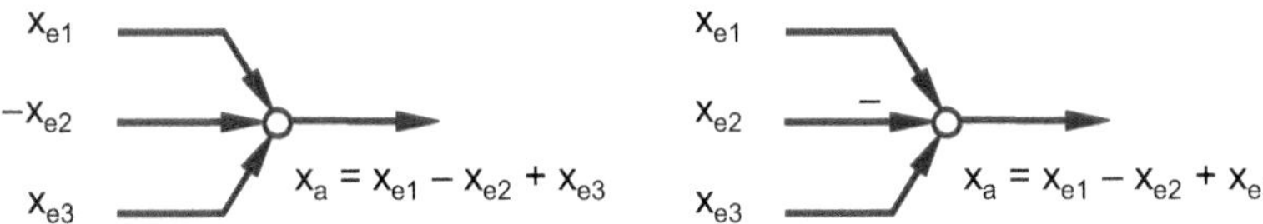

Bild 1.20 Die Additionsstelle

Beispiel 1.4

Der Operationsverstärker aus Bild 1.21 wird als Regeleinrichtung verwendet. Zeichnen Sie den Wirkungsplan und berechnen Sie die Ausgangsgröße.

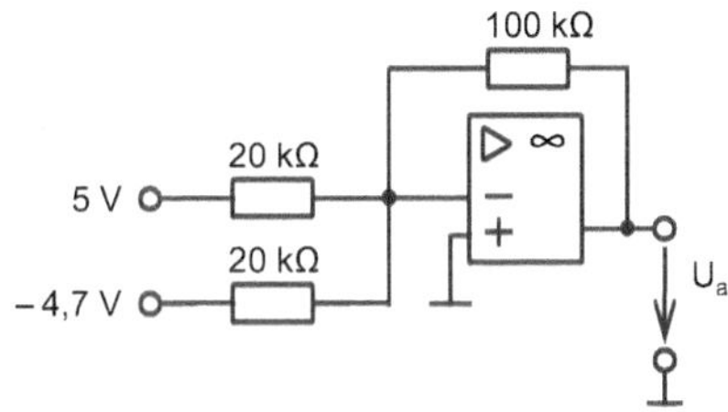

Bild 1.21 Operationsverstärker als Regeleinrichtung

Lösung 1.4

1. Schritt: Der Wirkungsplan

Der Operationsverstärker ist als Summierer beschaltet. Eine Eingangsgröße ist invertiert. Für den Wirkungsplan werden also eine Vergleichsstelle und ein Übertragungsglied für die Verstärkung benötigt. Unter Verwendung der regelungstechnischen Größen folgt der Wirkungsplan aus Bild 1.22.

Der Übertragungsfaktor:

$$K_R = \frac{R_f}{R_e} = \frac{100\,\text{k}\Omega}{20\,\text{k}\Omega} = 5$$

Bei der Berechnung des Übertragungsfaktors für den Wirkungsplan wird das, durch den Invertierer verursachte, Vorzeichen nicht mitgeführt.

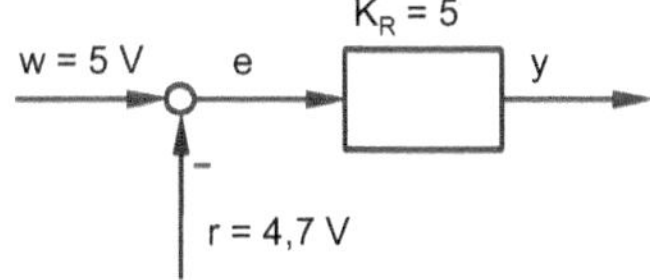

Bild 1.22 Der Wirkungsplan

2. Schritt: Berechnung der Ausgangsgröße

Die Ausgangsgröße ergibt sich durch Berechnung im Wirkungsplan.

$$e = w - r \qquad e = 5\,\text{V} - 4{,}7\,\text{V} = 0{,}3\,\text{V}$$

$$K_R = \frac{v}{u} = \frac{y}{e} \qquad y = e \cdot K_R = 0{,}3\,\text{V} \cdot 5 = 1{,}5\,\text{V}$$

■

1.2.2 Der elementare Regelkreis

Für die Untersuchung eines Regelkreises ist die Darstellung als Wirkungsplan notwendig. Dazu ist die folgende Vorgehensweise sinnvoll:

- Anordnung der einzelnen Übertragungsglieder
- Festlegung der Verzweigungs- und Additionsstellen
- Bestimmung der einzelnen Übertragungsfaktoren

Beispiel 1.5

Entwerfen Sie von der abgebildeten Stromregelung aus dem Bild 1.23 den Wirkungsplan.

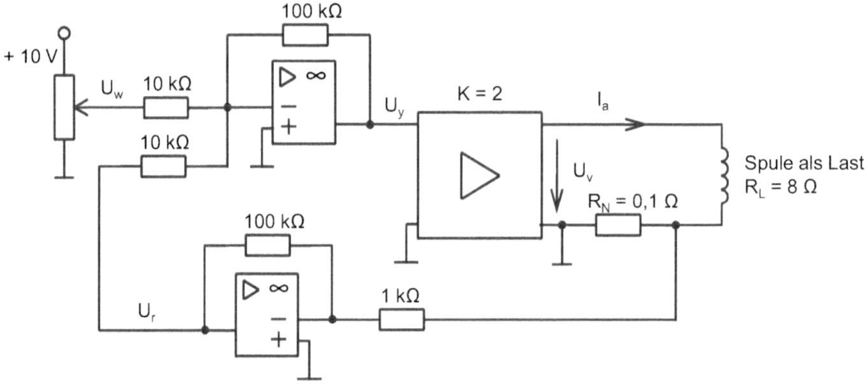

Bild 1.23 Stromregelung

Lösung 1.5

1. Schritt: Festlegung der Regelgröße

Bei dieser Aufgabe handelt es sich um eine Stromregelung. Die Regelgröße ist der Strom I_a.

2. Schritt: Wie wird die Messwerterfassung realisiert?

Der Strom wird in eine Spannung umgewandelt, dazu wurde der Stromkreis um einen Nebenwiderstand R_N erweitert. Es entsteht ein Spannungsfall U_N.

$$u = I_a \qquad v = U_N \qquad K = \frac{v}{u}$$

$$K_{M1} = \frac{U_N}{I_a} = R_N \qquad K_{M1} = 0{,}1\,\Omega \tag{1}$$

Der Spannungsfall U_N ist die Eingangsgröße für den Messverstärker. Der invertierende Verstärker erzeugt die Rückführgröße U_r.

$$u = U_N \qquad v = U_r \qquad K = \frac{v}{u}$$

$$K_{M2} = \frac{R_f}{R_e} = \frac{100\,\text{k}\Omega}{1\,\text{k}\Omega} \qquad K_{M2} = 100 \tag{2}$$

3. Schritt: Wie wird die Regeleinrichtung ausgeführt?

Die Regeleinrichtung besteht hier aus einem invertierenden Operationsverstärker, der als Summierer beschaltet ist.

$$u = U_w - U_r \qquad v = U_y \qquad K = \frac{v}{u}$$

$$K_R = \frac{R_f}{R_e} = \frac{100\,k\Omega}{10\,k\Omega} \qquad K_R = 10 \tag{3}$$

4. Schritt: Woraus setzt sich die Regelstrecke zusammen?

Am Eingang der Regelstrecke liegt das Stellglied. Das ist ein Verstärker, der die Spannung auch invertieren muss.

$$K_{S1} = 2 \tag{4}$$

Da die Ausgangsgröße ein Strom ist, lässt sich der Übertragungsfaktor durch das ohmsche Gesetz bestimmen. Mit einzubeziehen sind alle Widerstände, die den Strom begrenzen.

$$u = U_v \qquad v = I_a \qquad K = \frac{v}{u}$$

$$K_{S2} = \frac{I_a}{U_v} = \frac{1}{R_L + R_N} = \frac{1}{8\,\Omega + 0{,}1\,\Omega} \qquad K_{S2} = \frac{1}{8{,}1\,\Omega} \tag{5}$$

5. Schritt: Mit den bestimmten Größen kann der Signalflussplan gezeichnet werden.

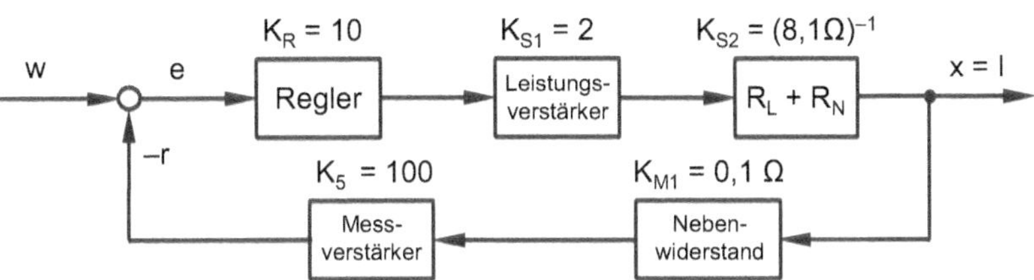

Bild 1.24 Wirkungsplan für die Stromregelung ■

Am Wirkungsplan aus Bild 1.24 ist zu erkennen, dass es sich hier im Vorwärtszweig und in der Rückführung jeweils um eine Reihenschaltung handelt. In anderen Beispielen könnte das Ergebnis auch eine Parallelschaltung beinhalten. Manchmal ist es notwendig, den Wirkungsplan zu verändern, Additionsstellen und Verzweigungsstellen zu verlegen und Rückführungen zusammenzufassen. Damit wird es möglich, einen übersichtlichen Wirkungsplan zu erstellen, der nur noch aus den wesentlichen Bestandteilen besteht.

Es gelten die folgenden Regeln für die **Vereinfachung von Wirkungsplänen**:

Regel 1: Reihenschaltung

$$K_1 = \frac{x_{a1}}{x_e} \qquad x_{a1} = K_1 \cdot x_e$$

$$K_2 = \frac{x_{a2}}{x_{a1}} \qquad x_{a2} = K_2 \cdot x_{a1} = K_1 \cdot K_2 \cdot x_e$$

$$K_3 = \frac{x_a}{x_{a2}} \qquad x_a = K_3 \cdot x_{a2} = K_1 \cdot K_2 \cdot K_3 \cdot x_e$$

$$K = \frac{x_a}{x_e} \qquad K = K_1 \cdot K_2 \cdot K_3$$

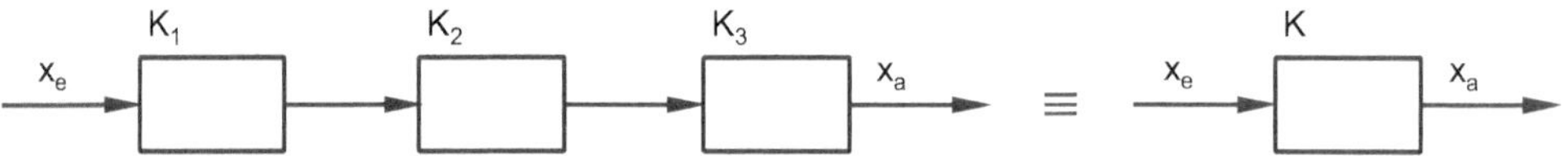

Bild 1.25 Reihenschaltung

Regel 2: Parallelschaltung

$$K_1 = \frac{x_{a1}}{x_e} \qquad x_{a1} = K_1 \cdot x_e$$

$$K_2 = \frac{x_{a2}}{x_e} \qquad x_{a2} = K_2 \cdot x_e$$

$$x_a = x_{a1} + x_{a2} = K_1 \cdot x_e + K_2 \cdot x_e$$

$$x_a = x_e \cdot (K_1 + K_2)$$

$$K = \frac{x_a}{x_e} \qquad K = K_1 + K_2$$

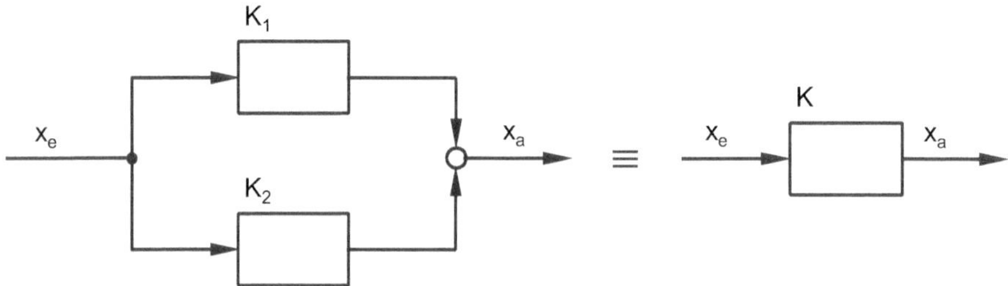

Bild 1.26 Parallelschaltung

Regel 3: Verlegung einer Additionsstelle hinter das Übertragungsglied

$$K = \frac{x_a}{x_e}$$

$$x_e = x_{e1} + x_{e2}$$

$$K = \frac{x_a}{x_{e1} + x_{e2}}$$

$$K = \frac{x_{a1}}{x_{e1}} \qquad K = \frac{x_{a2}}{x_{e2}}$$

$$x_a = x_{a1} + x_{a2}$$

$$x_a = K \cdot x_{e1} + K \cdot x_{e2}$$

$$K = \frac{x_a}{x_{e1} + x_{e2}}$$

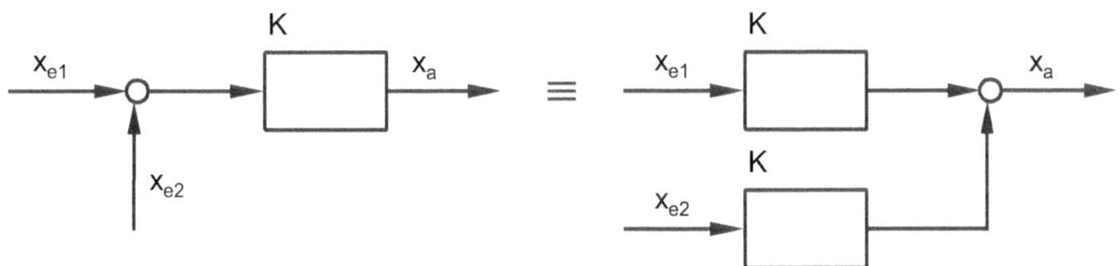

Bild 1.27 Verlegung einer Additionsstelle hinter das Übertragungsglied

Regel 4: Verlegung einer Additionsstelle vor das Übertragungsglied

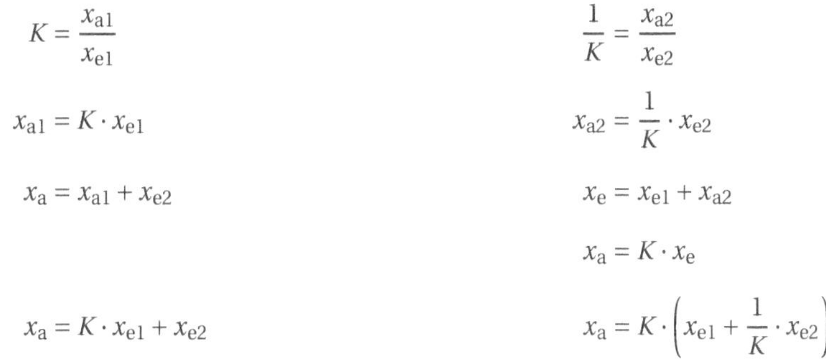

$$K = \frac{x_{a1}}{x_{e1}}$$

$$x_{a1} = K \cdot x_{e1}$$

$$x_a = x_{a1} + x_{e2}$$

$$x_a = K \cdot x_{e1} + x_{e2}$$

$$\frac{1}{K} = \frac{x_{a2}}{x_{e2}}$$

$$x_{a2} = \frac{1}{K} \cdot x_{e2}$$

$$x_e = x_{e1} + x_{a2}$$

$$x_a = K \cdot x_e$$

$$x_a = K \cdot \left(x_{e1} + \frac{1}{K} \cdot x_{e2} \right)$$

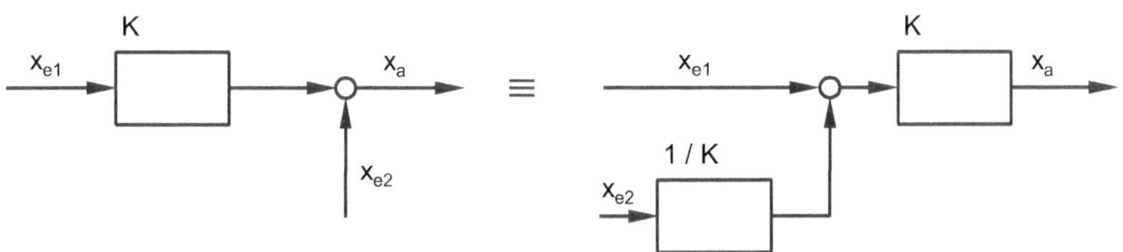

Bild 1.28 Verlegung einer Additionsstelle vor das Übertragungsglied

Regel 5: Verlegung einer Verzweigungsstelle hinter das Übertragungsglied

$$K = \frac{x_a}{x_e}$$

$$x_a = K \cdot x_e$$

$$\frac{1}{K} = \frac{x_e}{x_a}$$

$$x_a = K \cdot x_e$$

$$x_e = \frac{x_a}{K} = \frac{\cancel{K} \cdot x_e}{\cancel{K}}$$

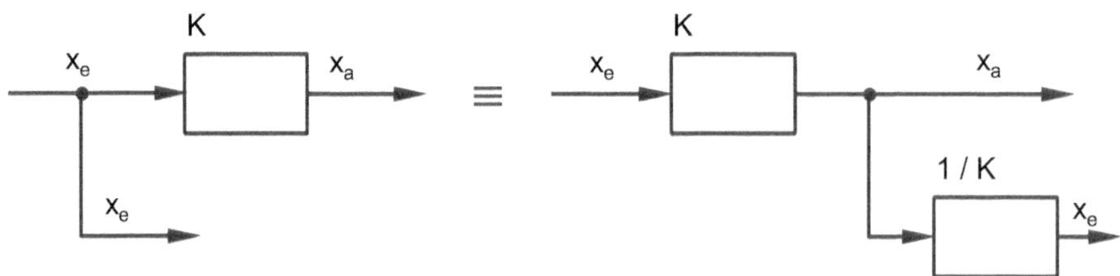

Bild 1.29 Verlegung einer Verzweigungsstelle hinter das Übertragungsglied

Regel 6: Verlegung einer Verzweigungsstelle vor das Übertragungsglied

$$K = \frac{x_a}{x_e}$$

$$x_a = K \cdot x_e$$

$$K = \frac{x_a}{x_e}$$

$$x_a = K \cdot x_e$$

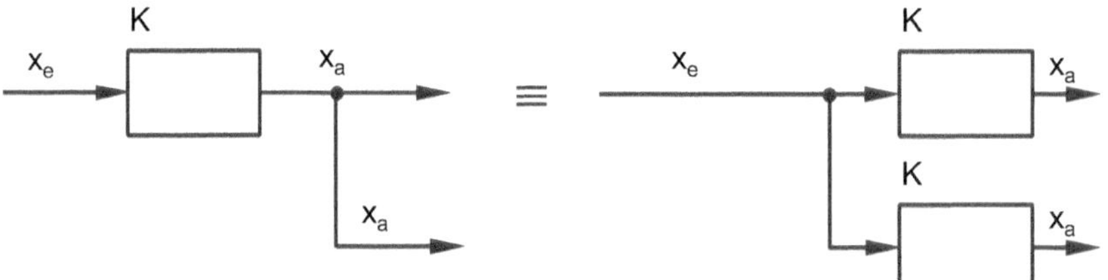

Bild 1.30 Verlegung einer Verzweigungsstelle vor das Übertragungsglied

Regel 7: Beseitigung einer Rückführung

$$K_1 = \frac{x_a}{x_e - x_{a2}}$$

$$x_a = K_1\,(x_e - x_{a2})$$

$$K_2 = \frac{x_{a2}}{x_a}$$

$$x_{a2} = K_2 \cdot x_a$$

$$x_a = K_1\,(x_e - K_2 \cdot x_a)$$

$$x_a = K_1 \cdot x_e - K_1 \cdot K_2 \cdot x_a$$

$$x_a + K_1 \cdot K_2 \cdot x_a = K_1 \cdot x_e$$

$$x_a\,(1 + K_1 \cdot K_2) = K_1 \cdot x_e$$

$$K = \frac{x_a}{x_e} \qquad\qquad K = \frac{K_1}{1 + K_1 \cdot K_2}$$

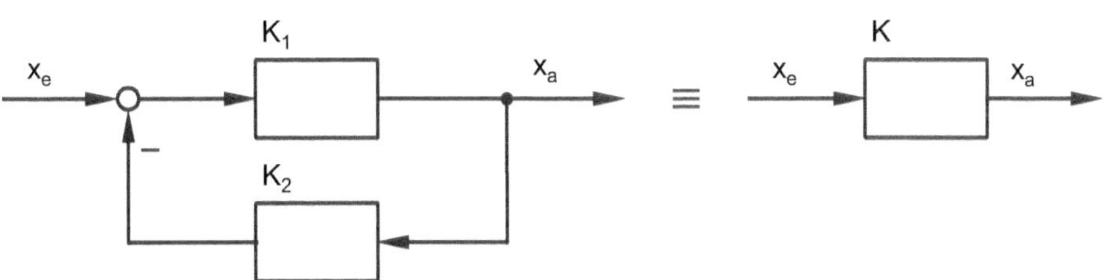

Bild 1.31 Beseitigung einer Rückführung

Durch die Vereinfachungsregeln wird es möglich, jeden Regelkreis in eine Grundform, den elementaren Regelkreis umzuformen. Der elementare Regelkreis besteht nur noch aus den drei Übertragungsgliedern:

M – Messwerterfassung

R – Regler

S – Regelstrecke

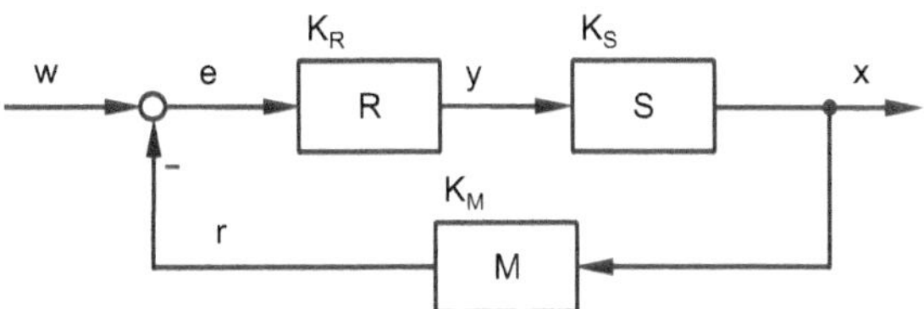

Bild 1.32 Der elementare Regelkreis

Zur Optimierung von Reglern ist es üblich, die erweiterte Regelstrecke zu betrachten. Hierbei wird die Messwerterfassung als vorgegeben angesehen und der Regelstrecke zugeordnet. Die Rückführgröße r wird damit zur Regelgröße x.

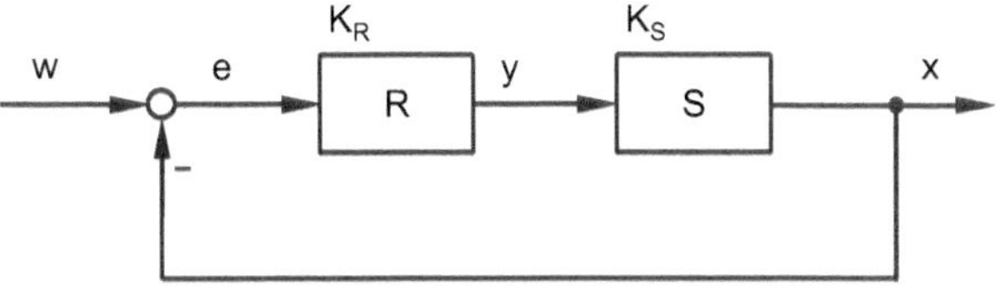

Bild 1.33 Der elementare Regelkreis mit der erweiterten Regelstrecke

Wird ein aufwendiges Regelungssystem betrachtet, können mehr Bestandteile erkannt werden, als im elementaren Regelkreis vorhanden sind. Nach DIN IEC 60050-351 gelten für einen vollständigen Wirkungsplan die Darstellung und die Bezeichnungen aus dem Bild 1.34.

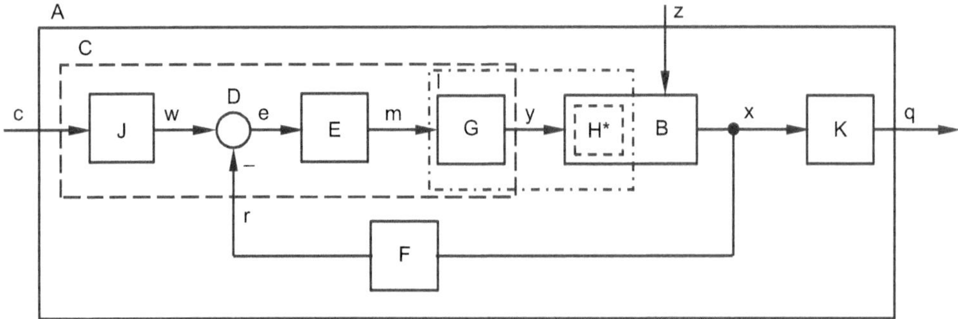

Bild 1.34 Wirkungsplan mit typischen Elementen eines elementaren Regelungssystems

Tabelle 1.2 Bezeichnungen zum Bild 1.34

A	Regelungssystem	K	Bildung der Aufgabengröße
B	Regelstrecke	c	Zielgröße
C	Regeleinrichtung	w	Führungsgröße
D	Vergleichsglied	e	Regeldifferenz
E	Regelglied	m	Reglerausgangsgröße
F	Messglied	y	Stellgröße
G	Steller	z	Störgröße
H*	Stellglied	x	Regelgröße
I	Stelleinrichtung	q	Aufgabengröße
J	Führungsgrößenbilder	r	Rückführgröße

* Das Stellglied H ist definitionsgemäß ein Teil der Regelstrecke B

1.2.3 Darstellung in Fließbildern

Die Regelungstechnik ist ein notwendiger Teil der Prozesstechnik. Die Prozesstechnik befasst sich mit der Herstellung von Produkten und der Gewinnung und Weiterleitung von Information.

Bei der Erzeugung von Produkten werden bestimmte Bereiche unterschieden.

Die Energietechnik ermöglicht es, Energieformen ineinander umzuwandeln, zu transportieren und zu speichern.

Die Fertigungstechnik befasst sich mit der Herstellung von Werkstücken mit einer festgelegten Form.

Das Erzeugen formloser Stoffe ist Bestandteil der Verfahrenstechnik. Hier werden Flüssigkeiten, Gase oder Pulver transportiert, gemischt oder erwärmt. Das ist ein wichtiger Anwendungsbereich der Regelungstechnik und findet sich damit auch in vielen Beispielen wieder. Die Darstellung erfolgt in Fließbildern.

Einige Elemente der Fließbilder, die in der Regelungstechnik Verwendung finden, werden in den Bildern 1.35 bis 1.43 dargestellt. Grundlage ist die DIN EN 62424. Die Kennbuchstaben für ausgewählte Größen sind in der Tabelle 1.3 aufgeführt.

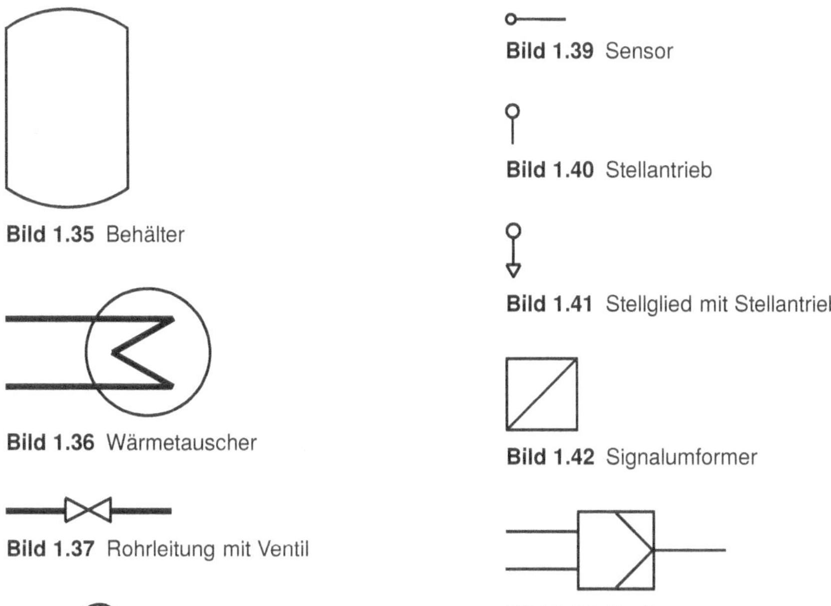

Bild 1.35 Behälter

Bild 1.36 Wärmetauscher

Bild 1.37 Rohrleitung mit Ventil

Bild 1.38 Pumpe für Flüssigkeiten

Bild 1.39 Sensor

Bild 1.40 Stellantrieb

Bild 1.41 Stellglied mit Stellantrieb

Bild 1.42 Signalumformer

Bild 1.43 Regler

Tabelle 1.3 Kennbuchstaben nach DIN EN 62424

D	Dichte
F	Durchfluss
G	Länge, Stellung
K	Zeit
L	Stand
M	Feuchte
P	Druck
S	Geschwindigkeit, Drehzahl
T	Temperatur

Mit den festgelegten Symbolen ist im Bild 1.44 ein Behälter zu erkennen. Im Behälter befindet sich ein Sensor. Der Kennbuchstabe L gibt als Messgröße den Füllstand an. Die aufgenommene Größe wird umgeformt und auf einen Regler geführt. Hier wird der Wert mit der Führungsgröße verglichen und eine entsprechende Stellgröße erzeugt. Dieses Signal geht zum Stellantrieb des Ventils. Durch ein Ändern der Ventilstellung wird der Füllstand nachgeregelt.

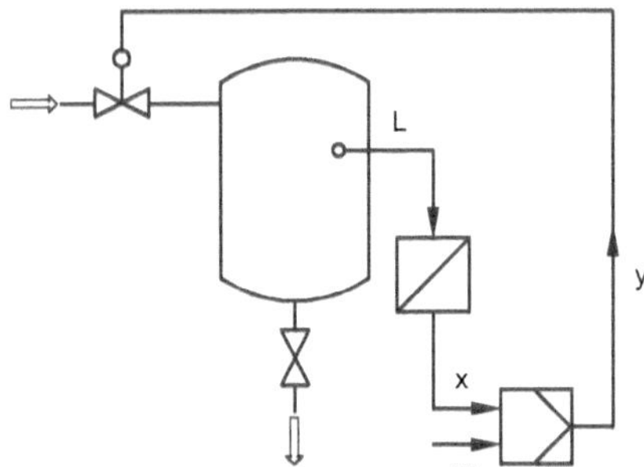

Bild 1.44 Beispiel für ein Fließbild

Im Bild 1.45 ist ein Fließbild mit EMSR-Kennzeichnung dargestellt. Das ist die Darstellung für die prozessbezogene Elektro-, Mess-, Steuerungs- und Reglungstechnik. In diesem Beispiel steht die Darstellung der EMSR-Stelle im Vordergrund. Der Sensor misst in der Rohrleitung den Druck *P*. Dieser Druck wird zur Anzeige *I* gebracht. Die EMSR-Stelle beinhaltet auch eine selbstständige Regelung *C*. Die Ausgangsgröße der EMSR-Stelle geht zum Stellantrieb des Ventils und kann damit den Druck beeinflussen. Dieser Kennzeichnung ist auch die Messstellennummer 123 und der Ausgabe- und Bedienort zu entnehmen. Der Querstrich deutet auf die Prozessleitwarte hin.

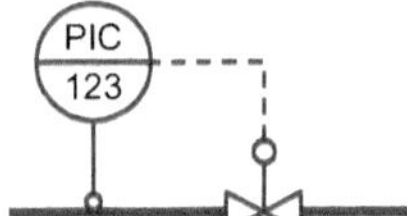

Bild 1.45 Weiteres Beispiel für ein Fließbild

1.3 Der Operationsverstärker als Bauelement in der Regelungstechnik

In der Analogtechnik werden Operationsverstärker eingesetzt. Sie bestehen aus mehrstufigen Anordnungen und enthalten mehrere Transistorfunktionen. Die Transistoren werden als Verstärker eingesetzt, wobei ihm von außen eine Versorgungsspannung zugeführt wird. Dadurch sind eine Spannungs-, eine Strom- bzw. eine Leistungsverstärkung möglich.

Universell einstellbare Operationsverstärker werden als integrierte Schaltkreise (IC) hergestellt. Ein IC kann auch mehrere OPs beinhalten. Durch den Einsatz dieser integrierten Schaltungen ist es möglich Temperaturabhängigkeiten auszugleichen und den Arbeitspunkt stabil einzustellen.

Durch eine entsprechende Beschaltung der Transistoren können die Operationsverstärker Gleich- und Wechselspannungen verstärken.

Ein Operationsverstärker hat zwei Anschlüsse für eine Differenzeingangsspannung und einen Anschluss für die Ausgangsspannung. Sie benötigen eine positive und eine negative Betriebsspannung gegenüber Masse, z. B. $\pm 5\,\text{V} \cdots \pm 18\,\text{V}$. Häufig werden diese Anschlüsse nicht extra dargestellt.

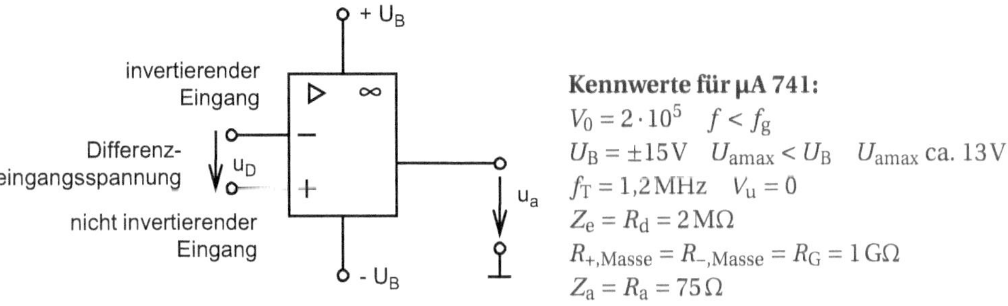

Bild 1.46 Schaltsymbol des Operationsverstärkers

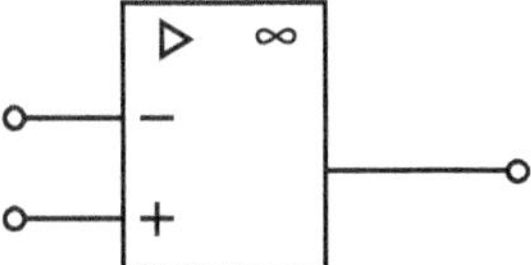

Bild 1.47 Vereinfachtes Schaltsymbol des Operationsverstärkers

Es gilt folgendes Ersatzschaltbild:

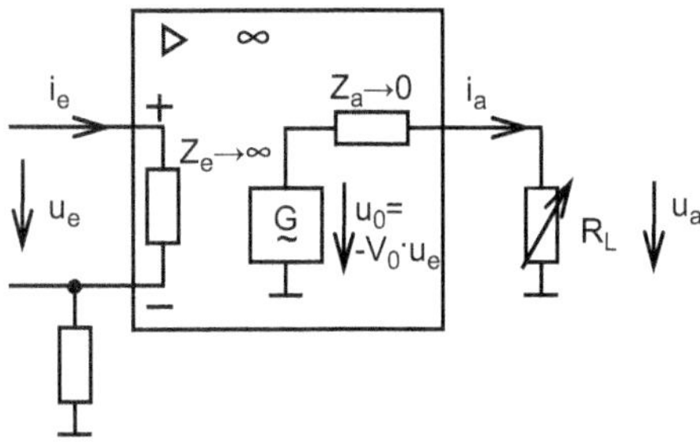

Bild 1.48 Ersatzschaltbild des Operationsverstärkers

Sein Betriebsverhalten beruht auf

- einer sehr großen Spannungsverstärkung
- einer sehr großen Leistungsverstärkung
- einen sehr großen Eingangsinnenwiderstand
- einen sehr kleinen Ausgangsinnenwiderstand

im Leerlauf, also ohne Last.

Wird der OPV belastet fließt ein Strom über den Ausgangswiderstand und erzeugt einen Spannungsfall um die die Ausgangsspannung vermindert wird. Belastete Operationverstärker haben damit einen kleineren Verstärkungsfaktor als unbelastete.

Die Ausgangsspannung ist bei jedem Operationsverstärker durch die Betriebsspannung begrenzt. Danach geht der Operationsverstärker in die Sättigung, er gilt als übersteuert.

Operationsverstärker werden bei unterschiedlichen Aufgabenstellungen eingesetzt.

Signalverstärker, Messverstärker

Operationsverstärker bieten eine gute Linearität. Eventuelle Beeinflussungen können kompensiert werden.

Offsetkompensation Bei kurzgeschlossenem Differenzeingang ($u_e = 0$) stellt sich infolge innerer Unsymmetrien eine Ausgangsgleichspannung ein. Diese Spannung kann entweder durch eine zusätzliche Gleichspannung am Eingang des Operationsverstärkers oder durch eine Gleichspannungszuführung über Spannungsteiler an besondere Offsetanschlüsse ausgeglichen werden.

Ruhestromkompensation Die Basisgleichströme (Biasströme) der Eingangstransistoren fließen über die Beschaltungswiderstände. Sie rufen Spannungsfälle hervor und verschieben damit das Ausgangspotenzial. Durch einen zusätzlichen Widerstand R am unbeschalteten Eingang kann eine Kompensation erfolgen.

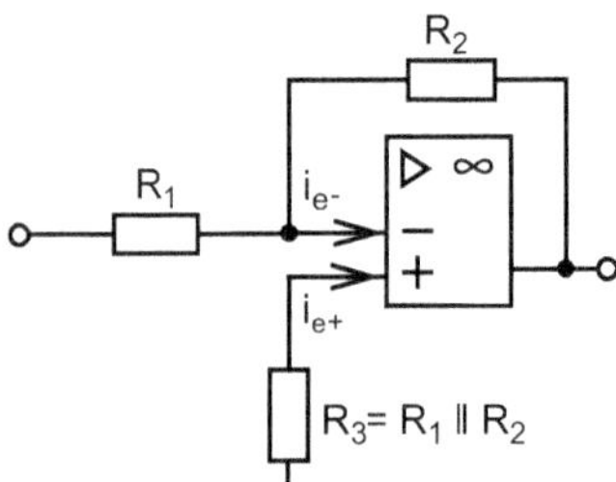

Bild 1.49 Ruhestromkompensation

Je nach dem Verwendungszweck erhalten die Operationsverstärker eine bestimmte äußere Beschaltung. Sie werden dadurch zu einem Impedanzwandler, einem invertierenden oder nicht invertierenden Verstärker.

Regelverstärker

Die äußeren Beschaltungswiderstände legen das Verhalten des Analogreglers fest. Zum Beispiel als

- Summierverstärker
- Differenzverstärker
- Integrierer
- Differenzierer

Filterschaltungen

Zur Glättung von Signalen kann die Beschaltung des Operationsverstärkers zur Funktion eines Tiefpassfilters führen.

Bei allen folgenden Schaltungen erhält der Operationsverstärker eine Rückkopplung (feed back), der Ausgang des Verstärkers wird mit dem Eingang verbunden. Wegen der sehr hohen Verstärkung des Operationsverstärkers wird sie durch diese Gegenkopplung reduziert.

1.3.1 Der invertierende Verstärker

Der Verstärker erhält jetzt eine Gegenkopplung. Dazu wird er mit einem Gegenkopplungswiderstand R_f und einem Eingangswiderstand Re beschaltet. Der nicht invertierende Eingang wird direkt mit der Masse verbunden. Die Differenzeingangsspannung ist im Vergleich zur Ausgangsspannung sehr klein, da die Verstärkung sehr groß ist. Der Eingangsstrom des invertierenden Einganges ist wegen des großen Eingangswiderstandes ebenfalls zu vernachlässigen. Da im Knotenpunkt die Summe der Ströme Null betragen muss, ist der Strom über R_f genauso groß, wie der eingeprägte Eingangsstrom.

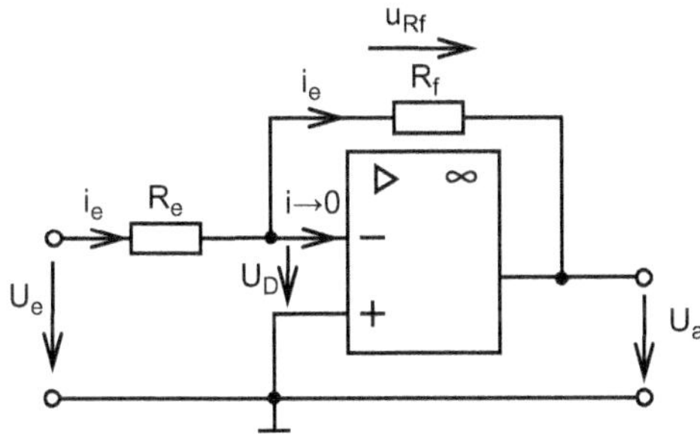

Bild 1.50 Invertierender Verstärker

$$i_e = \frac{u_e}{R_e}; \quad u_{R_f} = i_e \cdot R_f$$

da

$$U_D \to 0; \quad u_{R_f} + u_a = 0 \quad \Rightarrow \quad u_a = -u_{R_f}$$

Dadurch wird die Ausgangsspannung:

$$u_a = -\frac{R_f}{R_e} \cdot u_e$$

Verstärkungsfaktor:

$$V_u = \frac{u_a}{u_e} = -\frac{R_f}{R_e}$$

1.3.2 Der nicht invertierende Verstärker

Auch diese Schaltung enthält eine Gegenkopplung. Allerdings wird die Eingangsspannung an den nicht invertierenden Eingang angelegt. Die Differenzeingangsspannung geht auch hier wieder gegen Null. Beide Eingänge haben das gleiche Potential. Die Eingangsspannung fällt am Eingangswiderstand R_e ab und treibt den Strom i.

$$i = \frac{u_e}{R_e}$$

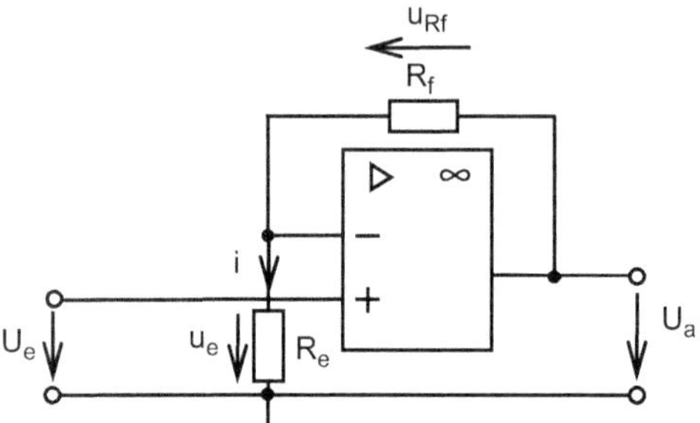

Bild 1.51 Nicht invertierender Verstärker

Dieser Strom fließt auch durch den Kopplungswiderstand R_f und erzeugt an ihm die Spannung u_{R_f}.

$$u_{R_\mathrm{f}} = i \cdot R_\mathrm{f} = \frac{R_\mathrm{f}}{R_\mathrm{e}} \cdot u_\mathrm{e}$$

Nach dem Maschensatz ergibt sich die Ausgangsspannung zu:

$$u_\mathrm{a} = u_\mathrm{e} + u_{R_\mathrm{f}} = u_\mathrm{e} + \frac{R_\mathrm{f}}{R_\mathrm{e}} \cdot u_\mathrm{e} = \left(1 + \frac{R_\mathrm{f}}{R_\mathrm{e}}\right) u_\mathrm{e}$$

Verstärkungsfaktor:

$$V_\mathrm{u} = 1 + \frac{R_\mathrm{f}}{R_\mathrm{e}}$$

1.3.3 Der Impedanzwandler

Eine besondere Form des nichtinvertierenden Verstärkers ist der Impedanzwandler oder Spannungsfolger. Er entsteht, wenn der Eingangswiderstand unendlich groß und der Kopplungswiderstand Null gewählt werden.

Dann wird die Verstärkung:

$$V_\mathrm{u} = 1 + \frac{R_\mathrm{f}}{R_\mathrm{e}} = 1 + \frac{0}{\infty} = 1$$

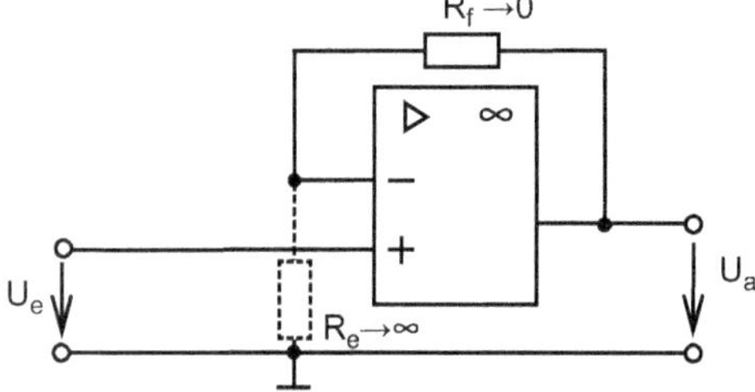

Bild 1.52 Impedanzwandler

Impedanzwandler werden zur Entkopplung einzelner Schaltungsteile verwendet, wenn sie sich nicht gegenseitig beeinflussen sollen.

1.3.4 Der Summierer

Diese Schaltung addiert und verstärkt mehrere Spannungen.

Die Knotenpunktgleichung ergibt

$$i_\text{f} = i_\text{e1} + i_\text{e2} + i_\text{e3} = \frac{u_\text{e1}}{R_\text{e1}} + \frac{u_\text{e2}}{R_\text{e2}} + \frac{u_\text{e3}}{R_\text{e3}}$$

mit

$$u_{R_\text{f}} = R_\text{f} \cdot i_\text{f}; \quad u_\text{a} = -u_{R_\text{f}}$$

wird die Ausgangsspannung

$$u_\text{a} = -\left(\frac{R_\text{f}}{R_\text{e1}} \cdot u_\text{e1} + \frac{R_\text{f}}{R_\text{e2}} \cdot u_\text{e2} + \frac{R_\text{f}}{R_\text{e3}} \cdot u_\text{e3}\right)$$

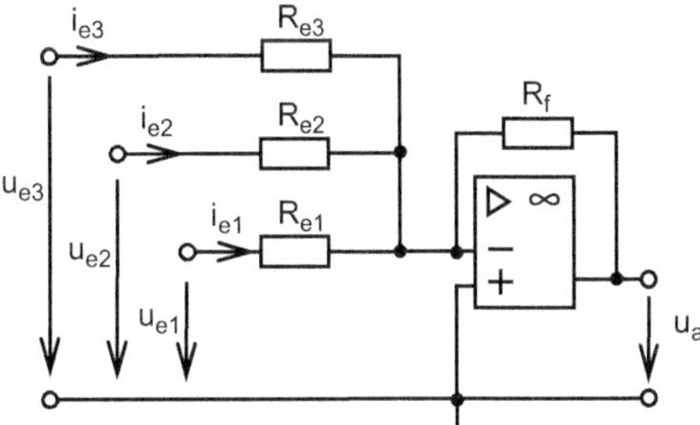

Bild 1.53 Summierer

Ein Sonderfall ergibt sich, wenn die die Spannungen mit der gleichen Gewichtung addiert werden sollen. Dafür wird der Eingangswiderstand mit dem gleichen Wert gewählt.

$$R_\text{e} = R_\text{e1} = R_\text{e2} = R_\text{e3}$$

Anschließend kann der Quotient des Widerstandsverhältnisses ausgeklammert werden.

Dadurch wird die Ausgangsspannung:

$$u_\text{a} = -\frac{R_\text{f}}{R_\text{e}} \cdot u_\text{e}$$

Verstärkungsfaktor:

$$V_\text{u} = \frac{u_\text{a}}{u_\text{e}} = -\frac{R_\text{f}}{R_\text{e}}$$

1.3.5 Der Differenzverstärker

Der Differenzverstärker verstärkt die Differenzeingangsspannung und ist eine Kombination aus invertierendem und nicht invertierendem Verstärker. Zur Subtraktion von Spannungen wird in der Regelungstechnik aber häufiger ein Summierer verwendet, bei der die Polarität der zu subtrahieren Spannung vertauscht wird.

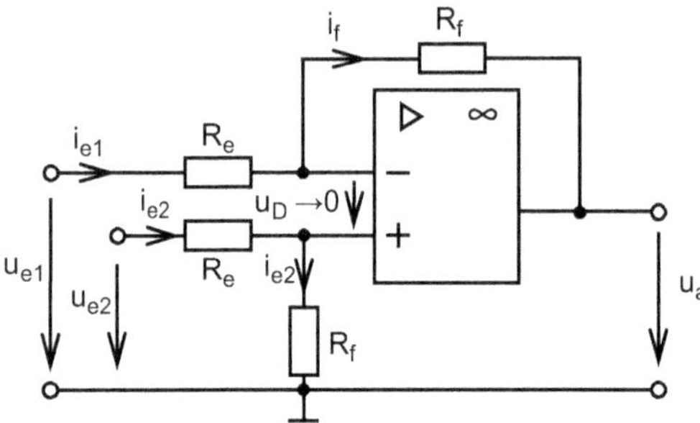

Bild 1.54 Differenzverstärker

Auch hier sollen wieder die Eingangsspannungen gleich gewichtet werden. Deshalb sind die Eingangswiderstände gleich groß vorausgesetzt. Da der Eingangswiderstand des Operationsverstärkers sehr groß ist, wird der Eingangsstrom praktisch zu Null werden.

Damit gilt für die Eingangsspannungen jeweils der Maschensatz:

$$u_{e1} = i_{e1} \cdot R_e + i_{e2} \cdot R_f$$

$$u_{e2} = i_{e2} \cdot R_e + i_{e2} \cdot R_f \quad \Rightarrow \quad i_{e2} = \frac{u_{e2}}{R_e + R_f}$$

Der Strom i_{e2} wird in die erste Masche eingesetzt.

$$u_{e1} = i_{e1} \cdot R_e + \frac{R_f}{R_e + R_f} \cdot u_{e2} \tag{1.4}$$

Für die Eingangsspannung u_{e1} kann außerdem eine äußere Masche aufgestellt werden.

$$i_{e1} = i_f \quad \Rightarrow \quad u_{e1} = i_{e1} \cdot R_e + i_{e1} \cdot R_f + u_a \quad \Rightarrow \quad i_{e1} = \frac{u_{e1} - u_a}{R_e + R_f}$$

Der Strom i_{e1} wird eingesetzt in (1.4)

$$u_{e1} = \frac{u_{e1} - u_a}{R_e + R_f} \cdot R_e + \frac{R_f}{R_e + R_f} \cdot u_{e2}$$

Die Gleichung wird mit $(R_e + R_f)$ multipliziert.

$$u_{e1} \cdot R_e + u_{e1} \cdot R_f = u_{e1} \cdot R_e - u_a \cdot R_e + u_{e2} \cdot R_f$$

Jetzt kann der Ausdruck nach der Ausgangsspannung umgestellt werden.

$$u_a \cdot R_e = (u_{e2} - u_{e1}) R_f \quad \Rightarrow \quad u_a = (u_{e2} - u_{e1}) \frac{R_f}{R_e} \quad \Rightarrow \quad u_a = u_{\text{Diff}} \frac{R_f}{R_e}$$

Es ergibt sich die Ausgangsspannung:

$$u_a = \frac{R_f}{R_e} (u_{e2} - u_{e1})$$

Verstärkungsfaktor:

$$V_u = \frac{u_a}{u_{e2} - u_{e1}} = \frac{R_f}{R_e}$$

1.3.6 Der Integrierer

Wird bei einem invertierenden Verstärker der Kopplungswiderstand durch einen Kondensator ersetzt, erhält man einen Integrierer.

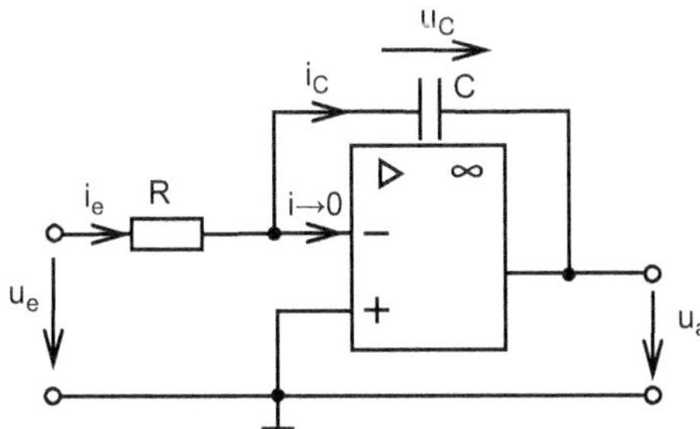

Bild 1.55 Integrierer

$$i_C = C\frac{\mathrm{d}u_C}{\mathrm{d}t} \quad \Rightarrow \quad \mathrm{d}u_C = \frac{1}{C}\cdot i_C \cdot \mathrm{d}t \quad \Rightarrow \quad u_C = \frac{1}{C}\int i_C \,\mathrm{d}t$$

da

$$Z_e \to \infty$$

wird

$$i_e = i_C$$

und

$$i_e = \frac{u_e}{R}$$

$$u_C = \frac{1}{C}\int \frac{u_e}{R}\,\mathrm{d}t$$

mit

$$u_a = -u_c \quad \Rightarrow \quad u_a = -\frac{1}{RC}\int u_e \,\mathrm{d}t$$

Ist die Eingangsspannung u_e eine Gleichspannung lädt der nun fließende Strom den Kondensator nach einer linearen Funktion auf. Dieser Funktion entspricht dann auch die Ausgangsspannung.

1.3.7 Der Differenzierer

Nun wird beim invertierenden Verstärker der Eingangswiderstand durch einen Kondensator ersetzt. Es entsteht ein Differenzierer.

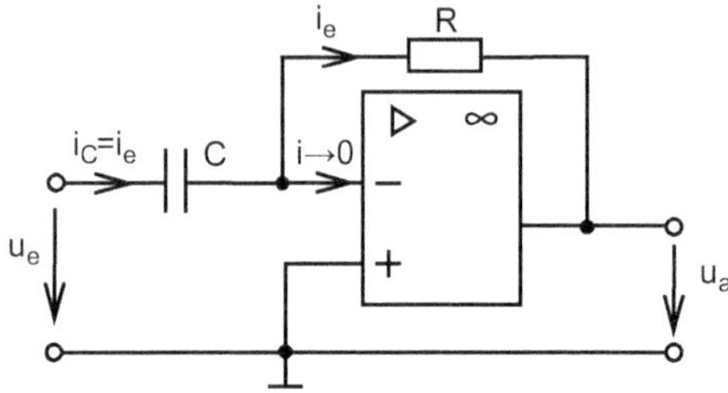

Bild 1.56 Differenzierer

$$i_C = C\frac{\mathrm{d}u_C}{\mathrm{d}t}$$

mit

$$i_C = i_e = \frac{-u_a}{R}; \quad u_C = u_e$$

$$u_a = -RC\frac{\mathrm{d}u_e}{\mathrm{d}t}$$

Der Differenzierer erzeugt damit eine Ausgangsspannung, die sich proportional zur zeitlichen Änderung der Eingangsspannung verhält.

1.3.8 Der Tiefpass

Der Tiefpass lässt Spannungen mit tiefen Frequenzen passieren und sperrt Spannungen hoher Frequenzen. Parallel zum Kopplungswiderstand erhält der Operationsverstärker dazu einen Kondensator. Mit dem Verhalten der Wechselstromwiderstände ergibt sich daraus das folgende Verhältnis der Ausgangsspannung zur Eingangsspannung.

$$u_e = i_e \cdot R_e \quad \text{und} \quad u_a = -i_f \cdot Z_f$$

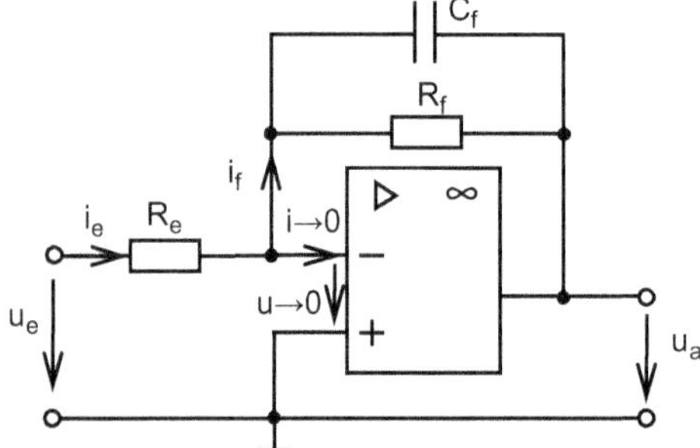

Bild 1.57 Tiefpass

Der Eingangsstrom in den Operationsverstärker ist aufgrund des großen Innenwiderstandes wieder zu vernachlässigen. Die Ströme am Eingang und in der Rückführung sind damit gleich groß. So entsteht eine virtuelle Masse am negativen Eingang. Damit kann hier auch die Spannungsteilerregel unter Einsatz der komplexen Rechnung zum Einsatz kommen.

Da es sich hier um einen Invertierer handelt, ergibt sich für die Spannung am Ausgang immer das entgegengesetzte Vorzeichen der Eingangsspannung.

$$\frac{\underline{U}_a}{\underline{U}_e} = \frac{\underline{Z}_f}{\underline{Z}_e}$$

Da hier in der Rückführung eine Parallelschaltung vorhanden ist, wird mit dem Leitwert gearbeitet.

$$\underline{Z}_f = \frac{1}{\underline{Y}_f} \quad \Rightarrow \quad \frac{\underline{U}_a}{\underline{U}_e} = \frac{1}{\underline{Z}_e \cdot \underline{Y}_f}$$

mit

$$\underline{Z}_e = R_e \quad \text{und} \quad \underline{Y}_f = G_f + jB_f = \frac{1}{R_f} + j\omega C_f \quad \Rightarrow \quad \frac{\underline{U}_a}{\underline{U}_e} = \frac{1}{R_e \cdot \left(\frac{1}{R_f} + j\omega C_f\right)}$$

und umformen

$$\frac{\underline{U}_a}{\underline{U}_e} = \frac{1}{\frac{R_e}{R_f} \cdot (1 + j\omega R_f C_f)}$$

ergibt sich für das Spannungsverhältnis

$$\frac{\underline{U}_a}{\underline{U}_e} = \frac{R_f}{R_e} \cdot \frac{1}{1 + j\omega R_f C_f}$$

1.4 Übungen

Aufgabe 1.1

Bestimmen Sie den Übertragungsfaktor und den normierten Übertragungsfaktor für einen Tachogenerator, der bei einer Nenndrehzahl von $1000\,\text{min}^{-1}$ eine Nennausgangsspannung von 10 V liefert.

Aufgabe 1.2

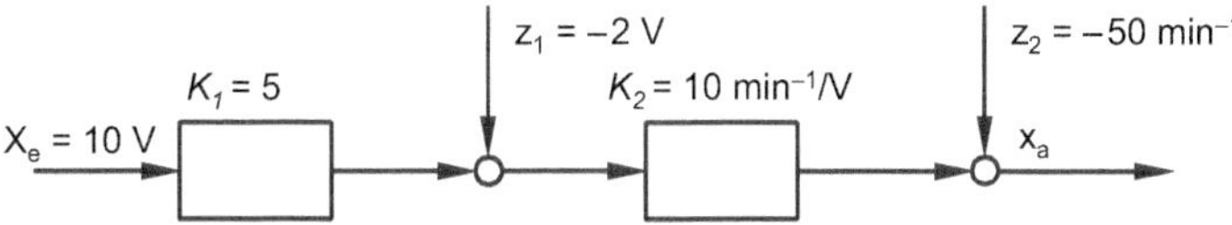

Bild 1.58 Aufgabe 1.2

a) Fassen Sie die zwei Additionsstellen zu einer zusammen. Diese Additionsstelle soll am Ausgang liegen.

b) Berechnen Sie die Ausgangsgröße.

Aufgabe 1.3

Stellen Sie eine Gleichung für den Gesamtübertragungsfaktor auf.

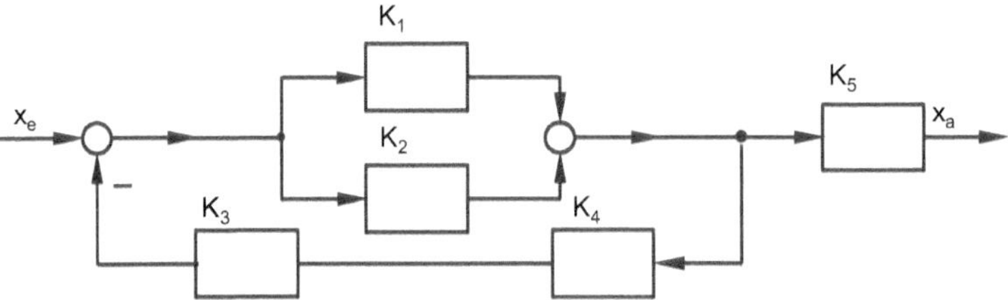

Bild 1.59 Aufgabe 1.3

Aufgabe 1.4

Im Bild 1.60 ist ein Regelkreis mit einem Rührkessel abgebildet. Ordnen Sie den reglungstechnischen Bezeichnungen die entsprechenden Begriffe aus dem Beispiel zu.

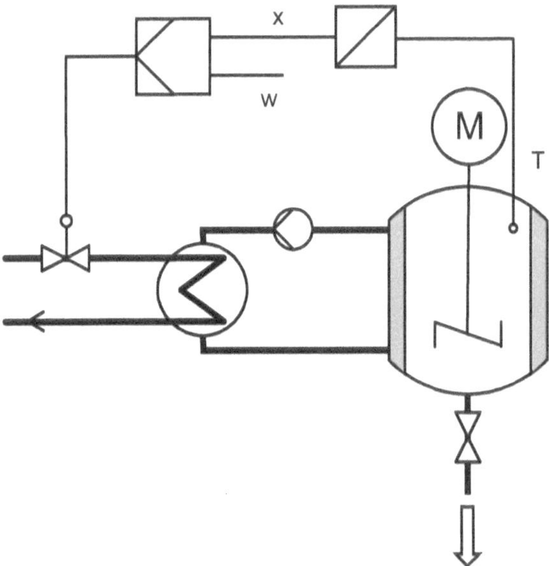

Bild 1.60 Aufgabe 1.4

a) Führungsgröße

b) Stellgröße

c) Regelgröße

d) Stellglied

e) Regelstrecke

f) Messwerterfassung

2 Das stationäre Verhalten von Regelkreisen

Nach dem Durcharbeiten dieses Kapitels können Sie diese und weitere Fragen beantworten:

- Welchen Wert erreicht die Regelgröße im Regelkreis?
- Gibt es eine Abweichung zwischen Soll- und Istwert?
- Werden Störungen wirklich ausgeregelt?
- Spielt es eine Rolle, an welcher Stelle die Störgröße angreift?

Von einem Regelkreis wird erwartet, dass sich eine Regelgröße einstellt, die dem Sollwert entspricht. Das soll möglichst schnell geschehen. Außerdem sollen auftretende Störgrößen gleich wieder ausgeglichen werden.

Wird die Drehzahl beim Einschalten einer elektrischen Maschine aufgezeichnet, könnte möglicherweise der folgende Verlauf beobachtet werden.

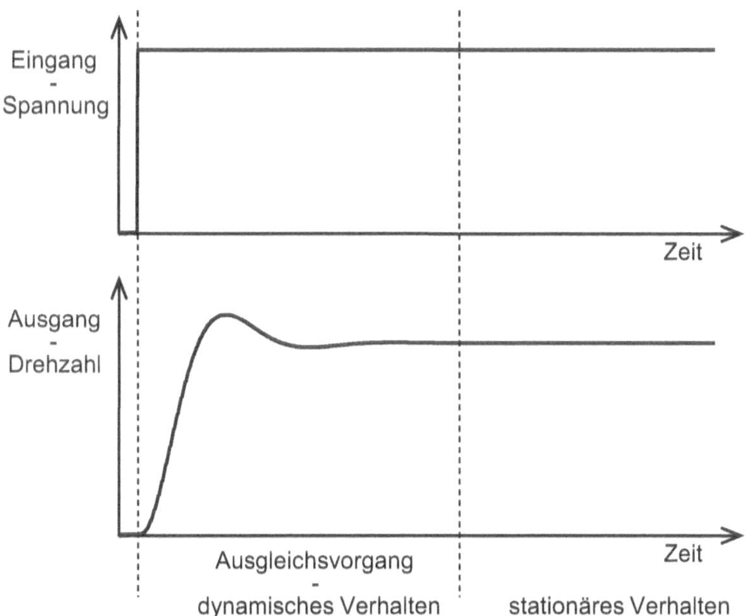

Bild 2.1 Einschaltvorgang

Im Bild 2.1 ist zu erkennen, dass es eine bestimmte Zeit dauert, bis die Ausgangsgröße den Endwert erreicht hat. Danach herrscht immer ein fester Zusammenhang zwischen Ausgang und Eingang – das stationäre Verhalten. Bis dahin findet ein Ausgleichsvorgang statt. Hier ändert sich die betrachtete Größe mit der Zeit – das dynamische Verhalten.

Diese Übergangszustände treten immer auf, wenn Energiespeicher vorhanden sind. Sie sollen an dieser Stelle aber nicht betrachtet werden. Im stationären Betrieb interessieren alle Größen im Ruhezustand. Das sind die Werte, die sich nach Beendigung des Ausgleichsvorgangs zur Zeit $t \to \infty$ einstellen.

2.1 Die Kreisverstärkung

Zur einfachen und doch eindeutigen Beschreibung von Regelgrößen sind Kennwerte sinnvoll.

Um die Auswirkungen auf einen Regelkreis genauer betrachten zu können, wird der Regelkreis vom Bild 2.2 gedanklich aufgetrennt. Die Trennung erfolgt vor der Additionsstelle, also vor der Vergleichsstelle von Führungsgröße und Rückführgröße. Hierbei interessiert, welche Veränderung ein Signal erfährt, wenn es sämtliche Übertragungsglieder der Reihe nach durchläuft. So entsteht das Blockschaltbild in Bild 2.3.

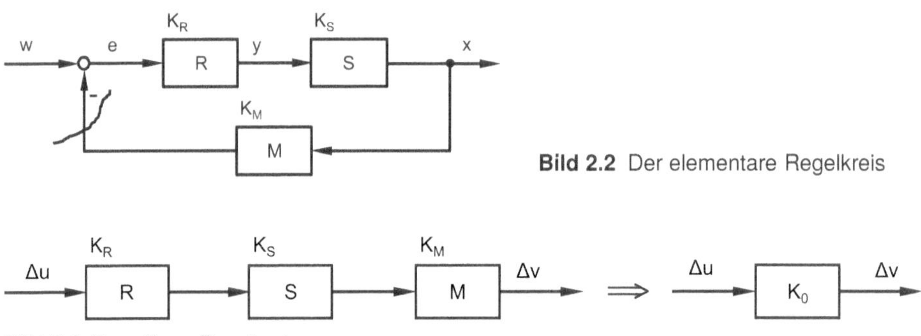

Bild 2.2 Der elementare Regelkreis

Bild 2.3 Der offene Regelkreis

Gefragt ist das Verhältnis vom Ausgangs- zum Eingangssignal. Dafür werden alle Übertragungsglieder zu einem Übertragungsblock zusammengefasst.

Da alle Übertragungsglieder in Reihe liegen, ergibt sich der Gesamtübertragungsfaktor durch eine Multiplikation. Es entsteht der Gesamtübertragungsfaktor bzw. die Kreisverstärkung K_0.

Kreisverstärkung

$$K_0 = \frac{\Delta v}{\Delta u} = K_R \cdot K_S \cdot K_M \tag{2.1}$$

■

Kreisverstärkung

Die Kreisverstärkung K_0 ist die Verstärkung, die ein Signal u erfährt, wenn es den gesamten offenen Regelkreis durchläuft. Sie ist das Produkt der Übertragungsfaktoren sämtlicher Regelkreisglieder. Die Kreisverstärkung ist der Gesamtübertragungsfaktor für den offenen Regelkreis. Sie ist immer einheitslos.

■

Die Kreisverstärkung ergibt sich als einheitslose Größe. Das muss auch so sein, da der Regelkreis an der Additionsstelle aufgetrennt wurde und nur einheitsgleiche Größen addiert werden dürfen.

Beispiel 2.1

Am Beispiel einer Drehzahlregelung soll die Kreisverstärkung berechnet werden.

Leistungsverstärker: $V_U = 2$

Motor: $U_{AN} = 20\,\text{V}$

$n_N = 2000\,\text{min}^{-1}$

Tachogenerator: $U_{TG} = 0{,}5\,\text{V}$ bei $n = 1000\,\text{min}^{-1}$

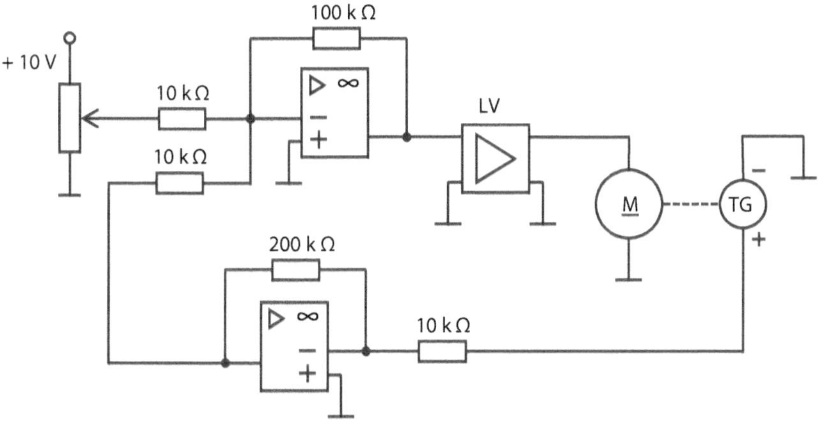

Bild 2.4 Wirkplan einer Drehzahlregelung

Lösung 2.1

1. Schritt: Entwicklung eines Blockschaltbildes

Die Regelgröße, die Drehzahl, wird von dem Tachogenerator in eine Spannung umgewandelt. Zusammen mit dem nachgeschalteten Operationsverstärker stellt er die Messwerterfassung dar. Das Signal gelangt anschließend an einen Summierer, die Regeleinrichtung. Der Leistungsverstärker arbeitet als Stellglied für die Regelstrecke, den Motor. So entsteht folgendes Blockschaltbild:

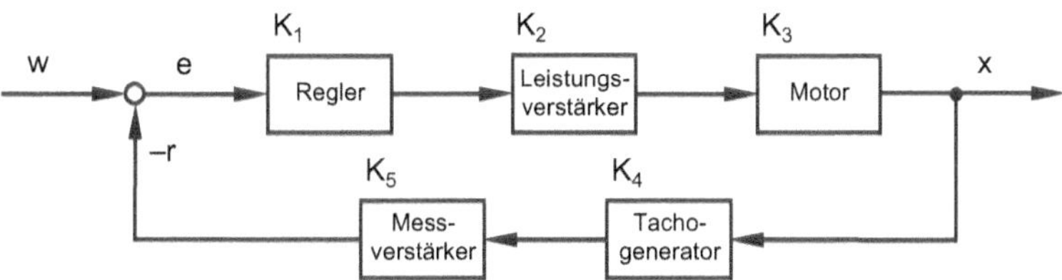

Bild 2.5 Blockschaltbild einer Drehzahlregelung

2. Schritt: Bestimmung der Übertragungsfaktoren

Regler:	$K_1 = \frac{R_f}{R_e} = \frac{100\,\text{k}\Omega}{10\,\text{k}\Omega}$	$K_1 = 10$
Leistungsverstärker:	gegeben	$K_2 = 2$
Motor:	$K_3 = \frac{n_N}{U_{AN}} = \frac{2000\,\text{min}^{-1}}{20\,\text{V}}$	$K_3 = 100\frac{\text{min}^{-1}}{\text{V}}$
Tachogenerator:	$K_4 = \frac{U_{TG}}{n} = \frac{0{,}5\,\text{V}}{1000\,\text{min}^{-1}}$	$K_4 = 0{,}0005\frac{\text{V}}{\text{min}^{-1}}$
Messverstärker:	$K_5 = \frac{R_f}{R_e} = \frac{200\,\text{k}\Omega}{10\,\text{k}\Omega}$	$K_5 = 20$

3. Schritt: Zusammenfassung zum elementaren Regelkreis

Hier werden die Übertragungsglieder so weit zusammengefasst, dass der Regelkreis nur noch aus den drei Regelkreisgliedern der Regeleinrichtung, der Regelstrecke und der Messwerterfassung besteht.

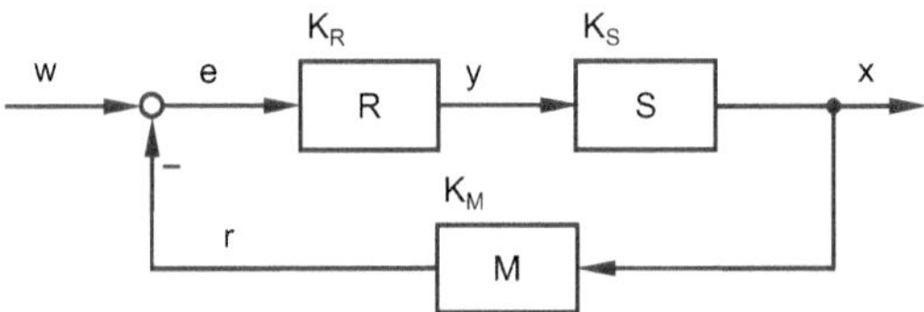

Bild 2.6 Die Drehzahlregelung als elementarer Regelkreis

Regeleinrichtung:	$K_R = K_1 = 10$	$K_R = 10$
Regelstrecke:	$K_S = K_2 \cdot K_3 = 2 \cdot 100\,\frac{\text{min}^{-1}}{\text{V}}$	$K_S = 200\,\frac{\text{min}^{-1}}{\text{V}}$
Messwerterfassung:	$K_M = K_4 \cdot K_5 = 0{,}0005\,\frac{\text{V}}{\text{min}^{-1}} \cdot 20$	$K_M = 0{,}01\,\frac{\text{V}}{\text{min}^{-1}}$

4. Schritt: Berechnung der Kreisverstärkung

$$K_0 = K_R \cdot K_S \cdot K_M = 10 \cdot 200\,\frac{\text{min}^{-1}}{\text{V}} \cdot 0{,}01\,\frac{\text{V}}{\text{min}^{-1}} \qquad K_0 = 20$$

■

■ 2.2 Das Führungsverhalten

Das Führungsverhalten beschreibt das Verhalten der Regelgröße x unter dem Einfluss der Führungsgröße w. Die Führungsgröße stellt hierbei die alleinige Eingangsgröße dar, Störgrößen werden dabei nicht betrachtet.

Ein allgemeingültiger Zusammenhang von $\frac{\Delta x}{\Delta w}$ soll am elementaren Regelkreis hergeleitet werden.

1. Schritt: Dazu werden alle bekannten Zusammenhänge vom elementaren Regelkreis festgehalten.

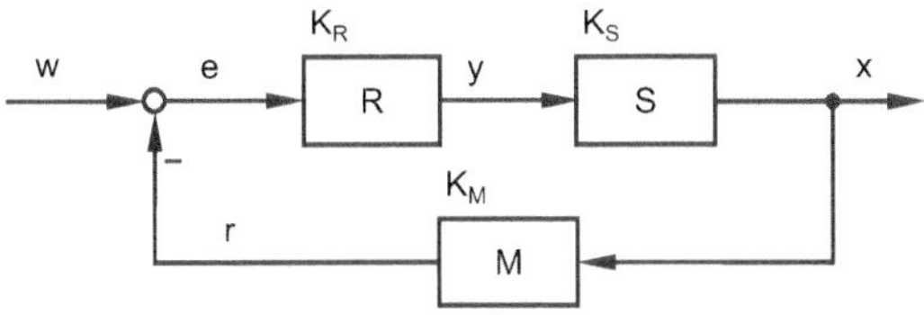

Bild 2.7 Der elementare Regelkreis

$$e = w - r \tag{1}$$

$$K_R = \frac{y}{e} \tag{2}$$

$$K_S = \frac{x}{y} \tag{3}$$

$$K_M = \frac{r}{x} \tag{4}$$

2. Schritt: Die Gleichungen werden sinnvoll miteinander verknüpft.

(3) wird umgestellt nach y

$$y = \frac{x}{K_S} \tag{5}$$

(5) wird eingesetzt in (2)

$$K_R = \frac{y}{e} = \frac{x}{K_S \cdot e}$$

und umgestellt nach e

$$e = \frac{x}{K_R \cdot K_S} \tag{6}$$

(4) wird umgestellt nach r

$$r = x \cdot K_M \tag{7}$$

(6) und (7) werden eingesetzt in (1)

$$\frac{x}{K_R \cdot K_S} = w - x \cdot K_M$$

und umgestellt nach x

$$x = w \cdot K_R \cdot K_S - x \cdot K_R \cdot K_S \cdot K_M$$

mit $K_0 = K_R \cdot K_S \cdot K_M$ wird

$$x = w \cdot K_R \cdot K_S - x \cdot K_0$$

$$x + x \cdot K_0 = w \cdot K_R \cdot K_S$$

$$x\,(1 + K_0) = w \cdot K_R \cdot K_S$$

Für das Führungsverhalten entsteht damit die Führungsübertragungsfunktion F_w.

Führungsübertragungsfunktion

$$F_w = \frac{x}{w} = \frac{K_R \cdot K_S}{1 + K_0} \tag{2.2}$$

■

Beispiel 2.2

a) Am Beispiel der Drehzahlregelung mit dem elementaren Regelkreis aus Bild 2.8 soll die Führungsübertragungsfunktion F_w bestimmt werden.

b) Welche Führungsgröße w ist erforderlich, um eine Motordrehzahl von $500\,\text{min}^{-1}$ zu erreichen?

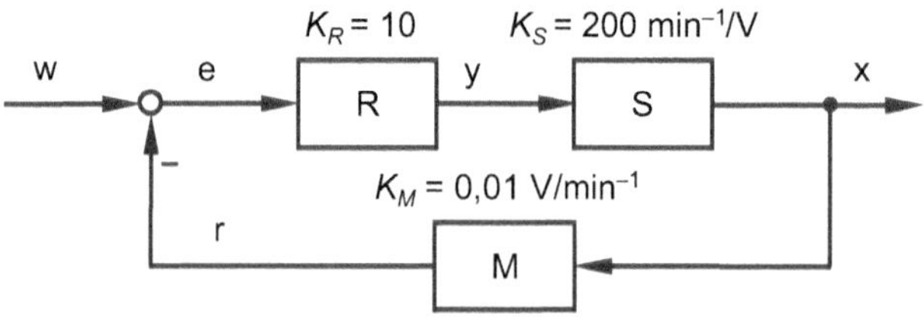

Bild 2.8 Die Drehzahlregelung als elementarer Regelkreis

Lösung 2.2

1. Schritt: Die Kreisverstärkung K_0 wird berechnet.

$$K_0 = K_R \cdot K_S \cdot K_M = 10 \cdot 200\,\frac{\text{min}^{-1}}{\text{V}} \cdot 0{,}01\,\frac{\text{V}}{\text{min}^{-1}} \qquad K_0 = 20$$

2. Schritt: Damit lässt sich die Führungsübertragungsfunktion F_w bestimmen.

$$F_w = \frac{K_R \cdot K_S}{1 + K_0} = \frac{10 \cdot 200\,\frac{\text{min}^{-1}}{\text{V}}}{1 + 20} \qquad F_w = 95{,}24\,\frac{\text{min}^{-1}}{\text{V}}$$

3. Schritt: Aus der Führungsübertragungsfunktion F_w folgt die Führungsgröße w.

$$F_w = \frac{x}{w} \quad \rightarrow \quad w = \frac{x}{F_w} = \frac{500\,\text{min}^{-1}}{95{,}24\,\frac{\text{min}^{-1}}{\text{V}}} \qquad w = 5{,}25\,\text{V}$$

■

2.3 Der stationäre Regelfehler

In einem Regelkreis wird der Sollwert durch die Führungsgröße w vorgegeben. Die tatsächliche Regelgröße x, der Istwert, wird als rückgeführte Größe r der Vergleichsstelle zugeführt. Hier ergibt sich eine Abweichung zwischen dem geforderten und dem tatsächlichen Wert. Diese Regeldifferenz e, dargestellt im Bild 2.9, bleibt für den hier verwendeten Regler erhalten und wird daher als stationärer Regelfehler bezeichnet.

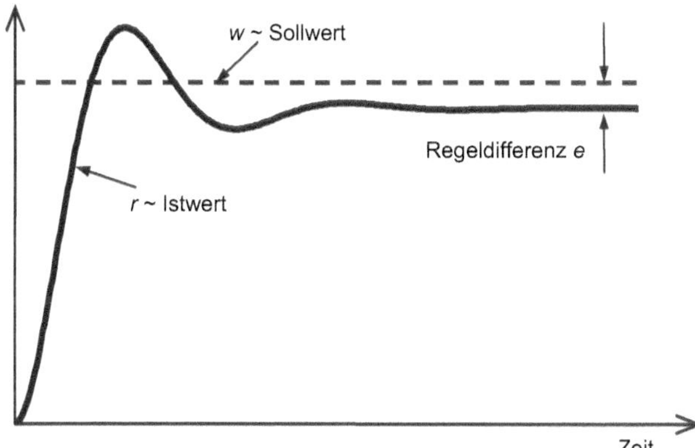

Bild 2.9 Die Regeldifferenz

Im Folgenden wird eine Gleichung für den Regelfehler hergeleitet.

Aus der Führungsübertragungsfunktion F_w ergibt sich die Regelgröße x.

$$F_W = \frac{x}{w} = \frac{K_R \cdot K_S}{1 + K_0} \qquad x = w\frac{K_R \cdot K_S}{1 + K_0}$$

Durch den Übertragungsfaktor der Messwerterfassung kann die Regelgröße x ersetzt werden.

$$K_M = \frac{r}{x} \qquad x = \frac{r}{K_M} \quad \rightarrow \quad \frac{r}{K_M} = w\frac{K_R \cdot K_S}{1 + K_0}$$

Daraus ergibt sich die rückgeführte Größe r.

$$r = w\frac{K_R \cdot K_S \cdot K_M}{1 + K_0} = w\frac{K_0}{1 + K_0}$$

Der gewonnene Ausdruck wird eingesetzt in die Gleichung für die Vergleichsstelle.

$$e = w - r = w - w\frac{K_0}{1 + K_0} = w\frac{1 + K_0}{1 + K_0} - w\frac{K_0}{1 + K_0} = \frac{w + wK_0 - wK_0}{1 + K_0} = \frac{w}{1 + K_0}$$

Damit entsteht der folgende Ausdruck für die bleibende Regeldifferenz.

Bleibende Regeldifferenz oder stationärer Regelfehler

$$e = \frac{w}{1 + K_0} \tag{2.3}$$

■

Diese Angabe wird aussagekräftiger, wenn sie auf die Führungsgröße w bezogen und in Prozenten angegeben wird.

Bezogener Regelfehler

$$\frac{e}{w} = \frac{1}{1+K_0} \quad \text{Angabe in \%} \tag{2.4}$$

■

Beispiel 2.3

Am Beispiel der Drehzahlregelung mit dem elementaren Regelkreis aus Bild 2.10 soll der stationäre und der bezogene Regelfehler berechnet werden.

Diese Werte sollen für die maximale Führungsgröße von 10 V und für das Ergebnis aus dem Beispiel 2.2 ($w = 5{,}25\,\text{V}$) berechnet werden.

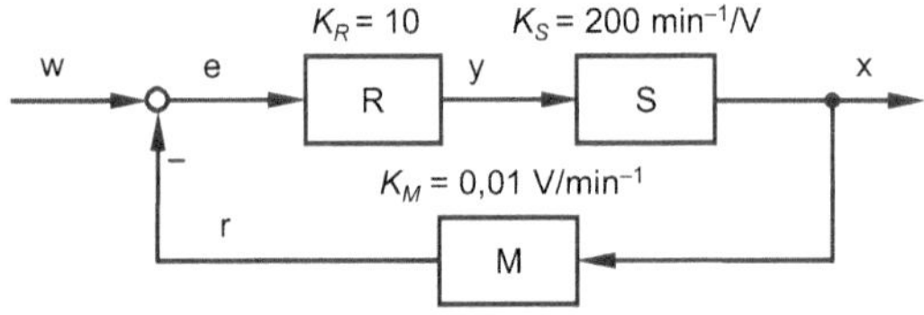

Bild 2.10 Die Drehzahlregelung als elementarer Regelkreis

Lösung 2.3

1. Schritt: Die Kreisverstärkung K_0 wird berechnet.

$$K_0 = K_\text{R} \cdot K_\text{S} \cdot K_\text{M} = 10 \cdot 200 \,\frac{\text{min}^{-1}}{\text{V}} \cdot 0{,}01 \,\frac{\text{V}}{\text{min}^{-1}} \qquad K_0 = 20$$

2. Schritt: Es folgt die Berechnung des stationären Regelfehlers

für $w = 10\,\text{V}$

$$e = \frac{w}{1+K_0} = \frac{10\,\text{V}}{1+20} \qquad e = 0{,}476\,\text{V}$$

für $w = 5{,}25\,\text{V}$

$$e = \frac{w}{1+K_0} = \frac{5{,}25\,\text{V}}{1+20} \qquad e = 0{,}25\,\text{V}$$

3. Schritt: Die Berechnung des bezogenen Regelfehlers ergibt

$$\frac{e}{w} = \frac{0{,}476\,\text{V}}{10\,\text{V}} = 0{,}0476$$

$$\frac{e}{w} = 4{,}8\,\%$$

$$\frac{e}{w} = \frac{0{,}25\,\text{V}}{5{,}25\,\text{V}} = 0{,}0476$$

$$\frac{e}{w} = 4{,}8\,\%$$

■

An den Ergebnissen wird deutlich, dass der Wert für den stationären Regelfehler nicht aussagekräftig ist. Es ist nicht deutlich zu erkennen, wie nahe die Regelgröße an den Sollwert herankommt. Dazu ist der bezogene Regelfehler wesentlich besser geeignet.

Der bezogene Regelfehler ist offensichtlich unabhängig von der Regelgröße. Für unterschiedliche Führungsgrößen ergibt sich der gleiche Wert. Schon in der Formel (2.4) ist zu erkennen, dass der bezogene Regelfehler nur von der Kreisverstärkung abhängt. Da die Regelstrecke mit der Messwerterfassung als gegeben betrachtet werden kann, ist der bezogene Regelfehler offenbar von der Verstärkung der Regeleinrichtung abhängig.

Regelfehler

Ein größerer Übertragungsfaktor des Reglers in technisch sinnvollen Grenzen bewirkt eine größere Kreisverstärkung und damit einen kleineren Regelfehler. ■

2.4 Das Störverhalten

Der Einsatz einer Regelung ist gerade dann sinnvoll, wenn mit dem Auftreten von Einflüssen zu rechnen ist, die den Prozess in unerwünschter und häufig auch unkontrollierter Weise beeinflussen. Die Regelgröße soll beim Wirken dieser Störgrößen möglichst schnell und fehlerlos wieder den Wert annehmen, den sie vor dem Auftreten der Störgröße hatte.

Wie im Bild 2.11 dargestellt, können Störgrößen an jeder Stelle eines Regelkreises auftreten.

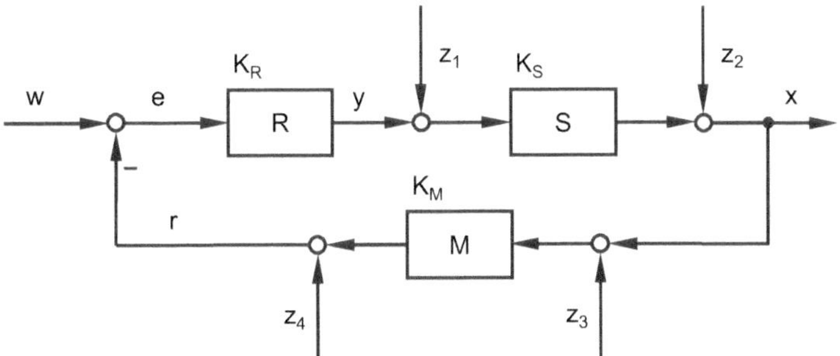

Bild 2.11 Störgrößen im Regelkreis

Häufig werden in Regelkreisen Operationsverstärker eingesetzt. Dabei ist es möglich, dass sich infolge innerer Unsymmetrien Ausgleichsspannungen einstellen. Werden diese Offsetspannungen nicht vollständig kompensiert, können sie zu einer Störgröße im Regelkreis werden.

Praktisch alle Bauelemente reagieren auf ihre Umgebungstemperatur. Dieser Einfluss führt häufig zu einer Störgröße im Regelkreis.

Die verwendete Gleichstrommaschine aus dem Beispiel 2.1 nimmt im Leerlauf eine bestimmte Leerlaufdrehzahl n_0 an. Wird die Maschine belastet, steigt der Ankerstrom und der innere Spannungsfall steigt. Dadurch wird die resultierende Spannung und damit auch die Drehzahl kleiner. Der Belastungsfall stellt eine typische Störgröße für einen Gleichstrommotor dar.

Bei der Untersuchung der Auswirkungen auf den Regelkreis aufgrund von Störgrößen muss beachtet werden, an welcher Stelle diese Störgröße angreift.

Zu unterscheiden sind Störgrößen, die im Vorwärtszweig auftreten, von denen, die in der Rückführung wirksam werden.

2.4.1 Störgrößen im Vorwärtszweig

Sollten im Vorwärtszweig mehrere Störgrößen auftreten, ist es sinnvoll diese so zusammenzufassen, dass nur ein Angriffsort bleibt. Im Bild 2.12 sitzt der Angriffsort für die Störgröße hinter der Regelstrecke. Für diesen Fall soll der Einfluss der Störgröße ermittelt werden.

Es wird vorausgesetzt, dass nur eine Eingangsgröße, die Störgröße z, wirksam ist. Bei dieser Betrachtung tritt keine Sollwertänderung Δw auf.

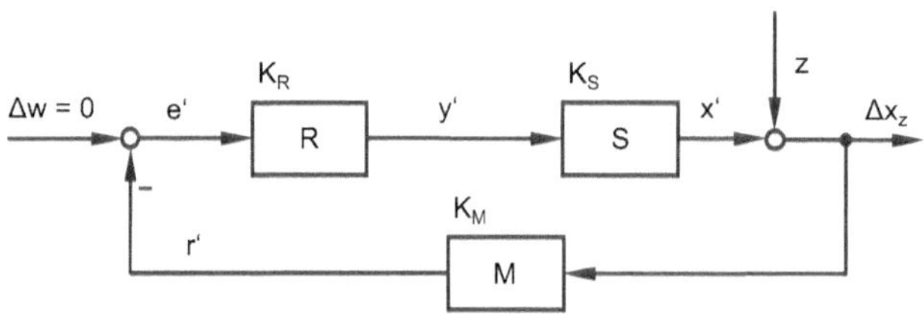

Bild 2.12 Störgröße im Vorwärtszweig

1. Schritt: Es gelten folgende Zusammenhänge:

$$\Delta x_Z = x' + z \tag{1}$$

$$K_R \cdot K_S = \frac{x'}{e'} \tag{2}$$

$$K_M = \frac{r'}{\Delta x_Z} \tag{3}$$

$$e' = -r' \tag{4}$$

2. Schritt: Die Gleichungen werden sinnvoll miteinander verknüpft.

(2) wird umgestellt nach x'

$$x' = e' \cdot K_R \cdot K_S \tag{5}$$

(4) wird eingesetzt in (5)

$$x' = -r' \cdot K_R \cdot K_S \tag{6}$$

(3) wird umgestellt nach r'

$$r' = \Delta x_Z \cdot K_M$$

und eingesetzt in (6)

$$x' = -\Delta x_Z \cdot K_R \cdot K_S \cdot K_M$$

mit $K_0 = K_R \cdot K_S \cdot K_M$ entsteht

$$x' = -\Delta x_Z \cdot K_0 \tag{7}$$

(7) wird eingesetzt in (1)

$$\Delta x_Z = -\Delta x_Z \cdot K_0 + z$$

$$\Delta x_Z + \Delta x_Z \cdot K_0 = z$$

$$\Delta x_Z (1 + K_0) = z$$

Daraus ergibt sich die Änderung der Regelgröße aufgrund der Störgröße z.

Änderung der Regelgröße durch die Störgröße

$$\Delta x_{\mathrm{z}} = \frac{z}{1+K_0} \tag{2.5}$$

■

3. Schritt: Wird hierbei das Verhältnis von Ausgangs- zur Eingangsgröße betrachtet, erhält man die Störübertragungsfunktion F_{z}. Dieser Ausdruck wird auch als Regelfaktor R bezeichnet.

Störübertragungsfunktion oder Regelfaktor

$$F_{\mathrm{z}} = R = \frac{\Delta x_{\mathrm{z}}}{z} = \frac{1}{1+K_0} \tag{2.6}$$

■

Soll das stationäre Verhalten in einem Regelkreis untersucht werden, treten meist beide Eingangsgrößen, die Führungsgröße w und die Störgröße z, gleichzeitig auf. Wird ein lineares System vorausgesetzt, kann eine Überlagerung von Führungs- und Störverhalten durchgeführt werden.

Führungsverhalten:

$$F_{\mathrm{w}} = \frac{x}{w} = \frac{K_{\mathrm{R}} \cdot K_{\mathrm{S}}}{1+K_0} \quad \rightarrow \quad x = w\frac{K_{\mathrm{R}} \cdot K_{\mathrm{S}}}{1+K_0}$$

$$z = 0$$

Störverhalten:

$$\Delta w = 0$$

$$F_{\mathrm{z}} = \frac{\Delta x_{\mathrm{z}}}{z} = \frac{1}{1+K_0} \quad \rightarrow \quad \Delta x_{\mathrm{z}} = z\frac{1}{1+K_0}$$

Stationäres Verhalten im Regelkreis mit Störgrößen im Vorwärtszweig

$$x + \Delta x_{\mathrm{z}} = w\frac{K_{\mathrm{R}} \cdot K_{\mathrm{S}}}{1+K_0} + z\frac{1}{1+K_0} \tag{2.7}$$

Achtung: Die Formel (2.7) darf nur dann verwendet werden, wenn die Störgröße hinter der Regelstrecke angreift.

■

Beispiel 2.4

Ein Gleichstrommotor wird mit einem Moment von 0,3 Nm belastet. Dieses Belastungsmoment hat beim ungeregelten Motor eine Drehzahlabsenkung von $300\,\mathrm{min}^{-1}$ zur Folge.

a) Wie groß wird die Drehzahländerung, wenn der Motor mit der im Bild 2.13 abgebildeten Drehzahlregelung betrieben wird?

b) Berechnen Sie die Drehzahl des Motors für eine Führungsgröße von 10 V einmal ohne und einmal mit Störeinfluss.

c) Berechnen Sie sämtliche Ein- und Ausgangsgrößen im Blockschaltbild aus Bild 2.13 ohne Störgröße.

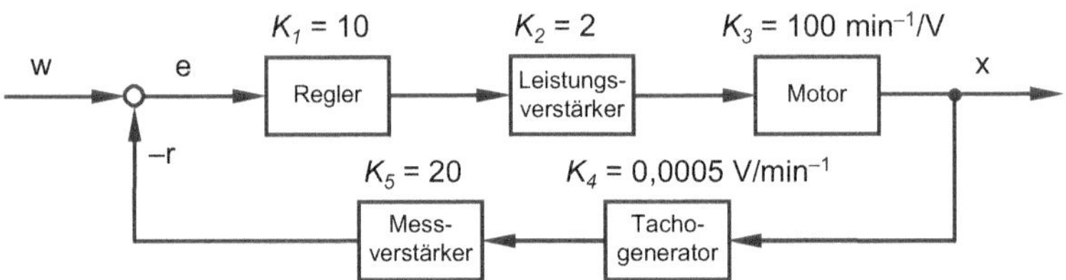

Bild 2.13 Blockschaltbild der Drehzahlregelung zum Beispiel 2.4

Lösung 2.4

Schritt 1: Zusammenfassen des Blockschaltbildes, Bestimmung der Kreisverstärkung und Festlegung des Angriffspunktes der Störgröße

Die Störgröße beschreibt das Verhalten der ungeregelten Maschine bei Belastung. Sie bewirkt eine Veränderung der Regelgröße und greift damit hinter der Regelstrecke an.

Die Verminderung der Drehzahl muss durch ein negatives Vorzeichen berücksichtigt werden.

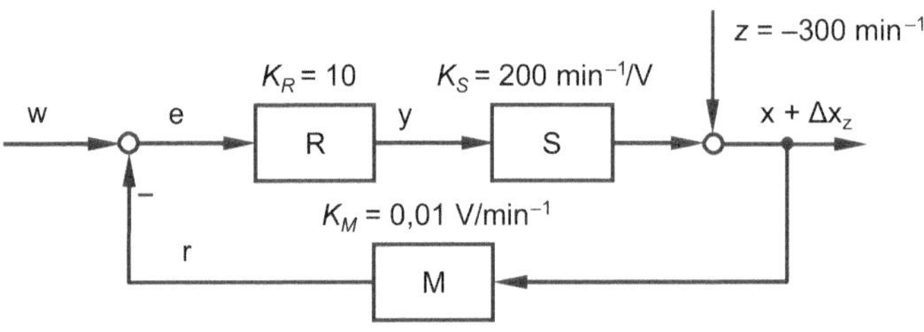

Bild 2.14 Blockschaltbild mit Störgröße

$$K_0 = K_R \cdot K_S \cdot K_M = 10 \cdot 200 \frac{\text{min}^{-1}}{\text{V}} \cdot 0{,}01 \frac{\text{V}}{\text{min}^{-1}} \qquad K_0 = 20$$

Schritt 2: Im Aufgabenteil a) wird die Änderung der Regelgröße durch die Störgröße gesucht. Zur Anwendung kommt die Formel (2.5).

$$\Delta x_z = z \frac{1}{1+K_0} = \left(-300\,\text{min}^{-1}\right) \frac{1}{1+20} \qquad \Delta x_z = -14{,}3\,\text{min}^{-1}$$

Schritt 3: Aus dem Führungsverhalten von Formel (2.2) ergibt sich die Regelgröße ohne Störeinfluss.

$$x = w \frac{K_R \cdot K_S}{1+K_0} = 10\,\text{V} \frac{10 \cdot 200 \frac{\text{min}^{-1}}{\text{V}}}{1+20} \qquad x = 952{,}4\,\text{min}^{-1}$$

Schritt 4: Die Überlagerung liefert mit Formel (2.7) die Regelgröße mit Störeinfluss.

$$x + \Delta x_z = 952{,}4\,\text{min}^{-1} + \left(-14{,}3\,\text{min}^{-1}\right) \qquad x + \Delta x_z = 938{,}1\,\text{min}^{-1}$$

Schritt 5: Für den Teil c) bleibt die Störgröße unberücksichtigt. Da die Ausgangsgröße des Regelkreises bekannt ist, kann dort in den Kreis hineingerechnet werden.

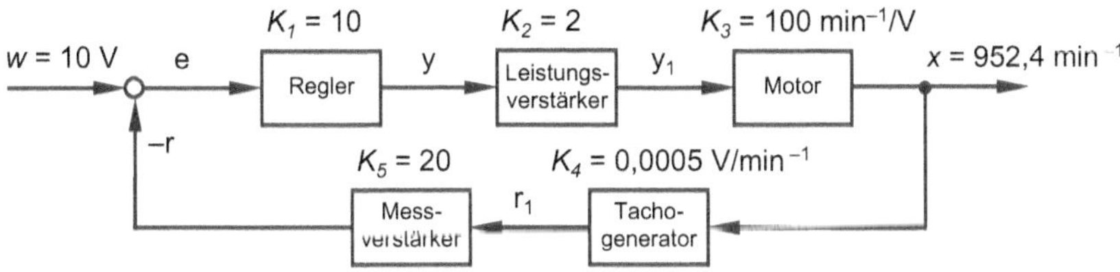

Bild 2.15 Blockschaltbild ohne Störgröße

$$K_4 = \frac{r_1}{x} \qquad r_1 = x \cdot K_4 = 952{,}4\,\text{min}^{-1} \cdot 0{,}0005\,\frac{\text{V}}{\text{min}^{-1}} \qquad r_1 = 0{,}4762\,\text{V}$$

$$K_5 = \frac{r}{r_1} \qquad r = r_1 \cdot K_5 = 0{,}4762\,\text{V} \cdot 20 \qquad r = 9{,}524\,\text{V}$$

$$e = w - r \qquad e = 10\,\text{V} - 9{,}524\,\text{V} \qquad e = 0{,}476\,\text{V}$$

$$K_1 = \frac{y}{e} \qquad y = e \cdot K_1 = 0{,}476\,\text{V} \cdot 10 \qquad y = 4{,}76\,\text{V}$$

$$K_2 = \frac{y_1}{y} \qquad y_1 = y \cdot K_2 = 4{,}76\,\text{V} \cdot 2 \qquad y_1 = 9{,}52\,\text{V}$$

$$K_3 = \frac{x}{y_1} \qquad x = y_1 \cdot K_3 = 9{,}52\,\text{V} \cdot 100\,\frac{\text{min}^{-1}}{\text{V}} \qquad x = 952\,\text{min}^{-1}$$

Schlussfolgerung:

Ohne Regelung

Eine Eingangsgröße von 10 V führt beim ungeregelten Motor zu einer Drehzahl von $1000\,\text{min}^{-1}$. Beim Auftreten der Störgröße würde die Drehzahl um $300\,\text{min}^{-1}$ auf $700\,\text{min}^{-1}$ absinken.

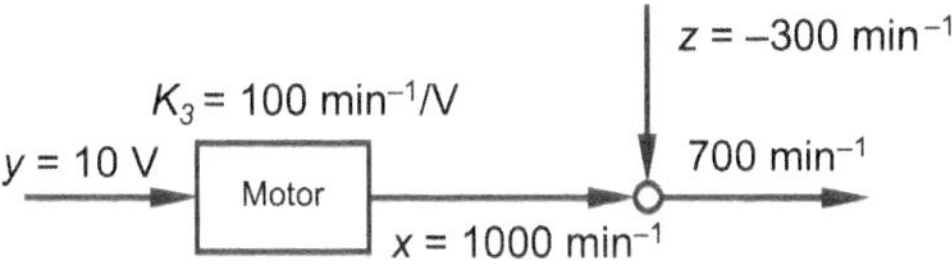

Bild 2.16 Motor ohne Regelung

Mit Regelung

Mit der Regelung führt die Eingangsgröße von 10 V zu einer Drehzahl von $952\,\text{min}^{-1}$. Es entsteht eine bleibende Regeldifferenz von $48\,\text{min}^{-1}$ bzw. von 4,8 %. Beim Auftreten der Störgröße ist am Ausgang noch eine Drehzahl von $938{,}1\,\text{min}^{-1}$ vorhanden.

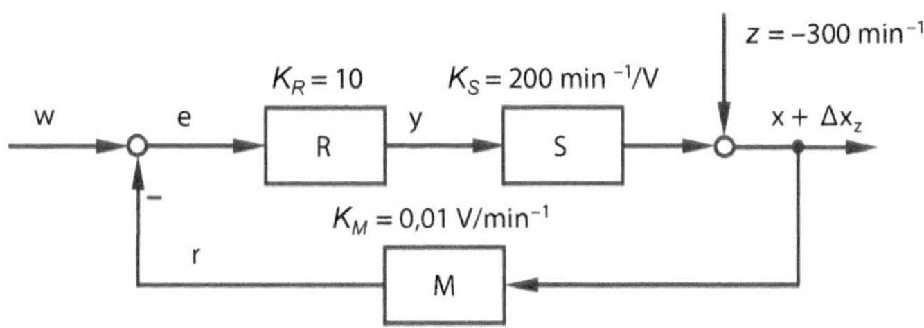

Bild 2.17 Motor mit Regelung

■

Störgrößen im Vorwärtszweig

Störgrößen im Vorwärtszweig gelten als ausregelbar.

In der Formel (2.6) ist zu erkennen, dass bei einer großen Kreisverstärkung die Störübertragungsfunktion sehr klein wird. Die Störgröße wird umso besser ausgeregelt, je größer die Kreisverstärkung bzw. der Übertragungsfaktor des Reglers ist.

■

2.4.2 Störgrößen in der Rückführung

Wenn die Störgrößen innerhalb der Messwerterfassung auftreten, dann liegt der Angriffsort in der Rückführung. Damit ändert sich das Störverhalten.

Die Herleitung zur Bestimmung der Regelgröße erfolgt am elementaren Regelkreis. Die Störgröße z_r soll am Eingang der Messeinrichtung angreifen.

1. Schritt: Es gelten die folgenden Zusammenhänge:

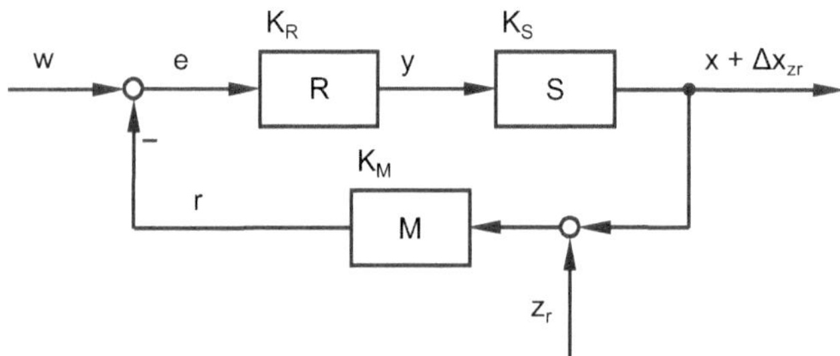

Bild 2.18 Störgröße in der Rückführung

$$e = w - r \tag{1}$$

$$K_R \cdot K_S = \frac{x + \Delta x_{zr}}{e} \tag{2}$$

$$K_M = \frac{r}{x + \Delta x_{zr} + z_r} \tag{3}$$

2. Schritt: Die Gleichungen werden sinnvoll miteinander verknüpft.

(2) wird umgestellt nach e

$$e = \frac{x + \Delta x_{zr}}{K_R \cdot K_S} \tag{4}$$

(3) wird umgestellt nach r

$$r = K_M\,(x + \Delta x_{zr} + z_r) \tag{5}$$

(4) und (5) werden eingesetzt in (1)

$$\frac{x + \Delta x_{zr}}{K_R \cdot K_S} = w - K_M\,(x + \Delta x_{zr} + z_r) \tag{6}$$

(6) wird umgestellt nach $x + \Delta x_{zr}$

$$x + \Delta x_{zr} = w \cdot K_\mathrm{R} \cdot K_\mathrm{S} - K_\mathrm{R} \cdot K_\mathrm{S} \cdot K_\mathrm{M}\,(x + \Delta x_{zr} + z_\mathrm{r})$$

mit $K_0 = K_\mathrm{R} \cdot K_\mathrm{S} \cdot K_\mathrm{M}$ entsteht

$$x + \Delta x_{zr} = w \cdot K_\mathrm{R} \cdot K_\mathrm{S} - K_0\,(x + \Delta x_{zr} + z_\mathrm{r})$$

$$x + \Delta x_{zr} = w \cdot K_\mathrm{R} \cdot K_\mathrm{S} - K_0\,(x + \Delta x_{zr}) - K_0 \cdot z_\mathrm{r}$$

$$(x + \Delta x_{zr}) + K_0\,(x + \Delta x_{zr}) = w \cdot K_\mathrm{R} \cdot K_\mathrm{S} - K_0 \cdot z_\mathrm{r}$$

$$(x + \Delta x_{zr})\,(1 + K_0) = w \cdot K_\mathrm{R} \cdot K_\mathrm{S} - K_0 \cdot z_\mathrm{r}$$

Stationäres Verhalten im Regelkreis mit Störgrößen in der Rückführung

$$x + \Delta x_{zr} = w\,\frac{K_\mathrm{R} \cdot K_\mathrm{S}}{1 + K_0} - z_\mathrm{r}\,\frac{K_0}{1 + K_0} \tag{2.8}$$

Achtung: Die Formel (2.8) darf nur dann verwendet werden, wenn die Störgröße am Eingang der Messwerterfassung angreift.

■

Die Regelgröße ergibt sich auch hier aus einer Überlagerung.

Der erste Teil ist bekannt. Es handelt sich um die Regelgröße, die sich durch das Führungsverhalten ergibt. Der zweite Teil stellt den Einfluss auf die Regelgröße aufgrund einer Störgröße in der Rückführung dar.

Dieser Anteil kann wieder als eine Störübertragungsfunktion aufgefasst werden. In diesem Fall nimmt die Störübertragungsfunktion auch bei großen Kreisverstärkungen einen Wert um eins an, das heißt, der Einfluss der Störgröße bleibt praktisch voll erhalten.

Störübertragungsfunktion

$$F_{zr} = \frac{\Delta x_{zr}}{z_\mathrm{r}} = -\frac{K_0}{1 + K_0} \tag{2.9}$$

■

Beispiel 2.5

Für den Drehzahlregelkreis im Bild 2.19 soll der Einfluss der Störung in dem Tachogenerator untersucht werden.

Die Ausgangsspannung des Tachogenerators ändert sich durch Temperatureinfluss bei einer Drehzahl von $1000\,\mathrm{min}^{-1}$ um $-50\,\mathrm{mV}$.

a) Geben Sie die Drehzahl des Motors ohne Störgröße an.

b) Wie groß wird die Drehzahl, wenn die Störgröße angreift?

c) Welchen Wert nimmt die Rückführgröße r ohne und mit Störgröße an?

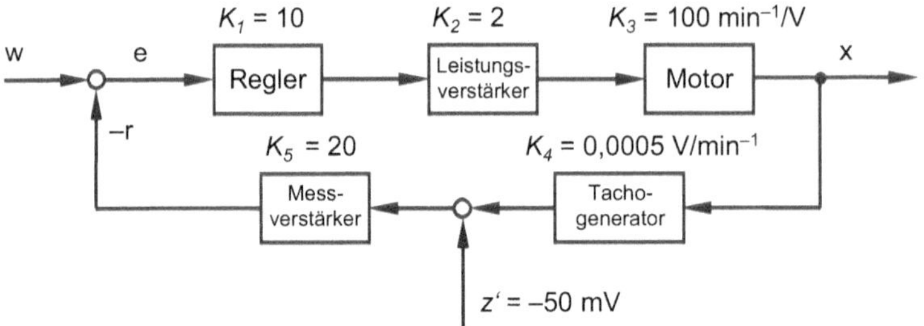

Bild 2.19 Blockschaltbild einer Drehzahlregelung mit Störgröße

Lösung 2.5

Schritt 1: Zusammenfassen des Blockschaltbildes, Bestimmung der Kreisverstärkung und Ermittlung der Regelgröße (Lösung zu a)) aus der Führungsübertragungsfunktion

$$K_0 = K_R \cdot K_S \cdot K_M = 10 \cdot 200 \frac{\text{min}^{-1}}{\text{V}} \cdot 0{,}01 \frac{\text{V}}{\text{min}^{-1}} \qquad K_0 = 20$$

$$x = w \frac{K_R \cdot K_S}{1+K_0} = 10\,\text{V} \frac{10 \cdot 200 \frac{\text{min}^{-1}}{\text{V}}}{1+20} \qquad x = 952{,}4\,\text{min}^{-1}$$

Schritt 2: Um die Formel (2.8) für b) anwenden zu können, muss die Störgröße an den Eingang der Messwerterfassung verlegt werden (siehe Abschnitt 1.2.2, Regel 4).

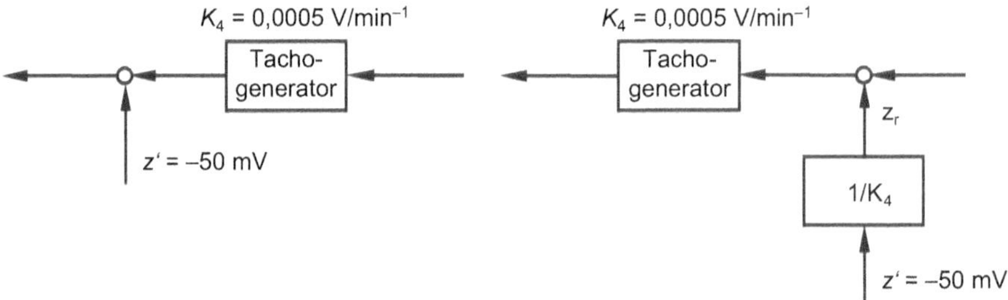

Bild 2.20 Verlegung der Störgröße

$$\frac{1}{K_4} = \frac{z_r}{z'} \qquad z_r = \frac{z'}{K_4} = \frac{-0{,}05\,\text{V}}{0{,}0005 \frac{\text{V}}{\text{min}^{-1}}} \qquad z_r = -100\,\text{min}^{-1}$$

Schritt 3: Mit der Formel (2.8) kann jetzt die Regelgröße mit dem Einfluss der Störgröße in der Rückführung berechnet werden.

$$x + \Delta x_{zr} = w \frac{K_R \cdot K_S}{1+K_0} - z_r \frac{K_0}{1+K_0}$$

$$= 952{,}4\,\text{min}^{-1} - \left(-100\,\text{min}^{-1}\right) \frac{20}{1+20} = 952{,}4\,\text{min}^{-1} + 95{,}2\,\text{min}^{-1}$$

$$x + \Delta x_{zr} = 1047{,}6\,\text{min}^{-1}$$

Schritt 4: Die Rückführgröße ohne Störeinfluss für c) kann direkt vom Ausgang über die Reihenschaltung der Messeinrichtung bestimmt werden.

$$K_4 \cdot K_5 = \frac{r}{x}$$

$$r = x \cdot K_4 \cdot K_5 = 952{,}4\,\text{min}^{-1} \cdot 0{,}0005\,\frac{\text{V}}{\text{min}^{-1}} \cdot 20 \qquad r = 9{,}524\,\text{V}$$

Schritt 5: Soll die Störgröße mit berücksichtigt werden, muss sie wie in Bild 2.20 dargestellt behandelt werden.

$$K_4 \cdot K_5 = \frac{r}{x + \Delta x_{zr} + z_\text{r}}$$

$$r = (x + \Delta x_{zr} + z_\text{r}) \cdot K_4 \cdot K_5$$

$$= \left(1047{,}6\,\text{min}^{-1} - 100\,\text{min}^{-1}\right) \cdot 0{,}0005\,\frac{\text{V}}{\text{min}^{-1}} \cdot 20 \qquad r = 9{,}476\,\text{V}$$

■

Störgrößen in der Rückführung

Störgrößen in der Rückführung bleiben ungedämpft, sie sind nicht ausregelbar. Für die Praxis bedeutet das, dass eine Regelung nur so gut wie die zugehörende Messwerterfassung sein kann.

■

Treten in einem Regelkreis mehrere Störgrößen auf, ist es sinnvoll, diese Störgrößen zusammenzufügen. Die Störgrößen werden durch die Vereinfachung von Blockschaltbildern (Abschnitt 1.2.2) so zusammengefasst, dass am Ende nur eine Störgröße vorhanden ist.

2.5 Übungen

Aufgabe 2.1

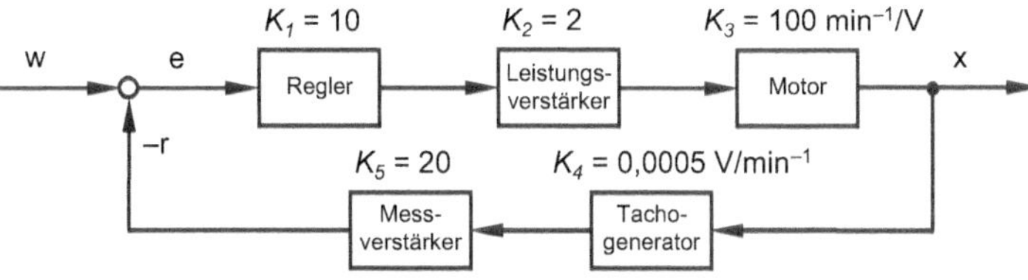

Bild 2.21 Drehzahlregelung aus Aufgabe 2.1

Die Ausgangsspannung des Leistungsverstärkers der Drehzahlregelung ändert sich aufgrund von Versorgungsspannungsschwankungen um −2 V. Welche Auswirkung hat das auf die Drehzahl bei einer Führungsgröße von 10 V?

Aufgabe 2.2

a) Erstellen Sie für die abgebildete Stromregelung einen Wirkungsplan.

b) Entwickeln Sie aus dem Wirkungsplan den elementaren Regelkreis.

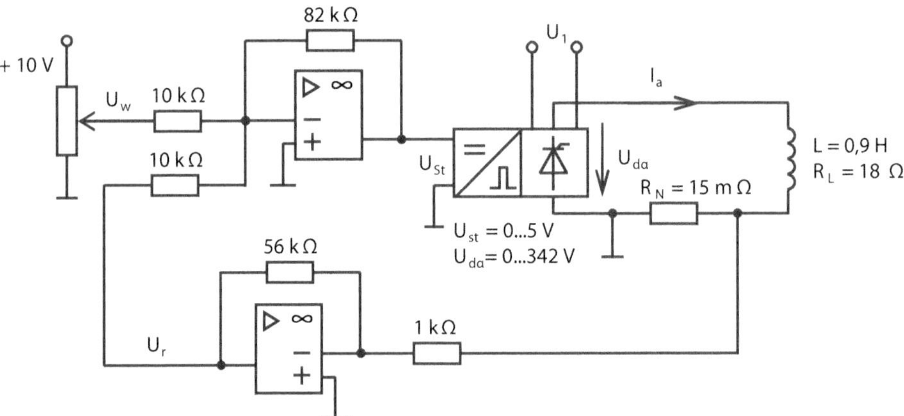

Bild 2.22 Stromregelung aus Aufgabe 2.2

c) Berechnen Sie die Kreisverstärkung.

d) Welchen Wert muss die Führungsgröße annehmen, damit sich am Ausgang ein Strom von 6 A einstellt?

e) Geben Sie den bezogenen Regelfehler an.

Aufgabe 2.3

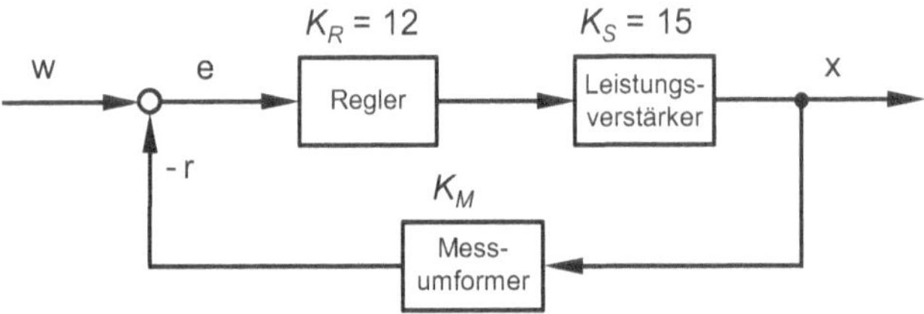

Bild 2.23 Spannungsregelung aus Aufgabe 2.3

a) Der Messumformer soll so dimensioniert werden, dass die Rückführgröße bei einer Regelgröße von 100 V gerade 10 V beträgt. Berechnen Sie den Übertragungsfaktor der Messwerterfassung.

b) Zur Messwerterfassung wird ein Potenziometer mit 25 kΩ als Spannungsteiler verwendet. Welche Teilwiderstände ergeben sich dann bei dem berechneten Übertragungsfaktor?

c) Bestimmen Sie die Kreisverstärkung des Regelkreises.

d) Wie groß wird die Regelgröße, wenn die Führungsgröße 10 V beträgt?

e) Berechnen Sie den bezogenen Regelfehler.

f) Welchen Wert muss die Führungsgröße annehmen, damit am Ausgang eine Spannung von 72 V anliegt?

g) Um welchen Wert ändert sich die Regelgröße, wenn am Ausgang des Reglers eine Offsetspannung von 0,5 V auftritt?

h) Berechnen Sie für g) sämtliche Ein- und Ausgangsgrößen im Regelkreis.

3 Untersuchung von Übertragungsgliedern

Nach dem Durcharbeiten dieses Kapitels können Sie diese und weitere Fragen beantworten:

- Wie wird ein Bode-Diagramm erstellt?
- Worin besteht der Unterschied zwischen Frequenzgang und Übertragungsfunktion?
- Wie kann die Laplace-Transformation genutzt werden?
- Wie kann ein einfaches Simulationsmodell aufgestellt werden?

Für den Entwurf einer Regelung muss das Verhalten der Strecke bekannt sein. Ist dies nicht der Fall, dann muss die Strecke untersucht werden. Dafür stehen einige Werkzeuge zur Verfügung. Es ist möglich, die Übertragungsglieder im Zeitbereich oder im Frequenzbereich zu untersuchen. Zwischen beiden besteht eine Transformationsbeziehung über die Fourier- oder die Laplace-Transformation. Um eine Untersuchung durchzuführen, müssen geeignete Testfunktionen ausgewählt werden. Hier haben sich für den praktischen Gebrauch drei Funktionen herausgebildet (siehe Bild 3.1).

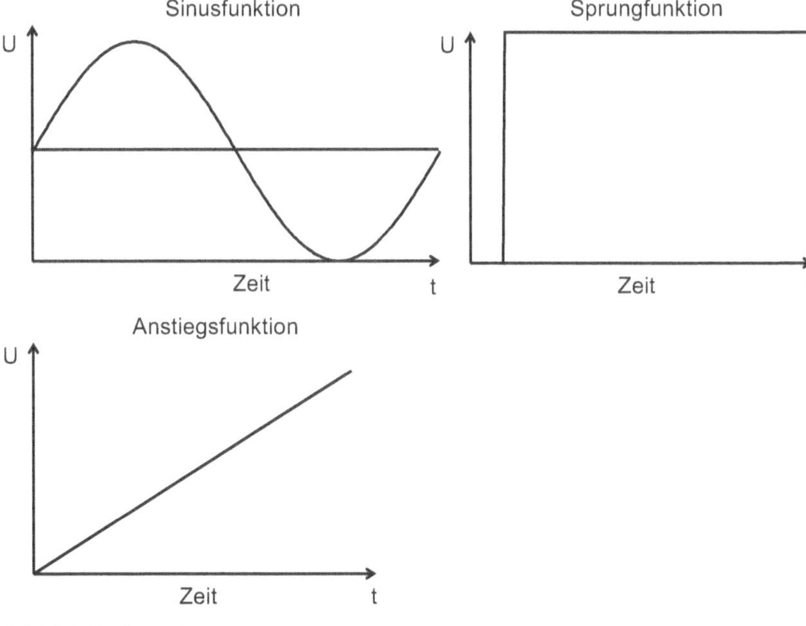

Bild 3.1 Testsignale

Das Ziel der Untersuchungen ist, eine mathematische Beschreibung der Strecke zu finden. Anhand der ermittelten Parameter kann dann ein Modell für die Strecke aufgestellt werden. Sind die physikalischen Zusammenhänge bekannt, kann diese Beschreibung über sogenannte Bilanzgleichungen realisiert werden. Im Fall der Elektrotechnik sind das die Kirchhoffschen Gesetze, also Maschen- und Knotenregel. Diese Gleichungen können als Differenzialgleichungen aufgestellt werden. Wird das elektrische System im eingeschwungenen Zustand mit einer sinusförmigen Eingangsfunktion beaufschlagt, kann die Beschreibung mit der komplexen Rechnung erfolgen. Dies soll anhand eines Beispiels gezeigt werden.

Beispiel 3.1

Gesucht ist der Zusammenhang zwischen der Spannung am Ausgang und der Eingangsspannung. Dabei soll eine sinusförmige Spannung im Frequenzbereich als Testsignal verwendet werden.

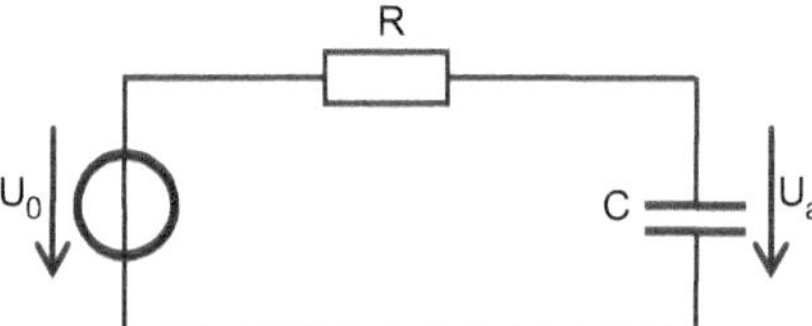

Bild 3.2 RC-Spannungsteiler

Lösung 3.1

Für die Beschreibung in der komplexen Ebene müssen die elektrischen Bauteile komplex beschrieben werden. Der ohmsche Widerstand ist reell, während der Kondensator nur einen imaginären Anteil enthält. Die entsprechenden Gleichungen sind im Folgenden angegeben:

$$\underline{Z}_\mathrm{C} = \frac{1}{\mathrm{j}\omega C},$$

$$\underline{Z}_\mathrm{R} = R$$

Hier ist der allgemeine Lösungsansatz in der komplexen Ebene mit der Spannungsteilerregel zu finden.

$$\underline{U}_\mathrm{a} = \underline{U}_\mathrm{C} = \frac{\underline{Z}_\mathrm{C}}{\underline{Z}_\mathrm{C} + \underline{Z}_\mathrm{R}} \cdot \underline{U}_0 \tag{3.1}$$

Durch Einsetzen von $\underline{Z}_\mathrm{C}$ und $\underline{Z}_\mathrm{R}$ in Gleichung (3.1) ergibt sich der komplexe Frequenzgang.

$$G(\mathrm{j}\omega) = \frac{\frac{1}{\mathrm{j}\omega C}}{\frac{1}{\mathrm{j}\omega C} + R} \tag{3.2}$$

Diese Gleichung könnte im Grunde so bleiben, ist aber für die Betrachtung mit dem Bode-Diagramm ungünstig. Besser ist es, den Doppelbruch zu vermeiden. Mit der Erweiterung von jωC ergibt sich die folgende Gleichung:

$$G(\mathrm{j}\omega) = \frac{\underline{U}_\mathrm{a}}{\underline{U}_0} = \frac{1}{1 + \mathrm{j}\omega RC} \tag{3.3}$$

Diese Gleichung wird als Frequenzgang bezeichnet und beschreibt den Zusammenhang zwischen der Sinusfunktion als Eingangssignal und der dazugehörigen Antwortfunktion, die auch eine Sinusfunktion ist.

Die Gleichung (3.3) hätte sich auch durch die Transformation der Differenzialgleichung in den Laplace-Bereich ergeben, wenn für den Anfangszustand der Kondensator als nicht geladen angenommen worden wäre. Darauf soll im Abschnitt 3.6 eingegangen werden.

Die Beschreibungsform in Gleichung (3.3) ist also nützlich für die Betrachtungen im Frequenzbereich. Genau das macht die komplexe Rechnung möglich. Ein komplexer Frequenzgang kann eine Eingangsfunktion, die als sinusförmige Größe vorliegt, in Betrag und in der Phase verändern. Für lineare Systeme bedeutet das, dass die Ausgangsgröße ebenfalls sinusförmig ist, aber in Betrag und Phase verändert sein kann. ■

Frequenzgang

Für die Betrachtung im Frequenzbereich wird die Sinusfunktion als Testfunktion verwendet. Ein Frequenzgang verändert eine sinusförmige Eingangsfunktion in Betrag und Phase. ■

3.1 Das Bode-Diagramm

Die Untersuchung im Frequenzbereich wird mithilfe des Bode-Diagramms vorgenommen. Das Bode-Diagramm ist eine Darstellungsform, in der für alle Frequenzen die Veränderungen des Betrags und der Phase des Ausgangssignals sofort abgelesen werden können. Ein Werkzeug, das nicht nur in der Regelungstechnik, sondern auch in der Messdatenverarbeitung und in vielen anderen Gebieten seine Anwendung findet. Im Folgenden soll für das Eingangsbeispiel das Bode-Diagramm entworfen werden. Das Bode-Diagramm lässt sich für viele technische Systeme relativ einfach skizzieren, wenn die mathematische Beschreibung vorliegt.

Für die Darstellung des Bode-Diagramms müssen einige Vorbetrachtungen vorgenommen werden.

1. Der Betrag wird zwar linear aufgetragen, aber in Dezibel umgerechnet.

   Umrechnung in Dezibel

   $$\left|G(\mathrm{j}\omega)\right|_{\mathrm{dB}} = 20 \cdot \log_{10} \left|G(\mathrm{j}\omega)\right| \tag{3.4}$$

   $$\left|G(\mathrm{j}\omega)\right| = 10^{\frac{\left|G(\mathrm{j}\omega)\right|_{\mathrm{dB}}}{20}} \tag{3.5}$$ ■

   Die Bezeichnung „Dezibel“ ist keine Maßeinheit, sondern ein Verhältnismaß der Effektivwerte oder Amplitudenwerte zwischen der Eingangs- und Ausgangsgröße. Treten bei der Übertragungsfunktion Einheiten auf, so werden diese nicht berücksichtigt.
2. Die Betragskurve und die Phasenverschiebung werden über einer gemeinsamen Achse aufgetragen. Die Abszisse wird logarithmisch dargestellt.
3. Die Phasenverschiebung wird üblicherweise in Grad angegeben.

Tabelle 3.1 zeigt einige Zusammenhänge zwischen Beträgen und den entsprechenden Dezibelwerten.

Tabelle 3.1 Umrechnung von Beträgen in Dezibelwerte

Betrag	Betrag in Dezibel	Betrag	Betrag in Dezibel
1000	60 dB	$\frac{1}{\sqrt{2}} = 0{,}707$	−3 dB
100	40 dB	0,5	−6 dB
10	20 dB	0,1	−20 dB
2	6 dB	0,01	−40 dB
$\sqrt{2} = 1{,}41$	3 dB	0,001	−60 dB
1	0 dB		

Für die Betragsdarstellung muss die oben hergeleitete Gleichung (3.3) als Betragsgleichung umgestellt werden. Der Nenner und der Zähler können jeweils als komplexe Zahl betrachtet werden. Dies ergibt mit den Regeln der komplexen Rechnung folgende Formel:

$$Z = a + \mathrm{j}b = Z\mathrm{e}^{\mathrm{j}\varphi} \quad \text{mit} \quad Z = \sqrt{a^2 + b^2} \quad \text{und} \quad \tan\varphi = \frac{b}{a}$$

$$\left|G(\mathrm{j}\omega)\right| = K \cdot \frac{1}{\sqrt{1 + (\omega RC)^2}} \tag{3.6}$$

Aus der Betrachtung der Exponentialform einer komplexen Größe ergibt sich für den Phasenwinkel eines Quotienten die Differenzbildung der einzelnen Phasenverschiebungen. Der Zähler ist eine reelle Größe und hat damit eine Phasenverschiebung von 0°. Die Phasenverschiebung des Nenners wird über das Verhältnis von Imaginär- zu Realteil und dem arctan bestimmt. Daraus ergibt sich die Phasenverschiebung wie folgt:

$$\varphi = 0^\circ - \arctan(\omega RC) \tag{3.7}$$

Werden nun Betrag und Phase nach den oben angegebenen Formeln für aufsteigende Kreisfrequenzen berechnet, ergibt sich ein Bode-Diagramm wie im Bild 3.3.

Für die betrachtete Schaltung soll die Zeitkonstante mit dem Wert $T = RC = 1\,\text{s}$ gelten.

Der Widerstand wird in Ohm, also V/A angegeben und der Kondensator hat die Einheit As/V. Daraus ergibt sich die Einheit s für die Zeitkonstante T.

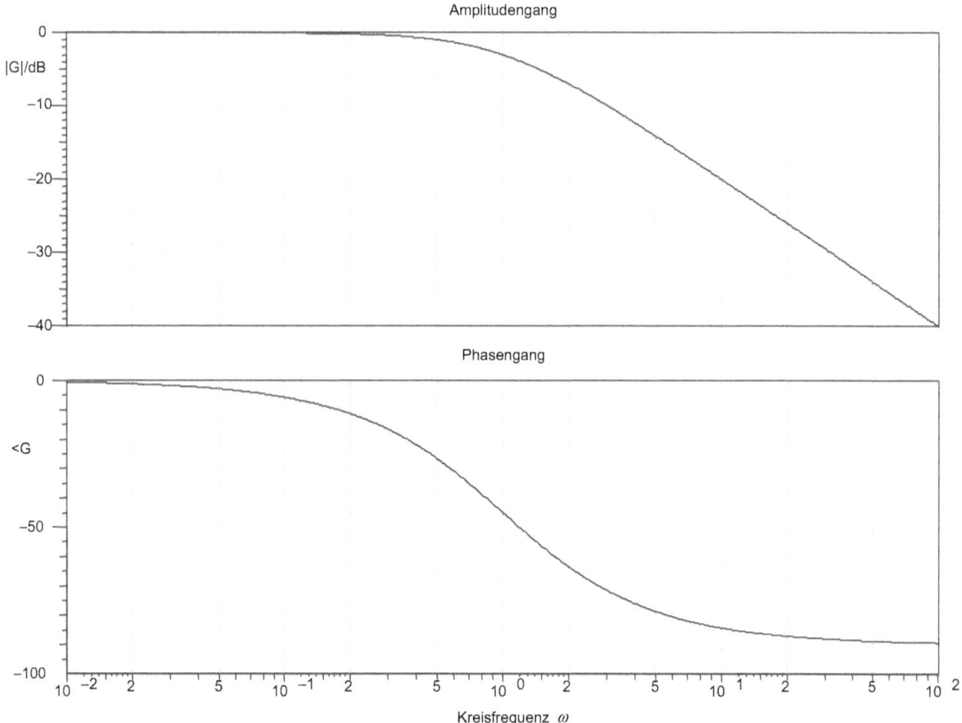

Bild 3.3 Bode-Diagramm eines RC-Gliedes

Das Bode-Diagramm kann auch messtechnisch aufgenommen werden. Dazu wird die Schaltung mit einem Sinusgenerator am Eingang mit unterschiedlichen Frequenzen gespeist. Wird auf diese Weise der Frequenzbereich durchfahren, können mit dem Oszilloskop am Ausgang jeweils Betrag und Phasenverschiebung gemessen werden.

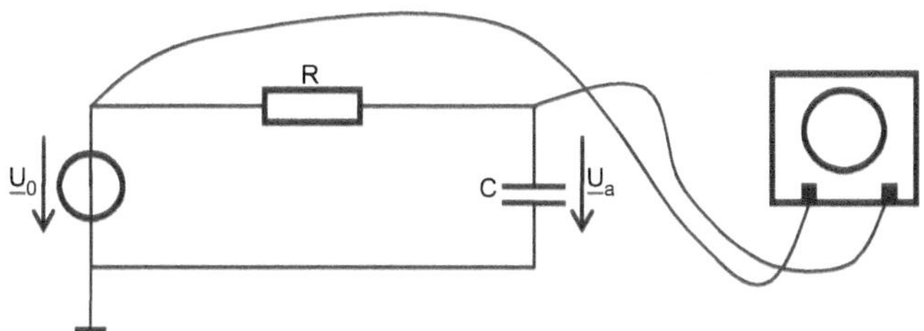

Bild 3.4 Messaufbau für den Frequenzgang einer RC-Schaltung

Die Formel (3.8) beinhaltet den Verstärkungsfaktor, der im Fall des RC-Gliedes den Wert eins hat. Außerdem wird eine Kennfrequenz ω_0, der Kehrwert der Zeitkonstanten, eingeführt. Die Betragskennlinie eines Frequenzgangs kann auch ohne Rechenprogramm gut abgeschätzt werden. Dies wird durch Näherungen erreicht. Der Frequenzgang des RC-Gliedes hat im Nenner einen Ausdruck, der eine Frequenzabschätzung gut zulässt.

$$\left|G(\mathrm{j}\omega)\right| = K \cdot \frac{1}{\sqrt{1+\left(\frac{\omega}{\omega_0}\right)^2}} \tag{3.8}$$

mit $\omega_0 = \dfrac{1}{T}$

1. Ist die Frequenz ω deutlich kleiner als ω_0, dann ist die Gesamtübertragungsfunktion nur durch den Verstärkungsfaktor K bestimmt.

   $$\left|G(\mathrm{j}\omega)\right| = K \cdot \frac{1}{1} \tag{3.9}$$

   Im Bode-Diagramm ergibt sich eine waagerechte Gerade.
2. Ist die Frequenz deutlich größer als ω_0, also ungefähr um einen Faktor 10, so wird die Gesamtübertragungsfunktion bestimmt durch:

   $$\left|G(\mathrm{j}\omega)\right| = K \cdot \frac{1}{\omega/\omega_0} \tag{3.10}$$

   Im Bode-Diagramm ergibt sich eine Gerade mit einer Neigung von −20 dB/Dekade.
3. Im Schnittpunkt der beiden Geraden liegt die Frequenz ω_0, sie wird auch als Grenzfrequenz oder Knickfrequenz bezeichnet.

Mit diesen idealisierten Kennlinien lässt sich die Betragskennlinie sehr schnell entwerfen. Das Ergebnis zeigt die folgende Darstellung im Bild 3.5.

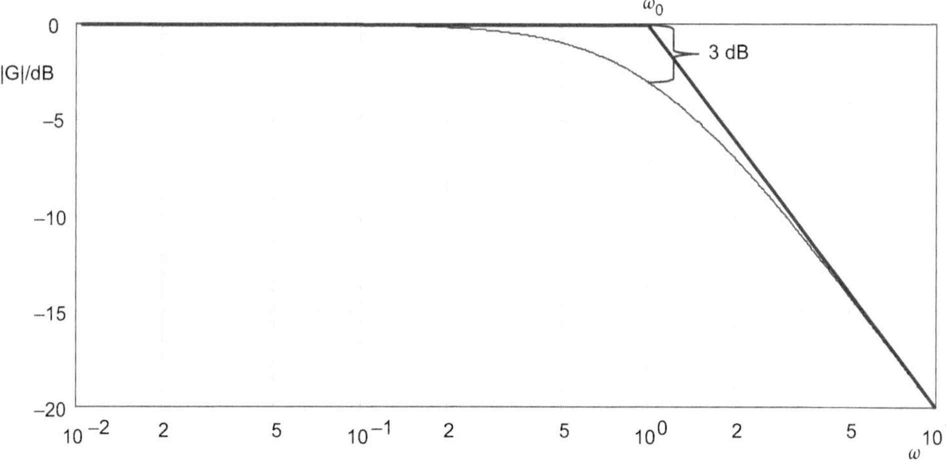

Bild 3.5 Amplitudengang RC-Glied mit Näherungsgeraden

Die Abweichung ist an der Knickfrequenz am größten und nimmt dann zu beiden Seiten schnell ab.

Tabelle 3.2 Abweichung zwischen dem asymptotischen und dem realen Amplitudengang

Kreisfrequenz ω	Asymptote in dB	reale Kennlinie in dB	Abweichung in dB
$0{,}1 \cdot \omega_0$	− 0 dB	− 0,04 dB	−0,04 dB
$0{,}5 \cdot \omega_0$	− 0 dB	− 1 dB	1 dB
ω_0	− 0 dB	− 3 dB	3 dB
$2 \cdot \omega_0$	− 6 dB	− 7 dB	1 dB
$10 \cdot \omega_0$	−20 dB	−20,04 dB	−0,04 dB

Insgesamt kann die Abweichung nach einer Dekade vernachlässigt werden.

Die Phase des Frequenzgangs muss, wenn kein Simulationsprogramm zur Verfügung steht, konstruiert werden. Dafür kann ein sogenanntes Phasenlineal benutzt werden. Mit entsprechendem logarithmischen Papier kann dann der genaue Phasenverlauf entworfen werden.

Für eine vereinfachte Betrachtung soll auch für die Phase eine Annäherung mit einer Geraden versucht werden. Drei Punkte sollen vorgegeben werden:

- $\omega = 0{,}1 \cdot \omega_0 \Rightarrow \varphi = 0$
- $\omega = \omega_0 \Rightarrow \varphi = -45°$
- $\omega = 10 \cdot \omega_0 \Rightarrow \varphi = -90°$

Tabelle 3.3 Phasengang für ein RC-Glied

ω	0,01	0,02	0,06	0,1	0,2	0,6	1	2	6	10	20	60	100
φ	−0,6	−1,1	−3,4	−5,7	−11,3	−31,0	−45,0	−63,4	−80,5	−84,3	−87,1	−89,0	−89,4
φ				0,0			−45,0			−90			

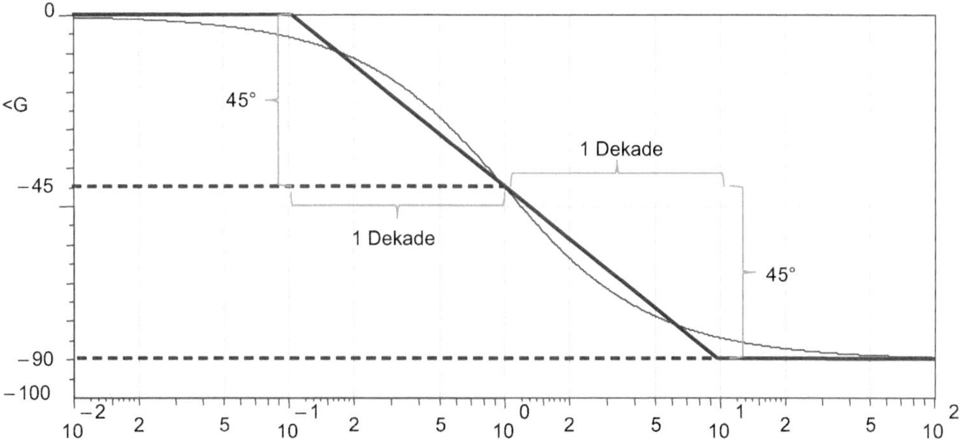

Bild 3.6 Phasengang RC-Glied mit Näherungsgeraden

Der Vergleich mit der Geraden zeigt, dass die Fehler wegen der Symmetrie des Phasenverlaufs bei $\omega = 0{,}1\omega_0$ und bei $\omega = 10\omega_0$ jeweils 5,7° betragen und ansonsten darunter liegen. Die Abweichungen nach einer Dekade vom Knickpunkt können vernachlässigt werden.

Für die meisten technischen Systeme kann von einem eindeutigen Zusammenhang zwischen der Phase und dem Betragsverlauf ausgegangen werden. Diese Systeme werden als Minimalphasensysteme bezeichnet.

Das Bode-Diagramm lässt sich für diese Systeme einfach konstruieren, wenn sich der Frequenzgang aus sogenannten Grundelementen zusammensetzt. Aus diesen Standardelementen lassen sich dann Betrags- und Phasenverlauf schnell skizzieren.

Im Folgenden sind einige der wichtigsten Grundelemente zusammengefasst:

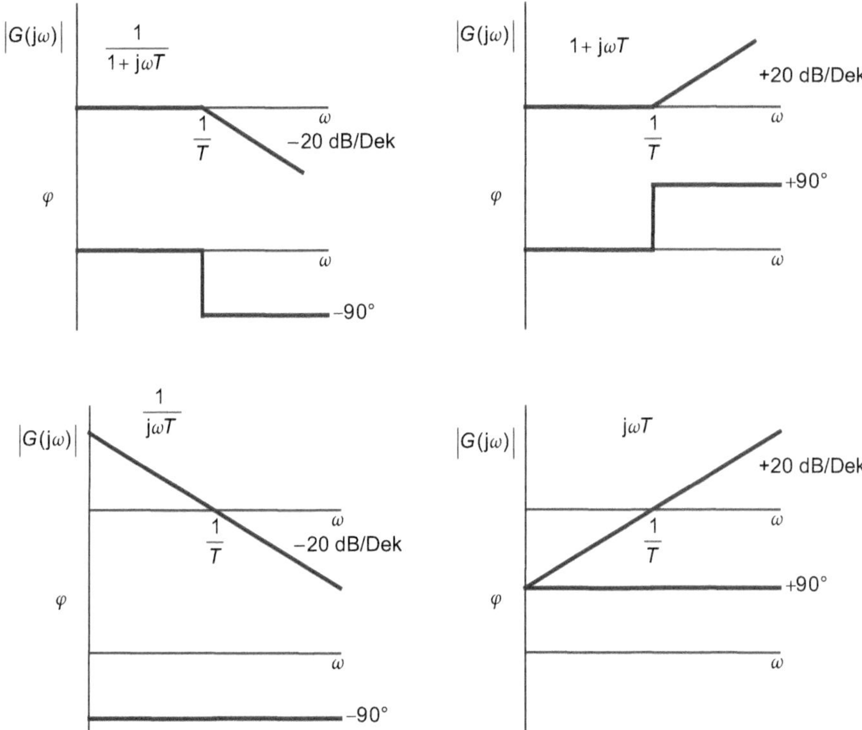

Bild 3.7 Grundelemente für das Bode-Diagramm

Tabelle 3.4 Standardelemente für das Bode-Diagramm

Standardelemente	Betrag in dB	Phase	Kommentar
$1+j\omega T$ im Nenner	−20 dB pro Dekade ab der Knickfrequenz	verschiebt die Phase um −90°	Knickfrequenz $\omega_0 = 1/T$
$1+j\omega T$ im Zähler	+20 dB pro Dekade ab der Knickfrequenz	verschiebt die Phase um +90°	Knickfrequenz $\omega_0 = 1/T$
$j\omega T$ im Nenner	−20 dB pro Dekade	−90° für alle Frequenzen	Schnittpunkt mit der Betragskennlinie bei $1/T$

Tabelle 3.4 (Fortsetzung)

Standardelemente	Betrag in dB	Phase	Kommentar
$j\omega T$ im Zähler	+20 dB pro Dekade	+90° für alle Frequenzen	Schnittpunkt mit der Betragskennlinie bei $1/T$
K als Verstärkungsfaktor	K in dB für alle Frequenzen	0° Phasenverschiebung	verschiebt einen gegebenen Amplitudengang nach oben oder unten

Das Bode-Diagramm

Das Bode-Diagramm ist eine grafische Darstellung des Frequenzgangs, mit dem die Verstärkung und die Phasenverschiebung für eine bestimmte Eingangsfrequenz leicht abgelesen werden können.

3.2 Reihenschaltung von Frequenzgängen

Im Allgemeinen setzen sich Frequenzgänge aus mehreren Standardelementen zusammen. Die Schaltung im Bild 3.2 könnte z. B. mehrfach in Reihe geschaltet werden, jeweils getrennt durch einen Impedanzwandler. Die Frequenzgänge würden dann multiplikativ gekoppelt sein. Solche Reihenschaltungen sind häufig anzutreffen.

$$G(j\omega) = G_1(j\omega) \cdot G_2(j\omega) \cdot G_3(j\omega) \tag{3.11}$$

Wie sieht dann der Gesamtfrequenzgang $G(j\omega)$ aus? Genau hierin besteht der Vorteil des Bode-Diagramms. Liegt der Gesamtfrequenzgang aus Standardelementen vor, können die einzelnen Verläufe für den Amplitudengang addiert werden.

Für einen dreifach in Reihe geschalteten RC-Spannungsteiler könnten drei unterschiedliche Zeitkonstanten vorgegeben sein. Jeder einzelne Frequenzgang hat eine Knickfrequenz bei der entsprechenden Grenzfrequenz $\omega_1 = \frac{1}{T_1}$, $\omega_2 = \frac{1}{T_2}$, $\omega_3 = \frac{1}{T_3}$. Der Gesamtfrequenzgang ergibt sich dann zu:

$$G(j\omega) = \frac{1}{1 + j\omega T_1} \cdot \frac{1}{1 + j\omega T_2} \cdot \frac{1}{1 + j\omega T_3} \tag{3.12}$$

Durch die logarithmische Umrechnung im Bode-Diagramm wird aus der multiplikativen Kopplung eine additive Kopplung.

$$\begin{aligned} 10^{\frac{|G(j\omega)|_{dB}}{20}} &= 10^{\frac{|G_1(j\omega)|_{dB}}{20}} \cdot 10^{\frac{|G_2(j\omega)|_{dB}}{20}} \cdot 10^{\frac{|G_3(j\omega)|_{dB}}{20}} \\ 10^{\frac{|G(j\omega)|_{dB}}{20}} &= 10^{\frac{|G_1(j\omega)|_{dB}}{20} + \frac{|G_2(j\omega)|_{dB}}{20} + |G_3(j\omega)|_{dB}/20} \end{aligned} \tag{3.13}$$

$$\left|G(j\omega)\right|_{dB} = \left|G_1(j\omega)\right|_{dB} + \left|G_2(j\omega)\right|_{dB} + \left|G_3(j\omega)\right|_{dB} \tag{3.14}$$

Bis zur jeweiligen Grenzfrequenz liegt der idealisierte Frequenzgang parallel zur 0 dB-Linie. Ab der Grenzfrequenz ω_0 fällt der idealisierte Frequenzgang mit −20 dB/Dekade ab. Jeder weitere Knickpunkt ergibt weitere −20 dB/Dekade. Bei drei in Reihe geschalteten RC-Gliedern wird die Neigung schließlich −60 dB/Dekade betragen.

Für den Phasengang ergeben sich ähnlich einfache Konstellationen. Der Gesamtfrequenzgang ist eine komplexe Größe und kann in der Exponentialform durch einen Betrag und eine Phasenverschiebung beschrieben werden.

$$\left|G(\mathrm{j}\omega)\right| \cdot \mathrm{e}^{\mathrm{j}\varphi} = \left|G_1(\mathrm{j}\omega)\right| \cdot \mathrm{e}^{\mathrm{j}\varphi_1} \cdot \left|G_2(\mathrm{j}\omega)\right| \cdot \mathrm{e}^{\mathrm{j}\varphi_2} \cdot \left|G_3(\mathrm{j}\omega)\right| \cdot \mathrm{e}^{\mathrm{j}\varphi_3} \tag{3.15}$$

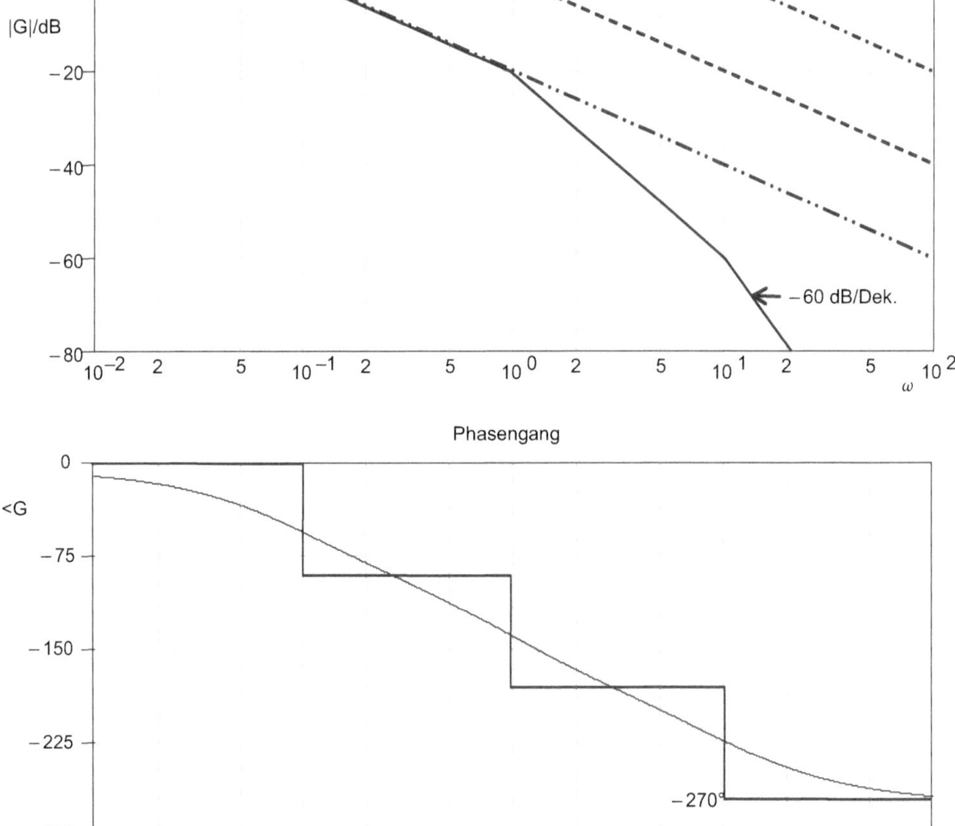

Bild 3.8 Bode-Diagramm für eine Reihenschaltung von drei RC-Gliedern

In der Gleichung (3.15) wird deutlich, dass sich die Gesamtphase aus der Addition der Einzelphasen ergibt.

$$\begin{aligned} \varphi &= \varphi_1 + \varphi_2 + \varphi_3 \\ \varphi &= -\arctan(\omega T_1) - \arctan(\omega T_2) - \arctan(\omega T_3) \end{aligned} \tag{3.16}$$

Jeder Knickpunkt ergibt hier eine Phasenverschiebung um −90°. Für die Frequenzen oberhalb der größten Knickfrequenz strebt die Phase gegen −270°.

Für eine Reihenschaltung mit den Zeitkonstanten $T_1 = 0{,}1\,\text{s}$, $T_2 = 1\,\text{s}$, $T_3 = 10\,\text{s}$ ergeben sich die Werte der Tabelle 3.5 und das Bode-Diagramm aus Bild 3.8.

Tabelle 3.5 Berechnung der Gesamtphase nach (3.16)

ω	0,01	0,02	0,06	0,1	0,2	0,6
φ_1	−0,1	−0,1	−0,3	−0,6	−1,1	−3,4
φ_2	−0,6	−1,1	−3,4	−5,7	−11,3	−31,0
φ_3	−5,7	−11,3	−31,0	−45,0	−63,4	−80,5
φ	−6,3	−12,6	−34,7	−51,3	−75,9	−114,9

ω	1	2	6	10	20	60	100
φ_1	−5,7	−11,3	−31,0	−45,0	−63,4	−80,5	−84,3
φ_2	−45,0	−63,4	−80,5	−84,3	−87,1	−89,0	−89,4
φ_3	−84,3	−87,1	−89,0	−89,4	−89,7	−89,9	−89,9
φ	−135,0	−161,9	−200,5	−218,7	−240,3	−259,5	−263,7

Beispiel 3.2

Für die Schaltung in Bild 3.2 soll ein Frequenzgang I_C / U_0 ermittelt und das entsprechende Bode-Diagramm skizziert werden. Der Widerstand R beträgt 100 kΩ und der Kondensator C hat den Wert 10 µF.

Lösung 3.2

1. Schritt: Aufstellen der Übertragungsfunktion, ohmsches Gesetz

$$G(\mathrm{j}\omega) = \frac{\underline{I}_C}{\underline{U}_0} = \frac{1}{R + \frac{1}{\mathrm{j}\omega C}}$$

2. Schritt: Doppelbruch beseitigen

$$G(\mathrm{j}\omega) = \frac{\underline{I}_C}{\underline{U}_0} = \frac{\mathrm{j}\omega C}{1 + \mathrm{j}\omega RC}$$

3. Schritt: Umstellen der Gleichung

$$G(\mathrm{j}\omega) = C \cdot \frac{\mathrm{j}\omega}{1 + \mathrm{j}\omega T_1} \quad \text{mit} \quad T_1 = RC = 1\,\text{s} \quad \text{und} \quad \omega_1 = \frac{1}{T_1} = 1\,\text{s}^{-1} \tag{3.17}$$

4. Schritt: Erste Möglichkeit, den Amplituden- und Phasengang zu konstruieren

Zunächst wird eine Tabelle aufgestellt, die die Knickfrequenzen berücksichtigt. Der Frequenzbereich wird in Bereiche kleiner und größer der Knickfrequenzen aufgeteilt. Die

Frequenz ω wird dann von dem Wert null bis zu dem Frequenzwert $\omega = \infty$ in den Frequenzgang $G(\mathrm{j}\omega)$ eingesetzt. Der Betrag wird dann abgeschätzt. Für $\omega < \omega_1$ überwiegt bei dem Ausdruck $1 + \mathrm{j}\omega T_1$ die Eins gegenüber dem Ausdruck $\mathrm{j}\omega T$, also wird die Eins übernommen. Die Gesamtübertragungsfunktion enthält dann nur noch einen Verstärkungsfaktor und ein $\mathrm{j}\omega$ im Zähler. Dies bedeutet, dass der Amplitudengang mit 20 dB steigt und die Phasenverschiebung um 90° verschoben ist.

Kreisfrequenz ω	Betrag	Steigung in dB	Phase in Grad
$\omega < \omega_1$	$\left\lvert C \cdot \frac{\mathrm{j}\omega}{1} \right\rvert$	+20 dB/Dek.	+90°
$\omega > \omega_1$	$\left\lvert C \cdot \frac{\mathrm{j}\omega}{\mathrm{j}\omega T_1} \right\rvert = \left\lvert \frac{C}{T_1} \right\rvert$	0 dB/Dek.	0°

Tabelle 3.6 Hilfstabelle für die Konstruktion des Bode-Diagramms

Für $\omega > \omega_1$ wird der Ausdruck $1 + \mathrm{j}\omega T_1$ zu $\mathrm{j}\omega T_1$, da $\mathrm{j}\omega T_1$ dann wesentlich größer ist als eins und die Eins somit vernachlässigt werden kann. Übrig bleibt jeweils ein $\mathrm{j}\omega$ im Zähler und Nenner, die sich dann wegkürzen. Die Gesamtübertragungsfunktion wird anschließend nur noch durch den Faktor $\frac{C}{T_1}$ bestimmt. Die Steigung wird zu 0 dB/Dekade und das wiederum bedeutet die Phase strebt gegen 0°. In dem Bild 3.9 ist der Phasengang noch weiter vereinfacht eingezeichnet, als Phasensprung bei der Kennfrequenz um −90°.

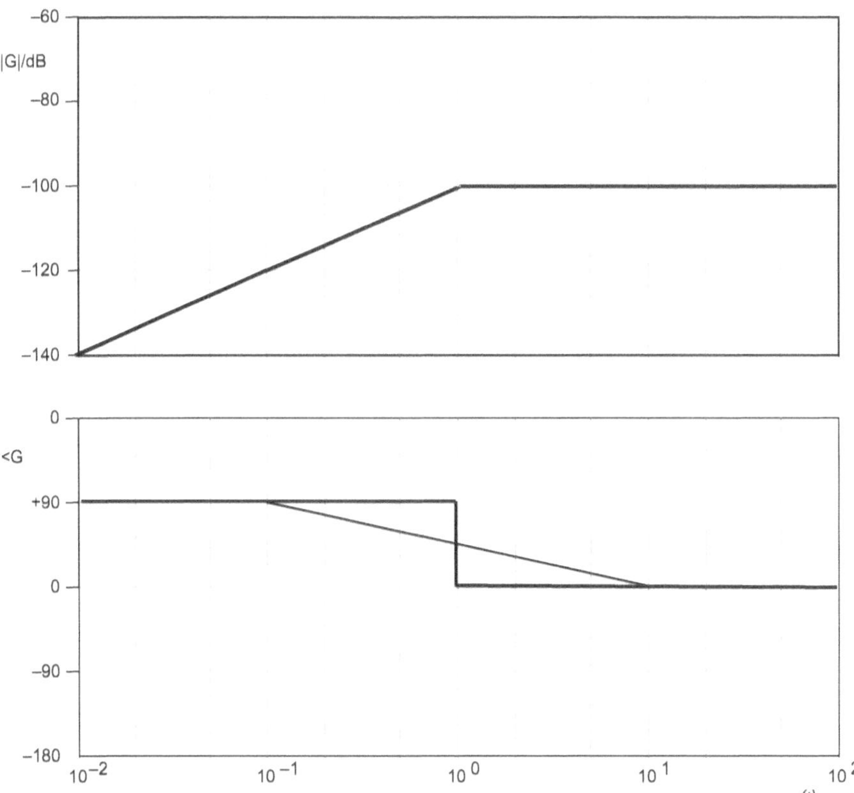

Bild 3.9 Bode-Diagramm

5. Schritt: Zweite Möglichkeit, den Amplituden- und Phasengang zu konstruieren

Der Frequenzgang (3.17) kann auch als Reihenschaltung der Elementarglieder interpretiert werden.

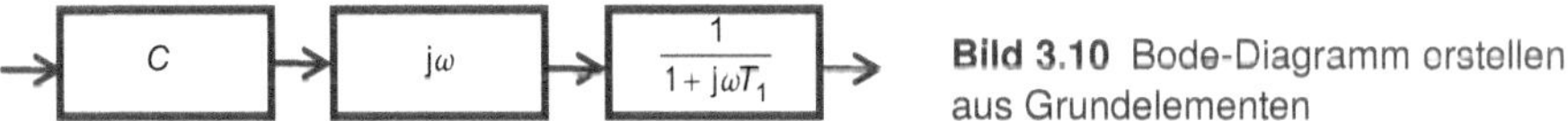

Bild 3.10 Bode-Diagramm erstellen aus Grundelementen

Diese Elementarglieder werden als Amplitudengang einzeln dargestellt und anschließend addiert. Das zweite Glied entspricht einem 20 dB-Anstieg mit dem Schnittpunkt der 0 dB-Kennlinie bei $\omega = 1\,\mathrm{s}^{-1}$ und einer Phasenverschiebung von +90°. Das dritte Glied hat einen Knickpunkt nach unten bei der Kennfrequenz $\omega_1 = 1\,\mathrm{s}^{-1}$ und die Phase wird um −90° verschoben.

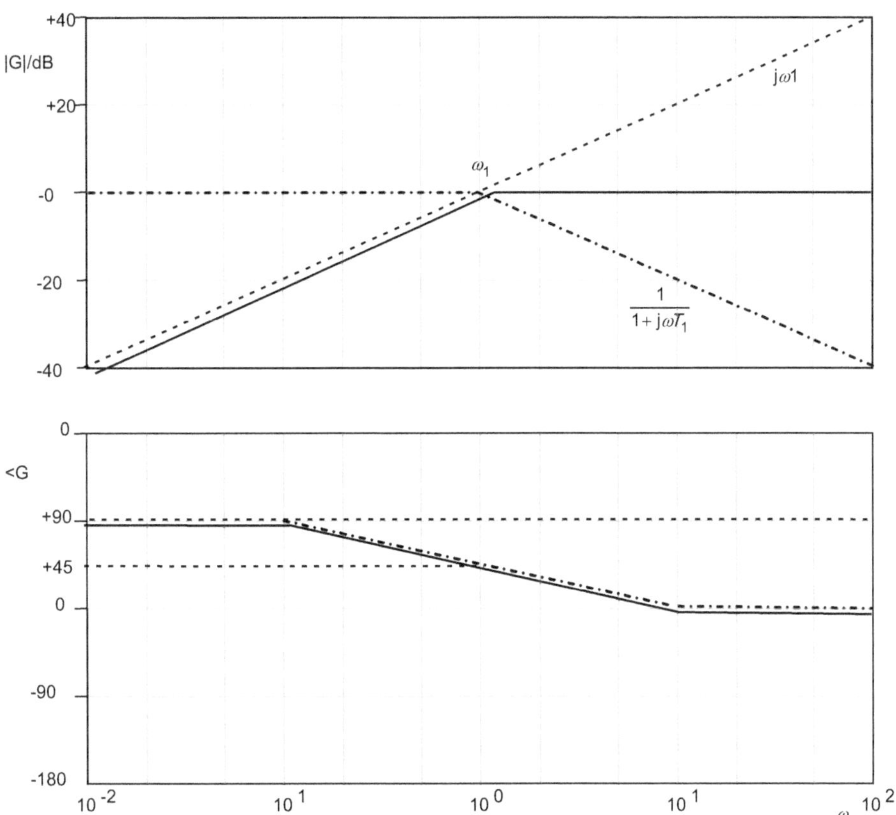

Bild 3.11 Bode-Diagramm einzeln, Näherungen

Das erste Glied, der Verstärkungsfaktor $K = C$, wird nur den Amplitudengang verändern und zwar den gesamten Frequenzgang um −100 dB verschieben. Der Phasengang wird durch den Verstärkungsfaktor nicht beeinflusst. Der Frequenzgang $\frac{\underline{I}_C}{\underline{U}_0}$ hat Hochpassverhalten. ■

3.3 Übertragungsfunktion

In den bisherigen Betrachtungen wurde vorausgesetzt, dass das Eingangssignal eine sinusförmige Größe ist. Eine Übertragungsfunktion beschreibt das lineare Ausgangs-Eingangs-Verhältnis für beliebige Eingangssignale im Bildbereich. Unter der Voraussetzung der Linearität kann dann $j\omega$ durch s ersetzt werden.

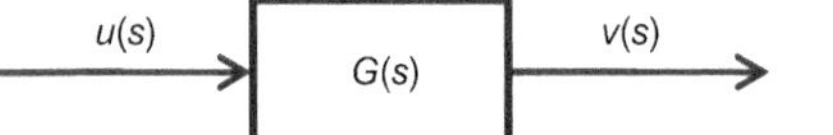

Bild 3.12 Übertragungsfunktion

Die Übertragungsfunktion stellt die Laplace-Transformation aus dem Zeitbereich in den Bildbereich dar. Der Operator s wird als Laplace-Operator bezeichnet. Allgemein wird der Laplace-Operator mit $s = \delta + j\omega$ beschrieben. Der Abklingkoeffizient δ kann zu null gesetzt werden.

Mit diesem Ansatz ergibt sich aus dem Frequenzgang (3.4) die Übertragungsfunktion, die in der Regelungstechnik auch als P-T_1-Glied bezeichnet wird.

$$G(s) = \frac{v(s)}{u(s)} = \frac{1}{1 + sT} \tag{3.18}$$

3.4 Ortskurve

Der Frequenzgang eines Übertragungsgliedes kann als komplexe Funktion in der Exponentialschreibweise in Betrag und Phase oder in der Aufspaltung in Real- und Imaginärteil angegeben werden.

Komplexe Beziehung zwischen Betrag, Phase sowie Real- und Imaginärteil

$$G(j\omega) = |G(j\omega)| \cdot e^{j\omega} = \mathrm{Re}\{G(j\omega)\} + j\,\mathrm{Im}\{G(j\omega)\} \tag{3.19}$$

Bei der Ortskurvendarstellung wird der komplexe Frequenzgang in die komplexe Zahlenebene übertragen. Auf der Abszisse wird der Real- und auf der Ordinate der Imaginärteil aufgetragen.

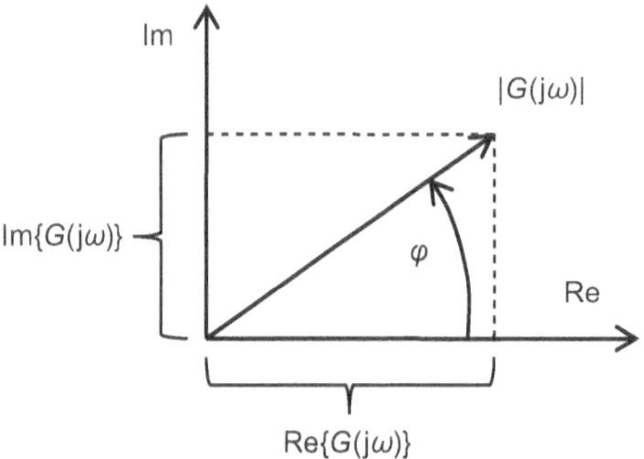

Bild 3.13 Ortskurve

Der Betrag $|G(\mathrm{j}\omega)|$ kann aus dem Realteil und dem Imaginärteil berechnet werden. Er entspricht der Zeigerlänge in der Ortskurve.

Betrag

$$|G(\mathrm{j}\omega)| = \sqrt{\mathrm{Re}^2 + \mathrm{Im}^2} \tag{3.20}$$

■

Der Phasenwinkel φ wird aus dem Verhältnis von Imaginärteil und Realteil bestimmt. Er stellt die Phase des Frequenzgangs, also die Phasenverschiebung zwischen dem sinusförmigen Aus- und Eingangssignal dar.

Phase

$$\varphi = \arctan\left(\frac{\mathrm{Im}}{\mathrm{Re}}\right) \tag{3.21}$$

■

Umgekehrt lassen sich auch Realteil und Imaginärteil aus dem Betrag und der Phase berechnen.

Realteil

$$\mathrm{Re}\{|G(\mathrm{j}\omega)|\} = |G(\mathrm{j}\omega)| \cdot \cos\varphi \tag{3.22}$$

und

Imaginärteil

$$\mathrm{Im}\{|G(\mathrm{j}\omega)|\} = |G(\mathrm{j}\omega)| \cdot \sin\varphi \tag{3.23}$$

■

Beispiel 3.3

Berechnen Sie für den folgenden Frequenzgang den Real- und Imaginärteil bei 50 Hz:

$$G(\mathrm{j}\omega) = 10 \cdot \frac{1}{1 + \mathrm{j}\omega T} \quad \text{mit} \quad T = 0{,}01\,\mathrm{s}$$

Lösung 3.3

1. Schritt: Berechnen der Phase

Zähler und Nenner können jeweils als komplexe Zahl aufgefasst werden.

Der Zähler hat die Phasenverschiebung 0°.

Der Nenner hat die Phasenverschiebung

$$\mathrm{Nenner}_\varphi = \arctan(2 \cdot \pi \cdot 50\,\mathrm{Hz} \cdot 0{,}01\,\mathrm{s}) \cdot \frac{180^\circ}{\pi} = 72{,}34^\circ$$

Phasenverschiebung von $G(\mathrm{j}\omega)$

$$\varphi = 0° - \text{Nenner}_\varphi = -72{,}34°$$

2. Schritt: Berechnen des Betrags

$$\left|G(\mathrm{j}\omega)\right| = 10 \cdot \frac{1}{\sqrt{1+(\omega T)^2}} = 10 \cdot \frac{1}{\sqrt{1+(2\pi \cdot 50\,\mathrm{Hz} \cdot 0{,}01\,\mathrm{s})^2}} = 3{,}03$$

3. Schritt: Berechnen des Realteils

$$\mathrm{Re} = 3{,}03 \cdot \cos(-72{,}34°) = 0{,}92$$

4. Schritt: Berechnen des Imaginärteils

$$\mathrm{Im} = 3{,}03 \cdot \sin(-72{,}34°) = -2{,}89$$

■

Beispiel 3.4

Der folgende Frequenzgang soll in die Ortskurve übertragen werden:

$$G(\mathrm{j}\omega) = \frac{1}{1+\mathrm{j}\omega T} \tag{3.24}$$

Lösung 3.4

1. Schritt: Konjugiert komplex erweitern

$$G(\mathrm{j}\omega) = \frac{1}{1+\mathrm{j}\omega T} \cdot \frac{(1-\mathrm{j}\omega T)}{(1-\mathrm{j}\omega T)} \tag{3.25}$$

2. Schritt: Ausmultiplizieren und in Real- und Imaginärteil aufspalten

$$G(\mathrm{j}\omega) = \frac{1}{1+(\omega T)^2} - \frac{\mathrm{j}\omega T}{1+(\omega T)^2} \tag{3.26}$$

mit

$$\mathrm{Re} = \frac{1}{1+(\omega T)^2} \tag{3.27}$$

und

$$\mathrm{Im} = -\frac{\mathrm{j}\omega T}{1+(\omega T)^2} \tag{3.28}$$

3. Schritt: Startwert $\omega = 0$ setzen. Dann ergibt sich für die Gleichung (3.26):

$$G(\mathrm{j}\omega) = 1$$

Der Realteil ist eins und der Imaginärteil ist null.

4. Schritt: Endwert $\omega = \infty$ setzen.

Dann ergibt sich für die Gleichung (3.26):

$$G(j\omega) = 0$$

Der Realteil ist null und der Imaginärteil ist auch null, weil der Nenner des Imaginärteils durch das Quadrat überwiegt.

Damit sind der Start- und der Endwert bestimmt.

5. Schritt: Kreisfrequenz $\omega = \frac{1}{T}$ setzen.

Dann ergibt sich für die Gleichung (3.26):

$$G(j\omega) = \frac{1}{1+(1)^2} - \frac{j \cdot 1}{1+(1)^2} = 0{,}5 - j0{,}5$$

■

Grenzfrequenz

Die Grenzfrequenz $\omega_0 = \frac{1}{T}$ ist für den Fall definiert, dass Realteil und Imaginärteil gleich groß sind. Der Winkel beträgt für diese Frequenz 45° und der Betrag ist 0,707. Dies entspricht in Dezibel ausgedrückt −3 dB.

■

Die weiteren Werte müssen dann berechnet werden. Mit der Kenntnis, dass sich ein Halbkreis ergeben muss, kann die Ortskurve konstruiert werden.

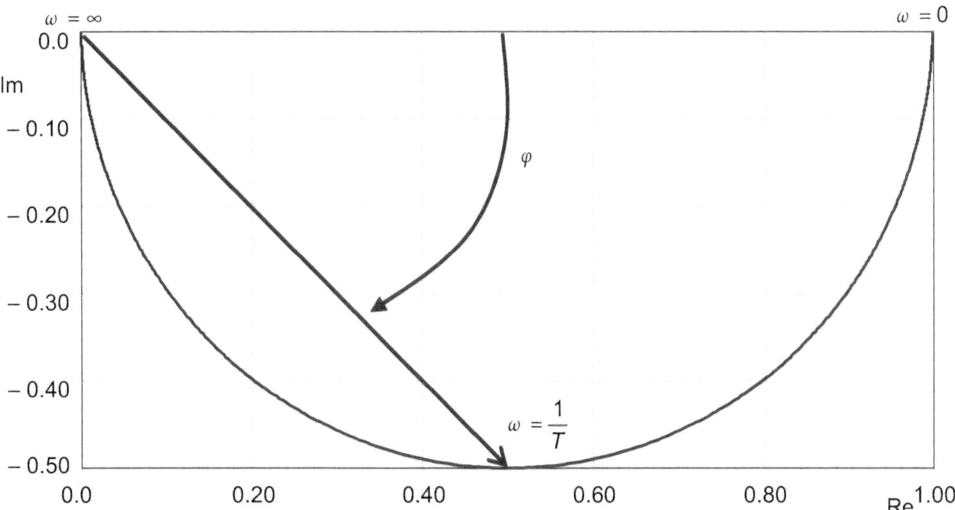

Bild 3.14 Ortskurve eines *RC*-Gliedes

Das Bode-Diagramm und die Ortskurve beschreiben den gleichen komplexen Frequenzgang in unterschiedlichen grafischen Darstellungen. Beim Bode-Diagramm werden Betrag und Phase in zwei Verläufen über der Kreisfrequenz aufgetragen. Die Ortskurve dagegen stellt den

Real- und Imaginärteil in einer Kurve grafisch dar. Die Zeigerlänge in der Ortskurve entspricht dem Betrag im Bode-Diagramm und der Winkel φ in der Ortskurve entspricht der Phase im Bode-Diagramm für eine bestimmte Frequenz. Beide Darstellungen haben ihre Berechtigung. Für Stabilitätsbetrachtungen können beide Darstellungen herangezogen werden.

3.5 Untersuchung im Zeitbereich

Wie bereits zu Beginn erwähnt, werden für die Untersuchungen von Regelstrecken Testfunktionen benutzt. Mit der Sinusfunktion wird der eingeschwungene Zustand untersucht. Eine andere Möglichkeit, eine Strecke oder einen Regelkreis zu untersuchen, besteht in der Verwendung von Sprung- und Anstiegsfunktionen. Mit diesen Funktionen wird das dynamische Verhalten einer Strecke oder eines Regelkreises bestimmt. Eine Sprungfunktion stellt eine plötzliche Änderung der Eingangsgröße dar. Mathematisch kann das wie folgt formuliert werden.

$$u(t) = U_0 \cdot \sigma(t) \quad \text{mit} \quad \sigma(t) = \begin{cases} 0 & \text{für} \quad t < 0 \\ 1 & \text{für} \quad t \geq 0 \end{cases}$$

Die Sprungantwort, also das Signal, das am Ausgang der Strecke oder des Regelkreises gemessen wird, sollte der Eingangsgröße unmittelbar folgen. Da die meisten Strecken aber speicherndes Verhalten zeigen, wird dies nicht sofort geschehen. Es wird einen Übergang von dem alten zu dem neuen Zustand geben. Die folgende Schaltung zeigt einen einfachen Versuchsaufbau für eine solche Untersuchung.

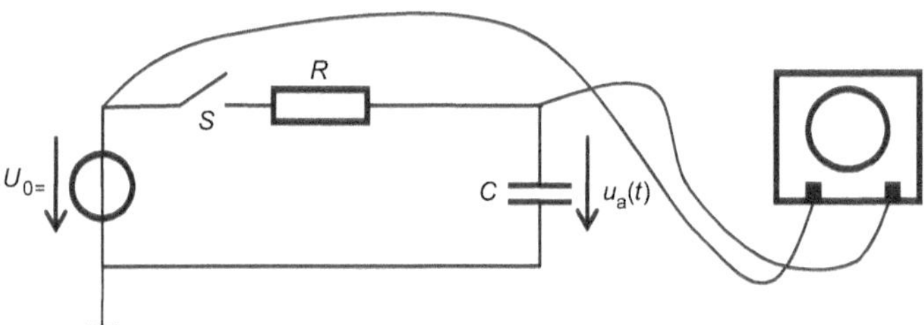

Bild 3.15 Aufnahme einer Sprungfunktion

Der Schalter S wird zum Zeitpunkt $t = 0$ geschlossen, ohne ein Prellen zu verursachen. Die Schaltung wird mit einer Gleichspannung U_0 beaufschlagt. Der Kondensator stellt einen Speicher dar, der Zeit benötigt, um vollständig aufgeladen zu werden. Die Eingangsspannung der Schaltung wechselt sprungartig von null auf den Wert der Gleichspannungsquelle. Die Ausgangsspannung U_a wird mit einer e-Funktion dieser Spannungsänderung folgen.

$$u_a(t) = U_0 \cdot (1 - e^{-\frac{t}{T}})$$

In Bild 3.16 ist die Sprungantwort gezeigt, die in zwei grundsätzliche Bereiche eingeteilt werden kann. Im Übergangsbereich wird von einem stabilen Zustand in einen anderen stabilen Zustand gewechselt. In dem stationären Bereich hat die Ausgangsgröße den neuen Endwert erreicht.

Dieser Übergang ist für das jeweilige Übertragungsglied charakteristisch. Aus der Sprungantwort können Informationen über die Anzahl der Speicher in dem System herausgelesen sowie die Zeitkonstanten des Systems ermittelt werden.

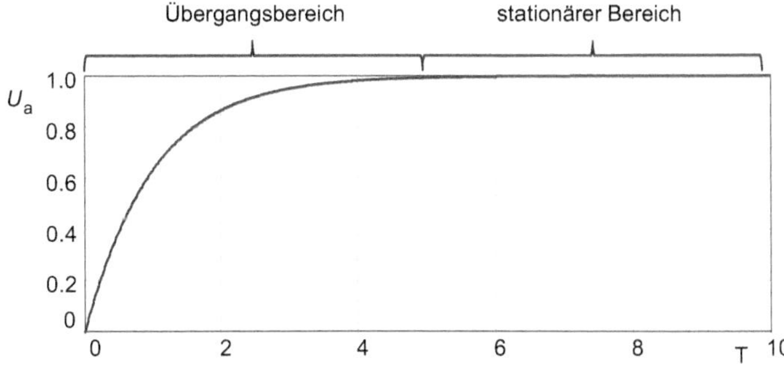

Bild 3.16 Sprungantwort

Sprungantwort

Aus der Sprungantwort lassen sich alle relevanten Größen für das dynamische Verhalten eines Systems ablesen.

Für die Beschreibung von Übertragungsgliedern im Zeitbereich werden Differenzialgleichungen verwendet. Das Aufstellen der Differenzialgleichungen erfolgt über die Bilanzgleichungen, in der Elektrotechnik sind das die Maschen- und Knotengleichungen nach Kirchhoff. Zusätzlich kommt das ohmsche Gesetz zum Einsatz.

Ohmsches Gesetz für einen Wirkwiderstand:

$$u_{\mathrm{R}}(t) = R \cdot i(t)$$

Ohmsches Gesetz für eine Spule:

$$u_{\mathrm{L}}(t) = L \cdot \frac{\mathrm{d}i(t)}{\mathrm{d}t}$$

Ohmsches Gesetz für einen Kondensator:

$$i(t) = C \cdot \frac{\mathrm{d}u_{\mathrm{C}}(t)}{\mathrm{d}t}$$

Für die Schaltung Bild 3.15 soll die Differenzialgleichung aufgestellt werden.

1. Schritt: Aufstellen der Maschengleichung

$$-U_0 + u_{\mathrm{R}}(t) + u_{\mathrm{C}}(t) = 0 \quad \text{mit} \quad u_{\mathrm{C}}(t) = u_{\mathrm{a}}(t)$$

2. Schritt: Einsetzen des ohmschen Gesetzes für u_{R}

$$-U_0 + R \cdot i(t) + u_{\mathrm{C}}(t) = 0$$

3. Schritt: Einsetzen des ohmschen Gesetzes für den Kondensator

$$-U_0 + RC \cdot \frac{\mathrm{d}u_{\mathrm{C}}(t)}{\mathrm{d}t} + u_{\mathrm{C}}(t) = 0$$

4. Schritt: Umstellen der Differenzialgleichung

$$RC \cdot \frac{\mathrm{d}u_C(t)}{\mathrm{d}t} + u_C(t) = U_0 \tag{3.29}$$

Diese Differenzialgleichung wird als Differenzialgleichung 1. Ordnung bezeichnet, da hier nur einmal abgeleitet wird. Sie wird auch als mathematisches Modell des Übertragungssystems bezeichnet. In ihr sind nur die Eingangsgrößen, Ausgangsgrößen und die Systemparameter enthalten. Die Systemparameter entsprechen hier den Bauteilen der Schaltung.

5. Schritt: Das Lösen der Differenzialgleichung mit einer Gleichspannung U_0 ergibt eine e-Funktion:

$$u_C(t) = U_0 \cdot (1 - \mathrm{e}^{-\frac{t}{T}}) \quad \text{mit} \quad T = R \cdot C \tag{3.30}$$

Das Lösen von Differenzialgleichungen ist der aufwendige Teil der Betrachtung im Zeitbereich, zumal wenn es sich um Differenzialgleichungen höherer Ordnungen handelt.

Die Lösungsgleichung der Differenzialgleichung gibt auch Auskunft über das stationäre Verhalten des Systems. Für diese Betrachtung muss die Zeit $t = \infty$ gesetzt werden. Damit sind alle zeitlichen Übergänge abgeschlossen. Für die Gleichung (3.30) ergibt sich somit

$$u_a(\infty) = U_0$$

da der Term $\mathrm{e}^{-\frac{t}{T}}$ für $t = \infty$ zu null wird.

3.6 Die Laplace-Transformation

Die Laplace-Transformation ist ein wichtiges Werkzeug in der Regelungstechnik. Sie bietet einige Vorteile:

- vereinfachte Möglichkeit zur Lösung von Differenzialgleichungen,
- eine Integration im Zeitbereich wird auf eine Division mit dem Operator s zurückgeführt,
- ein Differenzieren im Zeitbereich wird auf eine Multiplikation mit dem Operator s zurückgeführt.

Die Laplace-Transformation bildet Zeitfunktionen, also Originalfunktionen in einem Bildbereich ab. Zu jeder Funktion $f(t)$ gibt es eine korrespondierende Funktion $F(s)$ im Bildbereich. Symbolisch wird das wie folgt formuliert:

$$F(s) = L\{f(t)\} \quad \text{oder} \quad f(t) \circ\!\!-\!\!\!-\!\!\bullet\, F(s)$$

Im Laplace-Bereich bedeutet $s = \delta + \mathrm{j}\omega$. Die Laplace-Transformierte $F(s)$ ist also eine komplexe Funktion. Die Variable s wird auch als Laplace-Variable bezeichnet.

Umgekehrt kann eine Bildfunktion $F(s)$ auch wieder in eine Zeitfunktion transformiert werden. Dies wird folgendermaßen ausgedrückt:

$$f(t) = L^{-1}\{F(s)\} \quad \text{oder} \quad F(s) \bullet\!\!-\!\!\!-\!\!\circ\, f(t)$$

L^{-1} beschreibt hier die Rücktransformation aus den Bildbereich in den Zeitbereich. Die Laplace-Transformation und die Laplace-Rücktransformation sind Integraltransformationen, die mithilfe der Integralrechnung gelöst werden können. Für viele wichtige Funktionen sind diese Integrale bereits gelöst und in sogenannte Korrespondenztabellen zusammengefasst worden.

In der Tabelle 3.7 sind einige wichtige Laplace-Transformationen aufgeführt. Sie erhebt keinen Anspruch auf Vollständigkeit.

Tabelle 3.7 Laplace-Korrespondenztabelle

	$f(t)$	$F(s)$
1	$\sigma(t) = \begin{Bmatrix} 1 & t \geq 0 \\ 0 & t < 0 \end{Bmatrix}$ Einheitssprung	$\frac{1}{s}$
2	$\frac{1}{T} e^{-\frac{t}{T}}$	$\frac{1}{1+sT}$
3	$1-(1+\frac{t}{T_1}) \cdot e^{-\frac{t}{T}}$	$\frac{1}{(1+sT)^2} \frac{1}{s}$
4	$(1-e^{-\frac{t}{T}})$	$\frac{1}{(1+sT)} \frac{1}{s}$
5	$e^{-at} \sin\omega t$	$\frac{\omega}{(s+a)^2+\omega^2}$
6	$e^{-at} \cos\omega t$	$\frac{s+a}{(s+a)^2+\omega^2}$
7	$1-\frac{1}{T_1-T_2}\left(T_1 \cdot e^{-\frac{t}{T_1}} - T_2 \cdot e^{-\frac{t}{T_2}}\right)$	$\frac{1}{(1+sT_1)(1+sT_2)} \frac{1}{s}$, $T_1 \neq T_2$
8	$1+\frac{T_1-T_2}{T_2} \cdot e^{-\frac{t}{T_2}}$	$\frac{1+sT_1}{1+sT_2} \frac{1}{s}$
9	$1-\frac{1}{\sqrt{1-d^2}} \cdot e^{-d\omega_0 t} \cdot \sin(\omega_e t+\varphi)$ $0<d<1, \omega_e = \omega_0 \cdot \sqrt{1-d^2}$, $\varphi = \arccos(d)$	$\frac{\omega_0^2}{s^2+2d\omega_0 s+\omega_0^2} \frac{1}{s}$
10	$1-e^{-\frac{t}{T_1}} \cdot \sum_{i=0}^{n-1} \frac{\left(\frac{t}{T_1}\right)^i}{i!}$	$\frac{1}{(1+sT_1)^n} \frac{1}{s}$, $n=1,2,3,\ldots$

Mit den Rechenregeln der Grenzwertsätze lassen sich aus dem Bildbereich zwei wichtige Zeiten berechnen:

Anfangswertsatz

Hiermit wird der Zeitpunkt $t=0$ einer Zeitfunktion $f(t)$ aus der Bildfunktion $F(s)$ berechnet. Dies ist eine sehr gute Möglichkeit, um den Stellgrößenaufwand abschätzen zu können.

$$f(t=0) = \lim_{s \to \infty} s\,F(s) \tag{3.31}$$

Endwertsatz

Mit dem Endwertsatz wird über die Bildfunktion $F(s)$ die Zeitfunktion für $t=\infty$ berechnet. Das ist der stationäre Zustand einer Übergangsfunktion.

$$f(t=\infty) = \lim_{s \to 0} s\,F(s) \tag{3.32}$$

Beispiel 3.5: Berechnung des stationären Zustands

Für die Schaltung in Bild 3.2 ist mithilfe der komplexen Rechnung die Übertragungsfunktion hergeleitet worden. In der komplexen Rechnung wird als Eingangsfunktion eine Sinusfunktion vorausgesetzt. Die Berechnung wird also ausschließlich immer für eine Frequenz durchgeführt. Sollen beliebige Eingangssignale betrachtet werden, muss der Bildbereich genutzt werden. Vereinfacht wird $\mathrm{j}\omega$ durch s ersetzt. Aus der Gleichung (3.3) ergibt sich so

$$G(s) = \frac{1}{1 + sT} \tag{3.33}$$

mit $T = RC$ als Zeitkonstante.

Eine Sprungfunktion ist im Zeitbereich vergleichbar mit dem Einschalten einer Gleichspannung. In der Korrespondenztabelle ist das die Transformation Zeile 1. Die Sprungfunktion ist nur für $t \geq 0$ definiert. Mit dem Endwertsatz kann nun der stationäre Zustand berechnet werden. Also der Zustand, dass die Spannung eingeschaltet wurde und die Aufladung des Kondensators abgeschlossen ist. Der Grenzwertsatz wird so gebildet, dass die Übertragungsfunktion mit der Eingangsfunktion multipliziert und anschließend der Grenzwert $s \to 0$ gebildet wird.

$$U_\mathrm{a}(t = \infty) = \lim_{s \to 0} \not{s} \frac{1}{1 + sT} \frac{1}{\not{s}} U_0 = U_0$$

Dieses Ergebnis bestätigt die elektrotechnischen Überlegungen. ■

Beispiel 3.6: Berechnung des Anfangs- und Endzustands

Für die Schaltung in Bild 3.17 soll die Spannung U_2 für $t = 0$ und für $t = \infty$ abgeschätzt werden. Der Schalter S_1 wird zum Zeitpunkt $t = 0$ eingeschaltet.

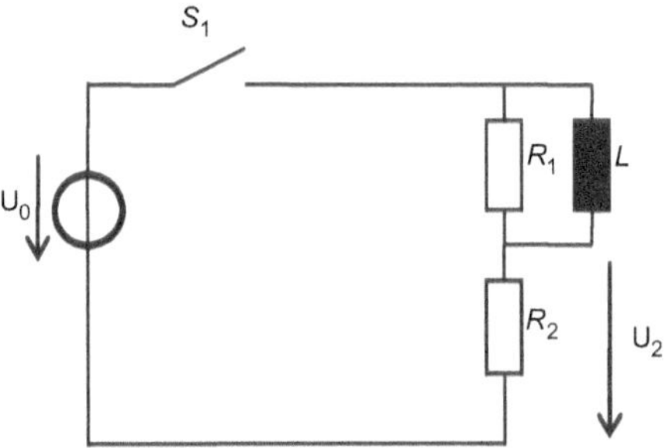

Bild 3.17 Schaltbild

Lösung 3.6

1. Schritt: Ermittlung der Übertragungsfunktion

$$\underline{Z}_1 = \frac{R_1 \cdot \mathrm{j}\omega L}{R_1 + \mathrm{j}\omega L}, \quad \underline{Z}_2 = R_2$$

Spannungsteilerregel

$$\frac{\underline{U}_2}{\underline{U}_0} = \frac{\underline{Z}_2}{\underline{Z}_1 + \underline{Z}_2} \tag{3.34}$$

$\underline{Z}_1$ und $\underline{Z}_2$ werden in Gleichung (3.34) eingesetzt:

$$\frac{\underline{U}_2}{\underline{U}_0} = \frac{R_2}{R_2 + \frac{R_1 \cdot \mathrm{j}\omega L}{R_1 + \mathrm{j}\omega L}}$$

Danach wird der Doppelbruch beseitigt, $R_1 R_2$ ausgeklammert und $\mathrm{j}\omega$ durch s ersetzt. Die Übertragungsfunktion lautet dann:

$$\frac{U_2}{U_0} = \frac{1 + s\,T_1}{1 + s\,T_2} \tag{3.35}$$

mit $T_1 = \dfrac{L}{R_1}$ und $T_2 = \dfrac{(R_1 + R_2)}{R_1 \cdot R_2} \cdot L$

2. Schritt: Ermittlung des stationären Zustands

$$U_2(t = \infty) = \lim_{s \to 0} \cancel{s} \frac{1 + s\,T_1}{1 + s\,T_2} \frac{1}{\cancel{s}} U_0 = U_0$$

Das Ergebnis bestätigt die Überlegung, dass im stationären Zustand bei anliegender Gleichspannung kein Spannungsfall an der Spule auftritt.

3. Schritt: Ermittlung der Spannung U_2 zum Zeitpunkt $t = 0$ mit dem Anfangswertsatz

$$U_2(t = 0) = \lim_{s \to \infty} \cancel{s} \frac{1 + s\,T_1}{1 + s\,T_2} \frac{1}{\cancel{s}}\, U_0 = \frac{\cancel{s}\,T_1}{\cancel{s}\,T_2} U_0 = \frac{R_2}{R_1 + R_2} U_0$$

Für $s = \infty$ überwiegen die Terme mit den Laplace-Variablen. Die Spannung zum Zeitpunkt $t = 0$ wird durch den Spannungsteiler bestimmt.

4. Schritt: Rücktransformation in den Zeitbereich

Mit der Zeile 8 der Korrespondenztabelle ergibt sich das gleiche Ergebnis. Der Einheitssprung ist gegeben durch $\frac{1}{s}$. Daraus folgt die Zeitfunktion:

$$U_2(t) = \left(1 + \frac{T_1 - T_2}{T_2} \cdot \mathrm{e}^{-\frac{t}{T_2}}\right) \cdot U_0 \tag{3.36}$$

Für die Zeitkonstanten werden dann die Beziehungen aus Gleichung (3.35) eingesetzt.

$$U_2(t) = \left(1 + \frac{R_2}{R_1 + R_2} \cdot \mathrm{e}^{-\frac{t}{T_2}}\right) \cdot U_0$$

Für $t = \infty$ ist $U_2(t = \infty) = U_0$ und für $t = 0$ ergibt sich $U_2(t = 0) = \dfrac{R_2}{R_1 + R_2} U_0$. ■

Beispiel 3.7: Lösung von Differentialgleichungen

Für das Bild 3.15 soll die Differenzialgleichung über die Maschenregel (3.29) hergeleitet werden.

$$RC \cdot \frac{\mathrm{d}u_C(t)}{\mathrm{d}t} + u_C(t) = U_0 \tag{3.37}$$

Die Gleichung (3.37) kann mit den Rechenregeln für den Differenziationssatz gelöst werden.

$$L\left\{\frac{\mathrm{d}f(t)}{\mathrm{d}t}\right\} = s \cdot f(s) \tag{3.38}$$

Der Differenziationssatz in Gleichung (3.38) gilt unter der Voraussetzung, dass alle Anfangsbedingungen null sind.

Mit dem Differenziationssatz wird Gleichung (3.37) zu

$$RC \cdot s \cdot U_{\mathrm{C}}(s) + U_{\mathrm{C}}(s) = U_0(s)$$

und umgestellt nach U_{C} zu U_0 ergibt sich die Formel für ein RC-Glied im Bildbereich

$$\frac{U_{\mathrm{C}}(s)}{U_0(s)} = \frac{1}{1 + RC \cdot s}.$$

Wird s durch $\mathrm{j}\omega$ ersetzt, entsteht aus der Übertragungsfunktion der Frequenzgang.

Mit der Korrespondenztabelle (Tabelle 3.7) kann dann auch wieder die Übergangsfunktion ermittelt werden.

$$U_{\mathrm{C}}(t) = (1 - \mathrm{e}^{-\frac{t}{T}}) \cdot U_0$$

■

■ 3.7 Modellbildung und Simulation

Eine andere Form der Beschreibung ist die Beschreibung als Wirkungsplan oder auch als Signalflussplan. Diese Beschreibungsform wird genutzt, um sich physikalische Zusammenhänge klar zu machen. Es lassen sich komplexe Zusammenhänge einfacher erfassen, aber auch für die Simulation solcher Übertragungsglieder können die Blockschaltbilder gut genutzt werden.

Für den Tiefpass in Bild 3.2 wäre das eine sehr einfache Darstellung. Bild 3.18 zeigt, dass dies mit einem einfachen Block geschehen kann.

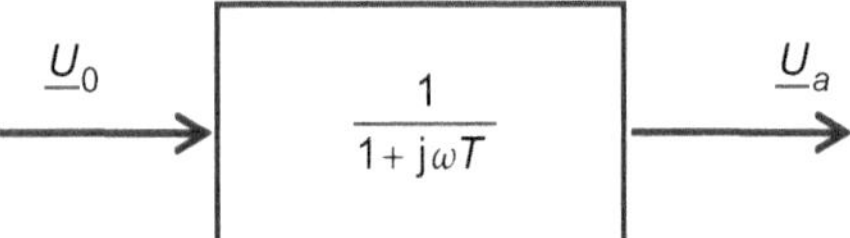

Bild 3.18 Einfaches Blockschaltbild

Im obigen Ansatz wurde die Spannungsteilerregel benutzt, weil klar war, dass die Ausgangsspannung die interessierende Größe war. Mit diesem einfachen Blockbild könnten mit einem entsprechenden Simulationsprogramm Untersuchungen im Zeit- und Frequenzbereich durchgeführt werden. Der Ausdruck $\mathrm{j}\omega$ muss durch den Operator s ersetzt werden und damit ist es möglich, beliebig Eingangssignale zu wählen. Die Simulation wird mit numerischen Algorithmen durchgeführt.

Wie sieht es aber aus, wenn der Strom auch noch untersucht werden soll?

Dafür muss eine Beziehung zwischen dem Strom und der Eingangsspannung gefunden werden. Mit dem Aufstellen der Maschengleichung erreicht man dieses Ziel.

1. Schritt: Aufstellen der Maschengleichung für Bild 3.2

$$-\underline{U}_0 + \underline{U}_{\mathrm{R}} + \underline{U}_{\mathrm{C}} = 0$$

2. Schritt: Ersetzen der Spannungen U_R und U_C mit

$$\underline{U}_\mathrm{R} = R \cdot \underline{I} \quad \text{und}$$

$$\underline{U}_\mathrm{a} = \underline{U}_\mathrm{C} = \frac{1}{\mathrm{j}\omega C} \cdot \underline{I}$$

ergibt sich

$$-\underline{U}_0 + R \cdot \underline{I} + \frac{1}{\mathrm{j}\omega C} \cdot \underline{I} = 0$$

3. Schritt: Umstellen der Gleichung nach

$$\underline{I} = \frac{\mathrm{j}\omega C}{1 + \mathrm{j}\omega T} \cdot \underline{U}_0$$

Die Nenner in den Übertragungsfunktionen von Spannung und Strom sind gleich. Nur der Zähler unterscheidet sich in beiden Funktionen. Mit diesem Wissen lässt sich ein gemeinsames Blockschaltbild finden.

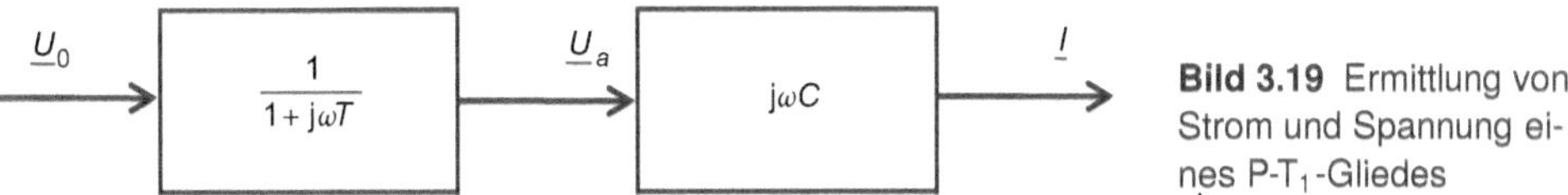

Bild 3.19 Ermittlung von Strom und Spannung eines P-T_1-Gliedes

Dieses Blockschaltbild ist durch den Ausdruck jωC als Multiplikation für die numerische Simulation ungeeignet. Der Ausdruck $j\omega = s$ entspricht im Zeitbereich einer Differenziation und sollte vermieden werden.

Ein ganz anderes Blockschaltbild ergibt sich, wenn die Einzelbeziehungen betrachtet werden und versucht wird, daraus ein Gesamtblockschaltbild zu bekommen. In diesem Fall müssen nur die Grundbeziehungen, wie das ohmsche Gesetz und die Maschengleichung, aufgestellt werden. Der Ansatz ist der, dass alle Einzelbeziehungen in das Blockschaltbild eingehen.

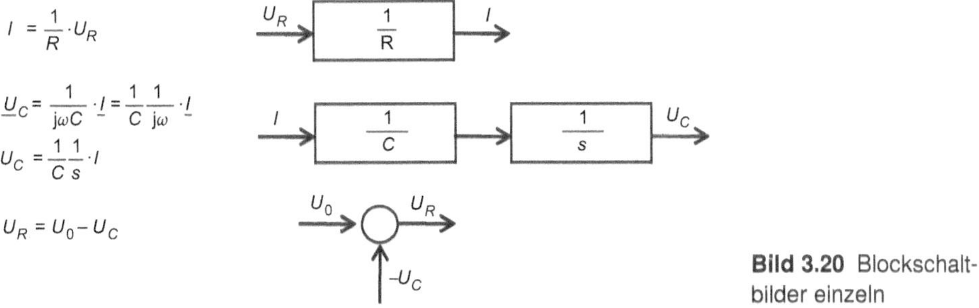

Bild 3.20 Blockschaltbilder einzeln

Nachdem die Einzelbeziehungen aufgestellt wurden, werden die einzelnen Übertragungsblöcke zusammengefügt. Die interessierenden Größen sind U_C und I. Mit diesem Ansatz ergibt sich ein Blockschaltbild mit einer Rückführung, wie es in der Regelungstechnik üblich ist.

Das Blockschaltbild besteht aus den elementaren Gliedern der obigen Schaltung in Bild 3.20. Das Blockschaltbild mit der Rückführung muss natürlich das gleiche Ergebnis liefern wie die

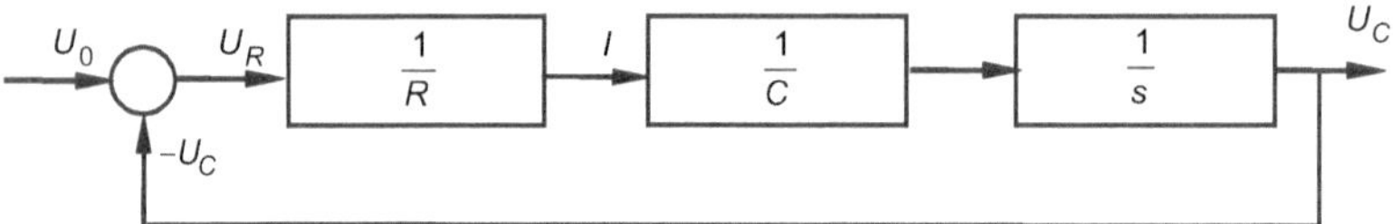

Bild 3.21 RC-Spannungsteiler als Blockschaltbild

zuvor gemachten Ansätze. Dieses Blockschaltbild stellt also einen RC-Tiefpass dar, formuliert als Signalflussplan und kann so mit gängigen Simulationssystemen simuliert werden. Der Ausdruck $1/\mathrm{j}\omega$ steht für eine Integration und muss in dem Simulationsprogramm entsprechend ersetzt werden durch $1/s$.

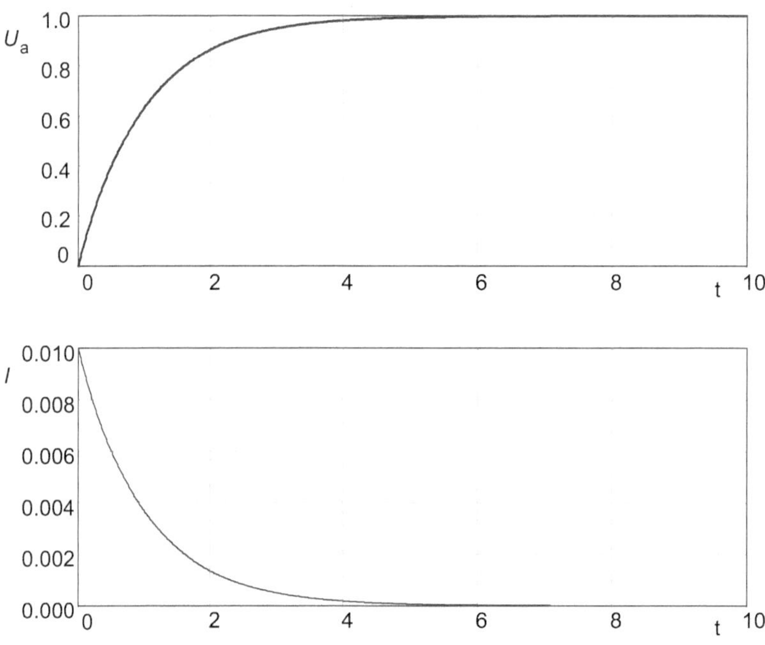

Bild 3.22 Sprungantwort RC-Schaltung

Das Blockschaltbild wurde mit $C = 10\,\mu\mathrm{F}$ und $R = 100\,\mathrm{k}\Omega$ simuliert. Die Spannungskurve zeigt eindeutig ein P-T_1-Verhalten für die Übergangsfunktion U_a/U_0. Das stimmt also mit der Aufladekurve eines RC-Gliedes überein. Der Strom I ist bei $t = 0$ am größten und klingt dann mit einer e-Funktion ab. Dieses Verhalten kann als D-T_1-Verhalten bezeichnet werden.

3.8 Übungen

Aufgabe 3.1

Ermitteln Sie das Bode-Diagramm für den folgenden Frequenzgang (Skizze):

$$G(\mathrm{j}\omega) = K \cdot \frac{1 + \mathrm{j}\omega T_1}{1 + \mathrm{j}\omega T_2}$$

mit

$$T_1 = 1\,\mathrm{s}, \quad T_2 = 10\,\mathrm{s} \quad \text{und} \quad K = 10$$

Aufgabe 3.2

Ermitteln Sie die Ortskurve für den Frequenzgang

$$G(\mathrm{j}\omega) = \frac{\mathrm{j}\omega\, T_1}{1 + \mathrm{j}\omega\, T_2}$$

mit

$$T_1 = 1\,\mathrm{s} \quad \text{und} \quad T_2 = 10\,\mathrm{s}$$

Aufgabe 3.3

a) Stellen Sie mithilfe der Bilanzgleichungen und des ohmschen Gesetzes die Differenzialgleichung für folgende Schaltung auf, wenn der Schalter S geschlossen ist.

b) Leiten Sie die Übertragungsfunktion aus der Differenzialgleichung her.

c) Stellen Sie die Übertragungsfunktion mithilfe des Spannungsteilers auf.

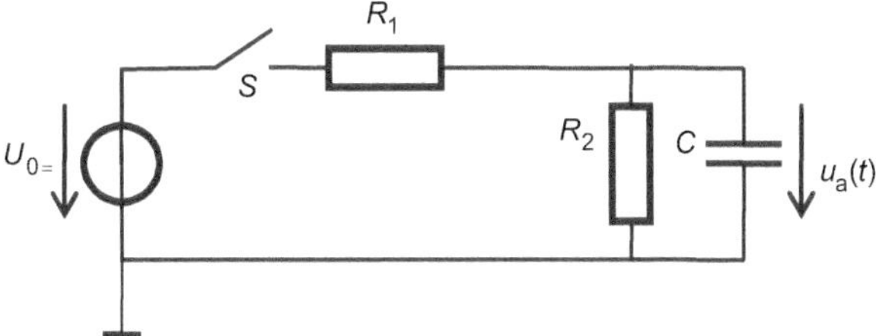

Bild 3.23 Schaltbild

4 Regelstrecken

Nach dem Durcharbeiten dieses Kapitels können Sie diese und weitere Fragen beantworten:

- Wodurch lassen sich Regelstrecken voneinander unterscheiden?
- Welche Verhalten treten bei den Regelstrecken auf?
- Wie verhält sich eine Regelstrecke mit Ausgleich?
- Wie lässt sich eine Regelstrecke analysieren?
- Welche Möglichkeiten gibt es, Regelstrecken zu beschreiben?
- Wie ist es möglich, Regelstrecken durch ein entsprechendes mathematisches Modell zu ersetzen?

Die Regelstrecke ist der Teil des Regelkreises, der durch den technischen Verwendungszweck festgelegt ist. Hierbei kann es sich um einen Motor handeln, der mit einer bestimmten Drehzahl laufen soll oder um eine Rohrleitung, deren Durchfluss auf einen bestimmten Wert gehalten werden soll. Hinsichtlich des regelungstechnischen Verhaltens kann dieser Teil nicht mehr verändert werden. Um einen geeigneten Regler für diese Aufgabe auswählen zu können, müssen das zeitliche Verhalten der Regelstrecke bei Änderung der Eingangsgröße und die dazugehörenden Kenngrößen bekannt sein. Dazu muss die Regelstrecke analysiert werden.

Die notwendigen Daten einer Regelstrecke können unter Umständen berechnet werden. Diese Berechnungen sind häufig sehr schwierig. Einfacher ist es dann, diese Größen durch Messungen zu bestimmen. Die Regelstrecken werden danach aufgrund ihres Verhaltens in unterschiedliche Gruppen eingeteilt.

4.1 Regelstrecken mit Ausgleich

Um eine Regelstrecke mit Ausgleich handelt es sich immer dann, wenn die Ausgangsgröße nach einer sprunghaften Änderung am Eingang wieder einem festen Endwert zustrebt. Häufig tritt diese Änderung nicht sofort auf, sondern sie erfolgt zeitlich verzögert. Dann ist ein Ausgleichsvorgang zu beobachten.

Im stationären Zustand verhalten sich die Ausgangs- und die Eingangsgröße immer proportional zueinander.

Strecken mit Ausgleich

Bei einer Strecke mit Ausgleich strebt die Ausgangsgröße nach einer sprunghaften Änderung am Eingang wieder einer festen Ausgangsgröße zu.

4.1.1 Regelstrecken mit Ausgleich ohne Verzögerung

Bei einigen Regelkreisgliedern tritt praktisch keine zeitliche Verzögerung auf. Nach einer Änderung des Eingangssignals folgt sofort eine Veränderung am Ausgang. Das Ausgangssignal verhält sich somit zu jedem Augenblick proportional zum Eingang.

Als Beispiel wird hier ein invertierend beschalteter Operationsverstärker, wie in Bild 4.1, gewählt. Er findet häufig Anwendung als Messverstärker zur Anpassung zwischen der Messwerterfassung und dem Regler. Auch als Stellglieder werden oft Leistungsverstärker eingesetzt.

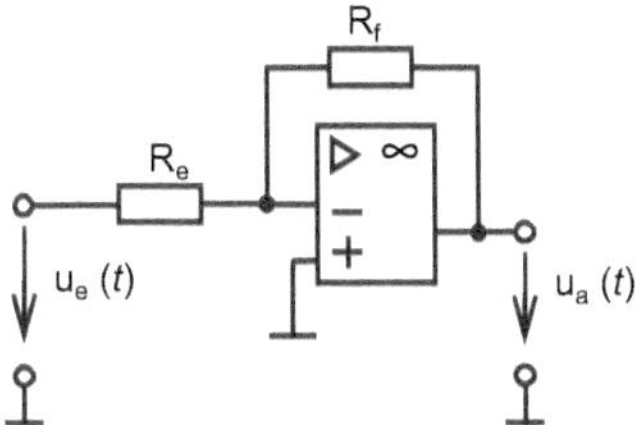

Bild 4.1 Invertierend beschalteter Operationsverstärker

Wird als Eingangsgröße eine Sprungfunktion gewählt, dann kann sich daraus die in Bild 4.2 abgebildete Sprungantwort ergeben. Dass sich durch das invertierende Verhalten eine negative Ausgangsspannung einstellen würde, bleibt hier unberücksichtigt.

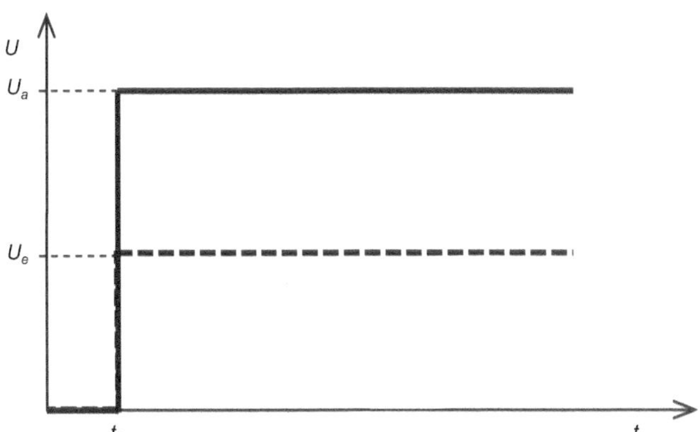

Bild 4.2 Sprungfunktion und Sprungantwort

Die Ausgangs- und die Eingangsspannung sind zu jeder Zeit proportional zueinander. Der Operationsverstärker zeigt damit ein proportionales Übertragungsverhalten, ein **P-Verhalten**, das durch den Proportionalbeiwert K_P beschrieben werden kann.

Die Sprungfunktion und die Sprungantwort können wie folgt beschrieben werden:

$$u(t) = u_e(t) = U_e$$

$$v(t) = u_a(t) = U_a$$

Da hier zum einen der Maschensatz von Kirchhoff gilt und zum anderen die Potenzialdifferenz zwischen den Eingängen des Verstärkers zu vernachlässigen ist, gilt

$$\frac{U_a}{U_e} = \frac{R_f}{R_e}$$

Damit ergibt sich die Übergangsfunktion vom Bild 4.3 zu

$$h(t) = \frac{v(t)}{u(t)} = \frac{U_a}{U_e} = \frac{R_f}{R_e} = K_P$$

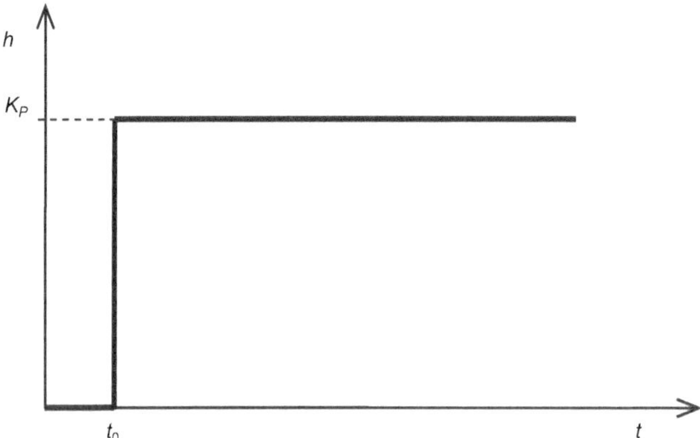

Bild 4.3 Übergangsfunktion

Bei der Darstellung im Blockschaltbild wird diese Übergangsfunktion als Beschreibung für das jeweilige Zeitverhalten genutzt. Die Kenngrößen, die das Verhalten beschreiben, werden am Übertragungsblock eingetragen.

Das Blockschaltbild für eine Regelstrecke mit P-Verhalten zeigt damit ein Abbild der Übergangsfunktion wie im Bild 4.4.

Bild 4.4 Blockschaltbild

Der Übertragungsbeiwert berechnet sich durch

$$K_{PS} = \frac{x}{y}$$

Der betrachtete Operationsverstärker verhält sich beim Betrieb mit Wechselspannung genauso wie beim Betrieb mit Gleichspannung. Er zeigt also keine Frequenzabhängigkeit. Damit ergibt sich eine Übertragungsfunktion genau wie der Übertragungsfaktor.

Die Übertragungsfunktion des P-Verhaltens: $G(s) = K_P$

Die Darstellung des Frequenzgangs im Bode-Diagramm wird dadurch sehr einfach. Die Amplitudenkennlinie ist eine Konstante beim Übertragungsbeiwert in dB. Da der Logarithmus nur von einheitslosen Größen gebildet werden darf, bleiben die, bei anderen Übertragungsgliedern auftretenden, Einheiten dabei unberücksichtigt. Da das betrachtete Übertragungsverhalten, wie zum Beispiel bei dem Operationsverstärker, keine Phasenverschiebung zur Folge hat, zeigt der Phasengang immer null Grad.

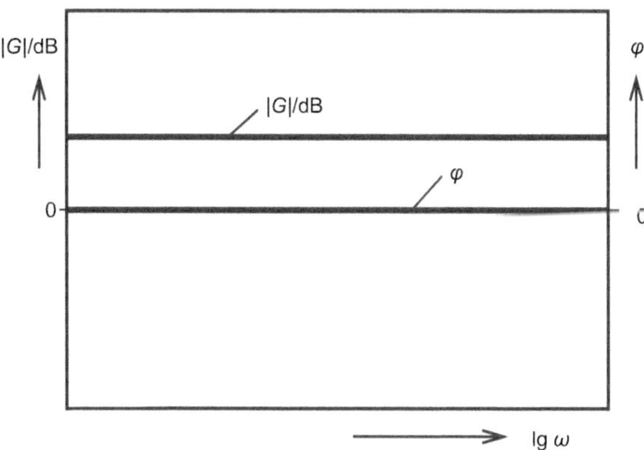

Bild 4.5 Das P-Verhalten im Bode-Diagramm

Regelstrecke mit P-Verhalten

Übergangsfunktion $h(t) = K_{PS}$ (4.1)

Übertragungsbeiwert $K_{PS} = \frac{x}{y}$ (4.2)

Übertragungsfunktion $G(s) = K_{PS}$ (4.3)

In der Technik finden sich viele weitere Beispiele mit einem proportionalen und nicht zeitverzögertem Übertragungsverhalten.

Spannungsteiler dienen zur Anpassung von hohen Spannungen und finden in der Regelungstechnik damit häufig Anwendung.

In der Maschinentechnik zeigt ein Getriebe ein typisches P-Verhalten. Hierdurch verändert sich nur die Drehzahl und nicht der zeitliche Verlauf.

Im Bereich der Verfahrenstechnik ist der Durchfluss in einer Rohrleitung von Bedeutung. Der Zusammenhang vom Ventilhub, der Stellgröße, und der Durchflussmenge, der Regelgröße, kann in vielen Fällen als verzögerungsarm betrachtet werden. Das gleiche gilt für ein Förderband, wenn als Eingangsgröße die Bandgeschwindigkeit zugrunde gelegt wird.

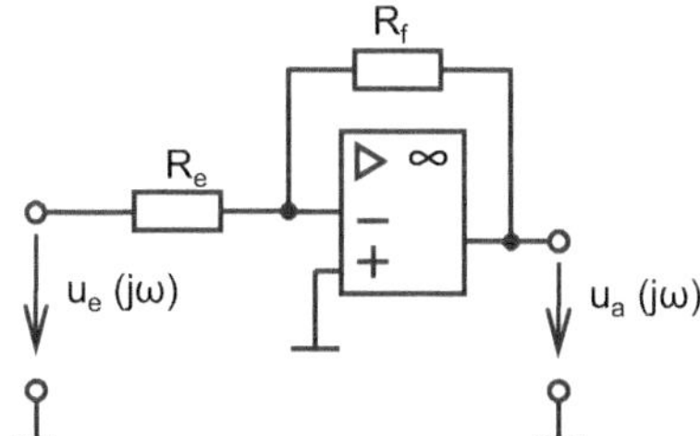

Bild 4.6 Modellbildung für das P-Verhalten

Soll für eine bestimmte Anordnung ein Regler ausgelegt werden, ist es sinnvoll, das Verhalten im geschlossenen Regelkreis für bestimmte Betriebszustände vorauszuberechnen. Dazu ist es notwendig, für die Strecke ein Modell auszuwählen, das das gleiche Verhalten aufweist. Eine Möglichkeit ist die Modellbildung mit Operationsverstärkern. Damit wird ein praktisches Modell möglich. Außerdem lässt sich daran einfach das Frequenzverhalten erkennen.

Allgemein gilt für einen frequenzabhängigen Vierpol:

$$G(\mathrm{j}\omega) = \frac{u_\mathrm{a}(\mathrm{j}\omega)}{u_\mathrm{e}(\mathrm{j}\omega)} \qquad (1)$$

Dann gilt für das Modell mit einem Operationsverstärker für ein P-Verhalten:

$$G(\mathrm{j}\omega) = \frac{\underline{U}_\mathrm{a}}{\underline{U}_\mathrm{e}} = \frac{R_\mathrm{f}}{R_\mathrm{e}} \qquad (2)$$

Modellbildung mit Operationsverstärker nach Bild 4.6 für ein P-Verhalten

Komplexe Übertragungsfunktion, Frequenzgang $G(\mathrm{j}\omega) = K_\mathrm{P} = \frac{R_\mathrm{f}}{R_\mathrm{e}}$ (4.4)

■

4.1.2 Verzögerungsglieder erster Ordnung

Andere Übertragungsglieder sind in der Lage, Energie zu speichern. Wird diese Energie freigesetzt, kommt es zu Verzögerungen. Es treten Ausgleichsvorgänge auf.

Die Batterie ist ein chemischer Energiespeicher. Das Speichervermögen kann durch das Auflösen bestimmter Stoffe und dem anschließenden Abrufen der Energie als galvanisches Element erklärt werden. Elektrische Energie kann im magnetischen oder im elektrischen Feld gespeichert werden. Die thermische Energie hängt von der Wärmekapazität des einzelnen Stoffes ab. Sie sagt aus, wie leicht sich ein Material erwärmt bzw. wie viel Energie notwendig ist, ein Medium zu erwärmen. Mechanische Energie lässt sich durch Bewegungsenergie speichern, zum Beispiel durch eine Schwungmasse. Wird stattdessen potenzielle Energie, Energie der Lage, genutzt, dann handelt es sich bei einem Pumpspeicherwerk um ein typisches Beispiel.

Zur Veranschaulichung für eine solche Strecke soll hier die Erregerwicklung eines Gleichstrommotors betrachtet werden.

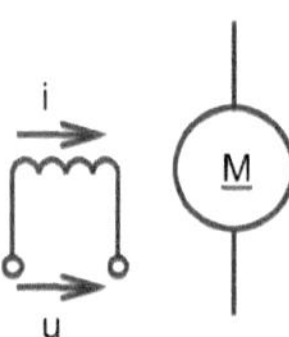

Bild 4.7 Erregerwicklung eines Gleichstrommotors

Die Eingangsgröße ist die anliegende Spannung. Der Strom durch die Spule, der den magnetischen Fluss hervorruft, wird hier als Ausgangsgröße betrachtet.

Das Übertragungsverhalten wird mit einer Sprungfunktion untersucht. Es wird eine konstante Spannung an die Erregerwicklung gelegt. Der Strom durch die Spule reagiert durch den einen Energiespeicher nach einer e-Funktion zeitverzögert. Die Sprungantwort zeigt einen Verlauf wie im Bild 4.8. Zur Zeit $t \to \infty$ erreicht der Strom den Beharrungswert I_∞. Nach dem Ausgleichsvorgang verhält sich die Ausgangsgröße proportional zur Eingangsgröße. Bei der Spule handelt es sich also um ein **P-T$_1$-Verhalten**, um ein Verzögerungsglied erster Ordnung.

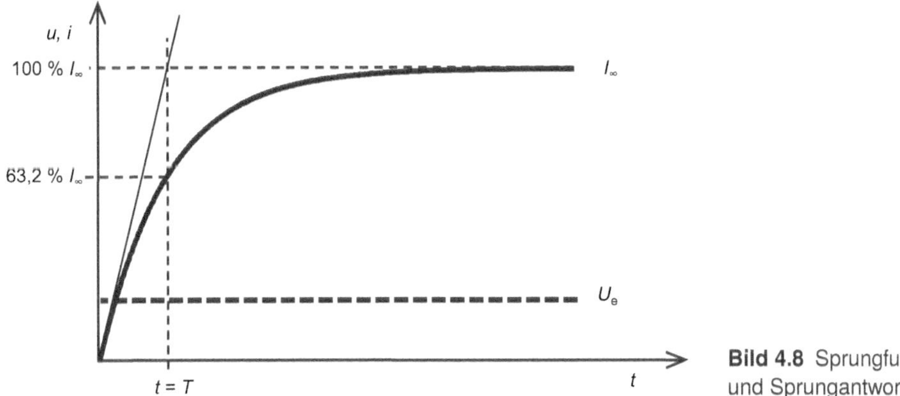

Bild 4.8 Sprungfunktion und Sprungantwort

Aus der Sprungantwort kann nun die maßgebliche Größe, die Zeitkonstante, entnommen werden. Eine Zeitkonstante ist gerade dann vergangen, wenn die betrachtete Größe 63,2 % des Beharrungswertes erreicht hat. Wird eine Tangente in den Austrittspunkt gelegt, erreicht sie den Endwert auch genau nach dieser Zeitkonstanten. Nach dem Abklingen des Ausgleichsvorgangs kann der Endwert ermittelt werden. Da nach 5 Zeitkonstanten 99,3 % vom Beharrungswert erreicht sind, kann nach dieser Zeit der Ausgleichsvorgang als abgeschlossen gelten.

In der Regelungstechnik ist für die Zeitkonstante der große Buchstabe T üblich, da hier kaum eine Verwechslung mit der Periodendauer T auftreten kann.

Die Sprungfunktion und die Sprungantwort können mathematisch beschrieben werden.

$$u(t) = u_e(t) = U_e \qquad (1)$$

$$v(t) = i(t) = \frac{U_e}{R}\left(1 - e^{-\frac{t}{T}}\right) = I_\infty\left(1 - e^{-\frac{t}{T}}\right) \qquad (2)$$

Damit ergeben sich für den Übertragungsbeiwert und die Übergangsfunktion die folgenden Gleichungen:

$$\text{bei} \quad t \to \infty \qquad K_P = \frac{v}{u} = \frac{I_\infty}{U_e} = \frac{\cancel{U_e}}{R \cdot \cancel{U_e}} = \frac{1}{R} \qquad (3)$$

$$h(t) = \frac{v(t)}{u(t)} = \frac{i}{u_e} = \frac{I_\infty\left(1 - e^{-\frac{t}{T}}\right)}{U_e} = K_P\left(1 - e^{-\frac{t}{T}}\right) \qquad (4)$$

Das Blockschaltbild zeigt die vereinfachte Übergangsfunktion wie im Bild 4.9.

Außerdem werden

- der Übertragungsbeiwert K_P nach $t \to \infty$ bzw. bei $t = 5T$ und
- die Zeitkonstante T bei 63,2 % des Endwertes

angetragen.

Bild 4.9 Blockschaltbild für eine P-T_1-Strecke

Beispiel 4.1

Stellen Sie die frequenzabhängige Übertragungsfunktion für eine Erregerwicklung wie in Bild 4.7 auf. Bei einer anliegenden Spannung von 10 V fließt dauernd ein Strom von 0,5 A. Für die Spule kann eine Induktivität von 2 H angenommen werden.

Lösung 4.1

1. Schritt: Festlegen von Ausgangs- und Eingangsgröße

$$G(\mathrm{j}\omega) = \frac{v(\mathrm{j}\omega)}{u(\mathrm{j}\omega)} = \frac{\underline{I}}{\underline{U}} = \frac{1}{\underline{Z}} \tag{1}$$

2. Schritt: Das Ersatzschaltbild einer Spule ist eine Reihenschaltung aus einem Wirkwiderstand und einem Blindwiderstand, der durch die Induktivität verursacht wird. Die Impedanz der Spule wird damit

$$\underline{Z} = R + \mathrm{j}\omega L \tag{2}$$

(2) wird eingesetzt in (1)

$$G(\mathrm{j}\omega) = \frac{1}{R + \mathrm{j}\omega L}$$

3. Schritt: Da bekannt ist, dass es sich hier um einen Energiespeicher erster Ordnung handelt, sollte die frequenzabhängige Übertragungsfunktion die Normalform für ein P-T_1-Verhalten aufweisen. Dazu wird die Gleichung wie folgt umgestellt.

$$G(\mathrm{j}\omega) = \frac{1}{R\left(1 + \mathrm{j}\omega \frac{L}{R}\right)} = \frac{1}{R} \frac{1}{1 + \mathrm{j}\omega \frac{L}{R}}$$

Damit gilt allgemein:

$$G(\mathrm{j}\omega) = K_\mathrm{P} \frac{1}{1 + \mathrm{j}\omega T} \quad \text{mit} \quad K_\mathrm{P} = \frac{1}{R} \quad \text{und} \quad T = \frac{L}{R}$$

mit

$$R = \frac{U}{I} = \frac{10\,\mathrm{V}}{0{,}5\,\mathrm{A}} = 20\,\Omega$$

werden

$$K_\mathrm{P} = \frac{1}{R} = \frac{1}{20\,\Omega} = 0{,}05\,\Omega^{-1} \tag{3}$$

$$T = \frac{L}{R} = \frac{2H}{20\,\Omega} = \frac{2\,\mathrm{Vs}}{\mathrm{A}} \cdot \frac{\mathrm{A}}{20\,\mathrm{V}} = 0{,}1\,\mathrm{s} \tag{4}$$

mit (3) und (4) ergibt sich die frequenzabhängige Übertragungsfunktion

$$G(\mathrm{j}\omega) = 0{,}05\,\Omega^{-1} \frac{1}{1 + \mathrm{j}\omega 0{,}1\,\mathrm{s}}$$

■

Wird jω durch den Laplace-Operator s ersetzt, folgt die Übertragungsfunktion. Beim Einsetzen von Zahlenwerten ist unbedingt darauf zu achten, dass die Einheit „Sekunde" wegen der Verwechslungsgefahr mit dem Laplace-Operator nicht mitgeführt werden darf. Andere Einheiten können bestehen bleiben. Soll eine Darstellung im Bode-Diagramm erfolgen, werden aber auch sie nicht berücksichtigt, da der Logarithmus nur von einheitslosen Größen gebildet werden darf.

$$G(s) = K_{\mathrm{P}} \frac{1}{1+sT} = 0{,}05\,\Omega^{-1} \frac{1}{1+s\,0{,}1}$$

Regelstrecke mit P-T$_1$-Verhalten

Übergangsfunktion $$h(t) = K_{\mathrm{PS}} \left(1 - \mathrm{e}^{-\frac{t}{T}}\right) \quad (4.5)$$

Übertragungsbeiwert $$K_{\mathrm{PS}} = \frac{x}{y} \quad \text{bei} \quad t \to \infty \quad (4.6)$$

Übertragungsfunktion $$G(s) = K_{\mathrm{PS}} \frac{1}{1+sT} \quad (4.7)$$

■

Bei der frequenzabhängigen Übertragungsfunktion handelt es sich um eine komplexe Größe. Diese kann, wie auch in Kapitel 3 ausgeführt wurde, übersichtlich als Ortskurve oder als Bode-Diagramm dargestellt werden.

Beispiel 4.2

Stellen Sie die, aus dem Beispiel 4.1 gewonnene, komplexe Übertragungsfunktion als Ortskurve und als Bode-Diagramm dar.

Lösung 4.2

Im Beispiel 4.1 handelt es sich um ein P-T$_1$-Verhalten mit der folgenden Übertragungsfunktion:

$$G(\mathrm{j}\omega) = K_{\mathrm{P}} \frac{1}{1+\mathrm{j}\omega T}$$

Für eine Ortskurve müssen die Endpunkte aller komplexen Zeiger bei Kreisfrequenzen von 0 bis ∞ miteinander verbunden werden. Zur Darstellung von komplexen Zeigern werden entweder die Real- und die Imaginärteile oder die Beträge und die Phasenwinkel der komplexen Größe benötigt.

1. Schritt: Zur Aufteilung in einen Real- und einen Imaginärteil wird die Übertragungsfunktion konjugiert komplex erweitert.

$$G(\mathrm{j}\omega) = K_{\mathrm{P}} \frac{1}{1+\mathrm{j}\omega T} \cdot \frac{1-\mathrm{j}\omega T}{1-\mathrm{j}\omega T} = K_{\mathrm{P}} \frac{1-\mathrm{j}\omega T}{1+\omega^2 T^2}$$

$$G(\mathrm{j}\omega) = \frac{K_{\mathrm{P}}}{1+\omega^2 T^2} + \mathrm{j}\, \frac{-K_{\mathrm{P}}\omega T}{1+\omega^2 T^2} \quad (1)$$

2. Schritt: Aus den Werten vom Beispiel 4.1 kann mithilfe einer Wertetabelle die Ortskurve gezeichnet werden. Zum Vereinfachen wird dazu auf die Einheit des Übertragungsfaktors verzichtet.

$$G(\mathrm{j}\omega) = \frac{K_\mathrm{P}}{1+\omega^2 T^2} + \mathrm{j}\frac{-K_\mathrm{P}\omega T}{1+\omega^2 T^2} = \frac{0{,}05}{1+\omega^2\,(0{,}1\,\mathrm{s})^2} + \mathrm{j}\frac{-0{,}005\,\mathrm{s}\,\omega}{1+\omega^2\,(0{,}1\,\mathrm{s})^2}$$

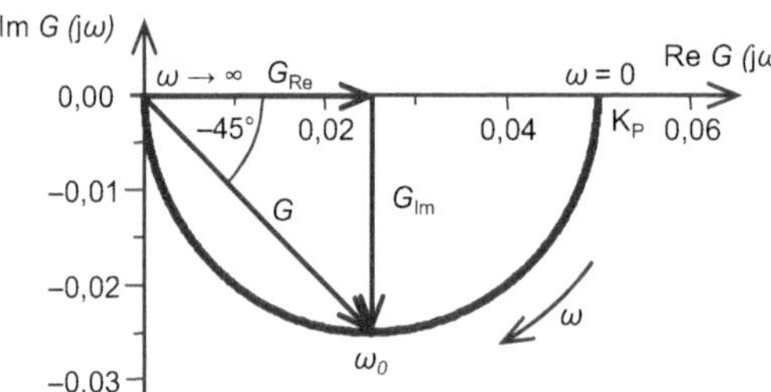

Bild 4.10 Ortskurve für ein P-T$_1$-Verhalten

Die Ortskurve für das P-T$_1$-Verhalten aus Bild 4.10 zeigt einen Halbkreis im 4. Quadranten. Der Realteil ergibt bei allen Werten der Kreisfrequenz positive Werte. Der Imaginärteil dagegen behält immer sein negatives Vorzeichen.

Bei einer Kreisfrequenz von null wird der Imaginärteil null und der Realteil hat sein Maximum bei K_P. Es tritt keine Phasenverschiebung zwischen Aus- und Eingang auf und die Ausgangsgröße erreicht den größten Wert. Geht die Kreisfrequenz gegen unendlich, dann geht der Realteil gegen null. Der Imaginärteil erreicht bei der Grenzfrequenz ω_0 ein Maximum. Hier sind Real- und Imaginärteil gleich groß. Der Phasenwinkel beträgt dann gerade −45°. Nach dem Satz des Pythagoras ergibt sich ein Übertragungsverhältnis von 70,7 %K_P. Bei sehr großen Kreisfrequenzen läuft die Ortskurve in Richtung des Koordinatenursprungs.

Es folgt die Berechnung der Grenzfrequenz durch das Gleichsetzen von Real- und Imaginärteil der Gleichung (1).

$$\frac{K_\mathrm{P}}{1+\omega_0^2 T^2} = \frac{K_\mathrm{P}\omega_0 T}{1+\omega_0^2 T^2}$$

$$1\frac{\cancel{K_\mathrm{P}}}{\cancel{1+\omega_0^2 T^2}} = \frac{\cancel{K_\mathrm{P}}\,\omega_0 T}{\cancel{1+\omega_0^2 T^2}} \quad\rightarrow\quad \text{Grenzfrequenz} \quad \omega_0 = \frac{1}{T} \qquad (2)$$

3. Schritt: Auch das Bode-Diagramm lässt sich aus einer Wertetabelle zeichnen. Da die komplexe Größe im Bode-Diagramm aber aus zwei getrennten Kurvenverläufen für Amplituden- und Phasengang besteht, wird aus der arithmetischen Form (1) die Exponentialform erstellt.

$$|G(\mathrm{j}\omega)| = \sqrt{G_\mathrm{Re}^2 + G_\mathrm{Im}^2} = \sqrt{\frac{K_\mathrm{P}^2}{(1+\omega^2T^2)^2} + \frac{K_\mathrm{P}^2\omega^2T^2}{(1+\omega^2T^2)^2}} = K_\mathrm{P}\sqrt{\frac{\cancel{(1+\omega^2T^2)}}{(1+\omega^2T^2)^{\cancel{2}}}}$$

$$\text{Betrag:} \quad |G(\mathrm{j}\omega)| = K_\mathrm{P}\frac{1}{\sqrt{1+\omega^2T^2}} \qquad (3)$$

$$\tan\varphi = \frac{G_{\text{Im}}}{G_{\text{Re}}} = \frac{-\cancel{K_P}\,\omega T}{\cancel{1+\omega_0^2 T^2}} \cdot \frac{\cancel{1+\omega_0^2 T^2}}{\cancel{K_P}}$$

Phasenwinkel: $\tan\varphi = -\omega T$ (4)

4. Schritt: Für eine Wertetabelle werden die Werte vom Beispiel 4.1 eingesetzt. Da anschließend der Logarithmus gebildet werden soll, wird die Einheit des Übertragungsfaktors nicht mitgeführt.

Betrag: $$\left|G(\text{j}\omega)\right| = 0{,}05\frac{1}{\sqrt{1+\omega^2\,(0{,}1\,\text{s})^2}}$$

Betrag in dB: $$\left|G(\text{j}\omega)\right|_{\text{dB}} = 20\lg\left|G(\text{j}\omega)\right|$$

Phasenwinkel: $$\tan\varphi = -0{,}1\,\text{s}\cdot\omega$$

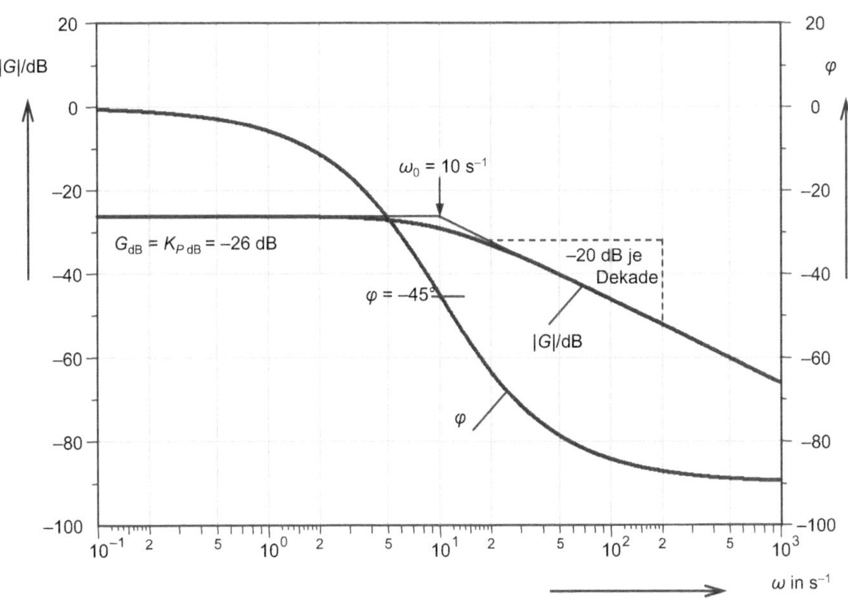

Bild 4.11 Bode-Diagramm für ein P-T$_1$-Verhalten ■

Im Bode-Diagramm aus dem Bild 4.11 in ein typisches P-T$_1$-Verhalten zu erkennen. Der Amplitudengang beginnt als Konstante bei dem K_P-Wert in dB. Bei der Grenzfrequenz knickt die Kennlinie ab und läuft dann mit einer Steigung von −20 dB je Dekade weiter. Der größte Fehler zwischen der tatsächlichen Kennlinie und den Asymptoten tritt bei Grenzfrequenz auf und beträgt −3 dB. Der Phasengang beginnt bei 0° und nähert sich für große Kreisfrequenzen −90° an. Bei Grenzfrequenz werden gerade −45° erreicht.

Für das Übertragungsverhalten bei der Grenzfrequenz ergibt sich mit (2) und (3):

$$\left|G(\text{j}\omega_0)\right| = K_P\frac{1}{\sqrt{1+\omega_0^2 T^2}} = K_P\frac{1}{\sqrt{1+\left(\frac{1}{T}\right)^2 T^2}} = K_P\frac{1}{\sqrt{1+1}} \quad\rightarrow\quad \left|G(\text{j}\omega_0)\right| = \frac{K_P}{\sqrt{2}} = 0{,}707\,K_P$$

Die Abweichung im Bode-Diagramm ergibt sich aus

$$\Delta G_{dB} = K_{\mathrm{P\,dB}} - \left|G(\mathrm{j}\omega_0)\right|_{\mathrm{dB}} = K_{\mathrm{P\,dB}} - \left(20\lg K_{\mathrm{P}} - 20\lg\frac{1}{\sqrt{2}}\right) = 20\lg\frac{1}{\sqrt{2}} \quad\rightarrow\quad \Delta G_{\mathrm{dB}} = -3{,}01\,\mathrm{dB}$$

Der Phasenwinkel bestimmt sich aus (2) und (4)

$$\tan\varphi = -\omega_0 T = -\frac{1}{T}\cdot T = -1 \quad\rightarrow\quad \varphi = -45^\circ$$

Frequenzabhängigkeit beim P-T_1-Verhalten

Grenzfrequenz	$\omega_0 = \frac{1}{T}$	(4.8)
Abweichung zur Asymptote bei ω_0	$\left|G(\mathrm{j}\omega_0)\right|_{\mathrm{dB}} = -3\,\mathrm{dB}$	(4.9)
Phasenwinkel bei ω_0	$\varphi = -45^\circ$	(4.10)

■

Das Zeichnen von Ortskurven und Bode-Diagrammen mithilfe von Wertetabellen ist sehr aufwendig. Ein wichtiges Arbeitsmittel in der Regelungstechnik sind daher Simulationsprogramme. Viele Beispiele in diesem Buch werden mit dem Programmsystem WinFACT der Firma Kahlert bearbeitet. Für die Darstellung von Ortskurve und Bode-Diagramm einzelner Übertragungsglieder eignet sich das Programm LISA (Lineare Systemanalyse).

Proportionale Übertragungsverhalten mit einem Energiespeicher sind weit verbreitet, sodass sich bei vielen Regelstrecken dieses typische Verhalten zeigt. Zu dieser Gruppe gehört auch der Tiefpass, der häufig zur Filterung hoher Frequenzen genutzt wird. Wird ein Druckbehälter mit Gas gefüllt, steigt der Druck im Behälter exponentiell an. Der Druckbehälter speichert die Energie.

Wird einem Medium eine bestimmte Wärmemenge zugeführt, erwärmt es sich solange, bis die zugeführte Wärmemenge gleich der an der Oberfläche abgegebenen Wärmemenge ist. Die Temperatur steigt anfangs stark an und strebt dann nach einer e-Funktion der Endtemperatur zu.

Läuft ein Motor mit einer großen Schwungmasse, also mit einem großen Trägheitsmoment, an, wird der Verlauf der Drehzahl in Abhängigkeit der Zeit einen exponentiellen Verlauf zeigen.

Wird ein Modell aus Operationsverstärkern benötigt, kann ein Kondensator als Energiespeicher verwendet werden.

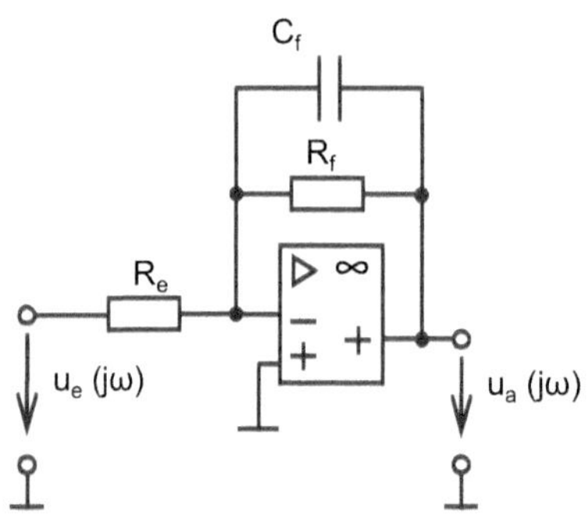

Bild 4.12 Modellbildung für das P-T_1-Verhalten

Allgemein gilt für einen frequenzabhängigen Vierpol:

$$G(j\omega) = \frac{u_a(j\omega)}{u_e(j\omega)} \quad (1)$$

Mit der komplexen Rechnung und der Spannungsteilerregel gilt für das Modell mit einem Operationsverstärker für ein P-T_1-Verhalten

$$G(j\omega) = \frac{\underline{U}_a}{\underline{U}_e} = \frac{Z_f(j\omega)}{Z_e(j\omega)} = \frac{1}{Y_f(j\omega) \cdot Z_e(j\omega)} = \frac{1}{\left(\frac{1}{R_f} + j\omega C_f\right) \cdot R_e} = \frac{1}{\frac{R_e}{R_f} \cdot (1 + j\omega C_f R_f)}$$

Der Koeffizientenvergleich mit der Normalform liefert den Zusammenhang zwischen den Kenngrößen des P-T_1-Verhaltens und der Beschaltung des Operationsverstärkers.

$$G(j\omega) = K_P \frac{1}{1 + j\omega T} = \frac{R_f}{R_e} \cdot \frac{1}{1 + j\omega C_f R_f}$$

Modellbildung mit Operationsverstärker nach Bild 4.12 für ein P-T_1-Verhalten

Übertragungsbeiwert $$K_P = \frac{R_f}{R_e} \quad (4.11)$$

Zeitkonstante $$T = C_f R_f \quad (4.12)$$

■

4.1.3 Verzögerungsglieder höherer Ordnung

Regelstrecken beinhalten durch ihren Aufbau meistens mehrere Energiespeicher. Ein Beispiel ist der im Bild 4.13 dargestellte Heizkessel. Wird das Ventil geöffnet, gelangt der Heizdampf in das Rohr. Das Rohr erwärmt sich und die Wärmemenge wird an das Medium im Behälter abgeben. Auch der Behälter wird dadurch seine Temperatur ändern. Letztendlich nimmt auch der Temperatursensor die Temperatur des Mediums an. Die Anzahl der Energie- bzw. Massenspeicher in einer Regelstrecke entspricht dem Grad der Strecke n. In diesem Beispiel sind vier Energiespeicher vorhanden, damit handelt es sich um ein P-T_4-Verhalten.

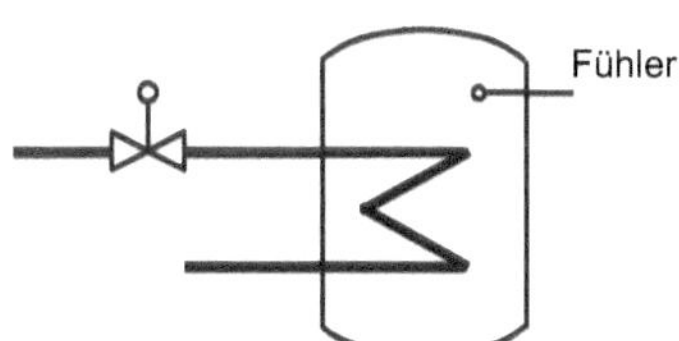

Bild 4.13 Heizkessel

Nach der sprunghaften Änderung der Stellgröße ändert sich die Ausgangsgröße nur langsam. Umso mehr Energiespeicher vorhanden sind, desto länger dauert es, bis der eigentliche Ausgleichsvorgang beginnt. Dieser Zusammenhang wird dargestellt im Bild 4.14.

Sind mehrere Energiespeicher vorhanden, entsteht eine Sprungantwort mit einem typischen s-förmigen Verlauf. Durch das Anlegen einer Tangente im Wendepunkt können wesentliche Größen zur Beschreibung dieser Regelstrecke ermittelt werden.

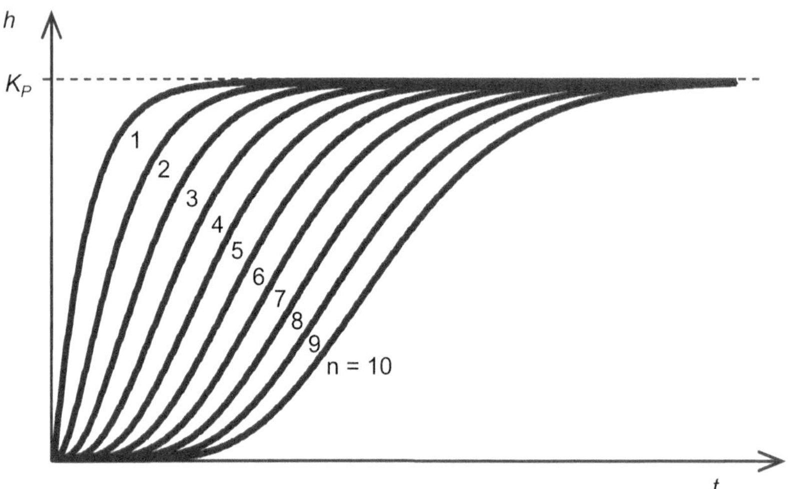

Bild 4.14 Übergangsfunktion mit mehreren Energiespeichern

Eine Wendetangente zeigt den Anstieg der betrachteten Funktion im Wendepunkt. Bis zum Wendepunkt verläuft jede Tangente entweder vollständig unterhalb oder über der Funktion. Im Wendepunkt selbst liegt die Tangente zum einen Teil unterhalb und zum anderen Teil über der Funktion. Das ist die Wendetangente. Nach dem Wendepunkt kehrt sich das Verhalten um. Die Tangenten liegen jetzt auf der anderen Seite der Funktion.

Wird in der Übergangsfunktion im Bild 4.15 die Wendetangente eingezeichnet, lassen sich die Verzugszeit T_u (oder T_e – equivalent dead time) und die Ausgleichszeit T_g (oder T_b – balancing time) ablesen. Der Übertragungsbeiwert ergibt sich auch hier durch das Verhältnis vom Beharrungswert der Ausgangsgröße zum Eingangssprung.

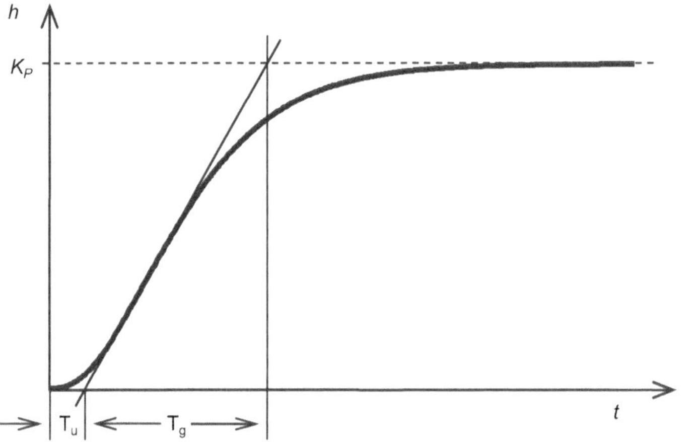

Bild 4.15 Übergangsfunktion für ein P-T_n-Verhalten

Verzugszeit

Die Verzugszeit T_u kann als die Zeit betrachtet werden, in der die Sprungantwort keine nennenswerte Änderung erfährt. Es handelt sich um die Zeit zwischen der sprunghaften Änderung der Eingangsgröße und dem Schnittpunkt der Wendetangente mit der, dem Anfangswert entsprechenden, horizontalen Achse.

Ausgleichszeit

Die Ausgleichszeit T_g ist näherungsweise die Zeit, die für den Übergang zwischen den stabilen Zuständen benötigt wird. Sie lässt sich vom dem Ende der Verzugszeit bis zu dem Schnittpunkt der Wendetangente mit der horizontalen Achse beim Beharrungswert ablesen. ■

Durch das Aufzeichnen der Sprungantwort ist es nicht möglich, die einzelnen Zeitkonstanten zu bestimmen. Zur Ermittlung sinnvoller Reglerparameter sollte die Strecke trotzdem als mathematisches Modell beschrieben werden. Für eine Modellbildung ist es möglich, die Anzahl der Energiespeicher zu ermitteln. Dazu wird die aufgenommene Sprungantwort mit den tatsächlichen Verläufen von unterschiedlichen P-T_n-Verhalten verglichen und angenähert. Die Regelstrecke wird dann als Reihenschaltung von mehreren P-T_1-Verhalten mit der gleichen Zeitkonstante T_1 betrachtet. Damit ergibt sich die folgende Übertragungsfunktion.

Regelstrecke mit P-T_n-Verhalten

Übertragungsfunktion $G(s) = K_{PS} \dfrac{1}{(1 + sT_1)^n}$ (4.13)

Grad der Strecke n ■

Zur Bestimmung der Ersatzzeitkonstanten T_1 und dem Grad der Strecke n werden zwei Verfahren vorgestellt:

- das Wendetangentenverfahren und
- das Zeit-Prozent-Verfahren.

Vorgehensweise beim Wendetangentenverfahren[1]

1. Die Wendetangente wird in die Sprungantwort eingezeichnet.
2. Es werden die Verzugszeit T_u und die Ausgleichszeit T_g abgelesen.
3. Daraus wird der Quotient T_g/T_u gebildet.
4. Aus der Tabelle 4.1 kann nun die Anzahl der Ersatz-P-T_1-Verhalten bestimmt werden.
5. In der Tabelle sind die zugehörenden Zeiten für T_u und T_g aufgeführt. Durch die Rückrechnung lässt sich aus diesen Zeiten auf die Ersatzzeitkonstante T_1 schließen.
6. Ist die tatsächliche Verzugszeit T_u größer als es sich durch die Tabelle ergibt, kann die Differenz als Totzeit angenommen werden.

[1] Nach *Dittmann, H.*: Kennwertermittlung von Regelstrecken und Regelgeräten, Berlin 1964

T_g/T_u	n	T_g/T_1	T_u/T_1
9,649	2	2,718	0,282
4,587	3	3,695	0,805
3,131	4	4,463	1,425
2,437	5	5,119	2,100
2,027	6	5,699	2,811
1,754	7	6,226	3,549
1,558	8	6,711	4,307
1,410	9	7,164	5,081
1,293	10	7,590	5,869

Tabelle 4.1 Ermittlung von T_1 und n nach dem Wendetangentenverfahren

Beispiel 4.3

Bestimmen Sie aus der Sprungantwort von Bild 4.16 das Verhalten der Regelstrecke, sämtliche Kenngrößen und die Übertragungsfunktion.

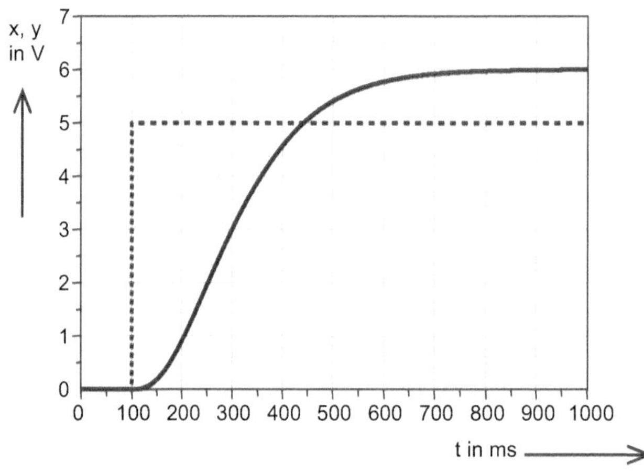

Bild 4.16 Sprungantwort der Regelstrecke zum Beispiel 4.3

Lösung 4.3

1. Schritt: Es handelt sich um eine Strecke mit Ausgleich. Für dieses Verhalten kann der proportionale Übertragungsbeiwert berechnet werden. Betrachtet werden die erreichten Endwerte.

$$K_{PS} = \frac{x}{y} = \frac{6\,V}{5\,V} = 1{,}2 \qquad (1)$$

2. Schritt: Die Sprungantwort ist durch einen s-förmigen Verlauf gekennzeichnet. Daraus folgt, dass die Strecke mehrere Energiespeicher beinhaltet. Zur Anwendung kommt jetzt das Wendetangentenverfahren. Zuerst wird die Wendetangente eingezeichnet und anschließend werden die Verzugszeit T_u und die Ausgleichszeit T_g abgelesen.

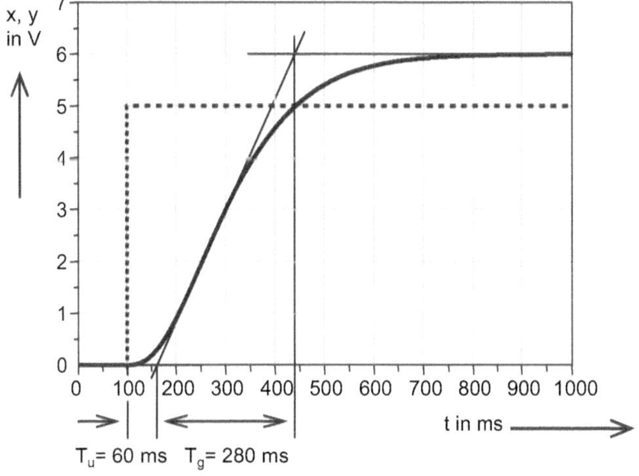

Bild 4.17 Sprungantwort mit Wendetangente

$$T_u = 160\,\text{ms} - 100\,\text{ms} \qquad T_u = 60\,\text{ms} \tag{2}$$

$$T_g = 440\,\text{ms} - 160\,\text{ms} \qquad T_g = 280\,\text{ms} \tag{3}$$

$$\frac{T_g}{T_u} = \frac{280\,\text{ms}}{60\,\text{ms}} \qquad \frac{T_g}{T_u} = 4{,}67 \tag{4}$$

3. Schritt: Aus der Tabelle 4.1 wird für den berechneten Quotienten (4) der nächstliegende Wert für den Grad der Strecke entnommen.

$$n = 3$$

4. Schritt: Aus den dazugehörenden Verhältnissen lassen sich zwei Werte für die Ersatzzeitkonstante T_1 bestimmen.

$$\frac{T_g}{T_1} = 3{,}69 \qquad T_1 = \frac{T_g}{3{,}69} = \frac{280\,\text{ms}}{3{,}69} \qquad T_1 = 75{,}9\,\text{ms} \tag{5}$$

$$\frac{T_u}{T_1} = 0{,}8 \qquad T_1 = \frac{T_u}{0{,}8} = \frac{60\,\text{ms}}{0{,}8} \qquad T_1 = 75{,}0\,\text{ms} \tag{6}$$

Unterschiedliche Ergebnisse für die Zeitkonstante können verschiedene Ursachen haben. Sie resultieren zum einen aus der Zeichen- und Ableseungenauigkeit und zum anderen wird eine tatsächliche Kennlinie an eine theoretische, mathematische Funktion angenähert. Um diese Einflüsse auszugleichen, kann hier der arithmetische Mittelwert der Ergebnisse gebildet werden.

5. Schritt: Damit ergibt sich die Übertragungsfunktion für das P-T_n-Verhalten.

$$G(s) = 1{,}2\frac{1}{(1 + s\,0{,}075)^3}$$

■

Das Festlegen der Wendetangente führt nicht immer zu einem eindeutigen Ergebnis für die Zeitkonstante. Durch Ungenauigkeiten können bei der Bestimmung der Verzugs- und der Ausgleichszeit leicht Abweichungen auftreten, die zu Ungenauigkeiten bei der Bestimmung der Kenngrößen führen können. Diese Unklarheit kann durch die Verwendung des Zeit-Prozent-Verfahrens vermieden werden.

Vorgehensweise beim Zeit-Prozent-Verfahren[2]

1. Aus der Sprungantwort werden zwei Zeiten ermittelt, z. B. t_{30} und t_{70} oder t_{10} und t_{90}. Dabei ist t_{30} die Zeit nach der 30 % der stationären Änderung der Sprungantwort erreicht sind.
2. Aus den beiden Zeiten wird der Quotient gebildet.
3. Die Bestimmung der Anzahl der Ersatz-P-T_1-Glieder erfolgt aus dem Diagramm im Bild 4.18.
4. Mit dem Grad der Strecke lässt sich aus Tabelle 4.2 eine Ersatzzeitkonstante ermitteln.

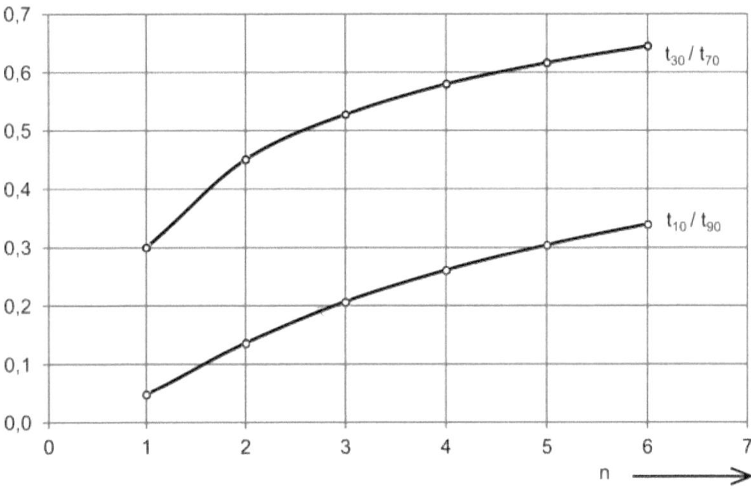

Bild 4.18 Bestimmung der Streckenordnung

Tabelle 4.2 Bestimmung der Ersatzzeitkonstanten

n	1	2	3	4	5	6
t_{10}/T	0,11	0,53	1,10	1,74	2,43	3,15
t_{30}/T	0,36	1,10	1,91	2,76	3,63	4,52
t_{50}/T	0,69	1,68	2,67	3,67	4,67	5,67
t_{70}/T	1,20	2,44	3,62	4,76	5,89	7,01
t_{90}/T	2,30	3,89	5,32	6,68	7,99	9,27

[2] Nach *Schwarze, G.*: Bestimmung der regelungstechnischen Kennwerte von *P*-Gliedern aus der Übergangsfunktion ohne Wendetangentenkonstruktion (1962)

Beispiel 4.4

Bestimmen Sie aus der Sprungantwort von Bild 4.16 das Verhalten der Regelstrecke und die Ersatzzeitkonstante nach dem Zeit-Prozent-Verfahren.

Lösung 4.4

1. Schritt: Aus der Sprungantwort wird der stationäre Endwert abgelesen. Davon werden 30 % und 70 % bestimmt. Nun werden im Bild 4.19 die Zeitpunkte in der Sprungantwort abgelesen, bei dem diese Werte erreicht sind.

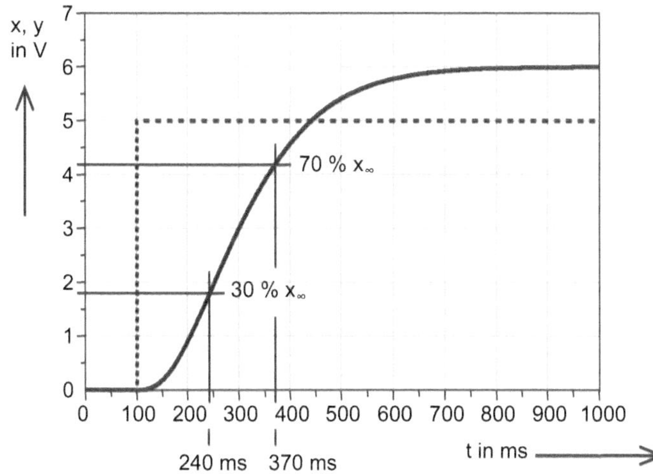

Bild 4.19 Ermitteln von t_{30} und t_{70}

Stationärer Endwert $x_\infty = 6\,\text{V}$

$$x_{30} = 0{,}3 \cdot 6\,\text{V} = 1{,}8\,\text{V} \quad \text{bei} \quad t_{30} = 240\,\text{ms} - 100\,\text{ms} \quad t_{30} = 140\,\text{ms} \tag{1}$$

$$x_{70} = 0{,}7 \cdot 6\,\text{V} = 4{,}2\,\text{V} \quad \text{bei} \quad t_{70} = 370\,\text{ms} - 100\,\text{ms} \quad t_{70} = 270\,\text{ms} \tag{2}$$

$$\frac{t_{30}}{t_{70}} = \frac{140\,\text{ms}}{270\,\text{ms}} \qquad \frac{t_{30}}{t_{70}} = 0{,}519 \tag{3}$$

2. Schritt: Aus dem Bild 4.18 wird für den ermittelten Quotienten (3) aus der Kurve t_{30}/t_{70} der nächstliegende Wert für den Grad der Strecke entnommen.

$$n = 3 \tag{4}$$

3. Schritt: Aus der Tabelle 4.2 können mit dem Grad der Strecke und den Zeiten t_{30} und t_{70} zwei Werte zur Berechnung der Ersatzzeitkonstanten entnommen werden. Durch das Ermitteln des arithmetischen Mittelwertes können auch hier durch das Ablesen verursachte Ungenauigkeiten ausgeglichen werden.

$$\frac{t_{30}}{T_1} = 1{,}91 \qquad T_1 = \frac{t_{30}}{1{,}91} = \frac{140\,\text{ms}}{1{,}91} \qquad T_1 = 73{,}3\,\text{ms} \tag{5}$$

$$\frac{t_{70}}{T_1} = 3{,}62 \qquad T_1 = \frac{t_{70}}{3{,}62} = \frac{270\,\text{ms}}{3{,}62} \qquad T_1 = 74{,}6\,\text{ms} \tag{6}$$

4. Schritt: Durch das Zeit-Prozent-Verfahren ergibt sich auch hier ein P-T_3-Verhalten. Die Ersatzzeitkonstante beträgt 74 ms. ■

Entstandene Abweichungen der Kenngrößen aufgrund unterschiedlicher Verfahren lassen sich durch die Modellbildung erklären. Es werden schließlich keine tatsächlichen Werte berechnet, sondern ein vorhandenes System wird einem mathematischen Modell angenähert.

Das hier beschriebene Modell lässt eine einfache Betrachtung des Frequenzverhaltens zu. Da es sich bei dem mathematischen Modell für ein P-T_n-Verhalten um eine Reihenschaltung von P-T_1-Verhalten mit der gleichen Zeitkonstante handelt, gibt es nur eine Grenzfrequenz, bei der der Amplitudengang abknickt. Die Neigung der Kennlinie ergibt sich aus der Anzahl der in Reihe liegenden P-T_1-Verhalten. Auch der maximale Phasenwinkel wird durch den Grad der Strecke bestimmt, er ändert sich um ein n-faches von $-90°$.

Beispiel 4.5

Für das Übertragungsverhalten mit der angegebenen Übertragungsfunktion soll das Frequenzverhalten im Bode-Diagramm und in der Ortskurve dargestellt werden.

$$G(s) = 1{,}2\frac{1}{(1+s0{,}075)^3}$$

Lösung 4.5

1. Schritt: Bestimmung der Kenngrößen für das Bode-Diagramm

$$K_P = 1{,}2 \qquad K_{P\,dB} = 20\lg K_P = 20\lg 1{,}2 \qquad K_{P\,dB} = 20\lg 1{,}2 = 1{,}58\,\text{dB}$$

$$n = 3 \qquad n(-20\,\text{dB/dec}) = 3\,(-20\,\text{dB/dec}) \qquad -60\,\text{dB/dec}$$

$$T_1 = 75\,\text{ms} \qquad \omega_0 = \frac{1}{T_1} = \frac{1}{75\cdot 10^{-3}\,\text{s}} \qquad \omega_0 = 13{,}3\,\text{s}^{-1}$$

$$n = 3 \qquad \varphi = n\left(-90°\right) = 3\left(-90°\right) \qquad \varphi = -270°$$

2. Schritt: Darstellung des Bode-Diagramms

Die Konstruktion der Amplitudenkennlinie mithilfe der Asymptoten funktioniert auch bei einem P-T_3-Verhalten. Dabei ist zu beachten, dass sich die Abweichung der Kennlinie zur Geraden mit dem Grad der Strecke vervielfacht.

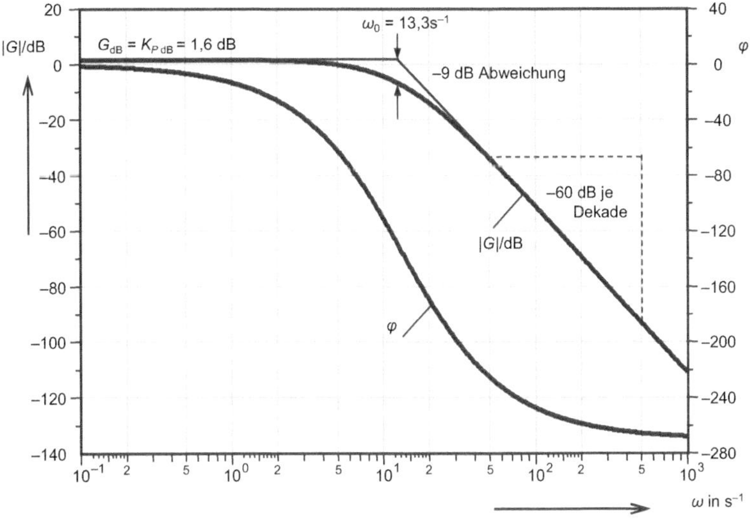

Bild 4.20 Bode-Diagramm für ein P-T_3-Verhalten

3. Schritt: Darstellung der Ortskurve

Die im Bild 4.21 abgebildete Ortskurve zeigt ein typisches P-T_3-Verhalten. Bei sehr kleinen Kreisfrequenzen hat der Zeiger die größte Länge. Der Winkel ist sehr klein. Beim Ansteigen der Kreisfrequenz nimmt die Zeigerlänge ab und der Winkel durchläuft den Bereich bis −270°.

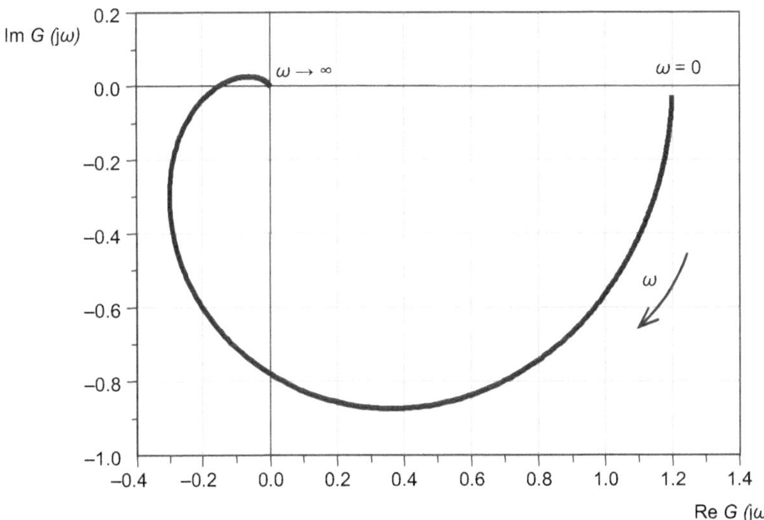

Bild 4.21 Ortskurve für ein P-T_3-Verhalten ■

4.1.4 Verzögerungsglieder zweiter Ordnung

Ein besonderes Verhalten zeigen Regelstrecken zweiter Ordnung. Sie besitzen zwei Energiespeicher und sind dadurch häufig in der Technik anzutreffen.

In der Elektrotechnik ergibt eine Zusammenschaltung von einem Kondensator und einer Spule ein solches Verhalten. Dabei entsteht ein schwingungsfähiges System. Die im Kondensator gespeicherte Energie wird an die Spule abgegeben. Dabei wird ein Teil der Energie im Leitungswiderstand in Wärme umgewandelt. Anschließend wird die verbleibende Energie wieder an den Kondensator zurückgegeben. Um so größer der ohmsche Widerstand im Kreis ist, desto stärker wird der Energieaustausch gedämpft. Ist diese Dämpfung sehr groß, dann wird das System nicht schwingen. Die betrachtete Größe nimmt hier nach einem aperiodischen Verlauf einen festen Wert an. Das entspricht einem Verhalten von zwei in Reihe geschalteten Energiespeichern. Sind diese beiden Zeitkonstanten gleich groß, entspricht das Verhalten dem unter Abschnitt 4.1.3 beschriebenen P-T_n-Verhalten. Überwiegt stattdessen eine Zeitkonstante, sollte als Ersatzschaltbild eine Reihenschaltung von zwei P-T_1-Gliedern mit unterschiedlicher Zeitkonstante gewählt werden.

Neben dem Schwingkreis zeigt ein Feder-Masse-System in der Mechanik ein ähnliches Verhalten. Die Feder und die Masse stellen hierbei die Energiespeicher dar. Auch eine fremderregte Gleichstrommaschine besitzt zwei Energiespeicher, die Induktivität der Wicklung und das Trägheitsmoment der Maschine.

Abhängig davon, welches Verhalten vorliegt, ergeben die Sprungantworten die in Bild 4.22 gezeigten Verläufe.

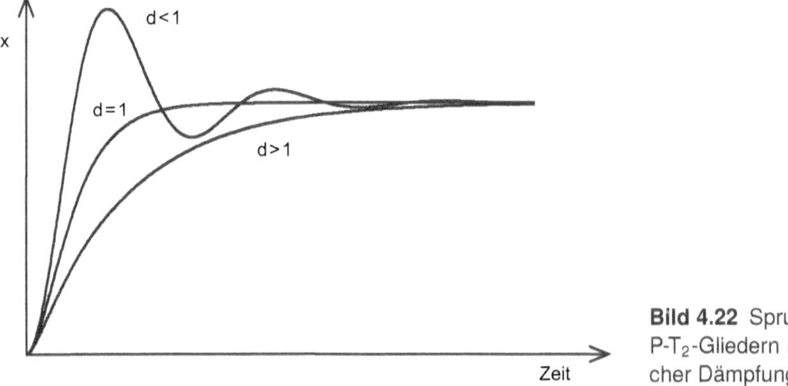

Bild 4.22 Sprungantworten von P-T_2-Gliedern mit unterschiedlicher Dämpfung *d*

P-T_2-Verhalten mit $d < 1$, das schwingende P-T_2-Glied

Aus der Sprungantwort wie im Bild 4.23 lassen sich folgende Werte direkt ablesen:

- V_∞ Wert der Ausgangsgröße im Beharrungszustand
- v_m Überschwingweite
- T_e Periodendauer der Einschwingfrequenz

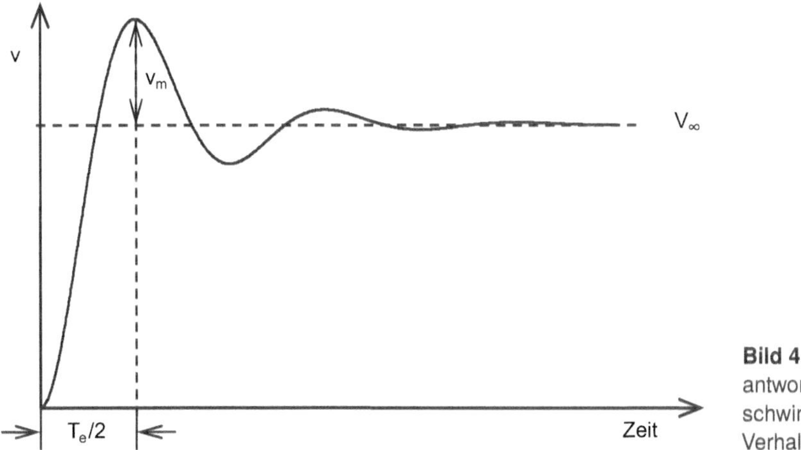

Bild 4.23 Sprungantwort von einem schwingendem P-T_2-Verhalten

Mit der Sprunghöhe der Eingangsgröße U_s lassen sich damit berechnen:

- der Proportionalbeiwert K_P im eingeschwungenen Zustand

$$K_P = \frac{V_\infty}{U_s} \tag{1}$$

- die Dämpfung

$$d = \frac{1}{\sqrt{1 + \left(\frac{\pi}{\ln\left(\frac{v_m}{V_\infty}\right)}\right)^2}} \tag{2}$$

- die Zeitkonstante

$$T = \frac{\sqrt{1 - d^2}}{2\pi} \cdot T_e \tag{3}$$

Mit diesen Kenngrößen ergibt sich die Übertragungsfunktion für ein P-T_2-Verhalten.

$$G(s) = K_P \frac{1}{1 + s2dT + s^2 T^2} \tag{4}$$

Das Blockschaltbild der Strecke wird mit den neuen Kenngrößen beschriftet.

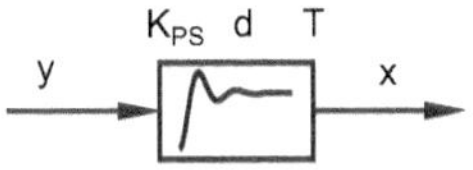

K_{PS} d T

y x

Bild 4.24 Blockschaltbild für eine P-T_2-Strecke

P-T_2-Verhalten mit $d = 1$, der aperiodische Grenzfall

Bei diesem P-T_2-Verhalten handelt es sich um eine Reihenschaltung von zwei P-T_1-Gliedern mit der gleichen Zeitkonstante. Die Identifikation erfolgt mit dem Wendetangenten-Verfahren oder mit dem Zeit-Prozent-Verfahren aus dem Abschnitt 4.1.3.

Die Übertragungsfunktion ist wie folgt bekannt:

$$G(s) = K_P \frac{1}{(1+sT)^2} \tag{5}$$

Durch Multiplizieren der Klammern im Nenner folgt

$$G(s) = K_P \frac{1}{1+s2T+s^2T^2} \tag{6}$$

Wird die Übertragungsfunktion (4) als Normalform betrachtet, kann ein Koeffizientenvergleich erfolgen.

$$G(s) = K_P \frac{1}{1+s2T+s^2T^2} = K_P \frac{1}{1+s2dT+s^2T^2} \tag{7}$$

Das Ergebnis zeigt, dass sich auf diese Weise für die Dämpfung d ein Wert von eins ergibt. Die Zeitkonstante T ist gleich der Zeitkonstanten der in Reihe geschalteten Glieder.

P-T$_2$-Verhalten mit $d > 1$, das stark gedämpfte P-T$_2$-Glied

Bei diesem P-T$_2$-Verhalten handelt es sich um eine Reihenschaltung von zwei P-T$_1$-Gliedern mit unterschiedlichen Zeitkonstanten. Die Identifikation erfolgt durch einen Vergleich mit Übergangsfunktionen von Reihenschaltungen aus P-T$_1$-Gliedern mit einem bekannten Verhältnis der Zeitkonstanten.

Vorgehensweise:

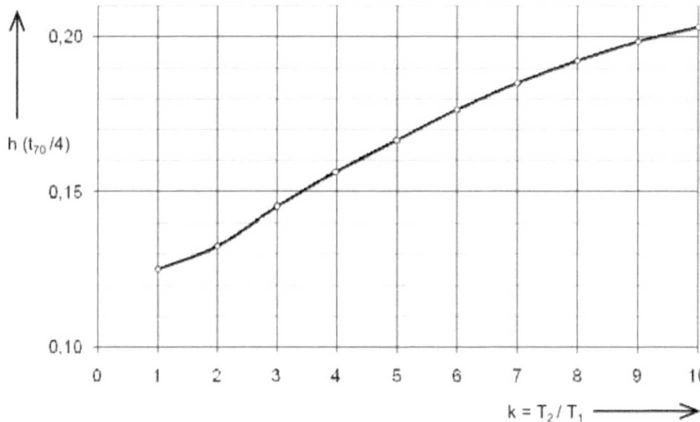

Bild 4.25 Identifikation stark gedämpfter P-T$_2$-Glieder

1. Ablesen der Zeit t_{70} (die Zeit, nach der die Sprungantwort 70 % des Endwertes V_∞ erreicht hat)
2. Bestimmen von $t_{70}/4$ und $v(t_{70}/4)$ (der Wert der Sprungantwort, der nach $t_{70}/4$ erreicht ist)
3. Ermittlung von $h(t_{70}/4) = \dfrac{v(t_{70}/4)}{V_\infty}$
4. Ablesen von $k = T_2/T_1$ aus dem Diagramm in Bild 4.25. Würde sich nach diesem Verfahren ein Verhältnis der Zeitkonstanten größer zehn ergeben, kann als Modell ein P-T$_1$-Glied mit einer Totzeit gewählt werden.

5. Berechnung der Zeitkonstanten aus

$$T_1 = \frac{t_{70}}{1{,}2\,(1+k)} \qquad T_2 = T_1 \cdot k$$

Für ein stark gedämpftes P-T_2-Verhalten gilt damit die folgende Übertragungsfunktion:

$$G(s) = K_P \frac{1}{(1+sT_1)\,(1+sT_2)} \tag{8}$$

Auch hier können die Klammern im Nenner ausmultipliziert werden:

$$G(s) = K_P \frac{1}{1+sT_1+sT_2+s^2\,T_1\,T_2} \tag{9}$$

Durch ein Gleichsetzen mit der Normalform ergibt der Koeffizientenvergleich den Zusammenhang der Dämpfung d und der Ersatzzeitkonstanten T mit den Zeitkonstanten T_1 und T_2.

$$G(s) = K_P \frac{1}{1+s\,(T_1+T_2)+s^2\,T_1\,T_2} = K_P \frac{1}{1+s2dT+s^2\,T^2}$$

$$T^2 = T_1 \cdot T_2 \quad \rightarrow \quad T = \sqrt{T_1 \cdot T_2} \tag{10}$$

$$2\,d\,T = T_1 + T_2 \quad \rightarrow \quad d = \frac{T_1+T_2}{2\,T} \tag{11}$$

Das Lösen der quadratischen Gleichung liefert umgekehrt die einzelnen Zeitkonstanten bei bekannter Dämpfung.

$$T_{1,2} = T\left(d \pm \sqrt{d^2-1}\right) \tag{12}$$

Die Bode-Diagramme für P-T_2-Verhalten hängen von der jeweiligen Dämpfung ab. Zur Darstellung wird der Frequenzgang $G(j\omega)$ konjugiert komplex erweitert. Aus den so gewonnenen Beziehungen für Real- und Imaginärteil lässt sich mit dem arctan der Winkel φ berechnen. Wird mit dem Satz des Pythagoras aus dem Real- und dem Imaginärteil der Betrag von $G(j\omega)$ berechnet, kann anschließend der Wert in dB bestimmt werden.

Im Bild 4.26 wurden die Bode-Diagramme mit dem Simulationsprogramm WinFACT LISA (Lineare Systemanalyse) berechnet.

Im Bild 4.26 sind die Bode-Diagramme für drei unterschiedliche Dämpfungen dargestellt. Oberhalb der Grenzfrequenz haben alle Betragskennlinien eine Steigung von −40 dB pro Dekade. Die Phasenkennlinie läuft bei allen bis −180°. Bei der Grenzfrequenz beträgt die Phasenverschiebung bei allen Dämpfungen −90°. Um so kleiner die Dämpfung, umso mehr kippt der Phasenverlauf. Die Betragskennlinie für eine Dämpfung kleiner eins zeigt einen größeren Betrag um die Grenzfrequenz.

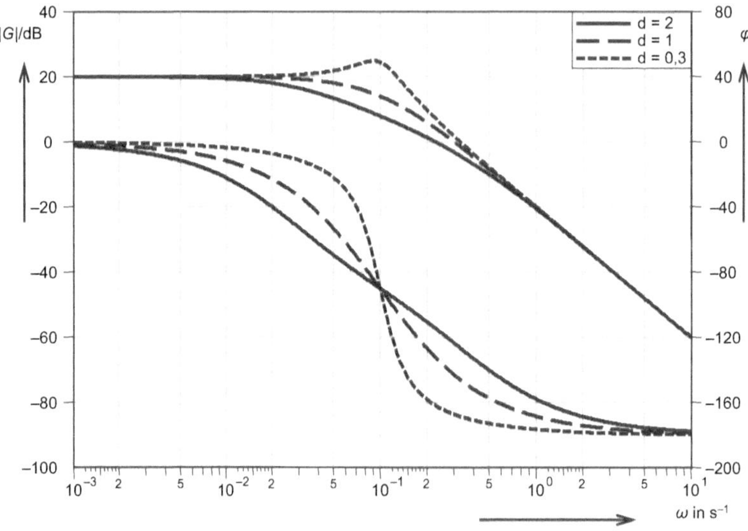

Bild 4.26 Bode-Diagramme von P-T_2-Gliedern mit $K_P = 10$ und $T = 10\,s$

Regelstrecken mit P-T_2-Verhalten

$G(s) = K_{PS}\dfrac{1}{1 + s2dT + s^2T^2}$	allgemeine Übertragungsfunktion	(4.14)
das schwingende P-T_2-Verhalten	$d < 1$	(4.15)
$G(s) = K_{PS}\dfrac{1}{(1 + sT)^2}$	$d = 1$	(4.16)
$G(s) = K_{PS}\dfrac{1}{(1 + sT_1)(1 + sT_2)}$	$d > 1$	(4.17)

■

Modell 2. Ordnung

Für ein Übertragungsglied 2. Ordnung kann ebenfalls eine Operationsverstärkerschaltung angegeben werden.

Allgemein gilt:

$$G(s) = Kp\frac{1}{1 + j\omega \cdot 2dT + (j\omega)^2T^2} \tag{4.18}$$

Die technische Realisierung mit einem Operationsverstärker sieht folgendermaßen aus.

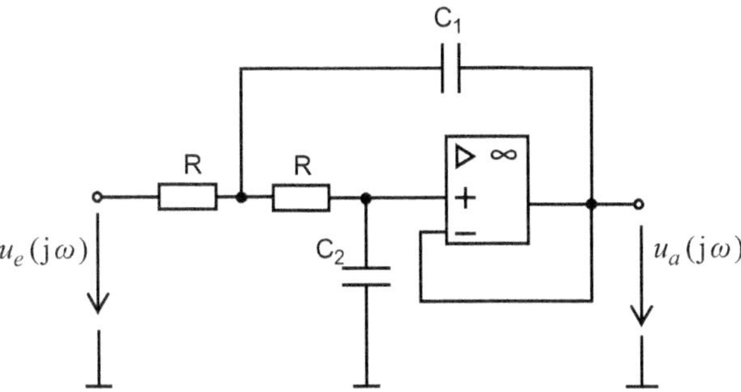

Bild 4.27 Modell für das P-T_2-Verhalten

Der Frequenzgang für diese Schaltung lässt sich berechnen und ergibt:

$$G(\mathrm{j}\omega) = \frac{u_\mathrm{a}(\mathrm{j}\omega)}{u_\mathrm{e}(\mathrm{j}\omega)} \tag{4.19}$$

$$G(\mathrm{j}\omega) = \frac{1}{1 + \mathrm{j}\omega \cdot 2RC_2 + (\mathrm{j}\omega)^2 \cdot R^2 C_1 C_2}$$

Bei einer Vorgabe der Zeitkonstanten T und der Dämpfung d können die entsprechenden Bauteile durch Koeffizientenvergleich bestimmt werden. Es müssen drei Bauteile dimensioniert werden und es stehen zwei Gleichungen zur Verfügung. Ein Bauteil kann frei gewählt werden.

Bei einer Vorgabe des Widerstandes ergeben sich folgende Gleichungen für die beiden Kondensatoren:

$$C_2 = \frac{dT}{R}$$

und

$$C_1 = \frac{T^2}{R^2 C_2}$$

4.1.5 Regelstrecken mit Totzeitverhalten

Eine andere Art der Verzögerung stellt eine Totzeit dar. Sie wird nicht durch einen Energiespeicher verursacht. Eine Veränderung am Eingang macht sich erst nach einer bestimmten Zeit, der Totzeit, bemerkbar. Totzeiten treten überall dort auf, wo ein Materialtransport auftritt, also in Rohren oder auf einem Transportband.

Mit einer Thyristorsteuerung ist es möglich, eine veränderbare Gleichspannung zu erzeugen. Die Spannung lässt sich aber erst in der folgenden Halbwelle beeinflussen. Eine Thyristorsteuerung reagiert damit auch mit einer Totzeit.

Als Beispiel soll hier ein Transportband wie im Bild 4.28 dargestellt dienen. Zu einer bestimmten Zeit wirkt die Stellgröße und Material wird auf das Band geschüttet. Das Transportband

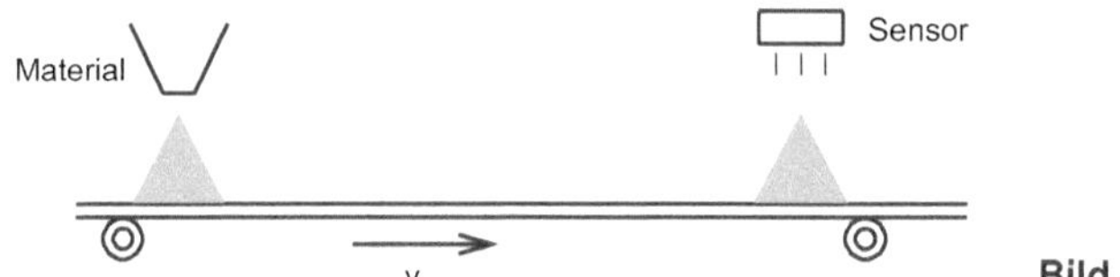

Bild 4.28 Transportband

bewegt sich mit der Geschwindigkeit v. Nach einer bestimmten Zeit, der Totzeit T_t, wird das Material von einem Sensor registriert. Mit der Bandgeschwindigkeit v lässt sich diese Totzeit berechnen.

$$\text{Bandgeschwindigkeit} \quad v = \frac{s}{t} \tag{1}$$

mit s – Abstand vom Stellort zum Messort

$$\text{Totzeit} \quad T_t = \frac{s}{v} \tag{2}$$

Für das Verhalten entsteht die folgende Sprungantwort aus Bild 4.29.

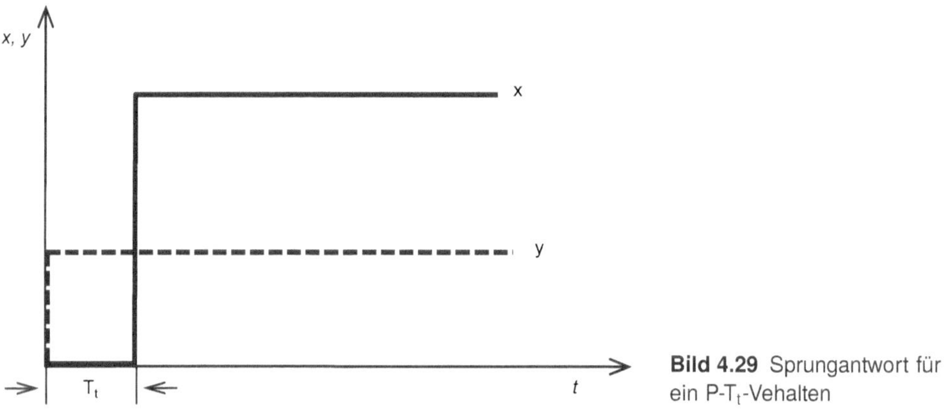

Bild 4.29 Sprungantwort für ein P-T_t-Vehalten

Nach einem Sprung der Stellgröße stellt sich erst nach der Totzeit T_t eine Reaktion der Regelgröße ein. Die Ausgangsgröße verhält sich danach aber proportional zur Eingangsgröße. Es handelt sich um ein P-T_t-Verhalten.

Das Blockschaltbild im Bild 4.30 bekommt als Kenngrößen den Proportionalbeiwert K_p und die Totzeit T_t.

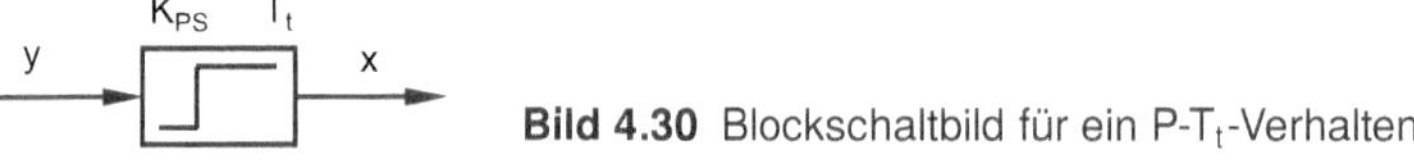

Bild 4.30 Blockschaltbild für ein P-T_t-Verhalten

Wird das Eingangssignal durch einen komplexen Zeiger beschrieben, dann kann die Ausgangsgröße auch als ein komplexer Zeiger dargestellt werden. Dieser Zeiger eilt um einen bestimmten Winkel nach. Diese Nacheilung kann als Produkt aus der Winkelgeschwindigkeit und der Zeitverzögerung, der Totzeit, aufgefasst werden. Nun wird die komplexe Ausgangsgröße zur

Eingangsgröße ins Verhältnis gesetzt. So entsteht die komplexe Übertragungsfunktion, der Frequenzgang. Wird stattdessen der Laplace-Operator verwendet, zeigt sich die Übertragungsfunktion.

$$G(j\omega) = \frac{x_\infty(j\omega)}{y_\infty(j\omega)} = \frac{x_\infty \cdot e^{j\omega(t-T_t)}}{y_\infty \cdot e^{j\omega t}} = \frac{x_\infty \cdot e^{j\omega t} \cdot e^{-j\omega T_t}}{y_\infty \cdot e^{j\omega t}}$$

mit dem Übertragungsbeiwert $K_{PS} = \frac{x_\infty}{y_\infty}$ entsteht

der Frequenzgang $$G(j\omega) = K_{PS}\, e^{-j\omega T_t} \quad (3)$$

die Übertragungsfunktion $$G(s) = K_{PS}\, e^{-s\, T_t} \quad (4)$$

In der Gleichung (3) wird deutlich, dass die Zeigerlänge von der Frequenz unabhängig ist. Der Betrag dieser komplexen Größe ist konstant. Damit ergibt sich für die Amplitudenkennlinie im Bode-Diagramm eine Konstante bei K_{PS} in dB. Die Phasenverschiebung kann berechnet werden.

Aus Gleichung (3) ergibt sich

$$G(j\omega) = K_{PS}\, e^{-j\omega T_t} = K_{PS}\, e^{j\varphi}$$

$$\varphi = -\omega \cdot T_t \cdot \frac{180°}{\pi} \quad (5)$$

Bei der Berechnung der Phasenverschiebung wurde die Umrechnung in Grad beachtet. Daraus ergibt sich ein Verlauf der Phasenverschiebung, der bei sehr kleinen Frequenzen bei null beginnen wird. Steigt die Frequenz, dann wird die Phasenverschiebung gegen unendlich streben. Da auch hier wieder eine Kenngröße, die Totzeit T_t, festgelegt wurde, ist es üblich, mit der so entstandenen Kennfrequenz ω_0 zu arbeiten. Für diese Kennfrequenz kann ein fester Wert für die Phase berechnet werden.

bei $\omega_0 = \frac{1}{T_t}$ wird $\varphi = -\omega_0\, T_t \cdot \frac{180°}{\pi} = -\frac{1}{\cancel{T_t}} \cdot \cancel{T_t} \cdot \frac{180°}{\pi}$ $\varphi = -57{,}3°$ (6)

Im Bild 4.31 wird ein Bode-Diagramm für ein P-T_t-Verhalten mit einem Übertragungsbeiwert von 10 und einer Totzeit von 5 ms gezeigt.

$K_{PS} = 10$ $\quad T_t = 5\,\text{ms}$ $\quad G(s) = 10\, e^{-s\, 0{,}005}$

$K_{PS\,dB} = 20 \lg 10$ $\quad \omega_0 = \frac{1}{T_t} = \frac{1}{5 \cdot 10^{-3}\,\text{s}}$

$K_{PS\,dB} = 20\,\text{dB}$ $\quad \omega_0 = 200\,\text{s}^{-1}$

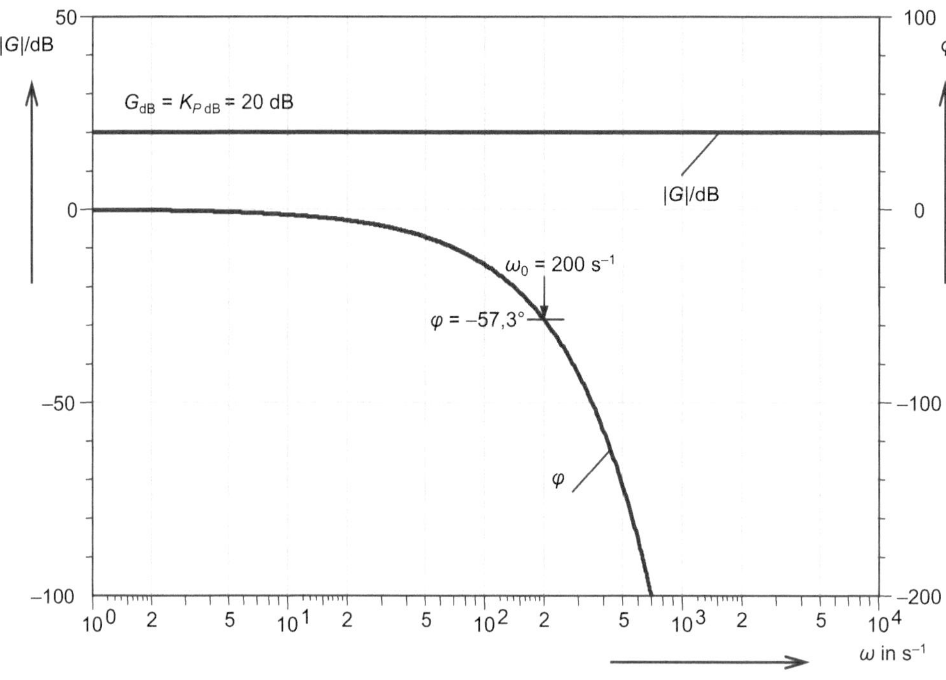

Bild 4.31 Bode-Diagramm für ein P-T_t-Verhalten

Das P-T_t-Verhalten

Übertragungsfunktion $\quad G(s) = K_P \cdot e^{-s\,T_t} \quad$ (4.20)

Phasenwinkel bei $\omega_0 = \dfrac{1}{T_t}$ $\quad \varphi = -57{,}3° \quad$ (4.21)

■

Bei Regelstrecken mit Ausgleich bestimmt das Verhältnis von Verzugs- und Ausgleichszeit, wie gut sich eine Strecke regeln lässt. Zur Beurteilung der Regelbarkeit können folgende Erfahrungswerte herangezogen werden.

Regelbarkeit von Regelstrecken mit Ausgleich

$\dfrac{T_u}{T_g} < 0{,}1$ gut regelbar

$0{,}1 < \dfrac{T_u}{T_g} < 0{,}3$ regelbar

$\dfrac{T_u}{T_g} > 0{,}3$ schwer regelbar

■

4.2 Regelstrecken ohne Ausgleich

Kennzeichen dieser Regelstrecken ist ein stetiges Ansteigen der Ausgangsgröße bei einer konstanten Größe am Eingang. Hierbei strebt die Ausgangsgröße der Regelstrecke bei einer sprunghaften Änderung am Eingang keinen festen Endwert an. Zusätzlich kann diese Strecke auch noch zeitverzögert sein.

Strecken ohne Ausgleich

Bei einer Strecke ohne Ausgleich strebt die Ausgangsgröße nach einem sprunghaften Eingangssignal keinen festen Endwert an.

4.2.1 Regelstrecken ohne Ausgleich und ohne Verzögerung

Das Verhalten ohne Ausgleich soll am Beispiel eines Behälters untersucht werden.

Der Behälter, der gefüllt werden soll, stellt hier die Regelstrecke dar. Solange der Zufluss größer als der Abfluss ist, wird die Füllhöhe ansteigen. Sind der Volumenstrom im Zufluss und im Abfluss konstant, wird die Füllhöhe linear steigen.[3]

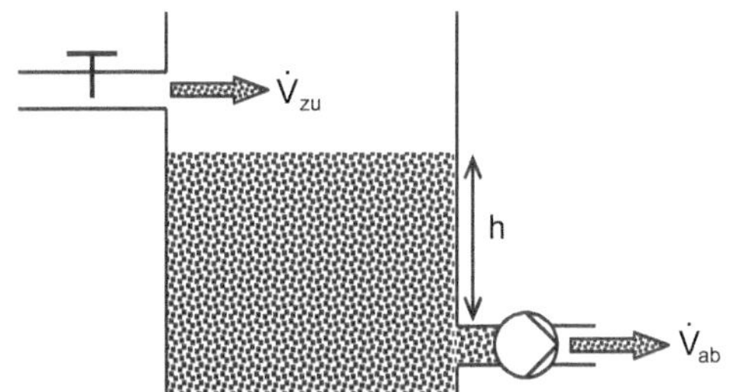

Bild 4.32 Behälterfüllstand

Ausgangsgröße:	Füllhöhe h	→ Regelgröße x
Eingangsgröße:	Volumenstrom $\dot{V} = \dfrac{\mathrm{d}V}{\mathrm{d}t}$	
	$\dot{V} = \dot{V}_{\text{zu}} - \dot{V}_{\text{ab}}$	→ Stellgröße y

Mit dem veränderten Volumen und der Grundfläche des Behälters lässt sich die Änderung der Füllhöhe berechnen.

$$\Delta h = \frac{\Delta V}{A} = \frac{\dot{V}}{A} \cdot \Delta t \quad \text{(lineare Vorgänge)} \qquad (1)$$

3 Die hier angestellte Betrachtung gilt für den Fall, dass der Volumenstrom im Ablauf konstant ist, also unabhängig vom jeweiligen Füllstand.

Die Gleichung (1) gilt nur für konstante Veränderungen. Soll diese Gleichung allgemeingültig werden, müssen die Differenzen Δh und Δt sehr klein werden, also gegen null gehen.

$$\mathrm{d}h = \frac{\dot{V}}{A}\mathrm{d}t \qquad (2)$$

Wird jetzt die Änderung der Füllhöhe über eine bestimmte Zeit ermittelt, wird mithilfe der Integralrechnung die Veränderung aufsummiert.

$$h = \frac{1}{A}\int \dot{V}\mathrm{d}t \quad \text{(allgemein)} \qquad (3)$$

Ein solches Übertragungsglied wird deshalb als **Integrierglied** bzw. als Übertragungsglied mit **I-Verhalten** bezeichnet.

Dieser Sachverhalt wird in der Sprungantwort in Bild 4.33 veranschaulicht.

Solange ein konstanter Volumenstrom – die Stellgröße y – vorhanden ist, ändert sich der Füllstand – die Regelgröße x – gleichmäßig. Wird der resultierende Volumenstrom zu null, dann ändert sich die Füllhöhe nicht mehr. Die erreichte Ausgangsgröße bleibt erhalten.

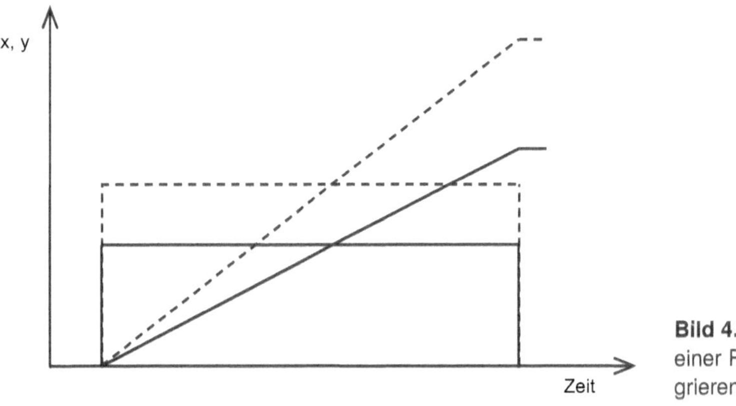

Bild 4.33 Sprungantworten einer Regelstrecke mit integrierendem Verhalten

Beobachtet man den Füllstand im gleichen Behälter bei einer größeren Stellgröße, wird die betrachtete Füllhöhe schneller erreicht. Dieser Zusammenhang, der im Bild 4.33 dargestellt ist, lässt sich durch einen Übertragungsbeiwert beschreiben.

P-Verhalten: Beim proportionalen Verhalten beschreibt der Übertragungsfaktor das Verhältnis von der Ausgangs- zur Eingangsgröße.

$$K_\mathrm{P} = \frac{x_\mathrm{a}}{x_\mathrm{e}}$$

I-Verhalten: Beim I-Verhalten ändert sich die Ausgangsgröße abhängig von der Eingangsgröße. Darum beschreibt der Übertragungsfaktor hier das Verhältnis der Änderung am Ausgang zur Eingangsgröße.

$$K_\mathrm{I} = \frac{\frac{\Delta x_\mathrm{a}}{\Delta t}}{x_\mathrm{e}}$$

Damit ergibt sich der folgende Integrierbeiwert. Wird davon ausgegangen, dass am Eingang und am Ausgang einheitsgleiche Größen vorhanden sind, muss der Integrierbeiwert mit dem Kehrwert einer Zeiteinheit angegeben werden.

Integrierbeiwert

$$K_{\mathrm{I}} = \frac{\Delta v}{u} \cdot \frac{1}{\Delta t} \qquad \text{in s}^{-1} \tag{4.22}$$

■

Der Kehrwert des Integrierbeiwertes K_{I} ergibt die Integrierzeit T_{I}. Sie gibt die Zeit an, die ein Übertragungsglied mit I-Verhalten benötigt, um am Ausgang den gleichen Wert wie am Eingang zu erreichen.

Integrierzeit

$$T_{\mathrm{I}} = \frac{1}{K_{\mathrm{I}}} \qquad \text{in s} \tag{4.23}$$

■

Tragen die Eingangs- und die Ausgangsgröße nicht die gleichen Einheiten, lässt sich nach der Formel (4.23) keine Integrierzeit bilden. Wie im Abschnitt 1.2.1 beschrieben wurde, müssen die betrachteten Größen normiert werden.

Dazu wird diese Größe auf einen Nennwert derselben Dimension bezogen. Bei Regelstrecken ist es sinnvoll, den maximalen Wert zu wählen. Am Eingang ist das die maximale Stellgröße, der Stellbereich Y_{h}, und am Ausgang die maximale Regelgröße, der Regelbereich X_{h}.

Für das Beispiel Behälterfüllstand im Bild 4.32 ergeben sich damit folgende Größen:

$$\Delta v \;\rightarrow\; \Delta h \;\rightarrow\; \frac{\Delta h}{h_{\mathrm{max}}} = \frac{\Delta x}{X_{\mathrm{h}}} \;\rightarrow\; \frac{\Delta v}{v_{\mathrm{N}}} \tag{1}$$

$$u \;\rightarrow\; \dot{V} \;\rightarrow\; \frac{\dot{V}}{\dot{V}_{\mathrm{max}}} = \frac{y}{Y_{\mathrm{h}}} \;\rightarrow\; \frac{u}{u_{\mathrm{N}}} \tag{2}$$

In beiden Fällen lassen sich die Einheiten kürzen. Damit ergeben sich einheitslose Größen, die in Prozent angegeben werden sollten.

Aus (1), (2) und der Formel (4.22) entsteht

normierter Integrierbeiwert

$$K_{\mathrm{I}}^{*} = \frac{\Delta v}{v_{\mathrm{N}}} \cdot \frac{u_{\mathrm{N}}}{u} \cdot \frac{1}{\Delta t} = K_{\mathrm{I}} \cdot \frac{u_{\mathrm{N}}}{v_{\mathrm{N}}} \tag{4.24}$$

■

Aus den Kenngrößen und der Sprungantwort resultiert das Blockschaltbild für ein Übertragungsglied mit I-Verhalten:

Bild 4.34 Blockschaltbild für ein Übertragungsglied mit integrierendem Verhalten

Beispiel 4.6

Aufgezeichnet wurden die Sprungfunktion und die Sprungantwort eines Übertragungsgliedes mit integrierendem Verhalten. Bestimmen Sie daraus den Übertragungsbeiwert K_I.

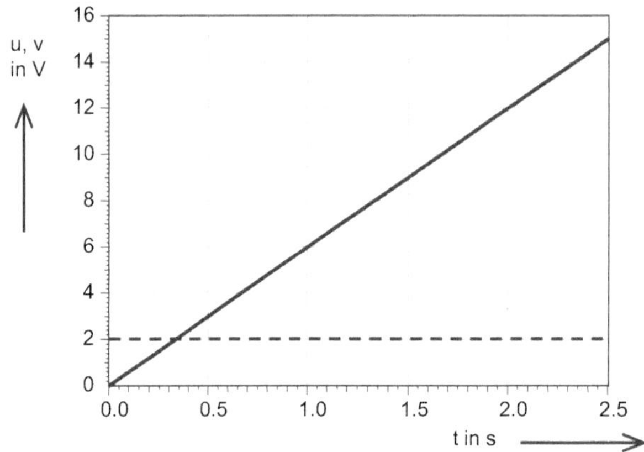

Bild 4.35 Sprungfunktion und Sprungantwort zum Beispiel 4.6

Lösung 4.6

$$K_I = \frac{\Delta v}{u} \cdot \frac{1}{\Delta t}$$

$$K_I = \frac{(12\,V - 6\,V)}{2\,V \cdot (2\,s - 1\,s)}$$

$$K_I = 3\,s^{-1}$$

Kontrolle:

$$T_I = \frac{1}{K_I} = \frac{1}{3}\,s = 0{,}333\,s$$ Dieser Wert lässt sich bei $u = v$ ablesen.

■

Beispiel 4.7

Für einen Kühlwasserbehälter sind die Grundfläche $A = 1\,m^2$, der maximal mögliche Volumenstrom $\dot{V}_{max} = 1200\,l/min$ und die maximale Füllhöhe $h_{max} = 1\,m$ bekannt. Bestimmen Sie den Integrierbeiwert und die Integrierzeit.

Lösung 4.7

1. Schritt: Anwenden der Gleichung für den Integrierbeiwert auf das Beispiel

Einsetzen der Größen in die Formel (4.22):

$$K_\mathrm{I} = \frac{\Delta v}{u} \cdot \frac{1}{\Delta t} = \frac{\Delta h}{V} \cdot \frac{1}{\Delta t} \qquad (1)$$

mit der Gleichung $\Delta h = \frac{\dot{V}}{A} \cdot \Delta t$ (1) vom einführenden Beispiel „Behälterfüllstand" ergibt sich aus (1)

$$K_\mathrm{I} = \frac{\Delta h}{\dot{V}} \cdot \frac{1}{\Delta t} = \frac{\dot{V}}{A} \cdot \frac{\Delta t}{\dot{V}} \cdot \frac{1}{\Delta t} = \frac{1}{A} \qquad (2)$$

$$K_\mathrm{I} = \frac{1}{A} = \frac{1}{1\,\mathrm{m}^2} \quad \rightarrow \quad K_\mathrm{I} = 1\,\frac{\mathrm{m}}{\mathrm{m}^3}$$

Das Ergebnis für den Übertragungsfaktor ist aussagekräftig. Der Füllstand steigt um 1 m bei einer Volumenänderung von 1 m³. Zur Bildung der Integrierzeit ist dieser Wert wegen der vorhandenen Einheiten aber nicht geeignet. Dazu muss der normierte Integrierbeiwert gebildet werden.

2. Schritt: Bestimmung des normierten Integrierbeiwertes

Einsetzen der Größen in die Formel (4.24):

$$K_\mathrm{I}^* = K_\mathrm{I} \cdot \frac{u_\mathrm{N}}{v_\mathrm{N}} = \frac{1}{A} \cdot \frac{\dot{V}_\mathrm{max}}{h_\mathrm{max}} \qquad (3)$$

$$K_\mathrm{I}^* = \frac{1}{A} \cdot \frac{\dot{V}_\mathrm{max}}{h_\mathrm{max}} = \frac{1200\,\mathrm{l/min}}{1\,\mathrm{m}^2 \cdot 1\,\mathrm{m}} = \frac{1{,}2\,\mathrm{m}^3}{1\,\mathrm{m}^2 \cdot 1\,\mathrm{m} \cdot 1\,\mathrm{min}} = \frac{1{,}2\,\mathrm{m}^3}{\mathrm{m}^3 \cdot 60\,\mathrm{s}} \quad K_\mathrm{I}^* = 0{,}02\,\mathrm{s}^{-1}$$

3. Schritt: Berechnung der Integrierzeit nach Formel (4.23)

$$T_\mathrm{I} = \frac{1}{K_\mathrm{I}} = \frac{1 \cdot \mathrm{s}}{0{,}02} \quad T_\mathrm{I} = 50\,\mathrm{s}$$

■

Nun soll das Frequenzverhalten eines Übertragungsgliedes mit I-Verhalten untersucht werden. Dazu wird ein entsprechend beschalteter Operationsverstärker wie in Bild 4.36 betrachtet.

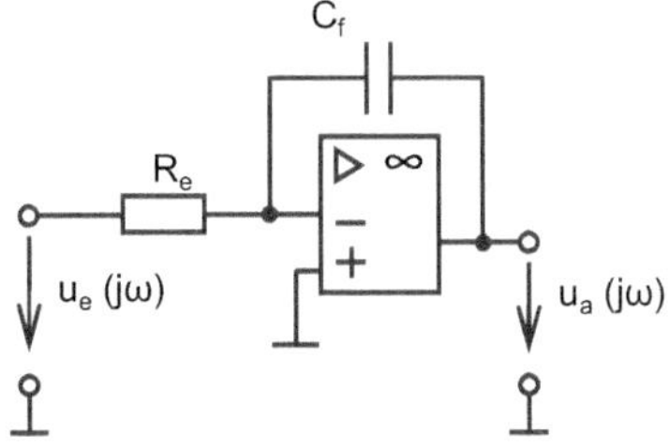

Bild 4.36 Als Integrierer beschalteter Operationsverstärker

Allgemein gilt für einen frequenzabhängigen Vierpol:

$$G(\mathrm{j}\omega) = \frac{u_\mathrm{a}(\mathrm{j}\omega)}{u_\mathrm{e}(\mathrm{j}\omega)} \qquad (1)$$

Die anliegende Spannung soll einen sinusförmigen Verlauf haben. Da zum einen in einer Reihenschaltung die Spannungsteilerregel gilt und zum anderen die Potenzialdifferenz zwischen den Eingängen des Verstärkers zu vernachlässigen ist, gilt:

$$G(\mathrm{j}\omega) = \frac{\underline{U}_\mathrm{a}}{\underline{U}_\mathrm{e}} = \frac{\underline{Z}_\mathrm{f}}{\underline{Z}_\mathrm{e}} \tag{2}$$

Die Wechselstromwiderstände sind

$$\underline{Z}_\mathrm{f} = \frac{1}{\mathrm{j}\omega C_\mathrm{f}} \quad \text{und} \quad \underline{Z}_\mathrm{e} = R_\mathrm{e}$$

und werden eingesetzt in (2)

$$G(\mathrm{j}\omega) = \frac{1}{\mathrm{j}\omega C_\mathrm{f} R_\mathrm{e}} \tag{3}$$

Im Nenner entsteht so die Integrierzeit

$$T_\mathrm{I} = C_\mathrm{f} \cdot R_\mathrm{e} \tag{4}$$

(4) wird eingesetzt in (3)

$$G(\mathrm{j}\omega) = \frac{1}{\mathrm{j}\omega T_\mathrm{I}} = \frac{K_\mathrm{I}}{\mathrm{j}\omega} = \frac{K_\mathrm{I}}{\mathrm{j}\omega} \cdot \frac{\mathrm{j}}{\mathrm{j}} = -\mathrm{j}\frac{K_\mathrm{I}}{\omega} = -\mathrm{j}\frac{1}{\omega T_\mathrm{I}}$$

und ergibt damit zwei sinnvolle Gleichungen für den Frequenzgang.

Komplexe Übertragungsfunktion, Frequenzgang

$$G(\mathrm{j}\omega) = -\mathrm{j}\,\frac{K_\mathrm{I}}{\omega} = -\mathrm{j}\,\frac{1}{\omega T_\mathrm{I}} \tag{4.25}$$

■

Wird mit $s = \mathrm{j}\omega$ der Laplace-Operator eingesetzt, folgt:

Übertragungsfunktion

$$G(s) = \frac{1}{sT_\mathrm{I}} = \frac{K_\mathrm{I}}{s} \tag{4.26}$$

■

Aus den entwickelten Gleichungen ergibt sich die Frage nach den Darstellungen als Ortskurve und Bode-Diagramm.

Die Gleichung (4.25) beschreibt eine komplexe Größe in der arithmetischen Form. Ein Realteil ist offensichtlich nicht vorhanden. Der Imaginärteil ist immer negativ. Der Betrag des Imaginärteils verhält sich umgekehrt proportional zur Frequenz. Bei kleinen Frequenzen nimmt der Imaginärteil sehr große Werte an. Wird die Frequenz immer größer, geht der Imaginärteil gegen null. Damit ergibt sich die in Bild 4.37 abgebildete Ortskurve.

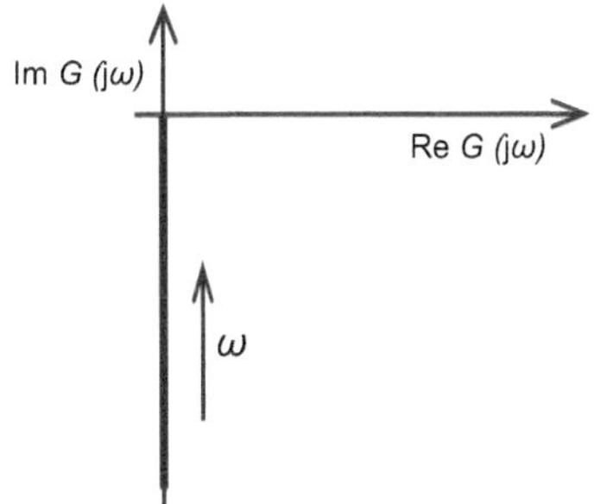

Bild 4.37 Ortskurve für das I-Verhalten

Für das Bode-Diagramm werden der Betrag und der Winkel der komplexen Übertragungsfunktion wieder getrennt betrachtet.

An der Ortskurve ist zu erkennen, dass der Phasenwinkel unabhängig von der Frequenz −90° beträgt.

$$\rightarrow \quad \varphi = -90° \tag{1}$$

Der Betrag kann mithilfe des Satzes des Pythagoras berechnet werden. Da der Realteil null ist, entspricht der Betrag dem Imaginärteil. Das negative Vorzeichen verliert durch das Quadrieren seine Bedeutung.

$$\left|G(\mathrm{j}\omega)\right| = \sqrt{(\mathrm{Re\ G})^2 + (\mathrm{Im\ G})^2} = \sqrt{\left(-\frac{K_\mathrm{I}}{\omega}\right)^2} \quad \rightarrow \quad \left|G(\mathrm{j}\omega)\right| = \frac{K_\mathrm{I}}{\omega} \tag{2}$$

Beispiel 4.8

Für den Kühlwasserbehälter aus Beispiel 4.7 sind der Integrierbeiwert mit $0{,}02\,\mathrm{s}^{-1}$ und die Integrierzeit mit 50 s bekannt. Zeichnen Sie das Bode-Diagramm.

Lösung 4.8

1. Schritt: Mit der Gleichung (2) wird der Betrag bei bestimmten Frequenzen berechnet.

$$\left|G(\mathrm{j}\omega)\right| = \frac{K_\mathrm{I}}{\omega} = \frac{0{,}02\,\mathrm{s}^{-1}}{2\cdot 10^{-4}\,\mathrm{s}^{-1}} = \frac{2\cdot 10^{-2}}{2\cdot 10^{-4}} \qquad \left|G(\mathrm{j}\omega)\right| = 100$$

2. Schritt: Der Betrag wird in den entsprechenden dB-Wert umgerechnet.

$$\left|G(\mathrm{j}\omega)\right|_\mathrm{dB} = 20\lg\left|G(\mathrm{j}\omega)\right| = 20\lg 100 \qquad \left|G(\mathrm{j}\omega)\right|_\mathrm{dB} = 40$$

3. Schritt: Aus der Gleichung (1) ergibt sich der Phasenwinkel zu konstant −90°.

Tabelle 4.3 Wertetabelle zur Darstellung des Bode-Diagramms

ω in s^{-1}	$2\cdot 10^{-4}$	$2\cdot 10^{-3}$	$2\cdot 10^{-2}$	$2\cdot 10^{-1}$
$\left\|G(\mathrm{j}\omega)\right\|$	100	10	1	0,1
$\left\|G(\mathrm{j}\omega)\right\|_\mathrm{dB}$	40	20	0	−20
φ	−90°	−90°	−90°	−90°

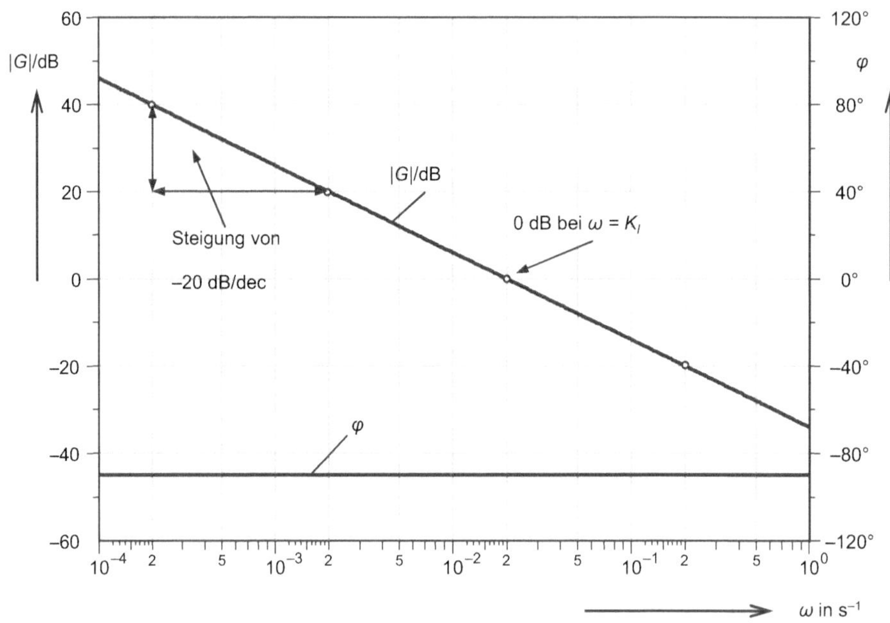

Bild 4.38 Bode-Diagramm für das I-Verhalten

Die Betragskurve im Bode-Diagramm zeigt eine einfache Charakteristik. Es handelt sich um eine fallende Gerade mit einer Steigung von −20 dB je Dekade. Ein markanter Punkt auf der Geraden ist der Betrag, wenn die Kreisfrequenz genau dem Integrierbeiwert entspricht. Hier schneidet die Betragskurve die Nulllinie.

Für $\omega = K_\mathrm{I}$ wird

$$|G(\mathrm{j}\omega)| = \frac{K_\mathrm{I}}{\omega} = 1 \quad \rightarrow \quad |G(\mathrm{j}\omega)|_\mathrm{db} = 20\lg|G(\mathrm{j}\omega)| = 20\lg 1 = 0$$

4.2.2 Regelstrecken ohne Ausgleich mit Verzögerung

In der Praxis kommen die Regelstrecken ohne Ausgleich meist verzögert vor. Die Verzögerung kann unterschiedliche Ursachen haben und damit auch unterschiedliche Verhalten aufweisen.

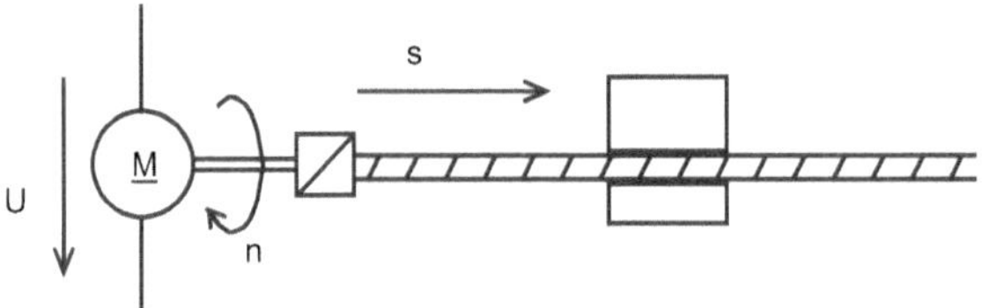

Bild 4.39 Gleichstrommotor mit Werkzeugschlitten

Im Bild 4.39 sitzt ein Werkzeugschlitten auf einer Spindel, die über ein Getriebe von einem Gleichstrommotor angetrieben wird. Der Motor kann mit seinem Trägheitsmoment oder seiner Induktivität einen Energiespeicher darstellen, der zu einer Verzögerung führt. Der Verlauf der Motordrehzahl zeigt einen Ausgleichsvorgang, durchläuft also eine e-Funktion.

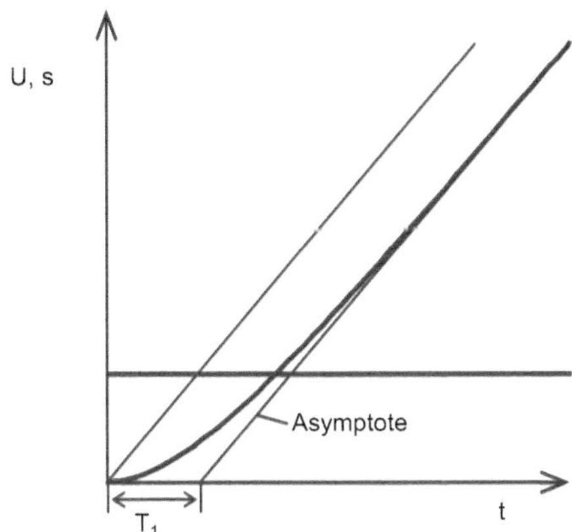

Bild 4.40 Sprungantwort für ein I-T_1-Verhalten

Die Drehzahl des Motors bestimmt die Geschwindigkeit des Schlittens. Stellt der zurückgelegte Weg des Schlittens die Ausgangsgröße dar, ergibt sich daraus die Sprungantwort im Bild 4.40. Ein ähnliches Bild zeigt sich, wenn eine Ventilstellung mithilfe eines Schrittreglers verändert wird.

Diese Verzögerungen haben ein P-T_1-Verhalten.

Das Bild 4.41 zeigt einen Behälter, bei dem der Volumenstrom eine Änderung des Füllstandes hervorruft. Das Stellventil hat hier einen großen Abstand zum Behälter. Diese Anordnung führt zu einer zusätzlichen Totzeit. Die daraus resultierende Sprungantwort ist in Bild 4.42 dargestellt.

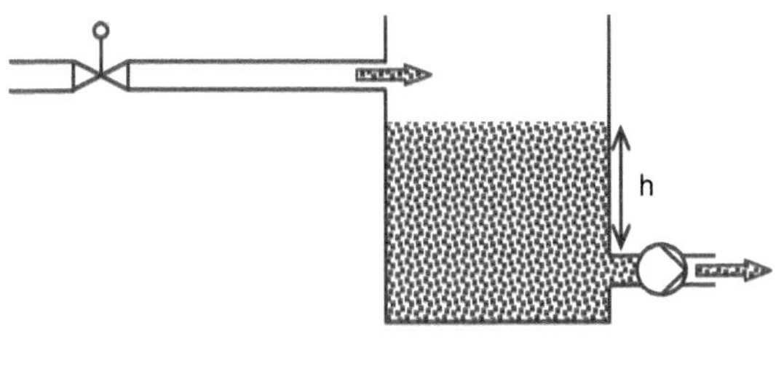

Bild 4.41 Behälter mit langen Rohrleitungen

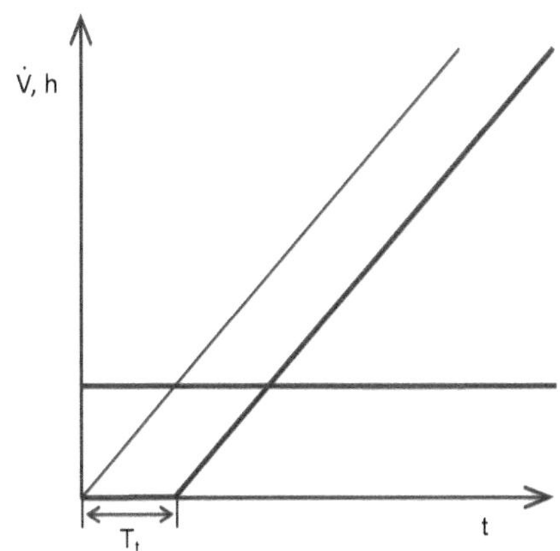

Bild 4.42 Sprungantwort für ein I-T_t-Verhalten

Zeigt eine Regelstrecke ohne Ausgleich ein verzögertes Verhalten, so kann das als eine Reihenschaltung zweier Übertragungsverhalten im Blockschaltbild dargestellt werden.

Beispiel 4.9

Betrachtet wird ein durch einen Gleichstrommotor angetriebener Werkzeugschlitten wie im Bild 4.39 abgebildet. Das Verhalten und die Kenngrößen wurden wie im Bild 4.43 angegeben bestimmt.

Erstellen Sie das Bode-Diagramm und geben Sie die Übertragungsfunktion der gesamten Anordnung an.

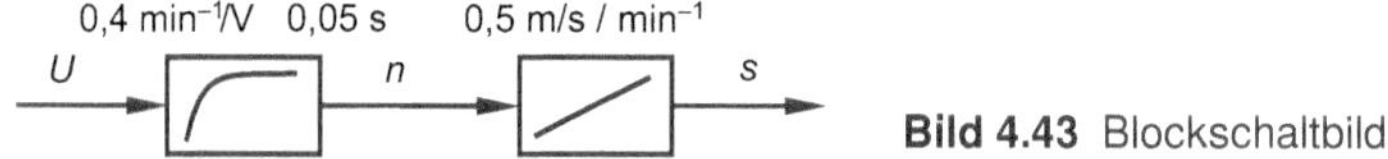

Bild 4.43 Blockschaltbild zum Beispiel 4.9

Lösung 4.9

1. Schritt: Die einzelnen Übertragungsfunktionen werden aufgestellt.

P-T_1-Verhalten $$G_1(s) = K_P \frac{1}{1+sT_1} \tag{1}$$

I-Verhalten $$G_2(s) = \frac{K_I}{s} \tag{2}$$

2. Schritt: Einsetzen der gegebenen Werte und Bestimmung der Kennwerte für das Bode-Diagramm (Eine Normierung ist hier nicht möglich, weil die notwendigen Angaben fehlen. Im Anschluss soll aber das Bode-Diagramm erstellt werden. Da der Logarithmus nur von einheitslosen Größen gebildet werden darf, werden die Einheiten im Beispiel nicht weiter mitgeführt.)

$$G_1(s) = 0{,}4\frac{1}{1+s\,0{,}05} \qquad G_2(s) = \frac{0{,}5}{s}$$

Betragskennlinie:

$$|G(s)|_{\mathrm{dB}} = 20 \cdot \lg K_P = 20 \cdot \lg 0{,}4 = -7{,}96\,\mathrm{dB} \qquad -20\,\frac{\mathrm{dB}}{\mathrm{dec}}$$

Kennfrequenz:

$$\omega_{01} = \frac{1}{T_1} = \frac{1}{0{,}05\,\mathrm{s}} = 20\,\mathrm{s}^{-1} \qquad 0\,\mathrm{dB} \quad \text{bei} \quad \omega_{02} = K_I = 0{,}5\,\mathrm{s}^{-1}$$

Phasenkennlinie:

$0° \ldots -90°$ konstant $-90°$

3. Schritt: Darstellung der einzelnen Betragskennlinien im Bode-Diagramm in Bild 4.44

4. Schritt: Da es sich hier um eine Reihenschaltung von Übertragungsgliedern handelt, müssen die Betragskennlinien und die Winkel im Bode-Diagramm wie in Bild 4.44 addiert werden.

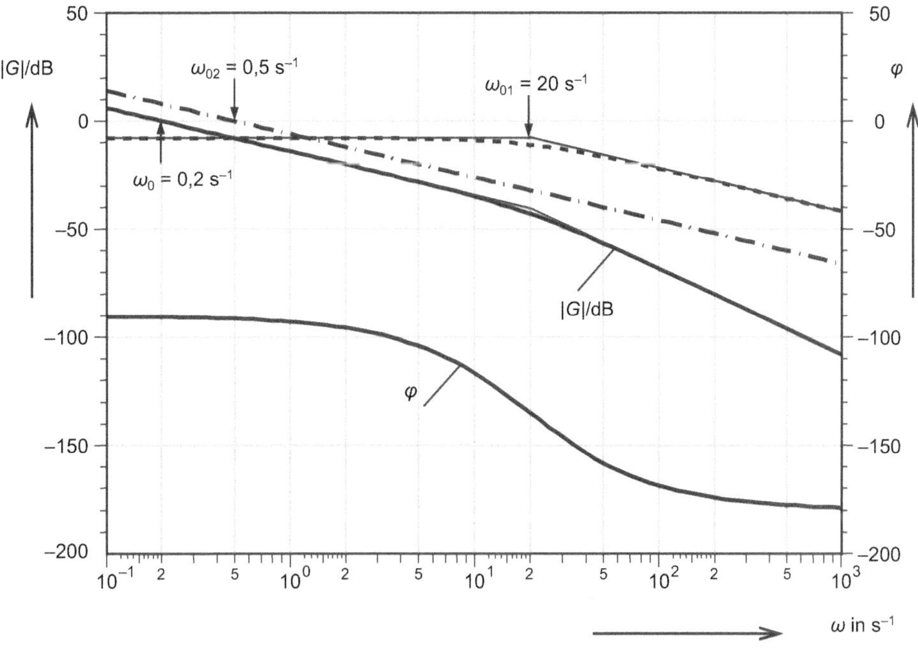

Bild 4.44 Bode-Diagramm für ein I-T_1-Verhalten

Das Ergebnis zeigt erwartungsgemäß einen Phasenverlauf, der bei −90° beginnt und bis −180° geht. Die Amplitudenkennlinie hat schon zu Beginn eine Steigung von −20 dB pro Dekade. Diese fallende Gerade schneidet bei $\omega_0 = 0{,}2\,\mathrm{s}^{-1}$ die 0 dB-Linie. Wie die Amplitudenkennlinie des P-T_1-Gliedes knickt auch die Gesamtkennlinie bei ω_{01} um weitere −20 dB pro Dekade ab. Werden die Asymptoten betrachtet, tritt bei Grenzfrequenz ein Fehler von −3 dB auf, da dieser Knick von einem Energiespeicher verursacht wird. Danach hat die Amplitudenkennlinie eine Steigung von −40 dB pro Dekade.

Dieser Verlauf ist auch an der Übertragungsfunktion der gesamten Regelstrecke zu erkennen.

$$G(s) = G_1(s) \cdot G_2(s) = K_P \frac{1}{1+sT_1} \cdot \frac{K_I}{s} = \frac{K_P \cdot K_I}{s(1+sT_1)} = \frac{K}{s(1+sT_1)}$$

I-T_1-Verhalten

$$G(s) = \frac{K}{s(1+sT_1)} \tag{4.27}$$

Für das Beispiel 4.9 gilt:

$$G(s) = \frac{0{,}4 \cdot 0{,}5}{s(1+s0{,}05)} = \frac{0{,}2}{s(1+s0{,}05)} \qquad \omega_0 = K = 0{,}2\,\mathrm{s}^{-1} \qquad \omega_{01} = \frac{1}{T_1} = \frac{1}{0{,}05\,\mathrm{s}} = 20\,\mathrm{s}^{-1}$$

Wird die Gesamtübertragungsfunktion betrachtet, kann nicht mehr auf die einzelnen Übertragungsfaktoren K_P und K_I zurückgeschlossen werden.

4.3 Zusammengesetzte Regelstrecken

Bei einer Regelstrecke, also bei dem zu regelnden Objekt, handelt es sich üblicherweise um mehrteilige, zusammengesetzte Anlagen. Häufig haben sie eine schwer fassbare Struktur. Dieser Aufbau kann als zusammengesetztes Blockschaltbild dargestellt werden. Die daraus entstehenden Wirkungspläne sind vereinfachte Darstellungen, die einen Überblick über die Funktion bezüglich der Regelungstechnik ermöglichen.

An dieser Stelle sollen zwei typische Beispiele betrachtet werden.

Beispiel 4.10

Es soll ein Blockschaltbild für eine Niveaustrecke erstellt werden. Der Behälter hat einen Ablauf, der einen Volumenstrom am Ausgang hervorruft, der von der Füllhöhe abhängt.

Lösung 4.10

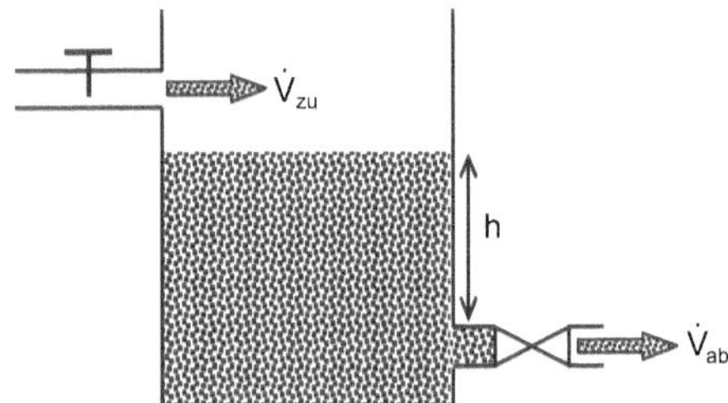

Bild 4.45 Behälter mit Ablauf

Bei einem Behälter handelt es sich eigentlich um eine Strecke ohne Ausgleich (1). Die Eingangsgröße ist der Volumenstrom, der sich aus der Differenz von Zulauf und Ablauf ergibt (2). Die Füllhöhe beeinflusst den Druck und damit die Ablaufmenge. Der Zusammenhang kann als proportional betrachtet werden (3). Damit ergibt sich ein Blockschaltbild wie in Bild 4.46.

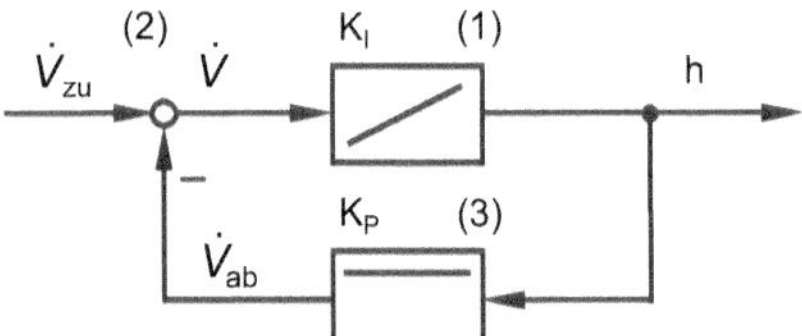

Bild 4.46 Blockschaltbild für einen Behälter mit Ablauf

Dieses Blockschaltbild beinhaltet eine Rückführung. Sie kann mit der Regel 7 unter Vereinfachungen von Blockschaltbildern beseitigt werden.

Regel 7

$$G(s) = \frac{G_1(s)}{1 + G_1(s) \cdot G_2(s)}$$

mit

$$G_1(s) = \frac{K_I}{s} \quad \text{und} \quad G_2(s) = K_P$$

entsteht

$$G(s) = \frac{\frac{K_I}{s}}{1 + \frac{K_I}{s} \cdot K_P}$$

erweitern mit s

$$G(s) = \frac{\frac{K_I}{s}}{1 + \frac{K_I}{s} \cdot K_P} \cdot \frac{s}{s} = \frac{K_I}{s + K_I \cdot K_P}$$

ausklammern

$$G(s) = \frac{K_I}{s + K_I \cdot K_P} = \frac{1 \cdot \cancel{K_I}}{\cancel{K_I} \cdot K_P \left(1 + s \frac{1}{K_I \cdot K_P}\right)}$$

Es handelt sich um ein P-T_1-Verhalten. Die Kenngrößen ergeben sich durch einen Koeffizientenvergleich.

$$G(s) = \frac{1}{K_P} \cdot \frac{1}{1 + s\frac{1}{K_I \cdot K_P}} = K_P^* \frac{1}{1 + s\,T^*} \qquad \text{mit} \quad K_P^* = \frac{1}{K_P} \quad \text{und} \quad T^* = \frac{1}{K_I \cdot K_P}$$

Verfügt ein Behälter über einen einfachen Ablauf, dann wird bei Erfüllung bestimmter Randbedingungen aus einer Strecke ohne Ausgleich eine Regelstrecke mit Ausgleich wie in Bild 4.47.

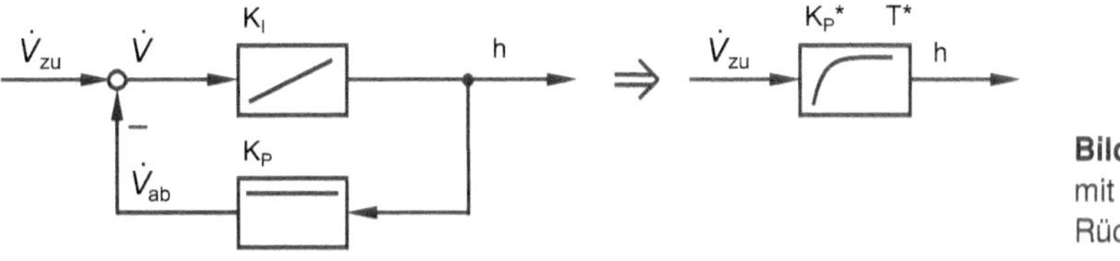

Bild 4.47 Strecke mit Ausgleich und Rückführung

■

Beispiel 4.11

Für einen fremderregten Gleichstrommotor mit einem konstanten Erregerfluss soll das Blockschaltbild entwickelt werden.

Lösung 4.11

Mit den Kirchhoffschen Regeln kann die Summe aller Spannungen für eine Gleichstrommaschine aufgestellt werden.

$$u = u_q + i \cdot R + L\frac{di}{dt}$$

Die Eingangsgröße für die Wicklung ist die, um die induzierte Spannung u_q verminderte, Ankerspannung u. Die Ausgangsgröße ist der Strom i. Die Wicklung stellt einen Energiespeicher dar.

$$u - u_q = i \cdot R + L\frac{di}{dt} \qquad \text{P-T}_1\text{-Verhalten} \qquad (1)$$

Der Strom i ist mit dem konstanten Erregerfeld Φ_E die Ursache für das innere Moment M_i.

$$M_\text{i} = c \cdot \Phi \cdot i \qquad \frac{M_\text{i}}{i} = c \cdot \Phi \qquad \text{P-Verhalten} \tag{2}$$

Das um das Lastmoment M_L verminderte innere Moment M_i ergibt das Beschleunigungsmoment M_B für die Maschine.

$$M_\text{i} - M_\text{L} = M_\text{B} \qquad \text{Angriff der Störgröße} \tag{3}$$

Das Trägheitsmoment J beeinflusst die hervorgerufene Winkelbeschleunigung $\mathrm{d}\omega/\mathrm{d}t$ durch das Beschleunigungsmoment M_B.

$$M_\text{B} = J \frac{\mathrm{d}\omega}{\mathrm{d}t} \qquad \frac{1}{J} = \frac{\frac{\mathrm{d}\omega}{\mathrm{d}t}}{M_\text{B}} \qquad \text{I-Verhalten} \tag{4}$$

Die Winkelgeschwindigkeit ω beeinflusst mit dem konstanten Magnetfeld die induzierte Spannung u_q und wirkt damit auf den Eingang zurück.

$$u_\text{q} = u_\text{i} = c \cdot \Phi \cdot \omega \qquad \frac{u_\text{q}}{\omega} = c \cdot \Phi \qquad \text{P-Verhalten} \tag{5}$$

Damit entsteht der folgende Wirkungsplan in Bild 4.48.

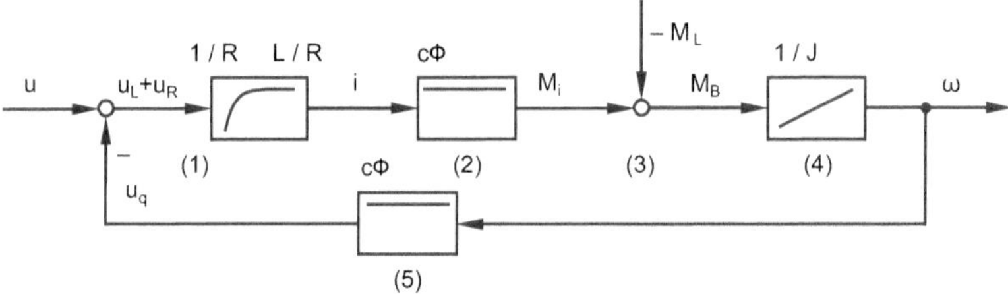

Bild 4.48 Wirkungsplan einer fremderregten Gleichstrommaschine

Ohne den Einfluss einer Störgröße kann der Wirkungsplan mit der Regel 7 von der Vereinfachung von Blockschaltbildern zusammengefasst werden.

Regel 7

$$G(s) = \frac{G_1(s)}{1 + G_1(s) \cdot G_2(s)}$$

mit

$$G_1(s) = \frac{1}{R} \frac{1}{1 + s\frac{L}{R}} \cdot c\Phi \cdot \frac{1}{sJ} \quad \text{und} \quad G_2(s) = c\Phi$$

entsteht

$$G(s) = \frac{\frac{1}{R} \frac{1}{1+s\frac{L}{R}} \cdot c\Phi \cdot \frac{1}{sJ}}{1 + \frac{1}{R} \frac{1}{1+s\frac{L}{R}} \cdot c\Phi \cdot \frac{1}{sJ} \cdot c\Phi}$$

erweitern

$$G(s) = \frac{\frac{1}{R} \frac{1}{1+s\frac{L}{R}} \cdot c\Phi \cdot \frac{1}{sJ}}{1 + \frac{1}{R} \frac{1}{1+s\frac{L}{R}} \cdot c\Phi \cdot \frac{1}{sJ} \cdot c\Phi} \cdot \frac{1 + s\frac{L}{R}}{1 + s\frac{L}{R}} = \frac{\frac{1}{R} \cdot c\Phi \cdot \frac{1}{sJ}}{\left(1 + s\frac{L}{R}\right) + \frac{1}{R} \cdot c\Phi \cdot \frac{1}{sJ} \cdot c\Phi}$$

erweitern

$$G(s) = \frac{\frac{1}{R} \cdot c\Phi \cdot \frac{1}{sJ}}{1 + s\frac{L}{R} + \frac{1}{R} \cdot c^2\Phi^2 \cdot \frac{1}{sJ}} \cdot \frac{sJ}{sJ} = \frac{\frac{c\Phi}{R}}{sJ + s^2\frac{LJ}{R} + \frac{c^2\Phi^2}{R}}$$

sortieren und ausklammern

$$G(s) = \frac{\frac{c\Phi}{R}}{\frac{c^2\Phi^2}{R} + sJ + s^2\frac{LJ}{R}} = \frac{\cancel{\frac{c\Phi}{R}} \cdot 1}{\cancel{\frac{c^2\Phi^2}{R}}\left(1 + s\frac{RJ}{c^2\Phi^2} + s^2\frac{LJ}{c^2\Phi^2}\right)}$$

Es handelt sich um ein P-T_2-Verhalten. Die Kenngrößen ergeben sich durch einen Koeffizientenvergleich:

$$G(s) = \frac{1}{c\Phi}\frac{1}{1 + s\frac{RJ}{c^2\Phi^2} + s^2\frac{LJ}{c^2\Phi^2}} = K_P\frac{1}{1 + s2dT + s^2T^2}$$

mit

$$T^2 = \frac{LJ}{c^2\Phi^2} \qquad 2dT = \frac{RJ}{c^2\Phi^2}$$

$$T = \sqrt{\frac{LJ}{c^2\Phi^2}} \qquad d = \frac{RJ}{2Tc^2\Phi^2} = \frac{RJc\Phi}{2\sqrt{LJ}c^2\Phi^2}$$

$$T = \frac{\sqrt{LJ}}{c\Phi} \qquad d = \frac{R}{2c\Phi}\sqrt{\frac{J}{L}} \qquad K_P = \frac{1}{c\Phi}$$

Zur Vereinfachung geht man häufig davon aus, dass eine Zeitkonstante überwiegt und die andere damit vernachlässigt werden kann. So lässt sich das gefundene Blockschaltbild für viele Anwendungen stark vereinfachen. ■

4.4 Übungen

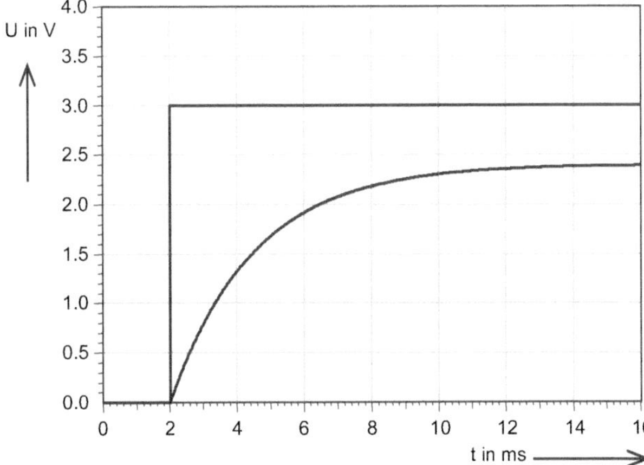

Bild 4.49 Aufgabe 4.1

Aufgabe 4.1

Dargestellt sind in Bild 4.49 die Sprungfunktion und die Sprungantwort eines Übertragungsgliedes.

a) Welches Zeitverhalten zeigt das Übertragungsglied?

b) Bestimmen Sie die Kenngrößen.

c) Zeichnen Sie das Blockschaltbild.

d) Geben Sie die Übertragungsfunktion an.

Aufgabe 4.2

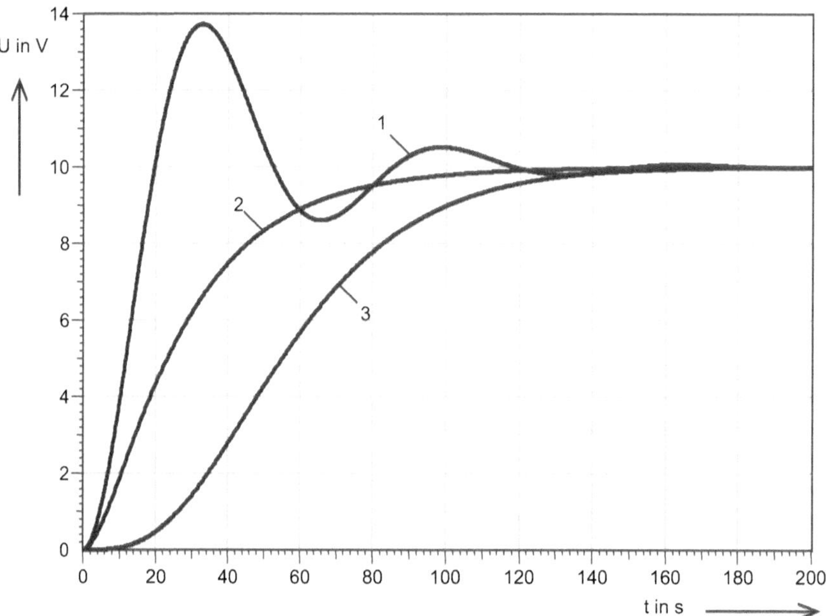

Bild 4.50 Sprungantworten für eine Sprungfunktion mit $y = 2\,\text{V}$

Für drei Übertragungsglieder wurden die Sprungantworten aufgezeichnet.

a) Um welches Übertragungsverhalten handelt es sich jeweils?

b) Bestimmen Sie alle Kenngrößen.

c) Geben Sie für jedes Übertragungsglied die Übertragungsfunktion an.

Aufgabe 4.3

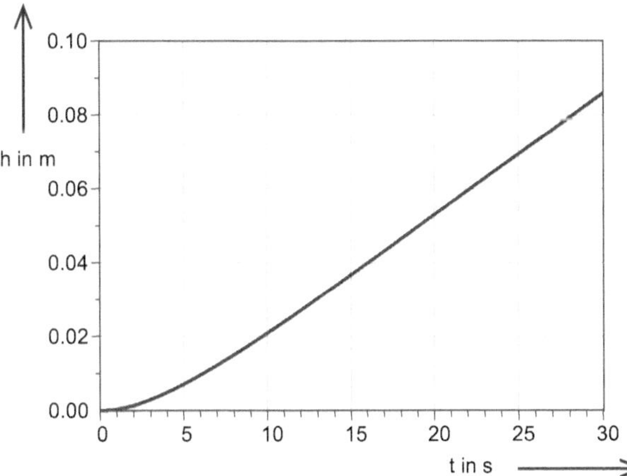

Bild 4.51 Sprungantwort zu Aufgabe 4.3

Der Füllstand eines Wasserbehälters wird durch ein Ventil mit einem Stellantrieb beeinflusst. Für die Füllhöhe wurde eine Sprungantwort aufgezeichnet.

a) Welches Übertragungsverhalten zeigt die Strecke?

b) Ermitteln Sie die Kenngrößen des Übertragungsverhaltens, wenn die Zuflussmenge mit $0{,}15\,m^3/min$ bekannt ist.

c) Zeichnen Sie das Bode-Diagramm.

5 Regeleinrichtungen

Nach dem Durcharbeiten dieses Kapitels können Sie diese und weitere Fragen beantworten:

- Welche Aufgaben erfüllt eine Regeleinrichtung?
- Wie werden Regeleinrichtungen unterschieden?
- Durch welche Kenngrößen lassen sich bestimmte Regelverhalten beschreiben?
- Welche Eigenschaften zeichnen die einzelnen Regeleinrichtungen aus?
- Wie lassen sich bestimmte Regelverhalten realisieren?

Wie im Abschnitt 1.1.3 beschrieben wurde, hat eine Regeleinrichtung zwei Aufgaben zu erfüllen. Sie muss zum einen den Vergleich von der Führungsgröße w und der Rückführgröße r durchführen und zum anderen die so entstandene Regeldifferenz e auf einen sinnvollen Wert y verstärken.

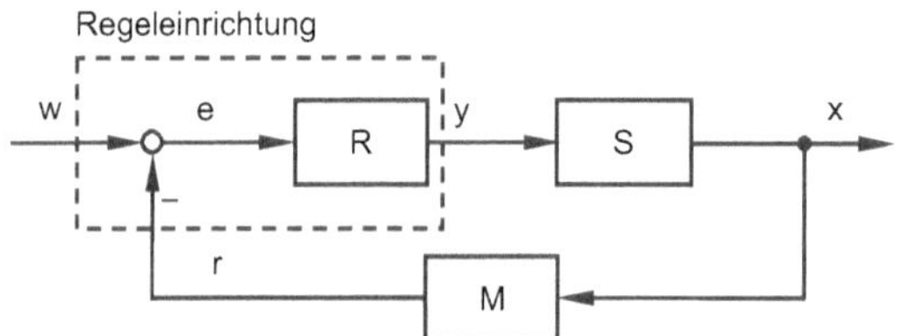

Bild 5.1 Die Regeleinrichtung im elementaren Regelkreis

Regeleinrichtungen lassen sich nach mehreren Kriterien unterscheiden:

Regelgröße: Die Bezeichnung einer Regeleinrichtung unter Verwendung der Regelgröße (z. B. der Temperaturregler, der Druckregler) ist zwar manchmal üblich, sie liefert aber keine Hinweise auf das Verhalten der Regeleinrichtung im Regelkreis. Damit kann auch nicht auf den Verlauf der Regelgröße geschlossen werden.

Hilfsenergie: Arbeitet ein Regler ohne Hilfsenergie, bezieht er die zum Regeln notwendige Energie aus dem Energiestrom der Regelstrecke. Ein typisches Beispiel dafür ist ein Druckventil oder Druckminderer. Hier beinhaltet die Regeleinrichtung auch die Messwerterfassung.

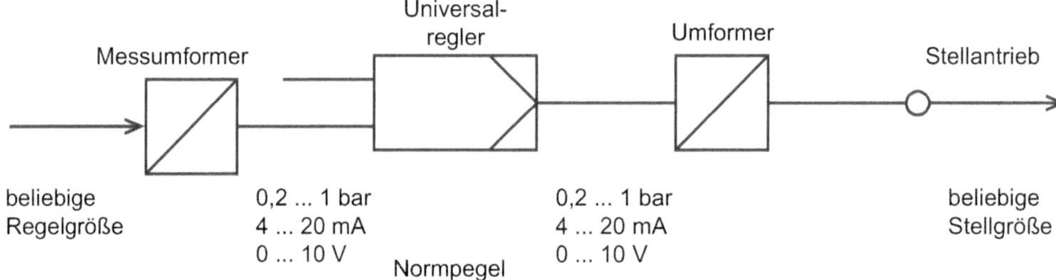

Bild 5.2 Regeleinrichtung mit Hilfsenergie

Für diese Regeleinrichtungen wird als Hilfsenergie in erster Linie pneumatische oder elektrische Energie verwendet. Bei diesen Regeleinrichtungen handelt es sich meist um Universalregler. Diese Regler sind für beliebige Regelgrößen einsetzbar. Wie in Bild 5.2 dargestellt, werden dann Signalumformer am Ein- und Ausgang des Reglers notwendig.

Arbeitsweise: Hier werden stetig und unstetig arbeitende Regler unterschieden.

Unstetige Regler kennen nur einige, ganz bestimmte Betriebszustände. In Temperatur- und Füllstandregelkreisen sowie in Haushaltsgeräten werden unstetige Regler häufig eingesetzt. So ein Zweipunktregler arbeitet wie ein Schalter; der Energiestrom wird ein- oder ausgeschaltet. In der Praxis werden auch Mehrpunktregler verwendet. Sie machen mehr unterschiedliche Zustände möglich, wie z. B. Heizen – Aus – Kühlen oder Rechtslauf – Aus – Linkslauf.

Bei den stetigen Reglern dagegen, kann die Stellgröße in einem bestimmten Bereich jeden Wert annehmen. Diese Regler arbeiten kontinuierlich. Stetige Regler werden nach dem Zeitverhalten unterschieden.

Zeitverhalten: Beim Zeitverhalten wird der Verlauf der Stellgröße in Abhängigkeit der Zeit betrachtet. Prinzipiell sind drei unterschiedliche Zeitverhalten beim Regler möglich, das proportionale, das integrale und das differenzielle Verhalten.

Im Folgenden wird das Zeitverhalten von Reglern genauer betrachtet.

5.1 Regler mit Proportionalverhalten

Ein Regler mit Proportionalverhalten wird zu jeder Zeit eine Ausgangsgröße proportional zur Eingangsgröße liefern. Deutlich wird das in der Sprungantwort in Bild 5.3.

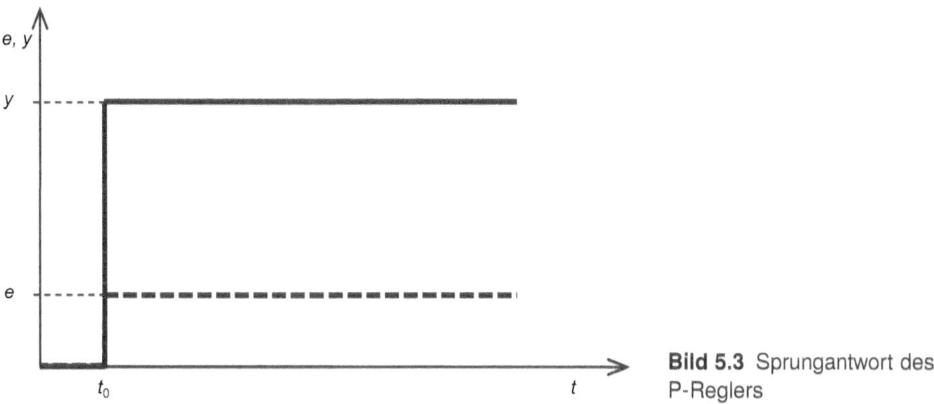

Bild 5.3 Sprungantwort des P-Reglers

Eine mathematische Beschreibung des P-Verhaltens eines Reglers liefert der Proportionalbeiwert K_{PR}:

$$K_{PR} = \frac{v}{u} = \frac{y}{e}$$

Eine besonders große Regeldifferenz e würde damit zu einer entsprechend großen Stellgröße y führen. In der Praxis ist das aber nicht möglich, hier ist die Stellgröße technisch begrenzt. Alle Größen in einem Regelkreis können während des Betriebs nur Werte innerhalb bestimmter Grenzen annehmen. Die Ausgangsspannung eines Operationsverstärkers kann nie größer als die Betriebsspannung werden, die Drehzahl eines Motors ist durch die anliegende Spannung begrenzt und die Durchflussmenge ist durch den Querschnitt des Rohres festgelegt. Darüber hinaus arbeitet der Regler in der Sättigung. Hier ist keine Erhöhung am Ausgang bei zunehmender Eingangsgröße möglich. Die Proportionalität zwischen Aus- und Eingang ist auf einen bestimmten Bereich, den Proportionalbereich X_P, begrenzt.

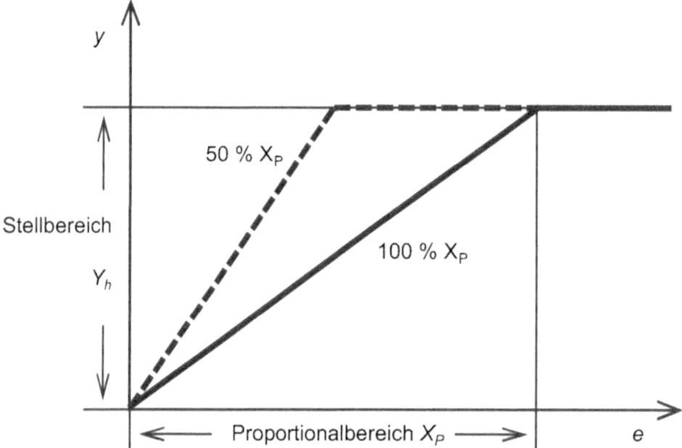

Bild 5.4 Der Proportionalbereich

Der maximal messtechnisch zu erfassende Bereich entspricht einem Proportionalbereich von 100 %. Die in Bild 5.4 dargestellte Kennlinie gilt für einen bestimmten Übertragungsbeiwert K_{PR}. Wird K_{PR} verdoppelt, wird schon bei einem kleineren Wert der Regeldifferenz e die Grenze des Stellbereichs Y_h erreicht. Der Proportionalbereich wird damit kleiner.

Der Proportionalbeiwert K_{PR} kann auch durch die Werte für den durchlaufenen Proportionalbereich und den Stellbereich Y_h bestimmt werden. Dieser Zusammenhang zeigt deutlich, dass eine Erhöhung von K_{PR} eine Reduzierung des Proportionalbereichs bedeutet.

$$K_{PR} = \frac{y}{e} = \frac{Y_h}{X_P} \qquad (1)$$

Je nach Hersteller wird als Einstellparameter für einen P-Regler der Proportionalbeiwert K_{PR} oder der Proportionalbereich X_P in Prozent vorgesehen.

Die Sprungantwort in Bild 5.3 zeigt, dass die Ausgangsgröße dem Eingangssignal unverzögert folgt. Ein P-Regler ist damit ein sehr schneller Regler. Andererseits macht die Gleichung (1) deutlich, dass dieser Regler eine Eingangsgröße benötigt, um eine Stellgröße zu erzeugen. Die Regeldifferenz e kann damit nie null werden.

Das Blockschaltbild für eine Regeleinrichtung mit P-Verhalten zeigt das Bild 5.5.

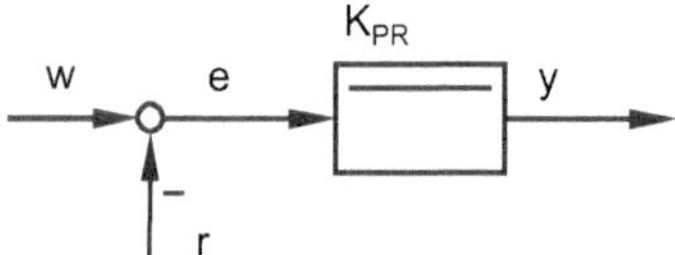

Bild 5.5 Blockschaltbild

Die Übertragungsfunktion und die Darstellung im Bode-Diagramm entspricht der Herleitung in Kapitel 3.

Die Übertragungsfunktion des P-Reglers lautet $G_R(s) = K_{PR}$.

Das Bode-Diagramm zeigt in Bild 5.6 eine konstante Betragskennlinie. Eine Phasenverschiebung wird nicht hervorgerufen.

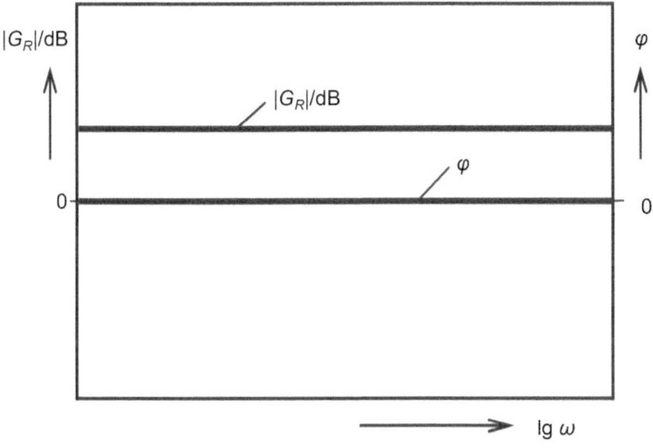

Bild 5.6 Das Bode-Diagramm für einen P-Regler

Der P-Regler

Proportionalbeiwert $$K_{PR} = \frac{y}{e} = \frac{Y_h}{X_P} \quad (5.1)$$

Übertragungsfunktion $$G_R(s) = K_{PR} \quad (5.2)$$

Einstellparameter: K_{PR} oder X_P in %

Eigenschaft: Ein P-Regler ist ein sehr schneller Regler, er bietet sofort eine Stellgröße am Ausgang. Eine Regeldifferenz bleibt aber immer bestehen.

Die Verstärkung eines P-Reglers kann mit einem als Invertierer beschalteten Operationsverstärker nach Bild 5.7 realisiert werden.

Es gilt $K_{PR} = \frac{R_f}{R_e}$

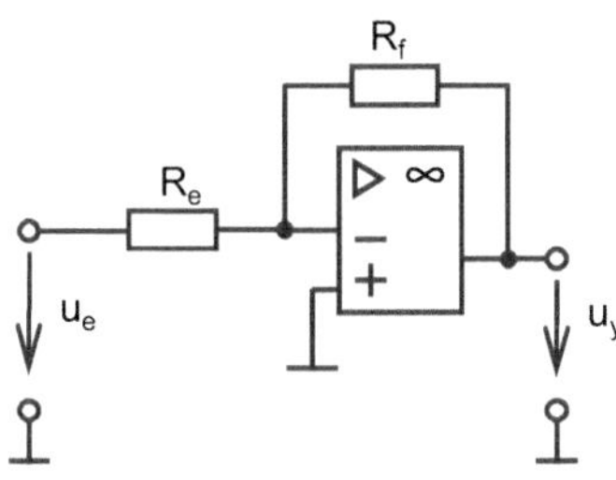

Bild 5.7 Realisierung des P-Verhaltens

5.2 Regler mit integralem Verhalten

Ein I-Regler bildet an seinem Ausgang die Summe der Eingangsgröße ab. Es entsteht die Sprungantwort im Bild 5.8, wie sie auch schon im Abschnitt 4.2.1 untersucht wurde.

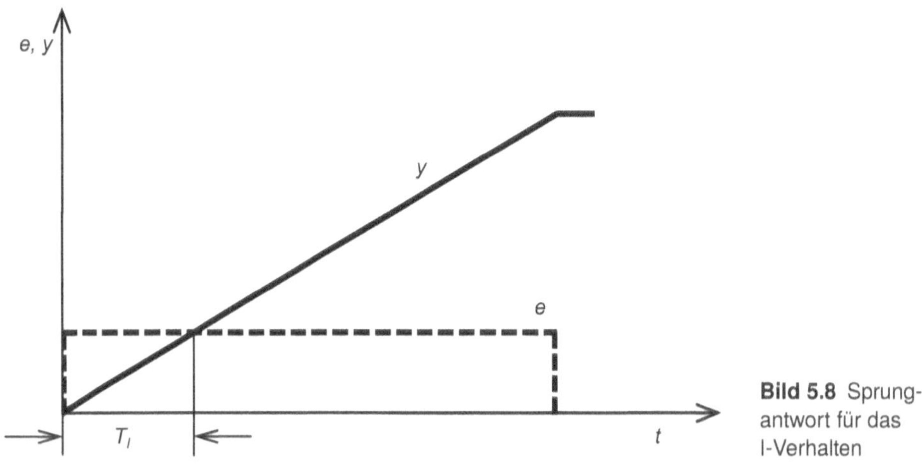

Bild 5.8 Sprungantwort für das I-Verhalten

Bei einer konstanten Eingangsgröße nimmt die Ausgangsgröße linear zu. Die Änderungsgeschwindigkeit am Ausgang verhält sich proportional zur Eingangsgröße. Diesen Zusammenhang beschreibt der Integrierbeiwert K_I.

Der Integrierbeiwert $K_{IR} = \frac{\Delta y}{e} \cdot \frac{1}{\Delta t} = \frac{1}{T_{IR}}$

Wird der Zeitpunkt betrachtet, an dem die Ausgangsgröße gerade den Wert der Eingangsgröße erreicht hat, ist das die Integrierzeit T_I. Ist keine Eingangsgröße e vorhanden, behält dieser Regler seinen vorhandenen Wert am Ausgang bei. Der I-Regler arbeitet im Regelkreis also solange, bis die Regeldifferenz zu null wird. Da die Reglerausgangsgröße abhängig vom Integrierbeiwert von null an ansteigt, handelt es sich bei dem I-Regler um einen langsamen Regler.

Aus der Sprungantwort entsteht das Blockschaltbild wie in Bild 5.9 dargestellt.

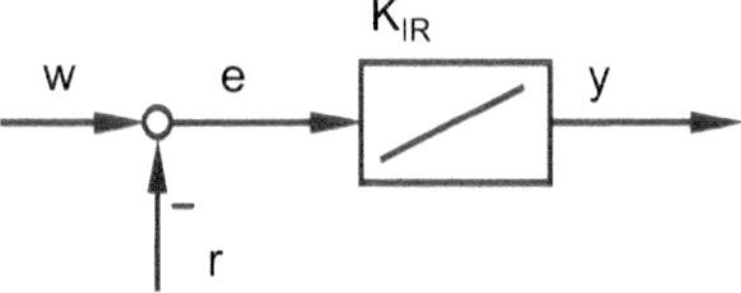

Bild 5.9 Blockschaltbild für einen I-Regler

Bei der Betrachtung im stationären Regelkreis nimmt die Rückführgröße den gleichen Wert wie die Führungsgröße an und die Regeldifferenz wird null. Die Gleichung für den bezogenen Regelfehler ergibt, dass die Kreisverstärkung K_0 gegen unendlich geht. Die Kreisverstärkung lässt sich also nur auf Regelkreise ohne I-Verhalten anwenden.

$$\frac{e}{w} = \frac{1}{1 + K_0} \rightarrow 0 \quad \text{mit} \quad K_0 \rightarrow \infty$$

Entsprechend dem Abschnitt 4.2.1 ergibt sich die Übertragungsfunktion zu

$$G_{\mathrm{R}}(s) = \frac{K_{\mathrm{IR}}}{s} = \frac{1}{s\,T_{\mathrm{IR}}}$$

Zu dieser Übertragungsfunktion gehört das Bode-Diagramm aus Bild 5.10.

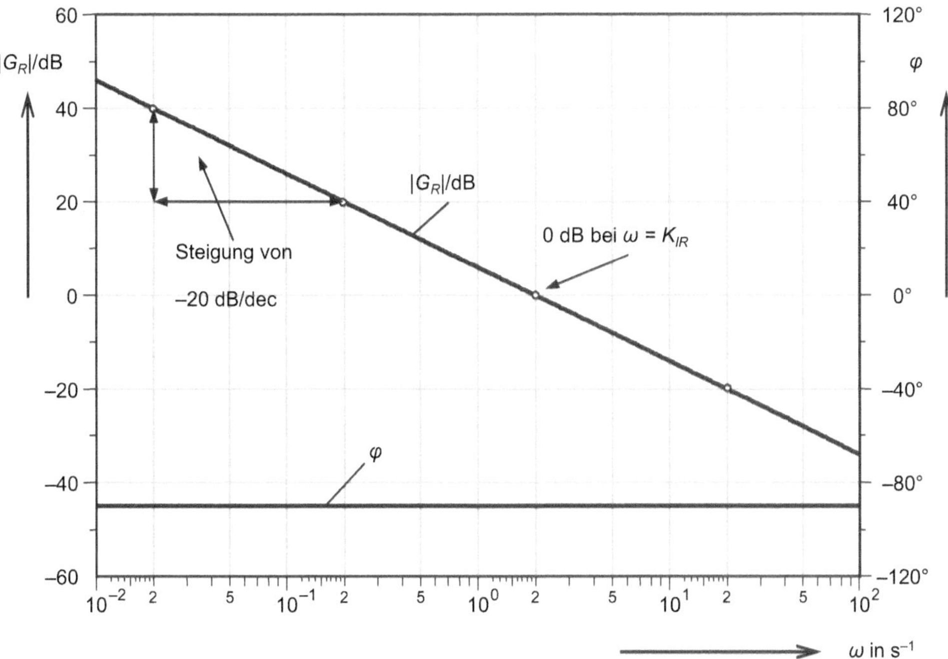

Bild 5.10 Bode-Diagramm für einen I-Regler

Wird ein invertierender Operationsverstärker wie im Bild 5.11 beschaltet, zeigt er ein I-Verhalten. Für die Integrierzeit gilt dann:

$$T_{\mathrm{I}} = R_{\mathrm{e}} \cdot C_{\mathrm{f}}$$

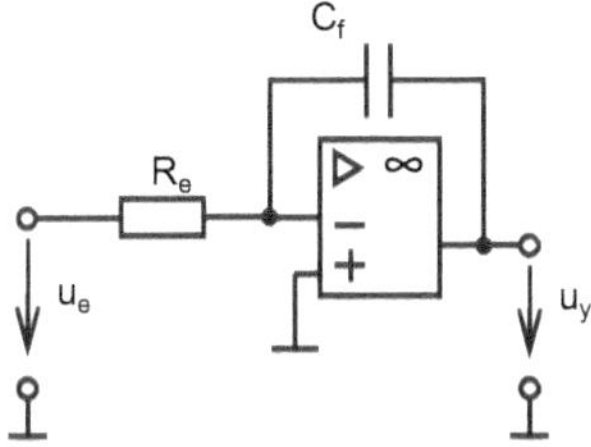

Bild 5.11 Realisierung von I-Verhalten

Der I-Regler

Integrierbeiwert $$K_{IR} = \frac{\Delta y}{e} \cdot \frac{1}{\Delta t} = \frac{1}{T_{IR}} \quad (5.3)$$

Übertragungsfunktion $$G_R(s) = \frac{K_{IR}}{s} = \frac{1}{s\,T_{IR}} \quad (5.4)$$

Einstellparameter: K_{IR} oder T_{IR}

Eigenschaft: Ein I-Regler ist ein langsamer Regler, der solange arbeitet, bis keine Regeldifferenz mehr vorhanden ist.

■

Für den Beispielregelkreis aus dem Bild 5.12 sollen für unterschiedliche Regler die Sprungantworten betrachtet werden.

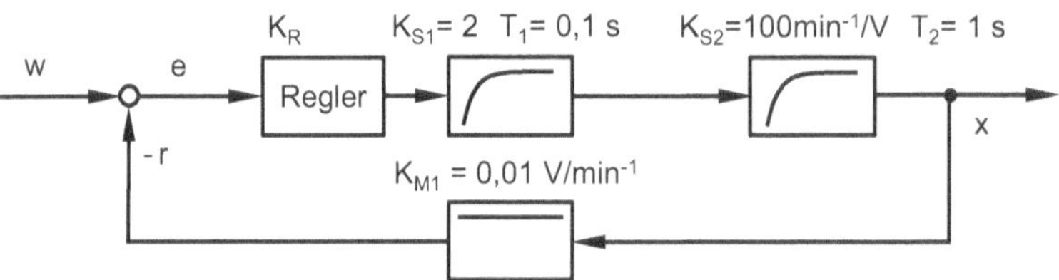

Bild 5.12 Regelkreis

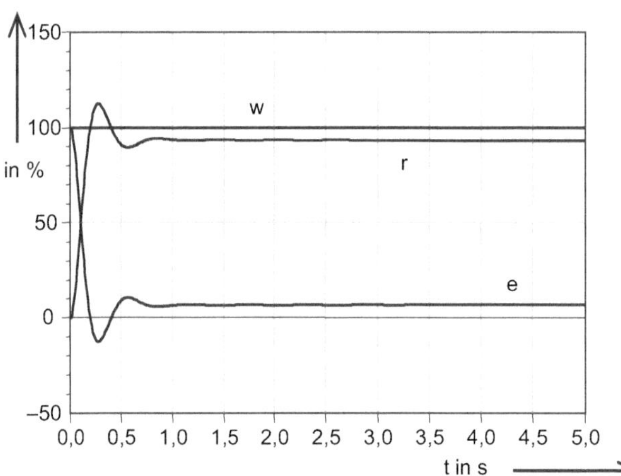

Bild 5.13 Die Größen im Regelkreis mit einem P-Regler mit $K_P = 7$

Dabei ist zu erkennen, dass der P-Regler sehr schnell reagiert, aber eine Regeldifferenz am Ausgang behält. Der Regelkreis mit dem I-Regler reagiert dagegen wesentlich langsamer. Es erscheint damit sinnvoll, diese beiden Regelverhalten miteinander zu kombinieren.

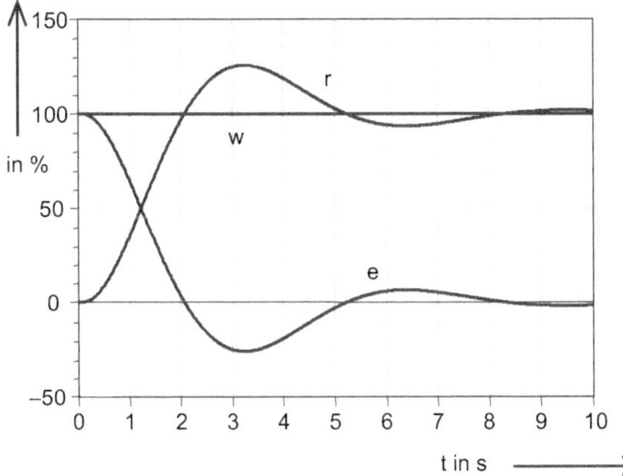

Bild 5.14 Die Größen im Regelkreis mit einem I-Regler mit $K_\mathrm{I} = 0{,}6\,\mathrm{s}^{-1}$

5.3 Regler mit PI-Verhalten

Um die positiven Eigenschaften der beiden bekannten Reglertypen nutzen zu können, werden diese miteinander verknüpft. Dadurch entsteht ein PI-Regler. Im Prinzip durchläuft das Eingangssignal, die Regeldifferenz e, gleichzeitig beide Teile. Anschließend werden die Reglerausgangsgrößen überlagert. Es entsteht eine Ausgangsgröße, die Stellgröße y.

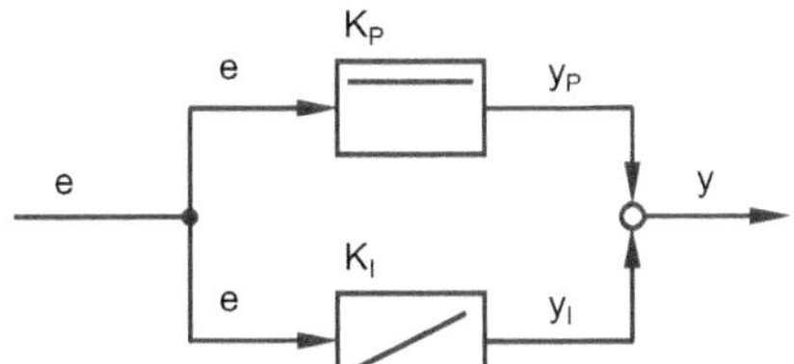

Bild 5.15 Blockschaltbild für das PI-Verhalten

Diese Überlagerung kann in der Sprungantwort durchgeführt werden. Das Ergebnis in Bild 5.16 zeigt den typischen Sprung, der durch das P-Verhalten hervorgerufen wird. Anschließend folgt der lineare Anstieg des I-Verhaltens. Wird dieser Anstieg bis zur x-Achse verlängert, ist zu erkennen, dass dieser Regler schneller entsprechende Werte erreicht als ein reiner I-Regler. Diese Zeit wird zu einer wichtigen Kenngröße des PI-Reglers, der Nachstellzeit T_n (T_i nach DIN IEC 60027-6).

Für die Sprungantwort kann der Zusammenhang wie folgt beschrieben werden:

P-Verhalten $\quad K_\mathrm{P} = \frac{y_\mathrm{P}}{e} \qquad y_\mathrm{P} = e \cdot K_\mathrm{P}$ (1)

I-Verhalten $\quad K_\mathrm{I} = \frac{\Delta y_\mathrm{I}}{e} \cdot \frac{1}{\Delta t} \qquad \Delta y_\mathrm{I} = e \cdot K_\mathrm{I} \cdot \Delta t$ (2)

PI-Verhalten

$$y = y_\mathrm{P} + \Delta y_\mathrm{I}$$

$$y = e \cdot K_\mathrm{P} + e \cdot K_\mathrm{I} \cdot \Delta t$$

$$y = e \cdot K_\mathrm{P} \left(1 + \frac{K_\mathrm{I}}{K_\mathrm{P}} \cdot \Delta t\right) \qquad (3)$$

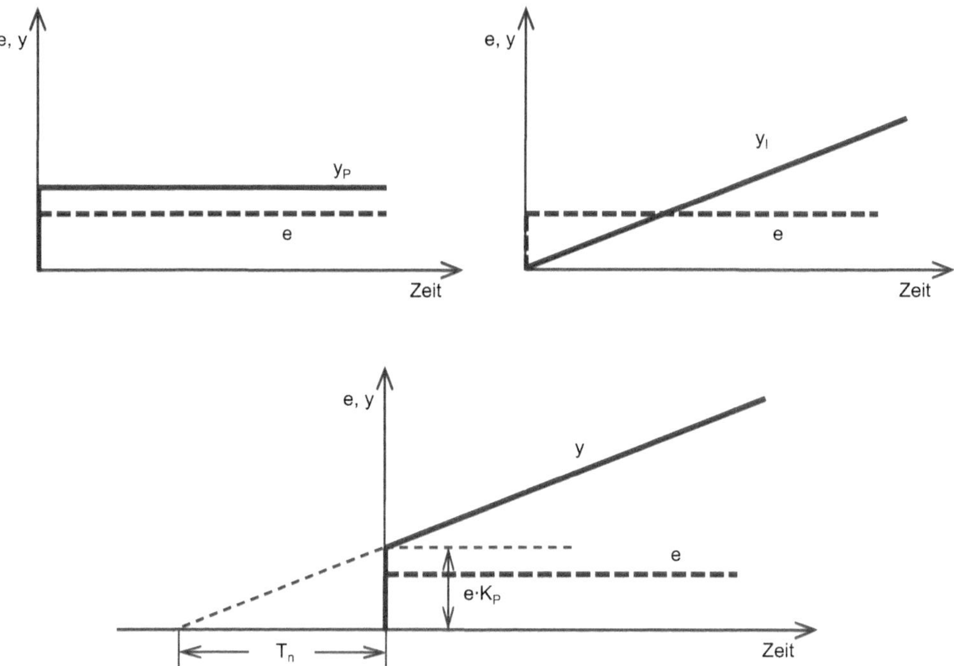

Bild 5.16 Überlagerung der Sprungantworten

Die Sprungantwort springt zu Beginn auf den Wert y_P, der durch den P-Anteil aus (1) hervorgerufen wird. Das reine I-Verhalten aus (2) müsste gerade die Nachstellzeit durchlaufen, um diesen Wert zu erzeugen. Werden diese Werte der einzelnen Stellgrößen gleichgesetzt, ergibt sich ein Zusammenhang für die Nachstellzeit, der aus den einzelnen Verhalten resultiert.

$$y_P = \Delta y_I \,(\Delta t = T_n)$$

$$e \cdot K_P = e \cdot K_I \cdot T_n$$

Nachstellzeit $$T_n = \frac{K_P}{K_I} \qquad (4)$$

Nachstellzeit

Die Nachstellzeit gibt die Zeit an, um die ein PI-Regler schneller als ein reiner I-Regler ist.

■

Der Zusammenhang für die Nachstellzeit (4) kann nun in die Gleichung der Sprungantwort (3) eingesetzt werden.

Sprungantwort $$y = e \cdot K_P \left(1 + \frac{\Delta t}{T_n}\right)$$

Das Blockschaltbild aus Bild 5.17 enthält die prinzipielle Sprungantwort und wird mit den wesentlichen Kenngrößen K_P und T_n, den Einstellparametern, beschriftet.

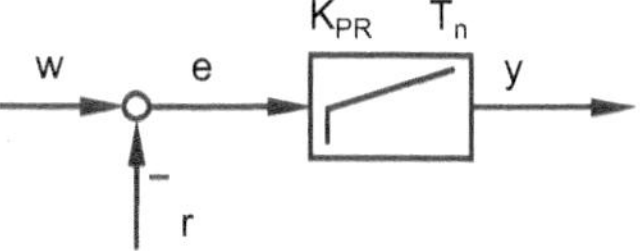

Bild 5.17 Blockschaltbild für einen PI-Regler

Der Frequenzgang des PI-Reglers entsteht durch die Parallelschaltung vom P-Verhalten mit dem I-Verhalten. Nach den Vereinfachungsregeln von Kapitel 1 führt das zu einer Addition der einzelnen Gleichungen. Im ersten Schritt entsteht dadurch eine Summenform, die zwar über das Verhalten Auskunft gibt, aber zur Konstruktion des Bode-Diagramms ungeeignet ist.

P-Verhalten $G_P(j\omega) = K_P$

I-Verhalten $G_I(j\omega) = -j\dfrac{K_I}{\omega}$

PI-Verhalten $G(j\omega) = K_P - j\dfrac{K_I}{\omega}$ (1) Frequenzgang in der Summenform

$$G(j\omega) = K_P - j\frac{K_I}{\omega}\cdot\frac{j}{j} = K_P + \frac{K_I}{j\omega}$$

Wird mit $s = j\omega$ der Laplace-Operator eingesetzt, folgt

$G(s) = K_P + \dfrac{K_I}{s}$ (2) Übertragungsfunktion in der Summenform

Durch ein sinnvolles Umformen dieser Gleichung entsteht die Produktform. Im folgenden Beispiel 5.1 wird damit die Darstellung im Bode-Diagramm ausführlich beschrieben.

$$G(s) = K_P + \frac{K_I}{s} = K_P + \frac{K_I}{s}\cdot\frac{K_P}{K_P} = K_P + \frac{K_P}{sT_n} = K_P\cdot\frac{sT_n}{sT_n} + \frac{K_P}{sT_n}$$

$G(s) = K_P\dfrac{1 + sT_n}{sT_n}$ (3) Übertragungsfunktion in der Produktform

Nun wird die Realisierung eines PI-Reglers mit Operationsverstärkern entwickelt. Um ein gleichzeitiges P-Verhalten und ein I-Verhalten zu realisieren, muss die Rückführung einen Widerstand für das P-Verhalten und einen Kondensator für das I-Verhalten enthalten. Das Aufstellen der Übertragungsfunktion und anschließendes Umformen führt nach einem Koeffizientenvergleich zur Festlegung der Kenngrößen K_p und T_n.

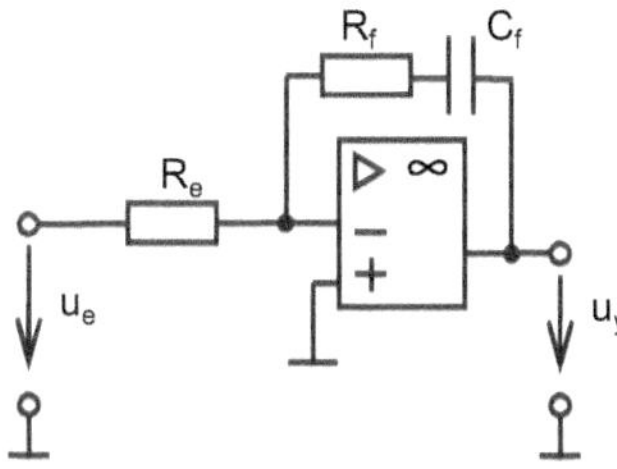

Bild 5.18 Realisierung eines PI-Verhaltens

Die komplexe Übertragungsfunktion ergibt durch die Anwendung die Spannungsteilerregel

$$G(j\omega) = \frac{\underline{U}_a}{\underline{U}_e} = \frac{\underline{Z}_f}{\underline{Z}_e} = \frac{R_f + \frac{1}{j\omega C_f}}{R_e}\cdot\frac{j\omega C_f}{j\omega C_f} = \frac{1 + j\omega R_f C_f}{j\omega R_e C_f}$$

Durch Erweitern mit $K_P = \dfrac{R_f}{R_e}$ folgt:

$$G(j\omega) = \frac{\frac{R_f}{R_e}\left(1 + j\omega R_f C_f\right)}{j\omega \cancel{R_e}\, C_f \frac{R_f}{\cancel{R_e}}}$$

Damit gilt:

$$G(j\omega) = \frac{R_f}{R_e} \cdot \frac{1 + j\omega R_f C_f}{j\omega C_f R_f} = K_P \frac{1 + j\omega T_n}{j\omega T_n} \qquad K_P = \frac{R_f}{R_e} \quad T_n = R_f C_f$$

Beispiel 5.1

Der im Bild 5.19 dargestellte Operationsverstärker wird als Regler eingesetzt.

a) Berechnen Sie die Einstellparameter.

b) Zeichnen Sie das Bode-Diagramm.

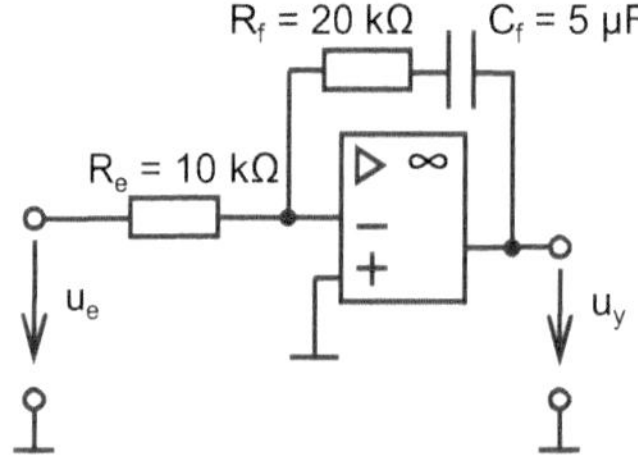

Bild 5.19 Operationsverstärker als Regler

Lösung 5.1

Proportionalbeiwert $K_P = \dfrac{R_f}{R_e} = \dfrac{20\,\text{k}\Omega}{10\,\text{k}\Omega} = 2$

Nachstellzeit $T_n = R_f C_f = 20\,\text{k}\Omega \cdot 5\,\mu\text{F} = 20 \cdot 10^3 \dfrac{\text{V}}{\text{A}} \cdot 5 \cdot 10^{-6} \dfrac{\text{A s}}{\text{V}}$

$T_n = 100\,\text{ms}$

Für den Aufgabenteil b) ist die Übertragungsfunktion notwendig.

Übertragungsfunktion $G(s) = K_P \dfrac{1 + sT_n}{sT_n} = 2\,\dfrac{1 + s0{,}1}{s0{,}1}$

Bei der Darstellung im Bode-Diagramm handelt es sich um eine Darstellung im logarithmischen Maßstab. Das führt dazu, dass aus einer Multiplikation in der Übertragungsfunktion eine Addition, also Überlagerung, im Bode-Diagramm wird.

Die Übertragungsfunktion wird in bekannte Faktoren zerlegt.

$$G(s) = 2 \quad \times \quad (1 + s0{,}1) \quad \times \quad \frac{1}{s0{,}1}$$

2 → P-Verhalten

der Amplitudengang verläuft als Konstante bei dem K_P-Wert in dB

$K_{P\,dB} = 20 \log 2 = 6{,}02\,\text{dB}$

$\varphi = 0°$

$(1 + s0{,}1)$ → invertiertes P-T$_1$-Verhalten, $(\text{P-T}_1)^{-1}$

da $K_P = 1$ ist, liegt die Konstante auf der 0 dB-Linie

die Grenzfrequenz ist $\omega_0 = \dfrac{1}{0{,}1\,\text{s}} = \dfrac{1}{T_n} = 10\,\text{s}^{-1}$

hier knickt die Betragskennlinie mit 20 dB/Dekade nach oben ab

$\varphi = 0° \ldots 90°$

$\frac{1}{s0{,}1}$ → I-Verhalten

die Betragskennlinie verläuft mit −20 dB/Dekade und

schneidet bei der Kennfrequenz $\omega_0 = \dfrac{1}{T_n} = \dfrac{1}{0{,}1\,\text{s}} = 10\,\text{s}^{-1}$ die 0 dB-Linie

$\varphi = -90°$

Die einzelnen Betragskennlinien werden wie im Bild 5.20 addiert.

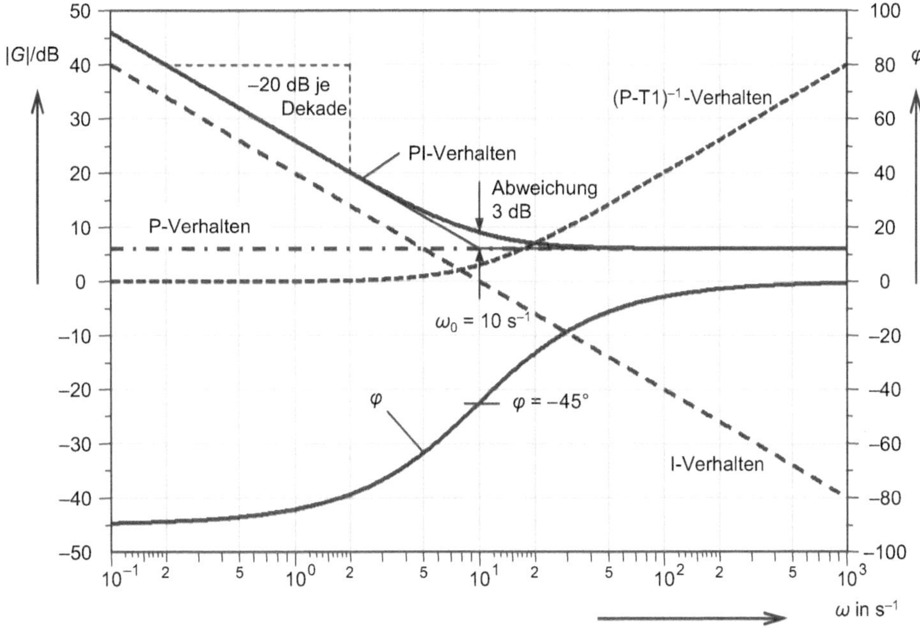

Bild 5.20 Das Bode-Diagramm zum Beispiel 5.1

Der Phasengang folgt aus der komplexen Rechnung

$$\tan\varphi = \frac{G_{Im}}{G_{Re}} = \frac{\frac{-K_I}{\omega}}{K_P} = -\frac{1}{\omega \cdot \frac{K_P}{K_I}} \quad \rightarrow \quad \tan\varphi = -\frac{1}{\omega T_n}$$

Für eine Frequenz gegen null beginnt der Verlauf bei −90°, bei der Knickfrequenz wird ein Winkel von −45° erreicht und strebt bei einer Frequenz gegen unendlich null Grad zu.

Der Amplitudengang fällt anfangs mit 20 dB pro Dekade. Bei der Grenzfrequenz, die aus der Nachstellzeit resultiert, knickt die Betragskennlinie ab und verläuft dann waagerecht bei K_P in dB. ■

Der PI-Regler

Nachstellzeit $$T_n = \frac{K_P}{K_I} \quad \text{in s} \tag{5.5}$$

Übertragungsfunktion $$G(s) = K_P \, \frac{1 + sT_n}{sT_n} \tag{5.6}$$

Einstellparameter: K_P und T_n

Eigenschaft: Ein PI-Regler ist ein schneller Regler. Er erzeugt sofort eine Stellgröße am Ausgang. Der Regler arbeitet solange, bis keine Regeldifferenz mehr vorhanden ist. ■

5.4 Regler mit PD-Verhalten

In den bisher behandelten Regeleinrichtungen treten das P-Verhalten und das I-Verhalten auf. Das proportionale Verhalten lässt sich durch den Übertragungsfaktor K_P beschreiben. Die Ausgangsgröße verhält sich proportional zur Eingangsgröße.

$$K_P = \frac{\text{Ausgangsgröße}}{\text{Eingangsgröße}} \tag{1}$$

Das integrale Verhalten ist gekennzeichnet durch den Übertragungsfaktor K_I. Hier verhält sich die Änderungsgeschwindigkeit am Ausgang proportional zur Eingangsgröße.

$$K_I = \frac{\text{Änderungsgeschwindigkeit des Ausgangs}}{\text{Eingangsgröße}} \tag{2}$$

Nun soll das differenzielle Verhalten, das **D-Verhalten**, betrachtet werden. Die Differenzialrechnung bestimmt den Anstieg einer Funktion. Hier entsteht am Ausgang also eine Größe, die der Änderungsgeschwindigkeit am Eingang entspricht. Zur Beschreibung dient der Differenzierbeiwert K_D.

$$K_D = \frac{\text{Ausgangsgröße}}{\text{Änderungsgeschwindigkeit des Eingangs}} \tag{3}$$

Werden in der Gleichung (3) die regelungstechnischen Größen einer Regeleinrichtung eingesetzt, ergibt sich die Formel (5.7).

Differenzierbeiwert

$$K_D = \frac{y}{\Delta e} \cdot \Delta t \quad \text{in s} \tag{5.7}$$

■

Aus der Gleichung (3) geht hervor, dass sich eine Ausgangsgröße nur dann ergibt, wenn sich die Eingangsgröße ändert. In der Sprungantwort im Bild 5.21 wird deutlich, dass ein Regler mit einem reinen D-Verhalten keinen Sinn macht. Dieser Regler würde nur auf eine Änderung der Regeldifferenz reagieren, nicht aber auf eine bleibende Regeldifferenz. Da sich beim Eingangssprung die Eingangsgröße sehr schnell ändert, würde am Ausgang ein Nadelimpuls auftreten. Anschließend erfolgt keine Änderung mehr am Eingang, die Ausgangsgröße wird null.

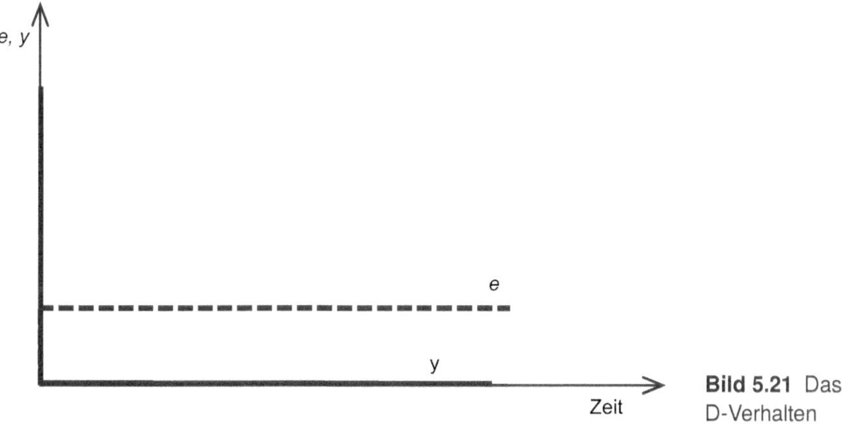

Bild 5.21 Das D-Verhalten

Wird so ein Verhalten mit einem P-Verhalten kombiniert, ist nach der ersten sehr schnellen Reaktion auf eine Regeldifferenz eine Ausgangsgröße proportional zur Eingangsgröße vorhanden. Diese Sprungantwort ist dargestellt im Bild 5.22.

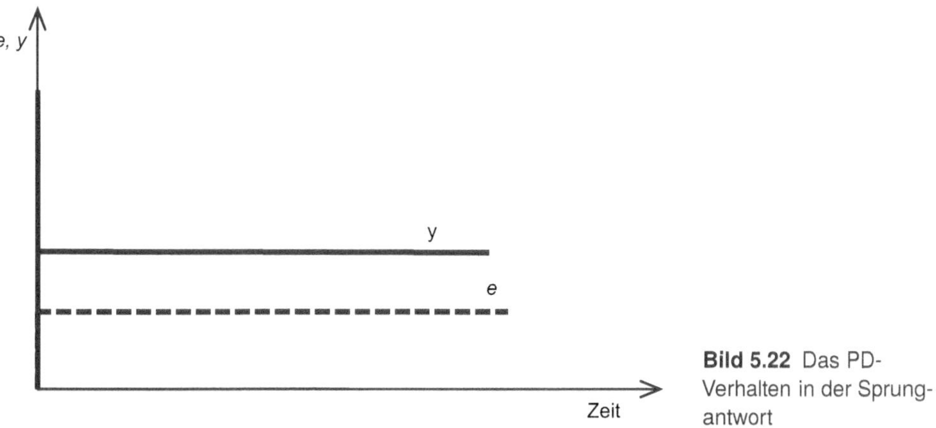

Bild 5.22 Das PD-Verhalten in der Sprungantwort

Das ist das Verhalten eines PD-Reglers. Die Sprungantwort ist hier nicht sehr aussagekräftig. Für den PD-Regler ist es sinnvoller, die Anstiegsantwort im Bild 5.23 zu betrachten. Ein P-Anteil, der jederzeit proportional zur Regeldifferenz *e* ist, wird auch hier mit dem D-Anteil überlagert. Da die Anstiegsfunktion eine konstante Steigung aufweist, ist die Anstiegsantwort dafür eine Konstante. Die überlagerte Sprungantwort zeigt, dass ein PD-Regler schneller als ein reiner P-Regler arbeitet. Die Zeit, um die dieser Regler schneller ist, lässt sich an zwei Stellen aus der Sprungantwort ablesen. Diese Zeit ist die Vorhaltzeit T_V (T_d nach DIN IEC 60027-6). Diese Zeit ist eine wichtige Kenngröße des PD-Reglers.

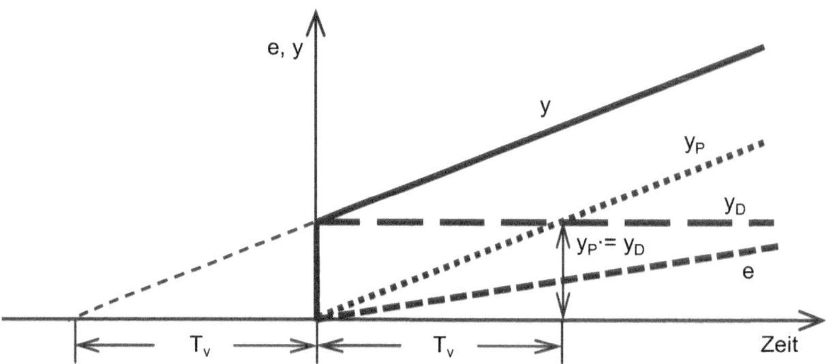

Bild 5.23 Das PD-Verhalten in der Anstiegsantwort

Vorhaltzeit

Die Vorhaltzeit T_V gibt die Zeit an, um die ein PD-Regler schneller als ein reiner P-Regler ist.

■

Ein reiner P-Regler müsste eine bestimmte Zeit, die Vorhaltzeit T_V, arbeiten, bis er den Wert erzeugt hat, auf den der PD-Regler sofort springt (siehe Bild 5.23). Damit lässt sich diese wichtige Kenngröße, die Vorhaltzeit T_V, abhängig vom Differenzierbeiwert K_D ermitteln.

P-Verhalten	$K_P = \frac{y_P}{e}$	$y_P = e \cdot K_P$
D-Verhalten	$K_D = \frac{y_D}{\Delta e} \cdot \Delta t$	$y_D = K_D \cdot \frac{\Delta e}{\Delta t}$

$y_P = \Delta y_D$	bei	$\Delta t = T_V$
$e \cdot K_P = K_D \cdot \frac{\Delta e}{T_V}$	mit	$e = \Delta e$

Vorhaltzeit $T_V = \frac{K_D}{K_P}$

Aus der Sprungantwort ergibt sich für den PD-Regler das in Bild 5.24 dargestellte Blockschaltbild.

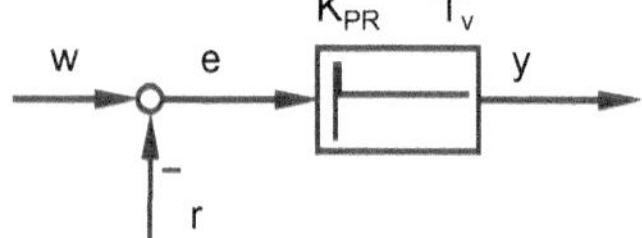

Bild 5.24 Blockschaltbild für einen PD-Regler

Auch ein PD-Verhalten kann durch einen Operationsverstärker realisiert werden. Dafür muss der Operationsverstärker wie im Bild 5.25 dargestellt beschaltet werden. Durch das Aufstellen der komplexen Übertragungsfunktion ergeben sich die Gleichungen zur Erfüllung der Kenngrößen K_P und T_V.

Der Frequenzgang ergibt sich aus der Berücksichtigung der praktisch nicht vorhandenen Potenzialdifferenz zwischen den Eingängen des Operationsverstärkers. Die Schaltung am Ein-

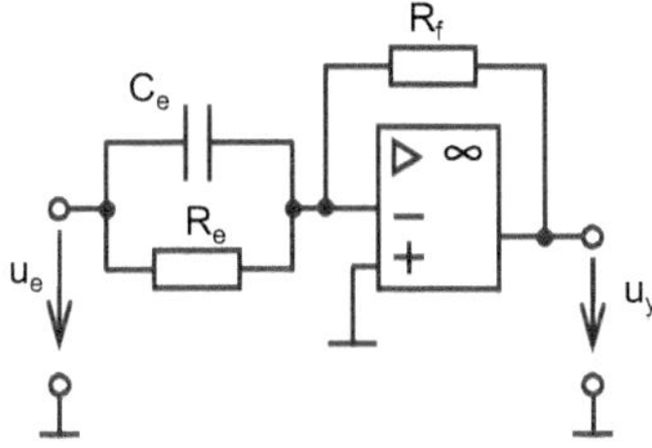

Bild 5.25 Realisierung eines PD-Verhaltens

gang ist eine Parallelschaltung und muss über die Leitwerte zusammengefasst werden.

$$G(\mathrm{j}\omega) = \frac{\underline{U}_\mathrm{y}}{\underline{U}_\mathrm{e}} = \frac{\underline{Z}_\mathrm{f}}{\underline{Z}_\mathrm{e}} = \underline{Z}_\mathrm{f} \cdot \underline{Y}_\mathrm{e} \tag{1}$$

mit $\underline{Z}_\mathrm{f} = R_\mathrm{f}$ und $\underline{Y}_\mathrm{e} = \frac{1}{R_\mathrm{e}} + \mathrm{j}\omega C_\mathrm{e}$

$$G(\mathrm{j}\omega) = R_\mathrm{f}\left(\frac{1}{R_\mathrm{e}} + \mathrm{j}\omega C_\mathrm{e}\right) = \frac{R_\mathrm{f}}{R_\mathrm{e}} + \mathrm{j}\omega R_\mathrm{f} C_\mathrm{e} \tag{2}$$

Mit $K_\mathrm{P} = \frac{R_\mathrm{f}}{R_\mathrm{e}}$ und $K_\mathrm{D} = R_\mathrm{f} \cdot C_\mathrm{e}$ wird an dieser Stelle die Überlagerung von dem P-Anteil und dem D-Anteil deutlich.

$$G(\mathrm{j}\omega) = K_\mathrm{P} + \mathrm{j}\omega K_\mathrm{D} \tag{3}$$

Die Gleichung (3) beinhaltet nicht die wichtige Kenngröße der Vorhaltzeit T_v. Deshalb wird sie zur Produktform umgestellt. So entsteht eine Übertragungsfunktion, aus der die Darstellung im Bode-Diagramm ersichtlich wird.

$$G(\mathrm{j}\omega) = K_\mathrm{P}\left(1 + \mathrm{j}\omega \frac{K_\mathrm{D}}{K_\mathrm{P}}\right) \tag{4}$$

mit $T_\mathrm{v} = \frac{K_\mathrm{D}}{K_\mathrm{P}} = \frac{\cancel{R_\mathrm{f}} \cdot C_\mathrm{e}}{\cancel{R_\mathrm{f}} / R_\mathrm{e}} = R_\mathrm{e} \cdot C_\mathrm{e}$ folgt daraus

$$G(\mathrm{j}\omega) = K_\mathrm{P}\left(1 + \mathrm{j}\omega T_\mathrm{v}\right) \qquad K_\mathrm{P} = \frac{R_\mathrm{f}}{R_\mathrm{e}} \quad T_\mathrm{v} = R_\mathrm{e} C_\mathrm{e} \tag{5}$$

Wird in der Gleichung (5) $\mathrm{j}\omega$ durch den Laplace-Operator s ersetzt, folgt daraus die Übertragungsfunktion in der Produktform.

Übertragungsfunktion $G(s) = K_\mathrm{P}\,(1 + s\,T_\mathrm{v})$

Zur Darstellung im Bode-Diagramm wird die Übertragungsfunktion analysiert.

$K_\mathrm{P} \rightarrow$ P-Verhalten
der Amplitudengang verläuft als Konstante bei dem K_P-Wert in dB

$\varphi = 0°$

$(1 + s\,T_V) \rightarrow$ invertiertes P-T_1-Verhalten, $(\text{P-T}_1)^{-1}$
die Grenzfrequenz ist $\omega_0 = \dfrac{1}{T_V}$
hier knickt die Betragskennlinie mit 20 dB/Dekade nach oben ab

$$\varphi = 0^\circ \ldots 90^\circ$$

$\varphi \rightarrow$ der Phasengang kann mithilfe der Komplexen Rechnung bestimmt werden
es gilt: $\tan\varphi = \dfrac{\operatorname{Im} G}{\operatorname{Re} G} = \dfrac{\omega K_D}{K_P} = \omega T_V$

Im Bild 5.26 ist ein Bode-Diagramm für einen PD-Regler mit $K_P = 10$ und $T_V = 50\,\text{ms}$ dargestellt.

$$|G(j\omega)|_{dB} = 20 \log 10 = 20\,\text{dB} \qquad \omega_0 = \frac{1}{T_V} = \frac{1}{50\,\text{ms}} = 20\,\text{s}^{-1}$$

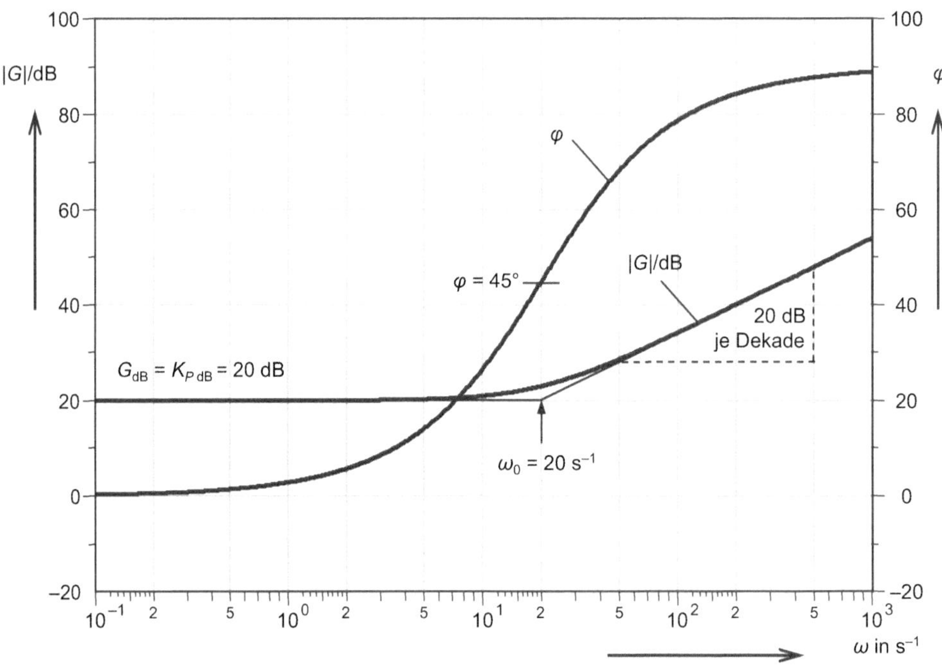

Bild 5.26 Bode-Diagramm für einen PD-Regler

Der PD-Regler

Vorhaltzeit $\qquad T_V = \dfrac{K_D}{K_P}$ in s (5.8)

Übertragungsfunktion $\qquad G(s) = K_P\,(1 + s\,T_V)$ (5.9)

Einstellparameter: K_P und T_V

Eigenschaft: Ein PD-Regler ist ein sehr schneller Regler, der um die Vorhaltzeit schneller als ein reiner P-Regler ist. Eine Regeldifferenz bleibt aber immer bestehen.

■

5.5 Der PID-Regler

Da der PD-Regler am Anfang eine sehr große Stellgröße liefert, aber eine bleibende Regelabweichung behält, der PI-Regler hingegen solange regelt, bis keine Abweichung zum gewünschten Wert verbleibt, bietet es sich an, beide Verhalten zu kombinieren.

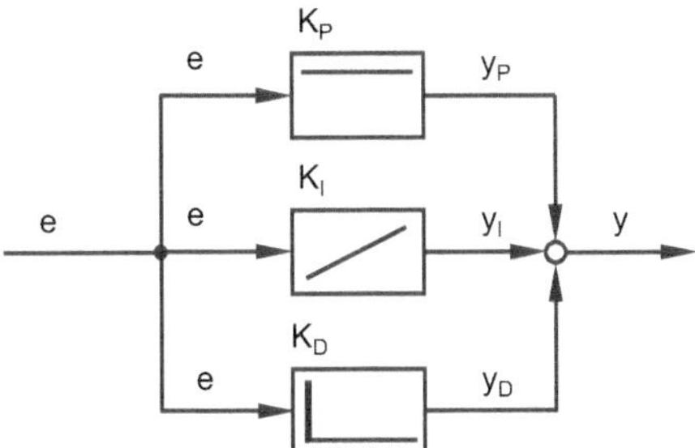

Bild 5.27 Blockschaltbild für das PID-Verhalten

Die bekannten Gleichungen für die Sprungantworten werden addiert.

$$K_P = \frac{y_P}{e} \qquad K_I = \frac{\Delta y_I}{e} \cdot \frac{1}{\Delta t} \qquad K_D = \frac{y_D}{\Delta e} \cdot \Delta t$$

$$y_P = e \cdot K_P \qquad \Delta y_I = e \cdot K_I \cdot \Delta t \qquad y_D = K_D \cdot \frac{\Delta e}{\Delta t}$$

Addition der einzelnen Anteile $$y = y_P + y_I + y_D \tag{1}$$

das Einsetzen ergibt $$y = e \cdot K_P + e \cdot K_I \cdot \Delta t + K_D \cdot \frac{\Delta e}{\Delta t} \tag{2}$$

ausklammern von K_P $$y = K_P \left(e + e \cdot \frac{K_I}{K_P} \cdot \Delta t + \frac{K_D}{K_P} \cdot \frac{\Delta e}{\Delta t} \right) \tag{3}$$

mit $T_n = \frac{K_P}{K_I}$ und $T_v = \frac{K_D}{K_P}$ $$y = K_P \left(e + e \cdot \frac{\Delta t}{T_n} + T_v \cdot \frac{\Delta e}{\Delta t} \right) \tag{4}$$

Damit entsteht das folgende ideale Verhalten eines PID-Reglers im Bild 5.28.

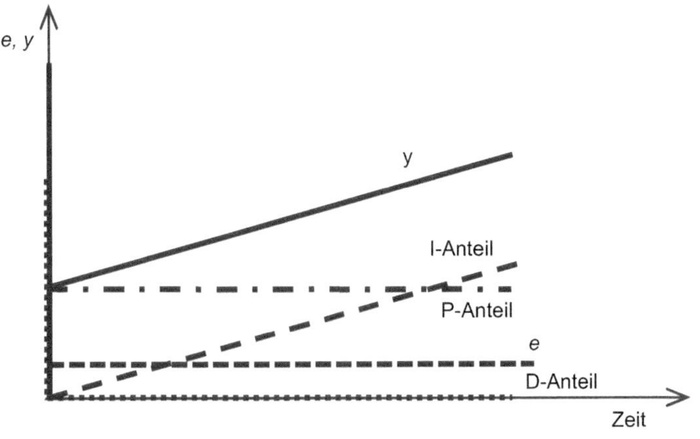

Bild 5.28 Sprungantwort für einen idealen PID-Regler

Der D-Anteil hat wie im Abschnitt 5.4 beschrieben einen Nadelimpuls zur Folge. In der Praxis vertragen die meisten Anwendungen so einen Stellgrößensprung nicht. Außerdem können unerwünschte Störsignale auftreten. Das Regelverhalten wird deshalb durch eine kleine Zeitkonstante T_1 zusätzlich verzögert.

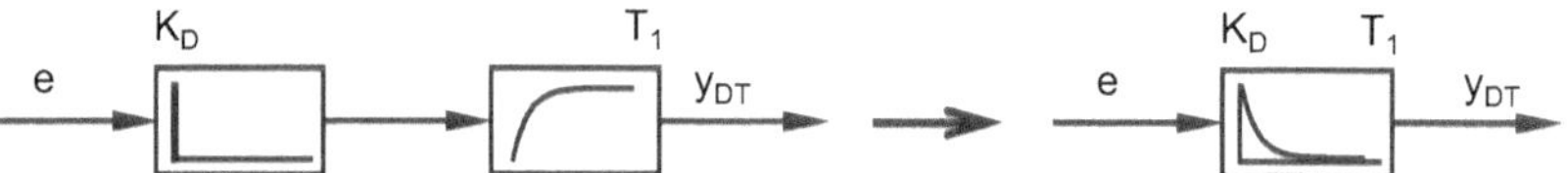

Bild 5.29 Das D-T1-Verhalten im Blockschaltbild

Durch die Überlagerung der einzelnen Sprungantworten entsteht das reale Verhalten eines PID-Reglers aus Bild 5.30.

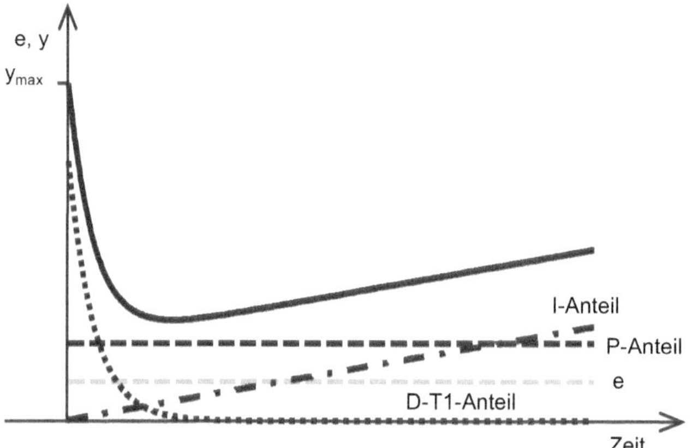

Bild 5.30 Sprungantwort eines realen PID-Reglers

Die Sprungantwort des Reglers aus Bild 5.31 bietet die Möglichkeit, sämtliche Einstellparameter zu bestimmen.

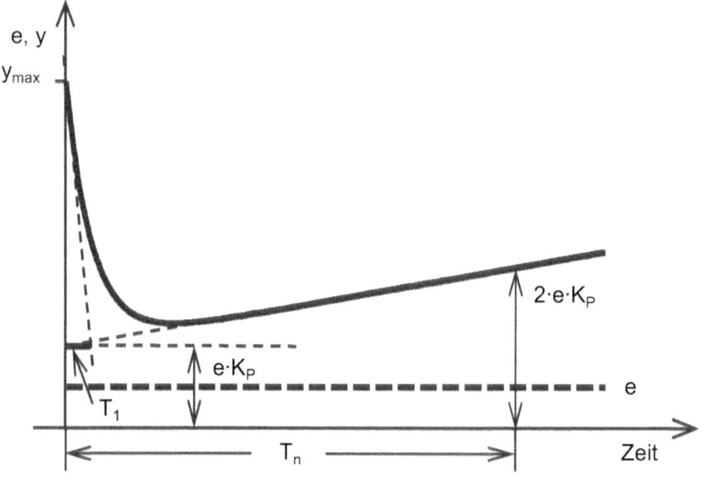

Bild 5.31 Identifikation der Einstellparameter

Der Anstieg der Sprungantwort wird durch das I-Verhalten hervorgerufen. Da der D-T_1-Anteil zu diesem Zeitpunkt schon abgeklungen ist, führt das Verlängern des linearen Anstiegs bis zur y-Achse zum proportionalen Anteil. Ist die Sprungfunktion bekannt, kann auf den proportionalen Übertragungsfaktor K_P zurückgerechnet werden.

Eine Verlängerung des Anstiegs bis zum Schnittpunkt mit der Zeitachse würde die Nachstellzeit T_n liefern. Da sich ein ähnliches Dreieck zwischen der Sprungantwort und dem P-Verhalten ergibt, lässt sich an der Stelle $y = 2 \cdot e \cdot K_P$ die Nachstellzeit T_n ablesen.

Die zusätzliche Verzögerungszeitkonstante ließe sich bei 37 % des Endwertes im D-T_1-Verhalten erkennen. Durch die Konstruktion der Tangente im Austrittspunkt kann im Schnittpunkt mit dem Endwert auch diese Zeitkonstante abgelesen werden. Wird davon ausgegangen, dass der I-Anteil am Anfang nahezu zu vernachlässigen ist, würde die Tangente im Austrittspunkt des PID-T_1-Verhaltens auf der Höhe vom P-Anteil diesen Wert zeigen.

Bei Betrachtung der Differenzialgleichung für die vollständige Sprungantwort kann eine Gleichung für den Maximalwert y_{max} zum Zeitpunkt $t = 0$ angegeben werden. Die Ausgangsgröße wird nur durch das PD-T_1-Verhalten bestimmt. Da schon K_P und T_1 bestimmt sind und auch e und y_{max} bekannt sind, kann damit auf T_v geschlossen werden.

Maximalwert der Sprungantwort $\quad y_{max} = e \cdot K_P \left(1 + \frac{T_v}{T_1}\right)$

Die Verzögerungszeit T_1 ist klein und braucht deshalb im Bode-Diagramm nicht berücksichtigt zu werden. Häufig ist diese Zeit beim Regler schon voreingestellt. Angegeben wird die Zeit auch über die Vorhaltverstärkung V_v (a nach DIN IEC 60027-6).

Vorhaltverstärkung $\quad V_v = \frac{T_v}{T_1}$

Der PID-Regler ist durch eine Parallelschaltung der einzelnen Verhalten entstanden. Für den Frequenzgang bedeutet das eine Addition der einzelnen Verhalten.

$$G(j\omega) = K_P + \frac{K_I}{j\omega} + j\omega\, K_D \tag{1}$$

$$G(j\omega) = K_P \left(1 + \frac{K_I}{j\omega\, K_P} + j\omega\, \frac{K_D}{K_P}\right) \tag{2}$$

$$G(j\omega) = K_P \left(1 + \frac{1}{j\omega\, T_n} + j\omega\, T_v\right) \tag{3}$$

Wird in der Gleichung (3) für $j\omega$ der Laplace-Operator s eingesetzt, entsteht die Übertragungsfunktion in der Summenform.

$$G(s) = K_P \left(1 + \frac{1}{s\, T_n} + s\, T_v\right) \tag{4}$$

Die Gleichung (4) kann mit dem Verzögerungsglied im D-Verhalten ergänzt werden.

$$G(s) = K_P \left(1 + \frac{1}{s\, T_n} + \frac{s\, T_v}{1 + s\, T_1}\right) \tag{5}$$

Da die Gleichungen (4) und (5) in der Summenform auftreten, sind sie für eine Darstellung im Bode-Diagramm nicht geeignet. Ein erstes Bode-Diagramm eines PID-Reglers kann mit einem

Simulationsprogramm oder mithilfe der komplexen Rechnung, das heißt mit einer Wertetabelle, erzeugt werden. Dazu wird die Gleichung (3) in die arithmetische Form gebracht.

$$G(\mathrm{j}\omega) = K_\mathrm{P}\left(1 + \frac{1}{\mathrm{j}\omega\, T_\mathrm{n}} \cdot \frac{\mathrm{j}}{\mathrm{j}} + \mathrm{j}\omega\, T_\mathrm{V}\right) = K_\mathrm{P}\left(1 - \mathrm{j}\frac{1}{\omega\, T_\mathrm{n}} + \mathrm{j}\omega\, T_\mathrm{V}\right)$$

$$G(\mathrm{j}\omega) = K_\mathrm{P}\left(1 + \mathrm{j}\left(\omega\, T_\mathrm{V} - \frac{1}{\omega\, T_\mathrm{n}}\right)\right)$$

$$G(\mathrm{j}\omega) = K_\mathrm{P} + \mathrm{j}\, K_\mathrm{P}\left(\omega\, T_\mathrm{V} - \frac{1}{\omega\, T_\mathrm{n}}\right) \tag{6}$$

Aus der komplexen Übertragungsfunktion in der arithmetischen Form (6) kann der Betrag des Bode-Diagrammes für verschiedene Frequenzen über den Satz des Pythagoras und der Winkel über die Tangensfunktion bestimmt werden.

$$\left|G(\mathrm{j}\omega)\right| = \sqrt{G_\mathrm{Re}^2 + G_\mathrm{Im}^2} \quad \text{und} \quad \left|G(\mathrm{j}\omega)\right|_\mathrm{dB} = 20 \log\left|G(\mathrm{j}\omega)\right| \tag{7}$$

$$\tan\varphi = \frac{G_\mathrm{Im}}{G_\mathrm{Re}} \tag{8}$$

Für einen PID-Regler mit den folgenden Werten entsteht so das Bode-Diagramm im Bild 5.32.

$K_\mathrm{P} = 3{,}6 \quad T_\mathrm{n} = 350\,\mathrm{ms} \quad T_\mathrm{V} = 40\,\mathrm{ms}$

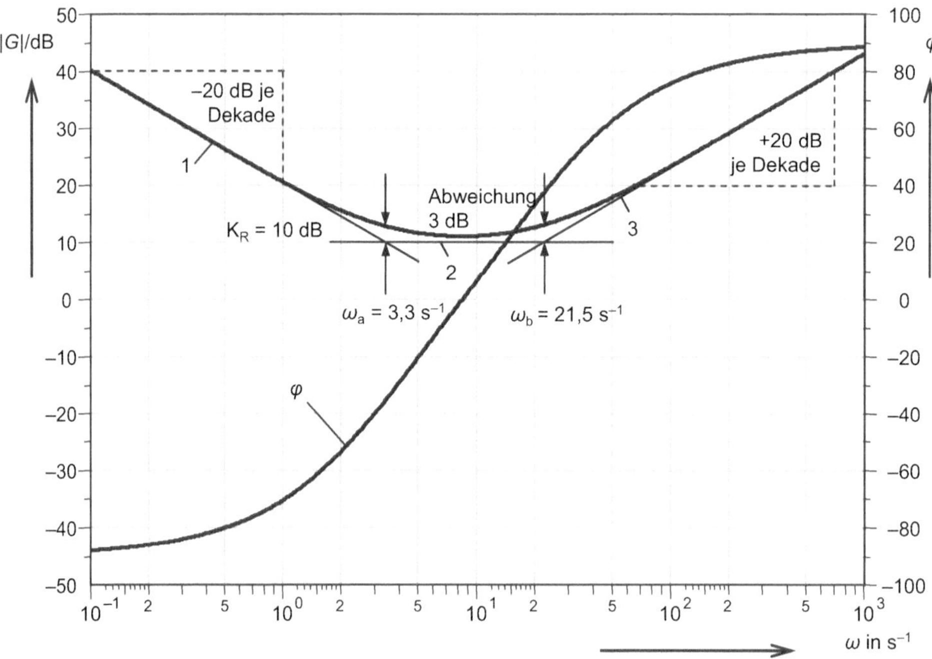

Bild 5.32 Bode-Diagramm für einen PID-Regler

Auch hier können an der Amplitudenkennlinie Asymptoten angelegt werden. Dabei werden folgende Werte abgelesen:

Die Asymptoten 1 und 2 zeigen ein PI-Verhalten:

- die Knickfrequenz tritt auf bei $\omega_a = 3{,}3\,s^{-1} \quad \rightarrow \quad T_a = \frac{1}{\omega_a} = 303\,ms$
- der P-Anteil zeigt sich bei $K_{R\,dB} = 10\,dB \quad \rightarrow \quad K_R = 10^{\frac{10}{20}} = 3{,}16$
- der Phasenwinkel beginnt bei $-90°$

Die Asymptoten 2 und 3 zeigen ein PD-Verhalten:

- die Knickfrequenz tritt auf bei $\omega_b = 21{,}5\,s^{-1} \quad \rightarrow \quad T_b = \frac{1}{\omega_b} = 46{,}5\,ms$
- der P-Anteil zeigt sich bei $K_{R\,dB} = 10\,dB \quad \rightarrow \quad K_R = 10^{\frac{10}{20}} = 3{,}16$
- der Phasenwinkel endet bei $+90°$

Das Bode-Diagramm erscheint offensichtlich als Überlagerung von PI- und PD-Verhalten. Dementsprechend kann eine Übertragungsfunktion in der Produktform aufgestellt werden.

$$G(s) = K_R \frac{(1 + s\,T_a)\,(1 + s\,T_b)}{s\,T_a} \tag{9}$$

Die abgelesenen Kenngrößen entsprechen nicht den Einstellparametern. Sie können aber durch Umformen der Gleichung ermittelt werden:

Gleichung (9) ausmultiplizieren und sortieren,

$$G(s) = K_R \frac{1 + s\,T_a + s\,T_b + s^2\,T_a \cdot T_b}{s\,T_a} = K_R \frac{1 + s\,(T_a + T_b) + s^2\,T_a \cdot T_b}{s\,T_a}$$

dividieren und sortieren und

$$G(s) = \frac{K_R}{T_a}\left(\frac{1}{s} + (T_a + T_b) + s\,T_a \cdot T_b\right) = \frac{K_R}{T_a}\left((T_a + T_b) + \frac{1}{s} + s\,T_a \cdot T_b\right)$$

ausklammern

$$G(s) = K_R \frac{(T_a + T_b)}{T_a}\left(1 + \frac{1}{s\,(T_a + T_b)} + s\,\frac{T_a \cdot T_b}{(T_a + T_b)}\right) = K_P\left(1 + \frac{1}{s\,T_n} + s\,T_v\right)$$

Durch einen Koeffizientenvergleich ergibt sich der folgende Zusammenhang:

$$K_P = K_R \frac{T_a + T_b}{T_a} \tag{1}$$

$$T_n = T_a + T_b \tag{2}$$

$$T_v = \frac{T_a \cdot T_b}{T_a + T_b} \tag{3}$$

Für das Bode-Diagramm aus Bild 5.32 sollen diese Gleichungen jetzt überprüft werden.

$$K_P = K_R \frac{T_a + T_b}{T_a} = 3{,}16 \frac{303\,ms + 46{,}5\,ms}{303\,ms} = 3{,}64$$

$$T_n = T_a + T_b = 303\,ms + 46{,}5\,ms = 349{,}5\,ms$$

$$T_v = \frac{T_a \cdot T_b}{T_a + T_b} = \frac{303\,ms \cdot 46{,}5\,ms}{303\,ms + 46{,}5\,ms} = 40{,}3\,ms$$

Die berechneten Werte stimmen gut mit den vorgegebenen Werten überein.

$K_P = 3{,}6 \quad T_n = 350\,\text{ms} \quad T_v = 40\,\text{ms}$

Die Einstellparameter K_P, T_n und T_v sind die Werte, die am Regler eingestellt werden müssen. Zur Bestimmung von sinnvollen Einstellparametern sind die Übertragungsfunktion und das Bode-Diagramm wichtig. Dafür werden die Regelparameter K_R, T_a und T_b benötigt.

Auch im Blockschaltbild in Bild 5.33 werden die Regelparameter eingetragen.

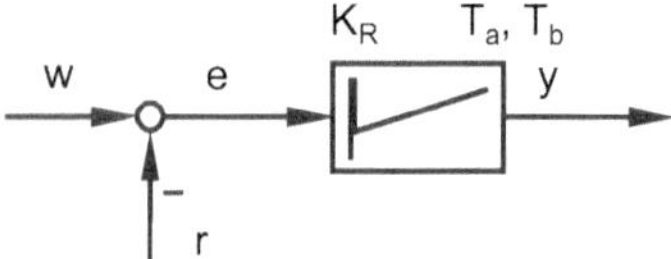

Bild 5.33 Blockschaltbild für einen PID-Regler

Um einen PID-Regler mit einem Operationsverstärker zu realisieren, werden auch hier die Beschaltungen für einen PI- und einen PD-Regler zusammengefasst. Damit entsteht das Schaltbild im Bild 5.34.

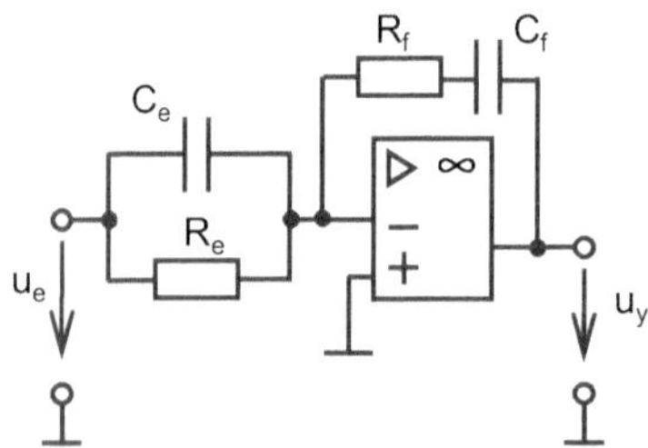

Bild 5.34 Realisierung eines PID-Verhaltens

Mithilfe der Komplexen Rechnung entsteht der Frequenzgang.

$$\underline{Z}_e = \frac{1}{\underline{Y}_e} = \frac{1}{\frac{1}{R_e} + j\omega C_e} \qquad \underline{Z}_f = R_f - j\frac{1}{\omega C_f}$$

$$G(j\omega) = \frac{\underline{U}_a}{\underline{U}_e} = \frac{\underline{Z}_f}{\underline{Z}_e} = \underline{Z}_f \cdot \underline{Y}_e$$

Einsetzen und erweitern

$$G(j\omega) = \left(R_f - j\frac{1}{\omega C_f}\right) \cdot \left(\frac{1}{R_e} + j\omega C_e\right) \cdot \frac{j\omega C_f}{j\omega C_f}$$

$$G(j\omega) = \left(j\omega C_f R_f + 1\right) \cdot \frac{\left(\frac{1}{R_e} + j\omega C_e\right)}{j\omega C_f}$$

ausklammern und erweitern

$$G(j\omega) = \left(j\omega C_f R_f + 1\right) \cdot \frac{1}{R_e} \frac{\left(1 + j\omega C_e R_e\right)}{j\omega C_f} \cdot \frac{R_f}{R_f}$$

sortieren und vergleichen mit der Produktform

$$G(j\omega) = \frac{R_f}{R_e} \frac{\left(1 + j\omega C_f R_f\right)\left(1 + j\omega C_e R_e\right)}{j\omega C_f R_f} = K_R \frac{\left(1 + j\omega T_a\right)\left(1 + j\omega T_b\right)}{j\omega T_a}$$

Durch einen Koeffizientenvergleich entstehen die Bestimmungsgleichungen für die Regelparameter.

$$K_R = \frac{R_f}{R_e} \qquad T_a = C_f R_f \qquad T_b = C_e R_e$$

Der PID-Regler in der Produktform

Übertragungsfunktion $G(s) = K_R \frac{(1 + s\,T_a)\,(1 + s\,T_b)}{s\,T_a}$ (5.10)

Regelparameter: K_R, T_a und T_b

Der PID-Regler in der Summenform

Übertragungsfunktion $G(s) = K_P \left(1 + \frac{1}{s\,T_n} + \frac{s\,T_v}{1 + s\,T_1}\right)$ (5.11)

Einstellparameter: K_P, T_n und T_v

Eine Umformung von der Produktform in die Summenform ist möglich, wenn T_n mindestens viermal so groß wie T_v ist.

$$K_P = K_R \frac{T_a + T_b}{T_a} \qquad (5.12)$$

$$T_n = T_a + T_b \qquad (5.13)$$

$$T_v = \frac{T_a \cdot T_b}{T_a + T_b} \qquad (5.14)$$

Eigenschaft: Ein PID-Regler ist ein sehr schneller Regler, der solange regelt, bis keine bleibende Regelabweichung mehr vorhanden ist. Durch die Vielzahl der veränderbaren Parameter ist dieser Regler nicht einfach einzustellen und wegen der Empfindlichkeit ist er nicht für alle Anwendungen geeignet.

■

5.6 Übungen

Aufgabe 5.1

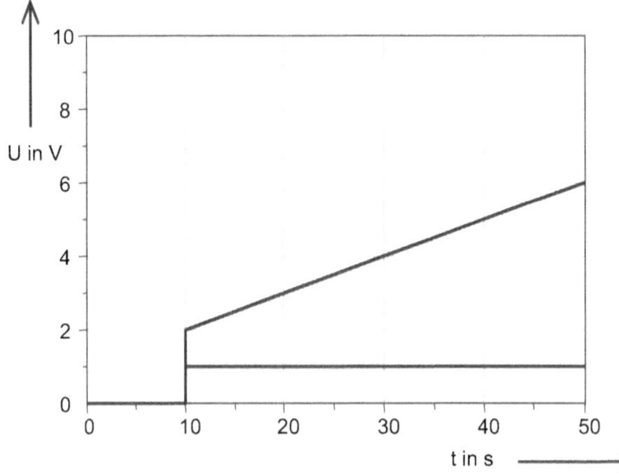

Bild 5.35 Regler 1

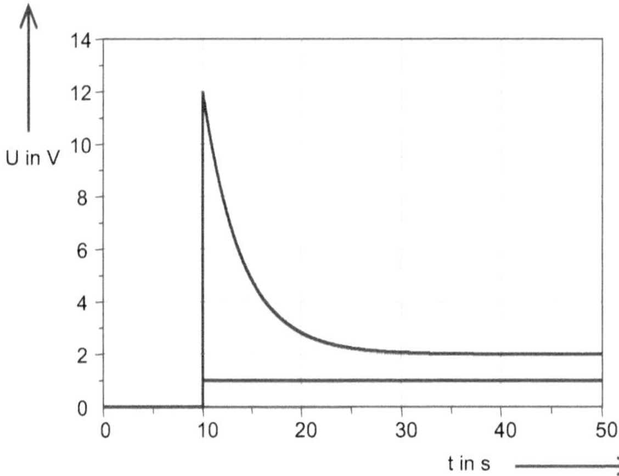

Bild 5.36 Regler 2

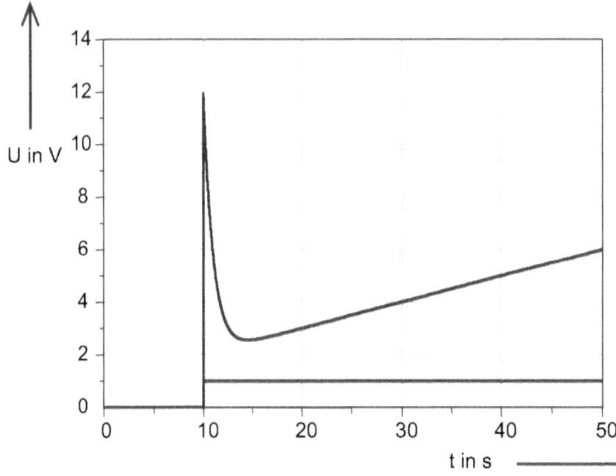

Bild 5.37 Regler 3

Aufgenommen wurden die Sprungfunktion und die Sprungantworten von drei Reglern.

a) Um welches Regelverhalten handelt es sich jeweils?

b) Ermitteln Sie die jeweiligen Einstellparameter.

Aufgabe 5.2

Ein Regler soll die folgende Übertragungsfunktion liefern:

$$G(s) = 3{,}3\frac{(1 + s0{,}15)}{s0{,}15}$$

a) Welches Zeitverhalten zeigt dieser Regler?

b) Geben Sie die Einstellparameter an.

c) Wie müsste ein invertierender Operationsverstärker zur Realisierung des beschriebenen Verhaltens beschaltet werden? Der Widerstand am Eingang soll 10 kΩ betragen.

d) Skizzieren Sie die Sprungantwort für eine Sprungfunktion von 0,5 V.

e) Wie ändert sich der Verlauf der Sprungantwort, wenn der Widerstand in der Rückführung halbiert wird?

Aufgabe 5.3

Ein Regler soll einen proportionalen Übertragungsfaktor von 1,5 aufweisen. Der Regler soll außerdem um 125 ms schneller reagieren, als ein Regler mit P-Verhalten. Eine Regeldifferenz darf bestehen bleiben.

a) Welches Zeitverhalten kann hier eingesetzt werden?

b) Geben Sie die Übertragungsfunktion an.

c) Skizzieren Sie das Bode-Diagramm.

6 Anforderungen an einen Regelkreis

Nach dem Durcharbeiten dieses Kapitels können Sie diese und weitere Fragen beantworten:

- Wie werden die Anforderungen an einen Regelkreis formuliert?
- Was ist ein stabiler Regelkreis und wie ist er zu erkennen?
- Woran lässt sich erkennen, dass ein Regelkreis den gestellten Anforderungen genügt?

Im folgenden Kapitel wird die Regelstrecke mit einem Regler zu einem Regelkreis verbunden. Um beurteilen zu können, ob dieser Regelkreis den Anforderungen genügt, müssen diese gestellten Ansprüche genauer beschrieben werden.

6.1 Stabilität von Regelkreisen

Ein Regelkreis hat die Aufgabe, beim Einwirken einer Störgröße oder bei einer Änderung der Führungsgröße die Regelgröße wieder auf einen bestimmten Wert zu bringen. Die Regelgröße soll diesen Wert möglichst schnell ohne Regeldifferenz erreichen und danach konstant halten.

Dieser Regelkreis wäre stabil. Die Stabilität eines Regelkreises lässt sich definieren.

Stabilität

Ein Regelkreis ist stabil, wenn die Ausgangsgröße nach einem sprunghaften Eingangssignal wieder einen festen Wert annimmt.

Die Sprungantwort des geschlossenen Regelkreises im Bild 6.1 zeigt die Stabilität im Zeitverhalten. Im linken Bild erreicht die Regelgröße in beiden Fällen einen stabilen Endwert. Das rechte Bild zeigt zwei unterschiedliche Sprungantworten für instabile Regelkreise.

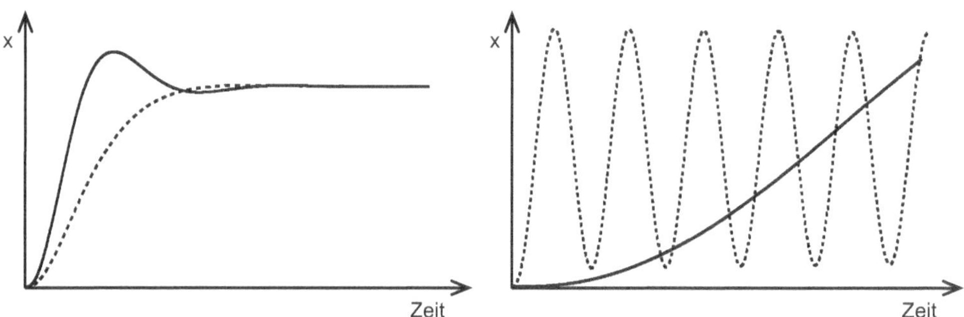

Bild 6.1 Sprungantworten der Regelgröße in geschlossenen Regelkreisen

Im ungünstigsten Fall kann die Regelgröße auch eine Dauerschwingung ausführen. Dieser Regelkreis wäre instabil und nicht zu gebrauchen. Durch Verzögerungsglieder kann ein Regelkreis instabil werden. In dem Moment, in dem die Regelgröße überschwingt, möchte der Regler das ausgleichen. Die Regeldifferenz kehrt sich um. Ein Nachregeln könnte dann wieder eine große positive Regeldifferenz zur Folge haben.

Ein Regelkreis wird dann stabil arbeiten, wenn die Regeldifferenz bei der beschriebenen Umkehrung nicht zunimmt. Bei einer Vorzeichenumkehr darf die Gesamtverstärkung also nicht größer als eins werden. Daraus folgt eine Definition der Stabilität im Frequenzbereich.

Stabilität im Frequenzbereich

Ein Regelkreis gilt als stabil, wenn die Gesamtverstärkung bei einer Phasenverschiebung von 180° nicht größer als eins wird. Ansonsten wird aus der Gegenkopplung eine Mitkopplung, das System fängt an zu schwingen.

■

Um beurteilen zu können, ob ein Regelkreis stabil arbeiten wird, ist es sinnvoll, den Regelkreis im Frequenzbereich genauer zu untersuchen.

Betrachtet wird dabei die Verstärkung, die das Signal erfährt, wenn es alle Elemente des Regelkreises der Reihe nach durchläuft. Die Untersuchung erfolgt also am offenen Regelkreis. Da der Regelkreis in der Praxis nur über die Regeleinrichtung beeinflusst werden kann, werden die Regelstrecke und die Messwerterfassung zur erweiterten Regelstrecke zusammengefasst. Die Ausgangsgröße wird weiterhin mit Regelgröße x bezeichnet.

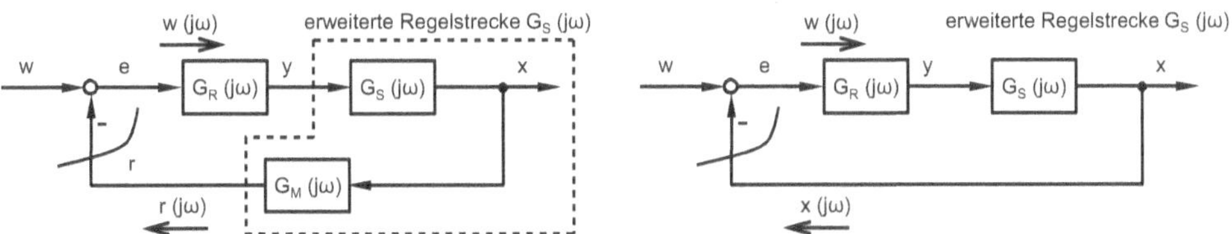

Bild 6.2 Der offene Regelkreis mit der erweiterten Regelstrecke

Für den offenen Regelkreis aus Bild 6.2 gilt:

Frequenzgang des offenen Regelkreises

$$G_0(\mathrm{j}\omega) = \frac{x(\mathrm{j}\omega)}{w(\mathrm{j}\omega)} = G_\mathrm{R}(\mathrm{j}\omega) \cdot G_\mathrm{S}(\mathrm{j}\omega) \quad (6.1)$$

Die Messwerterfassung wird der Strecke zugeordnet.

■

Die Überprüfung der Stabilität im Frequenzbereich kann in der Ortskurve oder im Bode-Diagramm erfolgen.

Wird die Definition der Stabilität auf die Ortskurve übertragen, folgt daraus das Nyquist-Kriterium.

Nyquist-Kriterium

Ein Regelkreis gilt als stabil, wenn die Ortskurve der Übertragungsfunktion des offenen Regelkreises den Punkt −1 bei zunehmender Frequenz nicht umfährt. ■

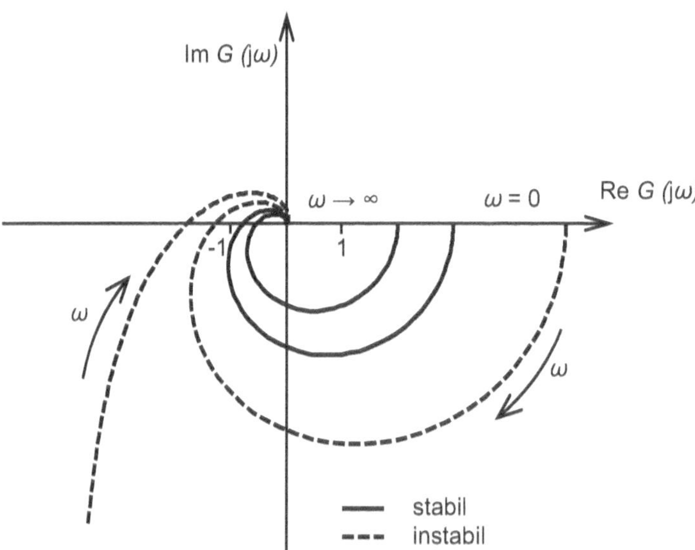

Bild 6.3 Stabilität in der Ortskurve

Im Bild 6.3 sind Ortskurven für einen offenen Regelkreis mit unterschiedlichen Reglern dargestellt. Nach der Definition der Stabilität darf die Verstärkung bei einer Phasenverschiebung von 180° nicht größer als eins sein. Wird dieser Punkt in der Ortskurve betrachtet, entspricht das der −1 auf der reellen Achse. Die Regelkreise, die eine Verstärkung größer eins haben, sind instabil. Hier ist das Nyquist-Kriterium nicht erfüllt.

Die Beurteilung der Stabilität im Bode-Diagramm wird ausführlich im folgenden Beispiel 6.1 erläutert.

Beispiel 6.1

Gegeben ist der Regelkreis aus Bild 6.4.

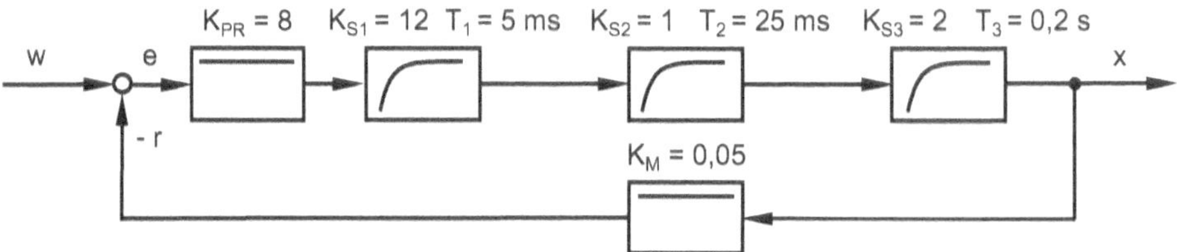

Bild 6.4 Regelkreis aus Beispiel 6.1

a) Geben Sie die Übertragungsfunktion des offenen Regelkreises an.

b) Stellen Sie das Übertragungsverhalten im Bode-Diagramm dar und überprüfen Sie die Stabilität.

Lösung 6.1

1. Schritt: Analyse der einzelnen Regelkreisglieder

$$G_R(s) = K_{PR} = 8 \tag{1}$$

Die erweiterte Regelstrecke

$$G_s(s) = K_{S1}\frac{1}{1+sT_1} \cdot K_{S2}\frac{1}{1+sT_2} \cdot K_{S3}\frac{1}{1+sT_3} \cdot K_M$$

$$G_s(s) = 12\frac{1}{1+s0,005} \cdot 1\frac{1}{1+s0,025} \cdot 2\frac{1}{1+s0,2} \cdot 0,05$$

$$G_s(s) = 1,2\frac{1}{(1+s0,005)(1+s0,025)(1+s0,2)} \tag{2}$$

2. Schritt: Bestimmung der Übertragungsfunktion des offenen Regelkreises zu a)

$$G_0(s) = G_R(s) \cdot G_S(s)$$

$$G_0(s) = 8 \cdot 1,2\frac{1}{(1+s0,005)(1+s0,025)(1+s0,2)}$$

$$G_0(s) = 9,6\frac{1}{(1+s0,005)(1+s0,025)(1+s0,2)} \tag{3}$$

3. Schritt: Bestimmung der relevanten Größen für das Bode-Diagramm zu b)

$$K_{P\,dB} = 20\log K_P = 20\log 9,6 \qquad K_{P\,dB} = 19,6\,\text{dB} \tag{4}$$

$$\omega_{01} = \frac{1}{T_{S1}} = \frac{1}{0,005\,\text{s}} \qquad \omega_{01} = 200\,\text{s}^{-1} \tag{5}$$

$$\omega_{02} = \frac{1}{T_{S2}} = \frac{1}{0,025\,\text{s}} \qquad \omega_{02} = 40\,\text{s}^{-1} \tag{6}$$

$$\omega_{03} = \frac{1}{T_{S3}} = \frac{1}{0,2\,\text{s}} \qquad \omega_{03} = 5\,\text{s}^{-1} \tag{7}$$

4. Schritt: Mit den berechneten Werten wird das Bode-Diagramm dargestellt.

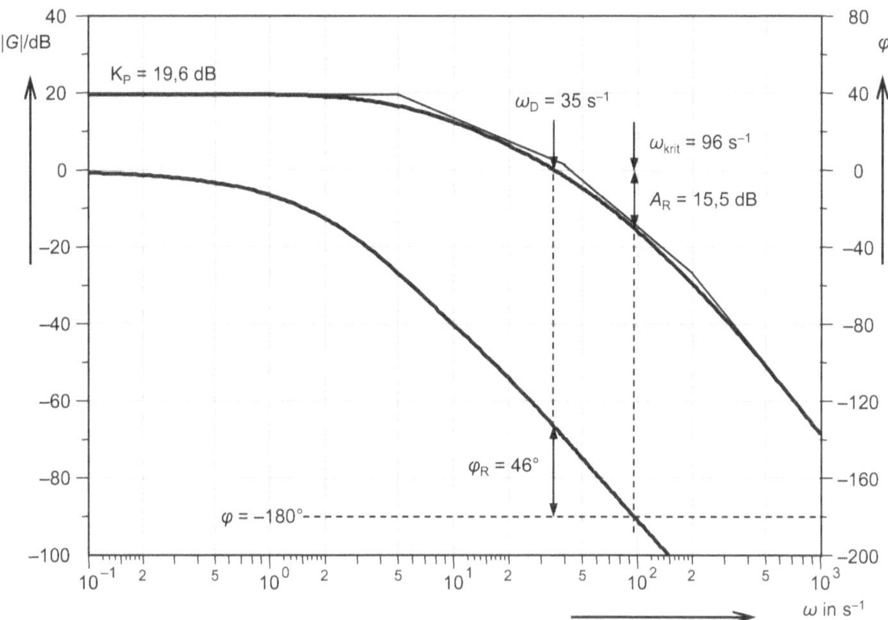

Bild 6.5 Bode-Diagramm zum Beispiel 6.1

5. Schritt: Aus dem Bode-Diagramm in Bild 6.5 lassen sich die folgenden Sachverhalte erkennen:

Nach der Definition der Stabilität ist die Verstärkung bei einer Phasenverschiebung von $-180°$ entscheidend. Diese Phasenverschiebung tritt bei der **kritischen Kreisfrequenz** ω_{krit} (ω_π Phasenschnittkreisfrequenz nach DIN IEC 60027-6) auf.

$$\omega_{\text{krit}} = 96\,\text{s}^{-1}$$

Eine Verstärkung von eins bedeutet im logarithmischen Maßstab 0 dB. Im betrachteten Beispiel ist die Verstärkung bei der kritischen Kreisfrequenz kleiner als eins, da G in dB einen negativen Wert annimmt. Bis zur Grenze von 0 dB ist hier noch eine **Amplitudenreserve** A_{R} (auch Amplitudenrand, G_{m} Betragsreserve nach DIN IEC 60027-6) vorhanden.

$$A_{\text{R}} = 15{,}5\,\text{dB}$$

Die Stabilität hätte auch bei der kritischen Verstärkung von 0 dB überprüft werden können. Dieser Punkt ist gerade dort erreicht, wo die Betragskurve die 0 dB-Linie schneidet. Das passiert bei der **Durchtrittskreisfrequenz** ω_{D} (ω_{c} nach DIN IEC 60027-6).

$$\omega_{\text{D}} = 35\,\text{s}^{-1}$$

Bei der Durchtrittskreisfrequenz darf die Phasenverschiebung noch keine $-180°$ erreicht haben. Die vorhandene Differenz ist die **Phasenreserve** φ_{R} (auch Phasenrand, φ_{m} nach DIN IEC 60027-6).

$$\varphi_{\text{R}} = 46°$$

Für den betrachteten Regelkreis kann damit festgestellt werden, dass er ein stabiles Verhalten zeigen wird.

Eine weitere Forderung im Regelkreis ist die Genauigkeit. Darüber gibt der bezogene Regelfehler aus Abschnitt 2.3 Auskunft.

$$\frac{e}{w} = \frac{1}{1+K_0} \quad \text{mit } K_0 = 9{,}6$$

$$\frac{e}{w} = \frac{1}{1+9{,}6} \qquad \frac{e}{w} = 9{,}4\,\%$$

6. Schritt: Zur Überprüfung dieser Ergebnisse wird der Regelkreis mit WinFACT-Lineare Regelkreissynthese simuliert. Dieses Programm liefert die Abbildung der Sprungantwort für den geschlossenen Regelkreis im Bild 6.6.

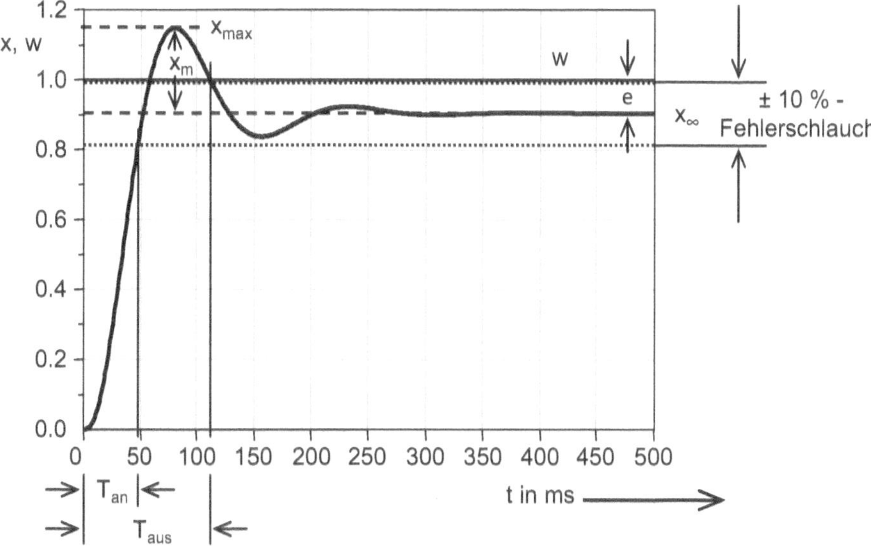

Bild 6.6 Sprungantwort des geschlossenen Regelkreises zum Beispiel 6.1

Der Regelkreis arbeitet stabil. Die Regelgröße stellt sich auf einen festen Endwert x_∞ ein. Aus der Sprungantwort lässt sich ein Überschwingen ablesen. Die **Überschwingweite** x_m ist im Allgemeinen nicht aussagekräftig. Deshalb wird der Wert auf den Endwert im Beharrungszustand bezogen und in Prozenten angegeben.

$$\frac{x_m}{x_\infty} = \frac{x_{max} - x_\infty}{x_\infty}$$

$$\frac{x_m}{x_\infty} = \frac{1{,}15 - 0{,}905}{0{,}905} \qquad \frac{x_m}{x_\infty} = 27{,}1\,\%$$

Die bleibende Regelabweichung ist die Differenz von Führungsgröße und Rückführgröße. Durch die Betrachtung der erweiterten Regelstrecke wird für die Rückführgröße die Regelgröße eingesetzt.

$$e = w - r$$

Wird stattdessen der bezogene Regelfehler, also die bleibende Regelabweichung als relativer Wert, angegeben, dann gilt:

$$\frac{e}{w} = \frac{w-r}{w}$$

$$\frac{e}{w} = \frac{1-0{,}905}{1} \qquad \frac{e}{w} = 9{,}5\,\%$$

Um eine Aussage zur Schnelligkeit eines Regelkreises zu treffen, wird ein Toleranzbereich $2\Delta X_S$ (engl. specified tolerances nach DIN IEC 60027-6) festgelegt. Üblich ist ein Toleranzbereich von $\pm 2\,\%$. In der Simulationssoftware von WinFACT erfolgt diese Betrachtung am 10%-Fehlerschlauch des stationären Endwertes.

$$x \pm 10\,\% = 0{,}9 \cdot x_\infty \ldots 1{,}1 \cdot x_\infty$$

$$x \pm 10\,\% = 0{,}9 \cdot 0{,}905 \ldots 1{,}1 \cdot 0{,}905 \qquad x \pm 10\,\% = 0{,}81 \ldots 0{,}99$$

Der Zeitpunkt des ersten Eintritts in einen zuvor festgelegten Toleranzbereich wird als **Anregelzeit** T_{an} (T_{cr} engl. control rise time nach DIN IEC 60027-6) bezeichnet.

$$T_{an} = 48\,\text{ms}$$

Die **Ausregelzeit** T_{aus} (T_{cs} engl. control setting time nach DIN IEC 60027-6) gibt den Zeitpunkt des letzten Eintritts in den betrachteten Fehlerschlauch an.

$$T_{aus} = 113\,\text{ms}$$

Die Betrachtung des Bode-Diagramms am offenen Regelkreis lässt offensichtlich Rückschlüsse auf das Verhalten im geschlossenen Regelkreis zu. ■

Überprüfung der Anforderungen an einen Regelkreis

Kritische Kreisfrequenz	$\omega_{krit} = \omega_\pi$ bei $\varphi = 180°$	(6.2)
Amplitudenreserve	$A_R = G_m = 0\,\text{dB} - G_{dB}$ bei ω_{krit}	(6.3)
Durchtrittskreisfrequenz	$\omega_D = \omega_c$ bei $G = 0\,\text{dB}$	(6.4)
Phasenreserve	$\varphi_R = \varphi_m = 180° - \varphi$ bei ω_D	(6.5)
Überschwingweite	$\frac{x_m}{x_\infty} = \frac{x_{max} - x_\infty}{x_\infty}$ in %	(6.6)
Bleibende Regelabweichung	$\frac{e}{w} = \frac{w-r}{w}$ in %	(6.7)
Anregelzeit	$T_{an} = T_{cr}$ erster Eintritt in den Toleranzbereich	(6.8)
Ausregelzeit	$T_{aus} = T_{cs}$ letzter Eintritt in den Toleranzbereich	(6.9)

■

Zum Vergleich soll jetzt der Regelkreis für andere Phasenreserven untersucht werden.

Beispiel 6.2

a) Bestimmen Sie für den Regelkreis aus dem Beispiel 6.1 den notwendigen Einstellparameter für einen P-Regler, der eine Phasenreserve von 30° hervorruft.

b) Ermitteln Sie für diesen Regelkreis die bleibende Regelabweichung, die Durchtrittsfrequenz und die Überschwingweite.

c) Führen Sie die gleichen Berechnungen für die Phasenreserven von 60° und 90° durch.

Lösung 6.2

Das vorhandene Bode-Diagramm mit $K_{PR} = 8$ soll weiter verwendet werden.

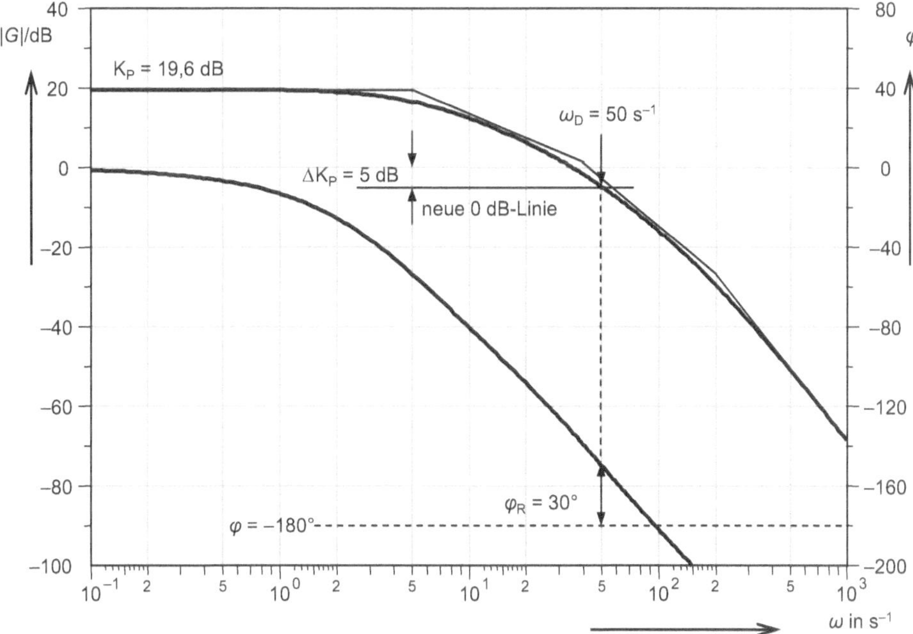

Bild 6.7 Bode-Diagramm des offenen Regelkreises mit einer Phasenreserve von 30°

1. Schritt: Ermittlung des notwendigen Übertragungsfaktors für den Regler

Eine Phasenreserve von 30° wird bei einem Winkel von −150° erreicht. An dieser Stelle muss die Amplitudenkennlinie durch die 0 dB-Linie treten. Dazu müsste die Amplitudenkennlinie nach oben verschoben werden, das heißt die Verstärkung des Reglers muss größer werden. Die notwendige Verschiebung wird aus dem Bode-Diagramm im Bild 6.7 mit 5 dB abgelesen. Da eine Addition im logarithmischen Maßstab eine Multiplikation bedeutet, ist es notwendig, den K_{PR}-Wert mit dem entlogarithmierten Wert von 5 dB zu multiplizieren.

$$\Delta K_P = 5\,\text{dB} = 20 \log \Delta K_{PR}$$

$$\Delta K_{PR} = 10^{\frac{\Delta K_P}{20}} \qquad \Delta K_{PR} = 10^{\frac{5}{20}} \qquad \Delta K_{PR} = 1{,}78$$

$$K_{PR} = 1{,}78 \cdot 8 \qquad K_{PR} = 14{,}2$$

2. Schritt: Berechnung der bleibenden Regelabweichung

Mit dem neuen Übertragungsfaktor des Reglers ergibt sich eine neue Kreisverstärkung.

$$K_0 = K_R \cdot K_S \cdot K_M$$

$$K_0 = 14{,}2 \cdot 1{,}2 \qquad K_0 = 17{,}0$$

Diese Kreisverstärkung bestimmt die bleibende Regelabweichung.

$$\frac{e}{w} = \frac{1}{1 + K_0}$$

$$\frac{e}{w} = \frac{1}{1 + 17{,}0} \qquad \frac{e}{w} = 5{,}6\,\%$$

3. Schritt: Bestimmung der Durchtrittsfrequenz

Die neue Durchtrittsfrequenz kann aus dem Bode-Diagramm entnommen werden.

$$\omega_D = 50\,\mathrm{s}^{-1}$$

4. Schritt: Bestimmung der Überschwingweite

Die Überschwingweite wird mithilfe der Simulationssoftware WinFACT-Lineare Regelkreissynthese bestimmt.

$$\frac{x_m}{x_\infty} = 45\,\%$$

5. Schritt: Bestimmung sämtlicher Größen für Phasenreserven von 60° und 90°

Nach der gleichen Vorgehensweise von Schritt 1 bis Schritt 4 werden alle Werte bestimmt. Diese Werte sind in der Tabelle 6.1 zusammengestellt.

φ_R	K_{PR}	K_0	$\frac{e}{w}$	ω_D	$\frac{x_m}{x_\infty}$
30°	14,2	17,0	5,6 %	$50\,\mathrm{s}^{-1}$	45 %
46°	8,0	9,6	9,4 %	$35\,\mathrm{s}^{-1}$	27 %
60°	5,2	6,2	13,8 %	$26\,\mathrm{s}^{-1}$	16 %
90°	2,4	2,9	25,8 %	$13\,\mathrm{s}^{-1}$	3 %

Tabelle 6.1 Ermittelte Kenngrößen für unterschiedliche Phasenreserven

■

Die Untersuchung des Regelkreises hat ergeben, dass das Zeitverhalten der Regelgröße von der Phasenreserve abhängt. Das Bild 6.8 zeigt, dass die Neigung zum Überschwingen mit zunehmender Phasenreserve abnimmt. Es ist zu erkennen, dass eine kleinere Durchtrittsfrequenz zu einer längeren Anregelzeit führt. Der Regelkreis reagiert langsamer und wegen der geringen Verstärkung des Reglers nimmt die Regelabweichung stark zu. Ob ein Regelkreis den Anforderungen genügt, hängt von der jeweiligen Regelaufgabe ab.

Wird ein Regelkreis im Bode-Diagramm untersucht, kann gut auf das Zeitverhalten im geschlossenen Regelkreis zurückgeschlossen werden, wenn die Steigung der Amplitudenkennlinie beim Durchtritt durch die 0 dB-Linie nicht wesentlich größer als −20 dB je Dekade ist.

Für diesen Fall liefert ein Regelkreis mit einer Phasenreserve zwischen 50° und 70° ein hinreichend genaues Ergebnis mit einem nicht zu starken Überschwingen und einer relativ geringen Einschwingdauer.

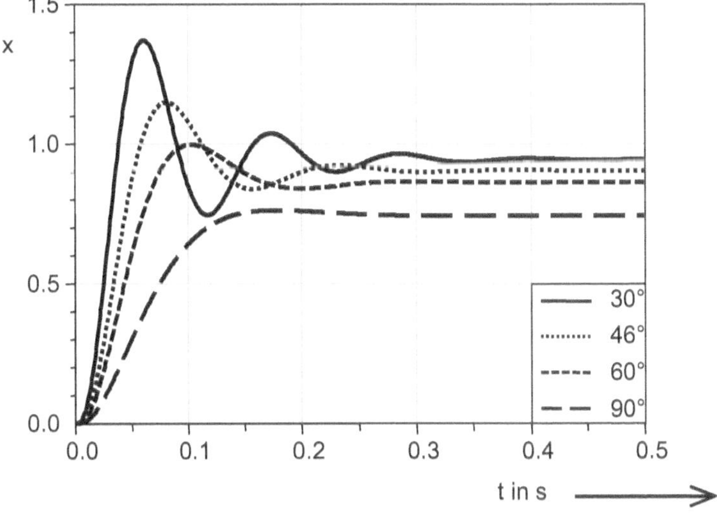

Bild 6.8 Sprungantworten für unterschiedliche Phasenreserven

6.2 Übungen

Aufgabe 6.1

Überprüfen Sie im Bode-Diagramm, ob die in Bild 6.9 dargestellte Regelstrecke mit einem P-Regler ($K_P = 2$) stabil arbeitet.

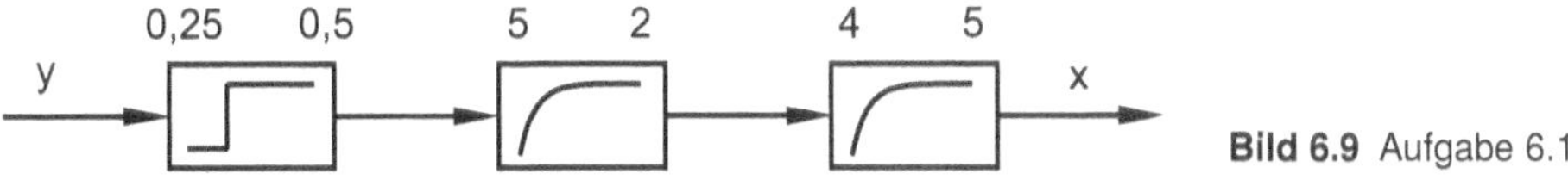

Bild 6.9 Aufgabe 6.1

a) Bestimmen Sie anschließend den Einstellparameter für einen P-Regler, der eine Phasenreserve von 70° hervorruft.

b) Geben Sie für diese Reglereinstellung die Amplitudenreserve, die Durchtrittsfrequenz, die kritische Kreisfrequenz und die bleibende Regelabweichung an.

Aufgabe 6.2

Überprüfen Sie im Bode-Diagramm, ob die in Bild 6.10 dargestellte Regelstrecke mit einem P-Regler ($K_P = 2$) stabil arbeitet.

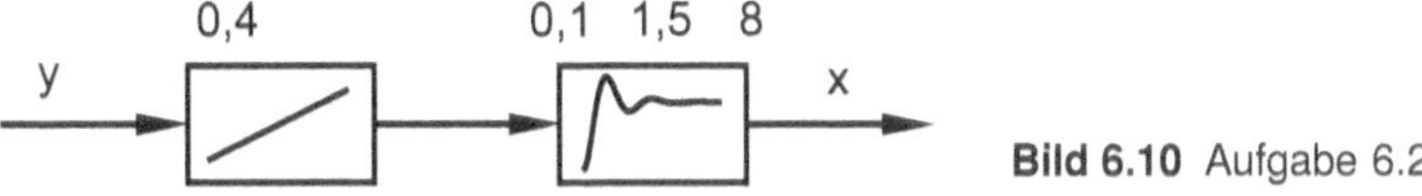

Bild 6.10 Aufgabe 6.2

a) Bestimmen Sie anschließend den Einstellparameter für einen P-Regler, der eine Phasenreserve von 50° hervorruft.

b) Geben Sie für diese Reglereinstellung die Amplitudenreserve, die Durchtrittsfrequenz, die kritische Kreisfrequenz und die bleibende Regelabweichung an.

Aufgabe 6.3

Für einen Regelkreis wurden die Führungsgröße und die Ausgangsgröße hinter der Messwerterfassung aufgezeichnet. Bestimmen Sie für das Bild 6.11

a) die Überschwingweite,

b) die An- und die Ausregelzeit bei einem Toleranzbereich von ±10 % und

c) die bleibende Regelabweichung.

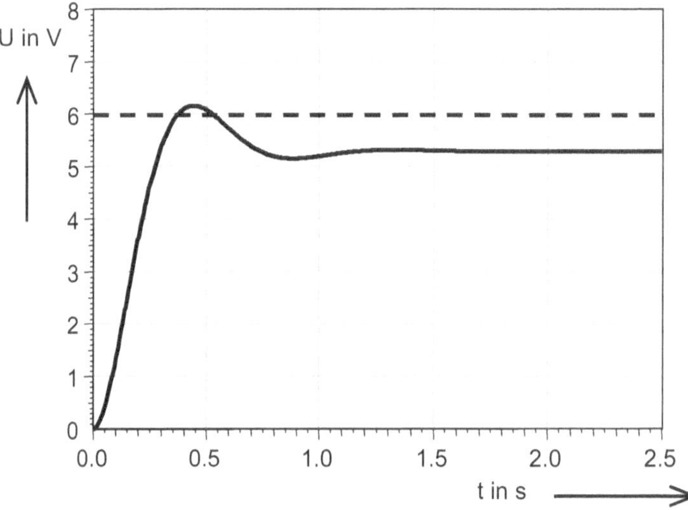

Bild 6.11 Aufgabe 6.3

7 Bestimmung von Reglern

Nach dem Durcharbeiten dieses Kapitels können Sie diese und weitere Fragen beantworten:

- Wie wird ein Regler im Frequenzbereich entworfen?
- Welcher Zusammenhang besteht zwischen Phasenrand und Überschwingen?
- Wie kann die Sprungantwort für einen Reglerentwurf genutzt werden?
- Welcher Entwurf ist für ein gutes Störverhalten anzuwenden?

Die Aufgabe des Reglers ist es, die Regelgröße $x(t)$ zu erfassen, sie mit der Sollgröße zu vergleichen und daraus eine Stellgröße $y(t)$ zu bilden.

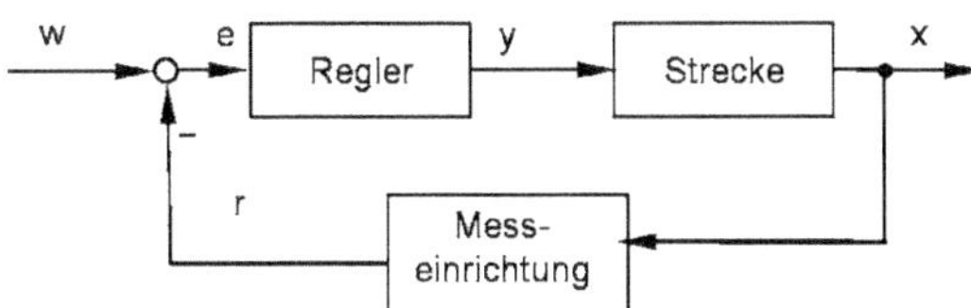

Bild 7.1 Regelkreis

Regler können nach ihrer Wirkungsweise unterschieden werden in:

- stetige Regler
- unstetige Regler
- digitale Regler

Egal nach welcher Wirkungsweise ein Regler arbeitet, hat er immer dafür zu sorgen, dass der Regelkreis stabil arbeitet. Neben der Stabilitätsbedingung soll ein Regler auch schnell und hinreichend genau sein. Es gibt also sogenannte Gütekriterien, nach denen ein Regelkreis optimiert wird. Einige Kriterien sind im Folgenden aufgeführt:

- minimale Einschwingzeit
- kleines Überschwingen
- kurze Ausregelzeit
- kleine Anregelzeit
- gutes Führungsübertragungsverhalten
- gute Störunterdrückung
- keine Regelabweichung

Diese Anforderungen beziehen sich auf den geschlossenen Regelkreis (Bild 7.1). Das Gütekriterium hängt sehr stark von der Regelstrecke und von den Anforderungen an den Regelkreis ab. Nicht jedes Kriterium ist für jede Strecke sinnvoll. Ein Regler muss so gewählt werden, dass sowohl das Führungsverhalten als auch das Störverhalten den Anforderungen genügt. Die Anforderungen an ein gutes Führungsverhalten widersprechen der Anforderung an ein gutes Störverhalten. Die Anforderungen müssen mit dem gewählten Entwurfsverfahren erreicht werden können. Zur Optimierung eines Regelkreises lässt sich die Sprungantwort (Bild 7.2) des geschlossenen Regelkreises heranziehen. Die Kriterien lassen sich auf die Kennwerte der Sprungantwort zurückführen. Bei der Sprungantwort werden zwei Bereiche bezüglich der Güte betrachtet:

- die stationäre Betrachtung, also der eingeschwungene Zustand und
- die transiente Betrachtung, also die Einschwingphase.

In der stationären Betrachtung soll die Regeldifferenz innerhalb eines tolerierbaren Toleranzbereichs verbleiben. Die Regelung soll hinreichend genau sein. Bei der Betrachtung des transienten Vorgangs soll eine Änderung der Führungsgröße möglichst zu einer schnellen Änderung der Regelgröße führen. Zusätzlich soll die Überschwingweite eine definierte Größe nicht überschreiten. Außerdem sollen Störungen möglichst schnell ausgeregelt werden.

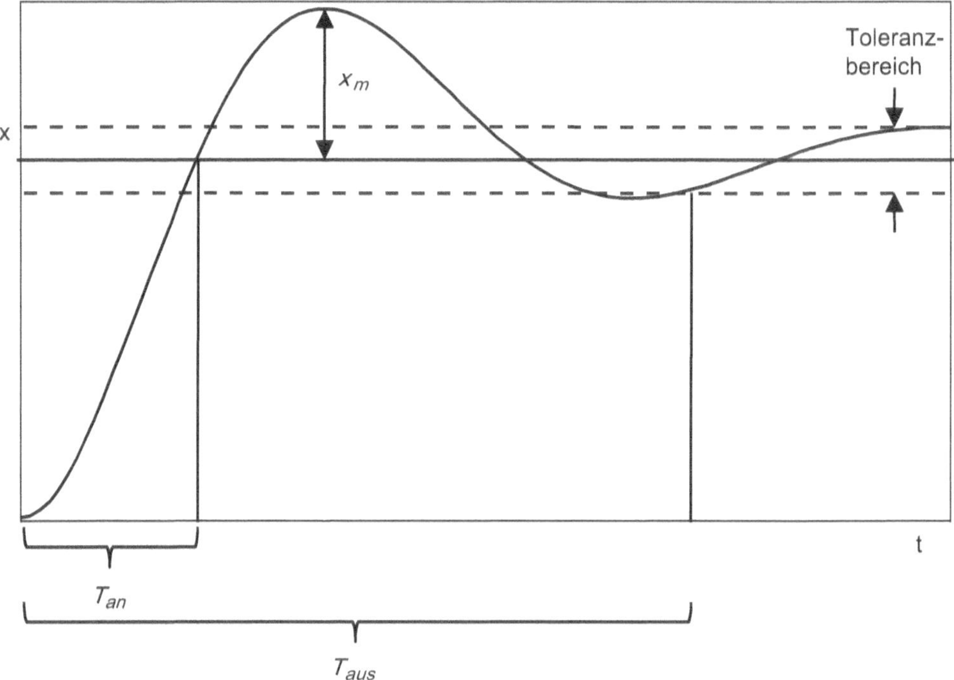

Bild 7.2 Sprungantwort

7.1 Integrale Gütekriterien

Bei den integralen Gütekriterien werden die Flächen, die sich aus der Abweichung der Regelgröße x zum stationären Endwert x_∞ ergeben, zur Optimierung herangezogen. Sie können über ein Integral bestimmt werden und sollten ein Minimum ergeben. Die Gleichung zur Berechnung dieser Fläche wird als lineare Regelfläche (Bild 7.3) bezeichnet und nach folgender Formel berechnet:

$$IE = \int_0^\infty (x_\infty - x(t))\,\mathrm{d}t = \text{Minimum}$$

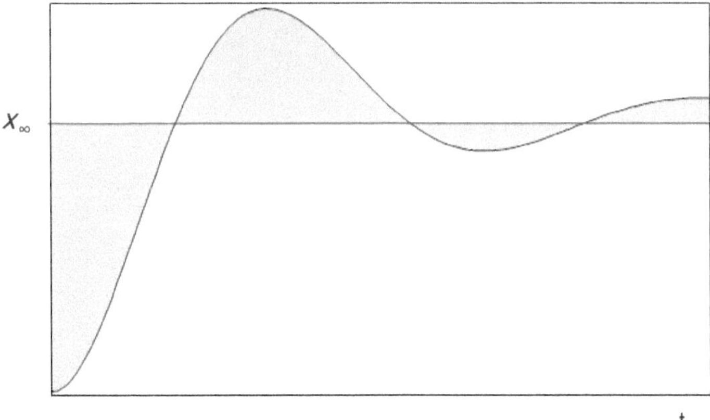

Bild 7.3 Integralkriterium: lineare Regelfläche

Das Integral hat den Nachteil, dass sich die Flächen für stark schwingende Sprungantworten oberhalb und unterhalb von dem stationären Wert x_∞ gegenseitig kompensieren. Dies kann dann zu falschen Schlussfolgerungen führen. Das Kriterium kann also nur für aperiodische Einschwingvorgänge genutzt werden.

Durch die Bildung des Betrags (Bild 7.4) kann das Integral nicht zu null werden und damit können auch schwingende Sprungantworten berücksichtigt werden. Durch die Betragsbildung muss das Integral stückweise berechnet werden. Dies führt zu einer aufwendigen mathematischen Berechnung.

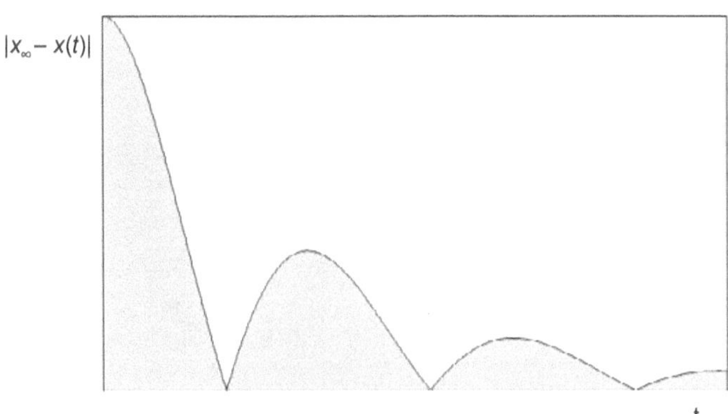

Bild 7.4 Integralkriterium: betragslineare Regelfläche

$$IAE = \int_0^\infty | x_\infty - x(t)| \, dt = \text{Minimum}$$

Das Kriterium nach der quadratischen Regelfläche (Bild 7.5) umgeht diesen Nachteil. Zusätzlich wird beim quadratischen Kriterium eine große Amplitude stärker berücksichtigt. Die Beurteilung nach der quadratischen Regelfläche führt zu günstigen Regelparametern.

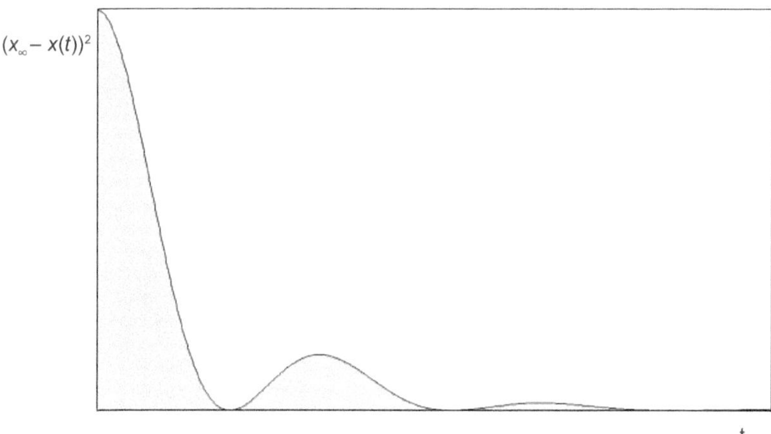

Bild 7.5 Integralkriterium: quadratische Regelfläche

$$ISE = \int_0^\infty (x_\infty - x(t))^2 \, dt = \text{Minimum}$$

Nachteil aller Integralverfahren ist die aufwendige mathematischen Berechnung des Integrals. Dafür muss die mathematische Beschreibung der Sprungantwort mit den entsprechenden Kennwerten vorliegen. Natürlich kann die Integralrechnung auch mit numerischen Verfahren erfolgen. Trotzdem sind all diese Ansätze sehr aufwendig.

7.2 Praktische Entwurfsverfahren

Die Vorgehensweise für die Ermittlung eines Reglers kann grundsätzlich in folgenden Schritten erfolgen:

1. Ermittlung der Struktur der Strecke, P-T_1, P-T_n, I-T_1 usw.
2. Ermittlung der Parameter der Strecke
3. Auswahl der Reglerstruktur, P, I, PI, PD oder PID (s. Tabelle 7.1)
4. Auswahl des Entwurfsverfahrens
5. Optimierung nach den Anforderungen, Bestimmung der Reglerparameter

Nicht jeder Regler passt zu jeder Strecke. Die Tabelle 7.1 zeigt eine Übersicht.

Regler / Strecke	P	I	PI	PD	PID
P	–	++	++	–	–
P-T_1	–	+	++	+	–
P-T_2	–	––	+	–	++
P-T_n	–	––	++	–	+++
T_t	–	+	++	–	–
P-T_1 mit Totzeit	–	+	++	–	–
I	++	––	+	+	+
I-T_1	+	––	+	+	+

Tabelle 7.1 Strecken-Reglerzuordnung

Mit
– mit Einschränkungen geeignet
–– schlecht geeignet
+ geeignet
++ gut geeignet
+++ sehr gut geeignet

Im Folgenden werden einige praktische Einstellregeln für Regler nach unterschiedlichen Entwurfsverfahren gezeigt.

Häufig angewendete Verfahren sind

- Frequenzkennlinienverfahren,
- Kompensationsverfahren,
- Betragsoptimum,
- Symmetrisches Optimum,
- Verfahren nach Ziegler-Nichols,
- Verfahren nach Chien, Hrones, Reswick.

7.2.1 Frequenzkennlinienverfahren

Das Frequenzkennlinienverfahren geht davon aus, dass die Übertragungsfunktion der Strecke vorliegt, also die Zeitkonstanten des Systems bekannt sind. Mit einem ausgewählten Regler kann somit auf den Frequenzgang des offenen Regelkreises Einfluss genommen werden.

Frequenzkennlinienverfahren

Für das Frequenzkennlinienverfahren muss ein Frequenzgang des offenen Regelkreises vorliegen.

■

Aus dem Frequenzgang des offenen Regelkreises können Rückschlüsse auf das Verhalten des geschlossenen Regelkreises gezogen werden. Um das Verfahren zu erläutern, müssen einige Grundbegriffe vorher definiert werden (s. Tabelle 7.2).

Für ein schwingungsfähiges P-T_2-Verhalten können einige Näherungsformeln zwischen dem offenen und dem geschlossenen Regelkreis formuliert werden.

Zusammenhang zwischen der Durchtrittsfrequenz und der Grenzfrequenzen

Die Grenzfrequenz ω_g des geschlossenen Regelkreises $G_W(s)$ hängt in Näherung von der Durchtrittsfrequenz ω_D des offenen Regelkreises ab:

$$\omega_g \approx 1{,}6 \cdot \omega_D \quad \text{für } 0{,}4 < d < 0{,}7 \tag{7.1}$$

Tabelle 7.2 Kennwerte des Frequenzkennlinienverfahrens

ω_D	ω_D bezeichnet die Durchtrittsfrequenz, also die Kreisfrequenz ω bei der die Betragskennlinie des offenen Regelkreises durch die 0 dB-Linie tritt.
φ_R	Die Phasenreserve, auch als Phasenrand bezeichnet, ist der Abstand der Phasenkennlinie des offenen Regelkreises zu der $-180°$-Phase bei der Durchtrittsfrequenz.
ω_{krit}	Als kritische Kreisfrequenz ω_{krit} wird die Kreisfrequenz ω bezeichnet, bei der der Phasenwinkel φ_0 des offenen Regelkreises einen Wert von $-180°$ hat, also die Gegenkopplung in eine Mittkopplung übergeht.
A_R	Der AmplitudenrandA_R, auch als Amplitudenreserve bezeichnet, ist der Abstand der Betragskennlinie des offenen Regelkreises zur 0 dB-Linie bei einer Phasenverschiebung von $-180°$.
M_m	Betrag des Frequenzgangs an der Resonanzstelle

Zusammenhang zwischen der Anregelzeit T_{an} und der Durchtrittsfrequenz

$$T_{an} \approx \frac{\pi}{(2-d)\cdot\omega_D} \tag{7.2}$$

Die Anregelzeit gibt hier den Zeitpunkt an, an dem die Sprungantwort erstmals den stationären Endwert erreicht, das bedeutet, dass hier ein Toleranzbereich von 0 % zugrunde gelegt wird.

Zusammenhang zwischen Phasenrand und Resonanzüberhöhung

$$M_m \cdot \varphi_R \approx 60^\circ \quad \text{für } 0{,}4 < d < 0{,}7 \tag{7.3}$$

Der Zusammenhang zwischen dem offenen und dem geschlossenen Regelkreis soll anhand des Frequenzgangs eines Beispiels verdeutlicht werden.

Beispiel 7.1

Für einen offenen Regelkreis ist folgender Frequenzgang gegeben:

$$G_0(j\omega) = K_{PR} \cdot \frac{1}{(1+j\omega T_1)\cdot(1+j\omega T_2)\cdot(1+j\omega T_3)}$$

mit

$$T_1 = 1\,\text{s}, \quad T_2 = 2\,\text{s} \quad \text{und} \quad T_3 = 3\,\text{s}, \quad K_{PR} = 5$$

Für den offenen Regelkreis sollen die Durchtrittsfrequenz ω_D, die kritische Frequenz ω_{krit}, der Phasenrand φ_R und der Amplitudenrand A_R in das Bode-Diagramm eingezeichnet werden.

Lösung 7.1

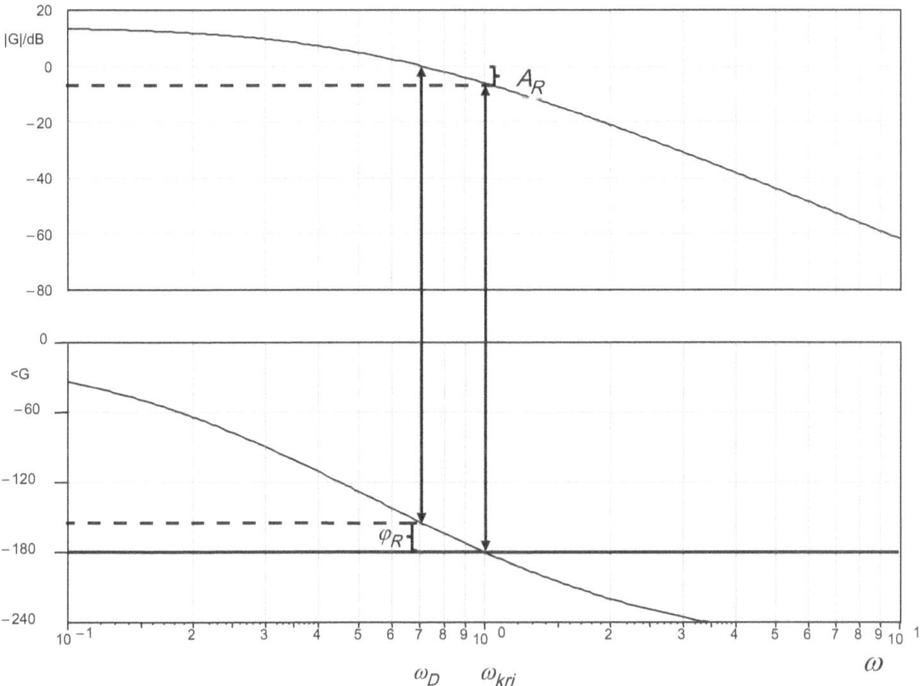

Bild 7.6 Frequenzgang des offenen Regelkreises

Der Amplitudengang des geschlossenen Regelkreises ist:

$$\left|G_{\mathrm{W}}(\mathrm{j}\omega)\right| = \left|\frac{G_0(\mathrm{j}\omega)}{1 + G_0(\mathrm{j}\omega)}\right|$$

daraus folgt angenähert

$$\left|G_{\mathrm{W}}(\mathrm{j}\omega)\right| \approx 1 \qquad \text{für} \quad \omega \ll \omega_{\mathrm{D}}$$

$$\text{für} \quad \left|G_0(\mathrm{j}\omega)\right| \gg 1$$

und

$$\left|G_{\mathrm{W}}(\mathrm{j}\omega)\right| \approx \left|G_0(\mathrm{j}\omega)\right| \quad \text{für} \quad \omega \gg \omega_{\mathrm{D}}$$

$$\text{für} \quad \left|G_0(\mathrm{j}\omega)\right| \ll 1$$

Der Frequenzgang des offenen Regelkreises (Bild 7.7) kann in drei Bereiche aufgeteilt werden. Im unteren Frequenzbereich wird Einfluss auf die Regelabweichung genommen. Ist der Verlauf waagerecht, bestimmt die Größe von $\left|G_0(\mathrm{j}\omega)\right|$ den Fehler. Hier sollte ein möglichst großer Wert angestrebt werden. Ein Verlauf mit −20 dB/Dekade minimiert die Regelabweichung zu null.

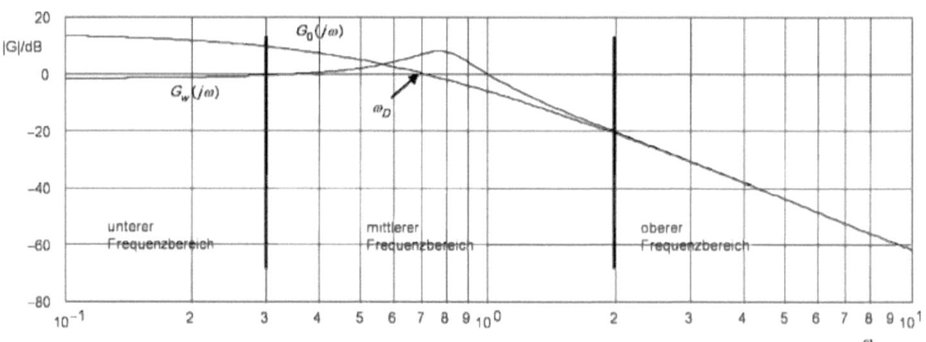

Bild 7.7 Amplitudengänge des offenen und geschlossenen Regelkreises

Im mittleren Bereich wird über die Stabilität und Schnelligkeit entschieden.

- Stabilität: Die Phasenreserve muss größer als null sein.
- Schnelligkeit: Die Durchtrittsfrequenz sollte möglichst groß sein.

Im oberen Bereich sollte eine starke Dämpfung vorherrschen.

Die Phasenreserve ergibt sich für das Beispiel 7.1 zu $\varphi_R = 23°$. Die dazugehörige Sprungantwort (Bild 7.8) des geschlossenen Regelkreises zeigt starke Schwingneigung.

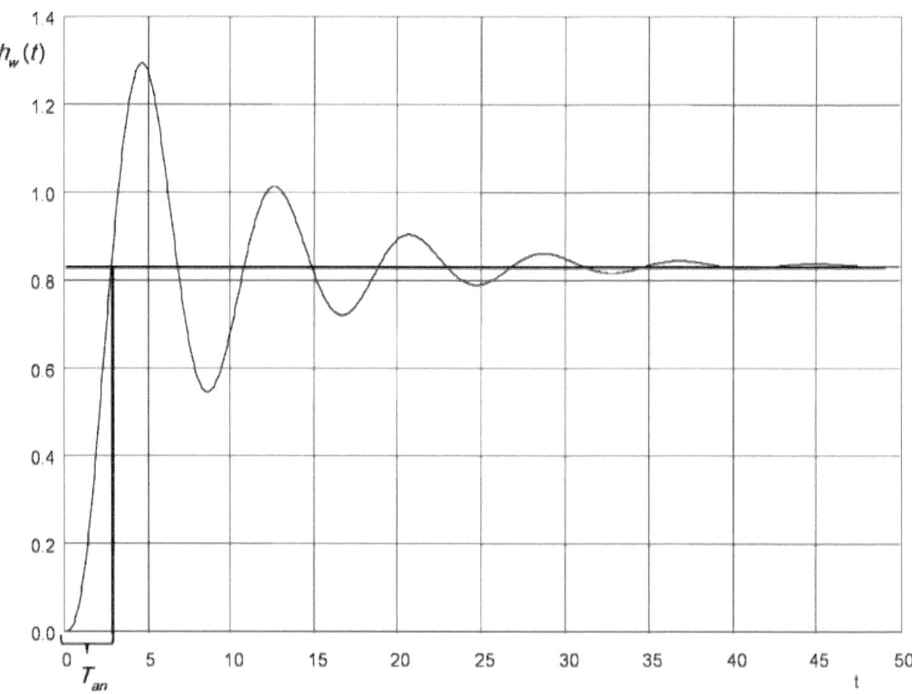

Bild 7.8 Sprungantwort des geschlossenen Regelkreises

Die Anregelzeit T_{an} wird umso kleiner, umso größer die Durchtrittsfrequenz ω_D wird.

Allgemein können folgende Aussagen getroffen werden:

Ein gutes Führungsverhalten tritt bei einer Phasenreserve zwischen 50° und 70° ein. Für ein gutes Störverhalten muss die Phasenreserve zwischen 20° und 50° liegen. ■

Phasenrand

Die Reaktion auf einen Führungsgrößensprung hängt stark von dem Phasenrand ab. Umso kleiner der Phasenrand wird, umso größer wird die Sprungantwort schwingen und umgekehrt. ■

In dem angeführten Beispiel 7.1 wurde ein P-Regler eingesetzt. Neben dem starken Schwingverhalten verursacht er eine große Regelabweichung. Bei einem P-Regler kann nur der Betragsgang durch eine Veränderung der Verstärkung beeinflusst werden. In dem Beispiel müsste die Verstärkung reduziert werden, um einen größeren Phasenrand zu erreichen. Dies würde aber den Regelfehler noch weiter vergrößern. Darüber hinaus wird die Bedingung der Steigung im mittleren Frequenzbereich nicht ausreichend eingehalten.

Es lässt sich zeigen, dass ein Regelkreis schwingungsfähig wird, wenn der Phasenrand des offenen Regelkreises kleiner als $\varphi_R < 60°$ ist. Für einen Phasenrand größer als $\varphi_R > 60°$ schwingt der Regelkreis nicht.

Die getroffenen Aussagen gelten unter der folgenden Bedingung:

Die Betragskennlinie des offenen Regelkreises $|G_0(j\omega)|$ hat im mittleren Bereich des Frequenzgangs bei der Durchtrittsfrequenz ω_D eine Steigung zwischen $-20\,\text{dB/Dekade}$ und $-40\,\text{dB/Dekade}$.

Frequenzkennlinienverfahren

Bei dem Frequenzkennlinienverfahren werden Anforderungen an die Sprungantwort des geschlossenen Regelkreises in Forderungen an den Frequenzgang des offenen Regelkreises umgesetzt. ■

7.2.2 Kompensationsverfahren

Die meisten technischen Regelstrecken basieren auf Reihenschaltungen von Verzögerungsgliedern erster Ordnung. Dabei sind in der Regel einige Zeitkonstanten wesentlich dominanter als andere. Es ist beabsichtigt, die Zeitkonstanten der Strecke mit denen des Reglers zu kompensieren. Damit wird das Regelverhalten des Gesamtregelkreises beeinflusst.

Kompensationsverfahren

Voraussetzungen: Die wesentlichen Zeitkonstanten der Strecke müssen bekannt sein. ■

Das Verfahren wird mithilfe des Bode-Diagramms durchgeführt. Dabei kann je nach Anforderung eine Optimierung für ein gutes Stör- oder Führungsverhalten erzwungen werden. Das Kompensationsverfahren ist eine Erweiterung des Frequenzkennlinienverfahrens. Es muss ein Regler eingesetzt werden, der in der Lage ist, die Zeitkonstanten der Strecke zu kompensieren. Für diese Aufgabe kommen drei Standardregler infrage:

- PD-Regler
- PI-Regler
- PID-Regler

Der PD-Regler ist für den Einsatz in Kombination mit einer Strecke bestehend aus einer Reihenschaltung von P-T_1-Gliedern oft unbrauchbar, da mit ihm eine bleibende Regelabweichung auftritt.

7.2.2.1 Entwurf mit einem PI-Regler

Für die Strecke aus dem Beispiel 7.1 soll ein PI-Regler eingesetzt werden. Die Führungssprungantwort soll kein allzu großes Überschwingen aufweisen. Es ist ein Phasenrand von 60° einzustellen. Die Parameter der Strecke sind:

$$T_1 = 1\,\mathrm{s}, \quad T_2 = 2\,\mathrm{s}, \quad T_3 = 3\,\mathrm{s}$$

Die Übertragungsfunktion des PI-Regler ist:

$$G_{PI}(s) = K_{\mathrm{PR}} \cdot \frac{(1 + s\,T_n)}{s\,T_n}$$

Der Frequenzgang des offenen Regelkreises lautet somit:

$$G_0(\mathrm{j}\omega) = K_{\mathrm{PR}} \cdot \frac{1 + \mathrm{j}\omega\,T_n}{\mathrm{j}\omega\,T_n} \cdot \frac{1}{(1 + \mathrm{j}\omega\,T_1) \cdot (1 + \mathrm{j}\omega\,T_2) \cdot (1 + \mathrm{j}\omega\,T_3)}$$

Für den PI-Regler müssen zwei Parameter festgelegt werden: T_n und K_{PR}. Mit einem PI-Regler lässt sich eine Zeitkonstante der Strecke kompensieren. Die Vorgehensweise sieht wie folgt aus:

1. Schritt: Die Verstärkung des Reglers K_{PR} wird auf eins gesetzt.

2. Schritt: Die Zeitkonstante T_{n} des Reglers wird gleich der größten Zeitkonstanten der Strecke $T_3 = 3\,\mathrm{s}$ gewählt. Dadurch kann das P-T_1-Glied mit der Zeitkonstanten T_3 gekürzt werden. Damit wird die Struktur $G_0(\mathrm{j}\omega)$ verändert.

$$G_0(\mathrm{j}\omega) = K_{\mathrm{PR}} \cdot \frac{1}{\mathrm{j}\omega\,T_n} \cdot \frac{1}{(1 + \mathrm{j}\omega\,T_1) \cdot (1 + \mathrm{j}\omega\,T_2)}$$

3. Schritt: Von dem kompensierten offenen Regelkreis wird der Frequenzgang (Bild 7.9) gezeichnet.

Aus dem Frequenzgang können einige Schlüsse gezogen werden:

Der untere Frequenzbereich fällt mit $-20\,\mathrm{dB/Dekade}$, hervorgerufen durch den I-Anteil des PI-Reglers. Damit wird die Regelabweichung zu null. Sie ist unabhängig von dem Verstärkungsfaktor K_{PR} des Reglers. Die Verstärkung kann nun verkleinert werden, ohne die Regelabweichung negativ zu beeinflussen.

Mit einem Phasenrand von 45° wird die Sprungantwort des geschlossenen Regelkreises schwingen. Eine Vergrößerung der Verstärkung K_{PR} würde den Phasenrand weiter verkleinern.

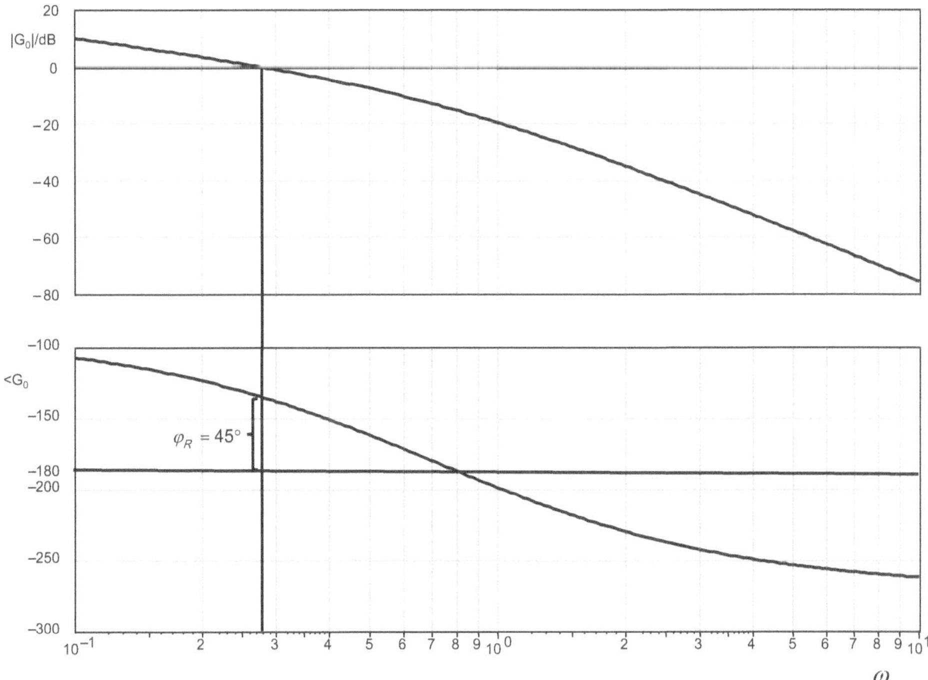

Bild 7.9 Frequenzgang von $G_0(\mathrm{j}\omega)$ mit $K_{PR} = 1$

Im oberen Frequenzbereich fällt die Betragskennlinie mit −60 db/Dekade. Dieser Abfall ist durch die Kompensation mit einem PI-Regler gleichgroß geblieben im Vergleich zu einem P-Regler.

4. Schritt: Nun wird der gewählte Phasenrand von 60° markiert. Die Verstärkung K_{PR} muss so verändert werden, dass bei 60° Phasenrand die Betragskennlinie $G_0(\mathrm{j}\omega)$ durch die 0 dB-Linie tritt (Bild 7.10).

Hierbei ist nur zu beachten, dass die Verstärkung im Bode-Diagramm in dB angegeben ist. Die Umrechnung in einen linearen Maßstab lautet:

$$K_{PR} = 10^{\frac{K_{PR}\,(\mathrm{dB})}{20\,\mathrm{dB}}}\,; \quad K_{PR} = 10^{\frac{-5\,\mathrm{dB}}{20\,\mathrm{dB}}} = 0{,}55$$

Die neue Durchtrittsfrequenz $\omega_D = 0{,}17\,\mathrm{s}^{-1}$ kann aus dem Bode-Diagramm abgelesen werden. Mit der Näherungsformel Gleichung (7.2) kann die Anregelzeit bestimmt werden. Die Dämpfung d ergibt sich aus Tabelle 7.3 mit $d \sim \varphi_R$ bis ca. $d = 0{,}7$.

$$T_{an} \approx \frac{\pi}{\left(2 - \dfrac{\varphi_R}{100^\circ}\right) \cdot \omega_D} = \frac{\pi}{\left(2 - \dfrac{60^\circ}{100^\circ}\right) \cdot 0{,}17\,\mathrm{s}^{-1}}$$

Die Anregelzeit beträgt zu $T_{an} \approx 13\,\mathrm{s}$. Auch die Anstiegszeit (die kürzeste Zeit zwischen 10 % und 90 % des Beharrungswertes) kann als Näherung berechnet werden. Sie entspricht etwa

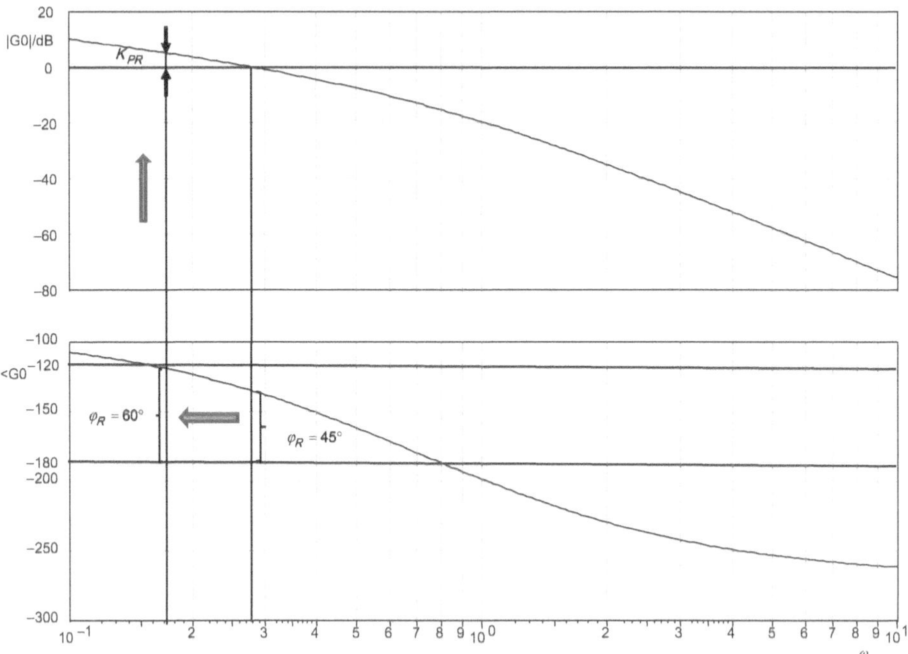

Bild 7.10 Frequenzgang $G_0(j\omega)$ zur Bestimmung von K_{PR}

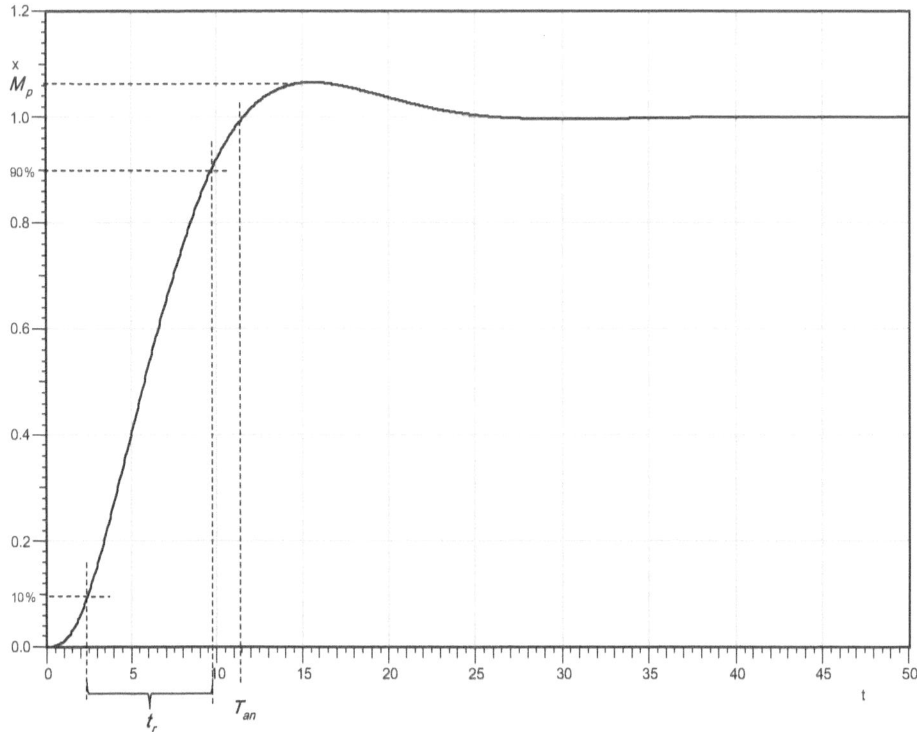

Bild 7.11 Sprungantwort des geschlossenen Regelkreises mit optimiertem PI-Regler

der zuvor definierten Ausgleichszeit. ω_g ergibt sich aus Gleichung (7.1).

$$t_r \approx \frac{2{,}2}{\omega_g} = \frac{2{,}2}{1{,}6 \cdot \omega_D} = 8\,\text{s}$$

Das Maximum M_p der Sprungantwort (Bild 7.11) liegt mit ca. 7 % über dem Endwert in der erwarteten Größenordnung für eine Phasenreserve von 60°. Mit dem PI-Regler wurde ein recht gutes Ergebnis erzielt. Im nächsten Abschnitt soll ein PID-Regler zum Einsatz kommen. Der D-Anteil des PID-Reglers müsste den Regelkreis noch schneller werden lassen.

7.2.2.2 Entwurf mit einem PID-Regler

Für eine Strecke mit mehreren dominanten Zeitkonstanten kann es sinnvoll sein, einen PID-Regler einzusetzen, da mit diesem Regler zwei Zeitkonstanten kompensiert werden können. Zum Vergleich wird die Strecke aus dem Beispiel 7.1 betrachtet. Die Führungssprungantwort soll ebenso kein großes Überschwingen aufweisen. Es ist ein Phasenrand von 60° einzustellen. Die Parameter der Strecke sind:

$$T_1 = 1\,\text{s}, \quad T_2 = 2\,\text{s}, \quad T_3 = 3\,\text{s}$$

Die Übertragungsfunktion des PID-Reglers ist:

$$G_{PID}(s) = K_{PR} \cdot \frac{(1 + s\,T_a) \cdot (1 + s\,T_b)}{s\,T_a}$$

Der Frequenzgang des offenen Regelkreises lautet somit:

$$G_0(j\omega) = K_{PR} \cdot \frac{(1 + j\omega\,T_a) \cdot (1 + j\omega\,T_b)}{j\omega\,T_a} \cdot \frac{1}{(1 + j\omega\,T_1) \cdot (1 + j\omega\,T_2) \cdot (1 + j\omega\,T_3)}$$

Für den PID-Regler müssen drei Parameter festgelegt werden. Mit dem PID-Regler können zwei Zeitkonstanten der Strecke kompensiert werden. Es sei an dieser Stelle darauf hingewiesen, dass T_a und T_b nicht mit T_n und T_V gleichgesetzt werden dürfen. Die Vorgehensweise verläuft wie für den Ansatz mit dem PI-Regler.

1. Schritt: Die Verstärkung des Reglers K_{PR} wird auf eins gesetzt.

2. Schritt: Die Zeitkonstante T_a des Reglers wird gleich der größten Zeitkonstanten der Strecke $T_3 = 3\,\text{s}$ gewählt. Die Zeitkonstante T_b wird gleich der zweitgrößten Zeitkonstanten $T_2 = 2\,\text{s}$ der Strecke gesetzt. Dadurch werden zwei P-T_1-Glieder gekürzt. Die Struktur $G_0(j\omega)$ wird verändert.

$$G_0(j\omega) = K_{PR} \cdot \frac{1}{j\omega\,T_a} \cdot \frac{1}{1 + j\omega\,T_1}$$

3. Schritt: Von dem kompensierten offenen Regelkreis wird der Frequenzgang gezeichnet.

Der Frequenzgang aus Bild 7.12 zeigt deutlich, dass für einen Phasenrand von 60° die Durchtrittsfrequenz nach rechts verschoben werden muss, also die Verstärkung des PID-Reglers zunehmen muss. Der Phasenrand von 70° lässt eine Sprungantwort ohne Überschwingen vermuten, da die Durchtrittsfrequenz im Bereich −20 dB/Dekade liegt. Der multiplikative PID-Regler hat für den Frequenzgang die folgenden Parameter erhalten:

$$T_a = 3\,\text{s}, \quad T_b = 2\,\text{s} \quad \text{und} \quad K_{PR} = 1{,}8$$

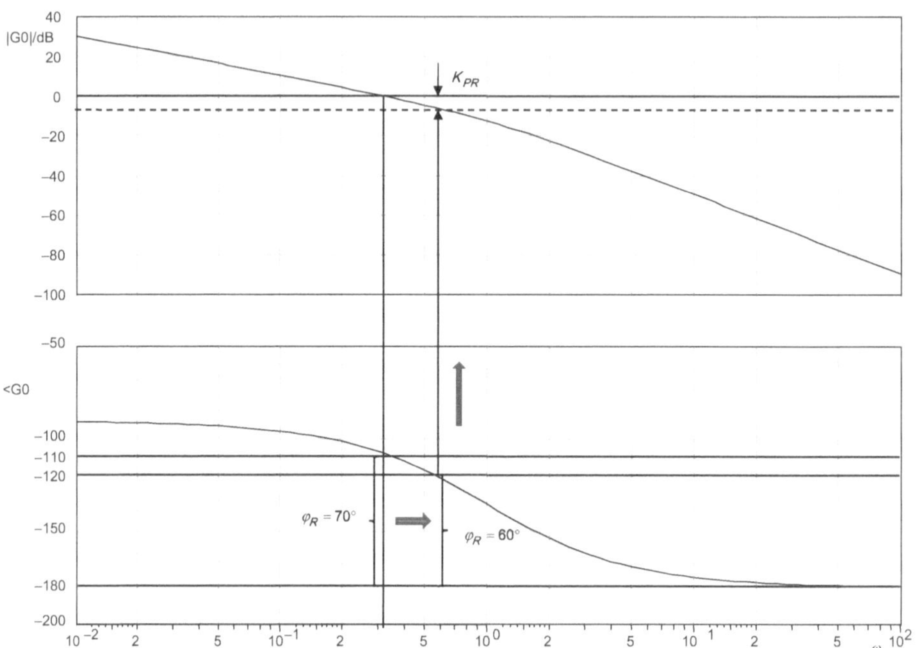

Bild 7.12 Frequenzgang mit PID-Regler und einem Verstärkungsfaktor $K_{PR} = 1$

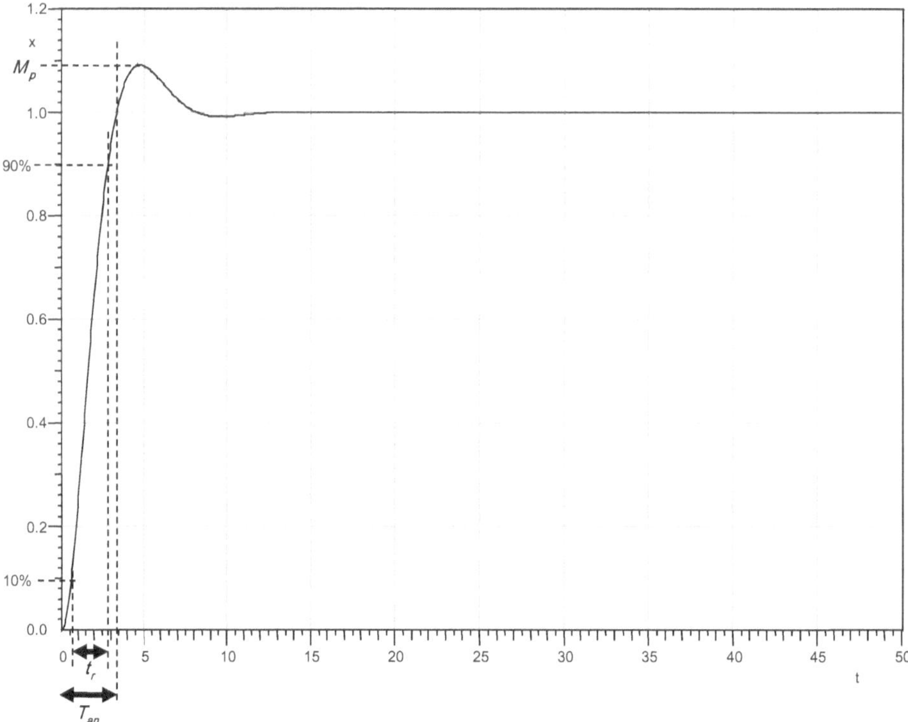

Bild 7.13 Sprungantwort für einen Phasenrand von 60°

Die Sprungantwort des PID-Reglers ist durch den D-Anteil bereits mit einem Phasenrand von 70° schneller als der PI-Regler. Für einen Phasenrand von 60° (Bild 7.13) ergeben sich folgende Werte:

$$T_{an} = \frac{\pi}{\left(2 - \frac{\varphi_R}{100°}\right) \cdot \omega_D} = \frac{\pi}{\left(2 - \frac{60°}{100°}\right) \cdot 0{,}53\,s^{-1}} = 4{,}23\,s$$

$$t_r = \frac{2{,}2}{1{,}6 \cdot \omega_D} = 2{,}6\,s$$

$$\text{mit } \omega_D = 0{,}53\,s^{-1}$$

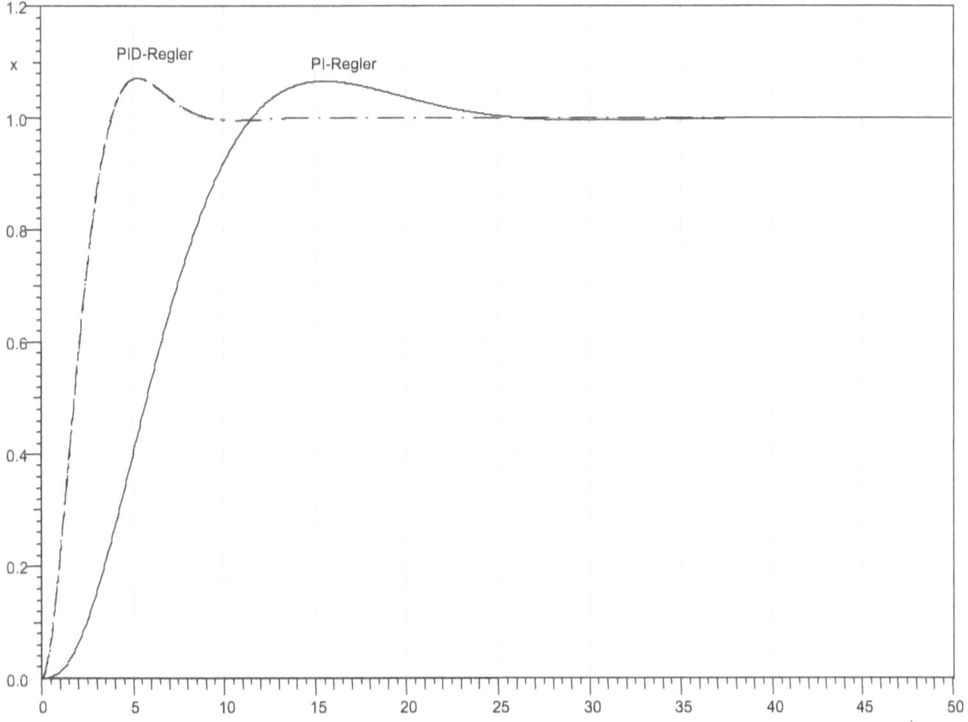

Bild 7.14 Sprungantworten für PI und PID im Vergeich

Die Überschwingweite liegt mit ca. 9 % im Rahmen und könnte durch einen größeren Phasenrand verkleinert werden. Es zeigt sich, dass der PID-Regler (Bild 7.14) deutlich schneller ist als der PI-Regler.

Aus dem Bild 7.12 wurde eine Verstärkung von $K_{PR} = 5{,}1$ dB abgelesen. Diese Verstärkung muss erst in einen linearen Wert gewandelt werden. Danach werden die Verstärkung wie auch die Zeitkonstanten mit den folgenden Formeln umgerechnet, um die Einstellparameter für den additiven PID-Regler zu erhalten.

Als Einstellparameter für den additiven PID-Regler ergeben sich:

Einstellregeln für den additiven PID-Regler

$$T_n = T_a + T_b \tag{7.4}$$

$$T_V = \frac{T_a \cdot T_b}{T_a + T_b} \tag{7.5}$$

$$K_P = K_{PR} \cdot \frac{T_a + T_b}{T_a} \tag{7.6}$$

■

$$T_n = 3\,s + 2\,s = 5\,s$$

$$T_V = \frac{3\,s \cdot 2\,s}{3\,s + 2\,s} = 1{,}2\,s$$

$$10^{\frac{5{,}1\,dB}{20\,dB}} = 1{,}8$$

$$K_P = 1{,}8 \cdot \frac{5\,s}{3\,s} = 3{,}0$$

7.2.3 Betragsoptimum

Ein Reglerentwurf nach dem Betragsoptimum garantiert ein gutes Führungsverhalten des Regelkreises. Für den Entwurf wird von einem Standardregelkreis (Bild 7.15) ausgegangen, d. h. die Messeinrichtung wird mit zur Strecke gerechnet. Es ist ein Verfahren, das sich in der Antriebstechnik bewährt hat. Bei diesen Regelkreisen wird ein gutes Führungsverhalten gefordert. Die Regelstrecke setzt sich aus Verzögerungsgliedern höherer Ordnung zusammen.

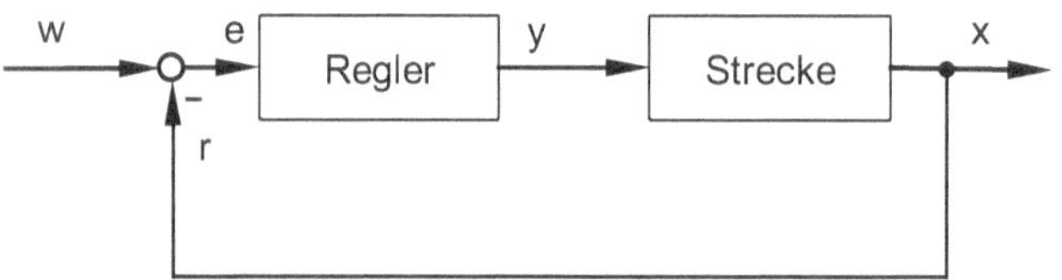

Bild 7.15 Standardregelkreis

Die Grundidee ist, dass der Amplitudengang $|G_W(j\omega)|$ der Führungsübertragungsfunktion möglichst lange in der Waagerechten an $|G_W(j\omega)| = 1$ verläuft. Ein ideale Übertragungsfunktion wäre gegeben, wenn $x = w$ für alle Frequenzen erreicht werden könnte. Der Vorteil dieses Verfahrens liegt darin, dass die Reglerparameter einfach bestimmt werden können.

Betragsoptimum

Das Betragsoptimum sollte eingesetzt werden, wenn ein gutes Führungsverhalten gefordert ist. Es hat kein gutes Störverhalten.

Für das Verfahren müssen die Zeitkonstanten der Strecke bekannt sein. ■

Für den Entwurf sollen zwei Grundtypen des offenen Regelkreises betrachtet werden:

Grundformen der Übertragungsfunktion des offenen Regelkreises

Typ 1:
$$G_0(s) = \frac{1}{s\,T_\mathrm{I}} \cdot \frac{K_\mathrm{S}}{1 + s\,T_\sigma} \tag{7.7}$$

Typ 2:
$$G_0(s) = \frac{K_\mathrm{R} \cdot K_\mathrm{S}}{(1 + s\,T_1) \cdot (1 + s\,T_\sigma)} \tag{7.8}$$
■

7.2.3.1 Ansatz des Betragsoptimums nach Typ 1

Die Vorgehensweise des Betragsoptimums für den 1. Typ ist wie folgt:

1. Schritt: Vereinfachung der Übertragungsfunktion

Die Voraussetzung für ein gutes Führungsverhalten ist, dass die Strecke aus einer Reihenschaltung von P-T_1-Gliedern besteht und einige Zeitkonstanten wesentlich größer sind als alle anderen. Unter Verwendung eines Reglers mit I-Anteil kann die Übertragungsfunktion des offenen Regelkreises dann durch Typ 1 beschrieben werden.

2. Schritt: Zeitkonstanten kompensieren

Die großen Zeitkonstanten der Strecke werden kompensiert. Ist nur eine Zeitkonstante größer als alle anderen, wird ein PI-Regler eingesetzt. Sind zwei große Zeitkonstanten in der Strecke vorhanden, kommt ein PID-Regler zum Einsatz. Die Übertragungsfunktion des offenen Regelkreises nach dem 1. Typ wird gewissermaßen erzwungen.

3. Schritt: Berechnen der Integrationszeitkonstanten

Die Integrationszeitkonstante wird nach der Optimierungsvorschrift berechnet.

$$T_\mathrm{I} = 2 \cdot T_\sigma \cdot K_\mathrm{S} \tag{7.9}$$

Mit dem Betragsoptimum wird eine feste Dämpfung $d = \frac{1}{\sqrt{2}}$ eingestellt, das bedeutet, dass damit auch der Phasenrand auf einen Wert von 63° eingestellt wird.

Aus dieser Einstellung ergeben sich folgende Werte:

Kenngrößen Betragsoptimum

Überschwingweite:	$x_m = 4{,}3\,\%$	
Anregelzeit:	$T_{an} = 3{,}33 \cdot T_0$	(7.10)
	oder	
	$T_{an} = 4{,}7 \cdot T_\sigma$	(7.11)
Ausregelzeit bei einem Toleranzbereich von 2 % vom Endwert:	$T_e = 6 \cdot T_0$	(7.12)
	oder	
	$T_e = 8{,}46 \cdot T_\sigma$	(7.13)
Ersatzzeitkonstante T_0 des geschlossenen Regelkreises:	$T_0 = \sqrt{2} \cdot T_\sigma$	(7.14)
Durchtrittsfrequenz:	$\omega_D = \dfrac{1}{1{,}55 \cdot T_0}$	

■

Beispiel 7.2: Einsatz eines PI-Reglers

Für eine Regelstrecke bestehend aus drei P-T_1-Gliedern soll nach dem Betragsoptimum ein Regler entworfen werden.

$$G_S(s) = \frac{1}{1+sT_1} \cdot \frac{1}{1+sT_2} \cdot \frac{K_S}{1+sT_3}$$

mit

$$T_1 = 0{,}1\,s, \quad T_2 = 0{,}02\,s, \quad T_3 = 0{,}005\,s \quad \text{und} \quad K_S = 0{,}3$$

Lösung 7.2

1. Schritt: Vereinfachung der Strecke

Die Strecke besteht aus einer großen und zwei kleinen Zeitkonstanten. Werden die beiden P-T_1-Glieder mit den kleinen Zeitkonstanten ausmultipliziert, wird ersichtlich, dass diese zu einer einzigen zusammengefasst werden können:

$$G_S(s) = \frac{1}{1+s0{,}1} \cdot \frac{1}{1+s0{,}02} \cdot \frac{0{,}3}{1+s0{,}005} = \frac{1}{1+s0{,}1} \cdot \frac{0{,}3}{1+s(0{,}02+0{,}005)+s^2(0{,}02 \cdot 0{,}005)}$$

Der Term mit der Multiplikation kann vernachlässigt werden, sodass allgemein gilt:

Summenzeitkonstante für alle kleinen Zeitkonstanten

$$T_\sigma = \sum_{i=2}^{n} T_i \tag{7.15}$$

Kleine Zeitkonstanten können zu einer einzigen Zeitkonstanten zusammengefasst werden.

■

Damit vereinfacht sich die Übertragungsfunktion der Strecke und mit einem PI-Regler ergibt sich die Übertragungsfunktion des offenen Regelkreises.

$$G_0(s) = K_\mathrm{R} \cdot \frac{1 + s\,T_n}{s\,T_n} \cdot \frac{K_\mathrm{S}}{(1 + s\,T_1) \cdot (1 + s\,T_\sigma)}$$

2. Schritt: Kompensieren der großen Zeitkonstanten

Für T_n wird T_1 gewählt und damit vereinfacht sich die Struktur noch weiter zu:

$$G_0(s) = K_\mathrm{R} \cdot \frac{1}{s\,T_1} \cdot \frac{K_\mathrm{S}}{1 + s\,T_\sigma}$$

3. Schritt: Berechnen der Reglerverstärkung

Mit den Werten der Regelstrecke ergeben sich dann folgende Werte:

$$T_\sigma = 0{,}02\,\mathrm{s} + 0{,}005\,\mathrm{s} = 0{,}025\,\mathrm{s}$$

$$T_\mathrm{I} = \frac{T_1}{K_\mathrm{R}} = 2 \cdot T_\sigma \cdot K_\mathrm{S} = 2 \cdot 0{,}025\,\mathrm{s} \cdot 0{,}3 = 0{,}015\,\mathrm{s}$$

$$K_\mathrm{R} = \frac{T_1}{2 \cdot T_\sigma \cdot K_\mathrm{S}} = \frac{0{,}1\,\mathrm{s}}{2 \cdot 0{,}025\,\mathrm{s} \cdot 0{,}3} = 6{,}67$$

Damit sind alle Parameter des PI-Reglers festgelegt. Die Sprungantwort bestätigt das Ergebnis.

Aus den Formeln (7.10) bis (7.14) lassen sich die wichtigen Kenngrößen der Sprungantwort (Bild 7.16) berechnen.

Anregelzeit

$$T_\mathrm{an} = 3{,}33 \cdot \sqrt{2} \cdot T_\sigma = 4{,}7 \cdot 0{,}025\,\mathrm{s} = 0{,}12\,\mathrm{s}$$

Ausregelzeit mit einem Toleranzbereich von 2 %

$$T_\mathrm{aus} = 6 \cdot \sqrt{2} \cdot T_\sigma = 8{,}46 \cdot 0{,}025\,\mathrm{s} = 0{,}21\,\mathrm{s}$$

Durchtrittsfrequenz

$$\omega_\mathrm{D} = \frac{1}{1{,}55 \cdot T_0} = \frac{1}{1{,}55 \cdot 0{,}035\,\mathrm{s}} = 18{,}24\,\mathrm{s}^{-1}$$

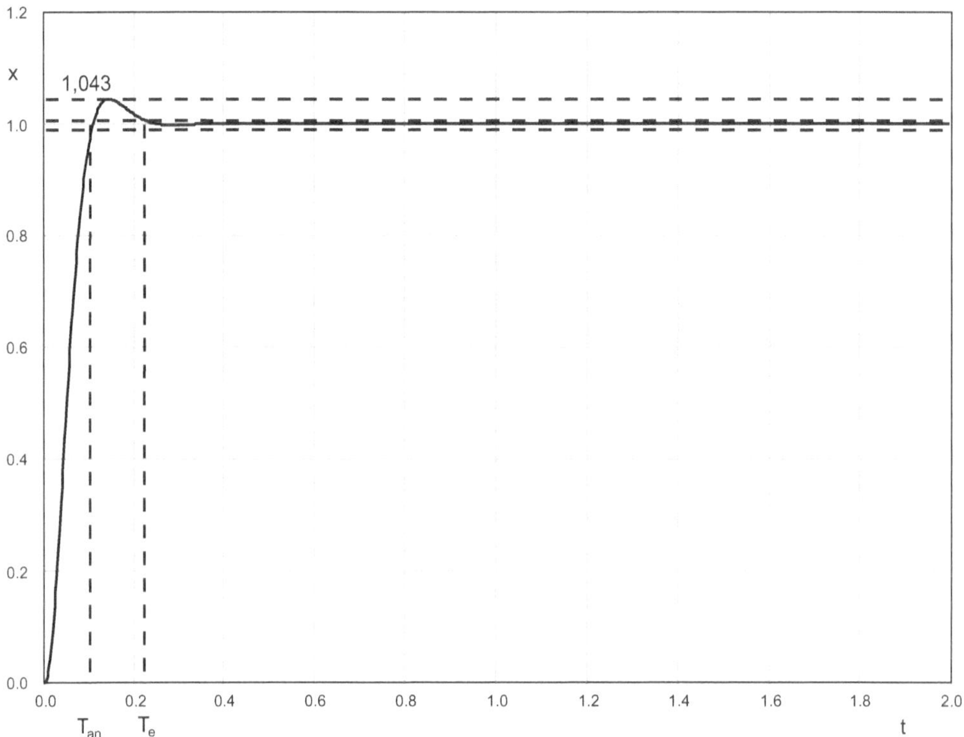

Bild 7.16 Sprungantwort Betragsoptimum (Einsatz eines PI-Reglers)

Einstellregeln für einen PI-Regler

$K_R = \dfrac{T_1}{2 \cdot T_\sigma \cdot K_S}$ Verstärkung des PI-Reglers

$T_n = T_1$ T_n des PI-Reglers wird gleich T_1 der Strecke gesetzt

Beispiel 7.3: Einsatz eines PID-Reglers

Für eine Regelstrecke bestehend aus vier P-T_1-Gliedern soll nach dem Betragsoptimum ein Regler entworfen werden.

$$G_S(s) = \frac{1}{1+sT_1} \cdot \frac{1}{1+sT_2} \cdot \frac{K_S}{1+sT_3} \cdot \frac{1}{1+sT_4}$$

mit

$$T_1 = 0{,}2\,\text{s}, \quad T_2 = 0{,}1\,\text{s}, \quad T_3 = 0{,}025\,\text{s}, \quad T_4 = 0{,}006\,\text{s} \quad \text{und} \quad K_S = 0{,}3$$

Lösung 7.3

Die Strecke besteht aus zwei großen und zwei kleinen Zeitkonstanten. Die zwei kleinen Zeitkonstanten können wieder zu einer Zeitkonstanten zusammengefasst werden:

$$T_\sigma = T_3 + T_4 = 0{,}025\,\text{s} + 0{,}006\,\text{s} = 0{,}031\,\text{s}$$

Damit vereinfacht sich die Übertragungsfunktion der Strecke. Mit einem PID-Regler ergibt sich die Übertragungsfunktion des offenen Regelkreises.

$$G_0(s) = K_\text{R} \cdot \frac{(1 + s\,T_\text{a}) \cdot (1 + s\,T_\text{b})}{s\,T_\text{a}} \cdot \frac{K_\text{S}}{(1 + s\,T_1) \cdot (1 + s\,T_2) \cdot (1 + s\,T_\sigma)}$$

Für T_a wird T_1 und für T_b wird T_2 gewählt und damit vereinfacht sich die Struktur wieder zu einem Integrierglied in Reihe mit einem P-T_1-Glied:

$$G_0(s) = K_\text{R} \cdot \frac{1}{s\,T_1} \cdot \frac{K_\text{S}}{1 + s\,T_\sigma}$$

mit Gleichung (7.9)

$$T_\text{I} = \frac{T_1}{K_\text{R}} = 2 \cdot T_\sigma \cdot K_\text{S} = 2 \cdot 0{,}031\,\text{s} \cdot 0{,}3 = 0{,}0186\,\text{s}$$

$$K_\text{R} = \frac{T_1}{2 \cdot T_\sigma \cdot K_\text{S}} = \frac{0{,}2\,\text{s}}{0{,}0186\,\text{s}} = 10{,}75$$

Die Einstellparameter des additiven PID-Reglers ergeben sich wieder nach den Formeln (7.4) bis (7.6).

$$T_n = T_\text{a} + T_\text{b} = 0{,}2\,\text{s} + 0{,}1\,\text{s} = 0{,}3\,\text{s}$$

$$T_\text{V} = \frac{T_\text{a} \cdot T_\text{b}}{T_\text{a} + T_\text{b}} = 0{,}0667\,\text{s}$$

$$K_\text{PR} = K_\text{R} \cdot \frac{T_\text{a} + T_\text{b}}{T_\text{a}} = 10{,}75 \cdot \frac{0{,}3\,\text{s}}{0{,}2\,\text{s}} = 16{,}128$$

Es ergeben sich

Anregelzeit

$$T_\text{an} = 3{,}33 \cdot \sqrt{2} \cdot T_\sigma = 4{,}7 \cdot 0{,}031\,\text{s} = 0{,}146\,\text{s}$$

Ausregelzeit mit einem Toleranzbereich von 2 % (Bild 7.17)

$$T_\text{aus} = 6 \cdot \sqrt{2} \cdot T_\sigma = 8{,}46 \cdot 0{,}031\,\text{s} = 0{,}26\,\text{s}$$

■

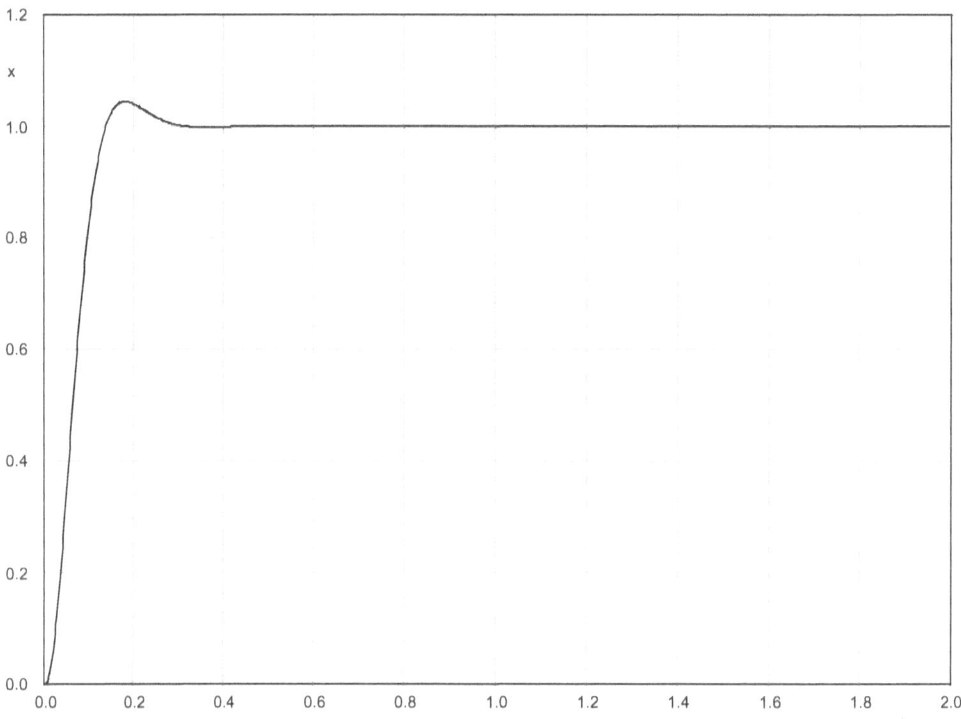

Bild 7.17 Sprungantwort Betragsoptimum (Einsatz eines PID-Reglers)

Einstellregeln für einen multiplikativen PID-Regler

$$K_R = \frac{T_1}{2 \cdot T_\sigma \cdot K_S} \quad \text{Verstärkung des PID-Reglers}$$

$$T_a = T_1, \quad T_b = T_2$$

Die Zeitkonstanten werden entsprechend zur Strecke gewählt.

Einstellregeln für einen additiven PID-Regler

$$T_n = T_a + T_b$$

$$T_V = \frac{T_a \cdot T_b}{T_a + T_b}$$

$$K_{PR} = K_R \cdot \frac{T_a + T_b}{T_a}$$

■

Auswahl des Reglers

Der Einsatz der Regler richtet sich nach der Anzahl der großen Zeitkonstanten der Strecke:

- eine große Zeitkonstante PI-Regler
- zwei große Zeitkonstanten PID-Regler

Totzeitglieder

Bei dem Entwurf nach dem Betragsoptimum ist zu beachten, dass Totzeitglieder nicht kompensiert werden können. Allenfalls kann die Totzeitkonstante zu der Summenzeitkonstanten T_σ gerechnet werden.

7.2.3.2 Ansatz des Betragsoptimums nach Typ 2

Das Betragsoptimum lässt sich auch für den Typ 2 einsetzen. Der Ansatz für den Typ 2 verfolgt wie bei dem Ansatz für Typ 1 das Ziel, einen möglichst langen waagerechten Verlauf des Betragsgangs an der 0 dB-Linie zu erreichen. Dabei wird ebenfalls für die Führungsübertragungsfunktion $G_W(s)$ eine Dämpfung von $d = \frac{1}{\sqrt{2}}$ eingestellt.

Die Übertragungsfunktion des offenen Regelkreises enthält kein I-Glied:

Übertragungsfunktion Typ 2

$$G_0(s) = \frac{K_R \cdot K_S}{(1 + s\,T_1) \cdot (1 + s\,T_\sigma)}$$

Mit dieser Dämpfung beträgt die Überschwingweite automatisch maximal 4 %. Der Nachteil des 2. Typs ist natürlich, dass sich ein Regelfehler ergibt, der nur durch eine große Verstärkung klein gehalten werden kann, aber nie ganz verschwindet.

Die Verstärkung für den Regelkreis muss lauten:

Einstellregel für einen P-Regler

$$K_R = \frac{T_1^2 + T_\sigma^2}{2 \cdot T_1 \cdot T_\sigma \cdot K_S} \tag{7.16}$$

Beispiel 7.4

Es ist eine Regelstrecke mit den Zeitkonstanten $T_1 = 0{,}1\,\text{s}$, $T_2 = 0{,}02\,\text{s}$, $T_3 = 0{,}03\,\text{s}$ und $K_S = 0{,}3$ gegeben. Es soll ein P-Regler zum Einsatz kommen. Der Regler soll nach dem Betragsoptimum entworfen werden.

Lösung 7.4

1. Schritt: Vereinfachung der Übertragungsfunktion

Die kleinen Zeitkonstanten T_2 und T_3 werden zu einer Zeitkonstanten zusammengefasst.

$$G_0(s) = \frac{K_R \cdot K_S}{(1 + s\,T_1) \cdot (1 + s\,T_\sigma)} = \frac{K_R \cdot 0{,}3}{(1 + s\,0{,}1) \cdot (1 + s\,0{,}05)}$$

2. Schritt: Berechnung der Reglerverstärkung

$$K_R = \frac{T_1^2 + T_\sigma^2}{2 \cdot T_1 \cdot T_\sigma \cdot K_S} = \frac{(0{,}1\,\text{s})^2 + (0{,}05\,\text{s})^2}{2 \cdot 0{,}1\,\text{s} \cdot 0{,}05\,\text{s} \cdot 0{,}3} = 4{,}16$$

Mit einem Einheitssprung ergibt sich folgende Übergangsfunktion.

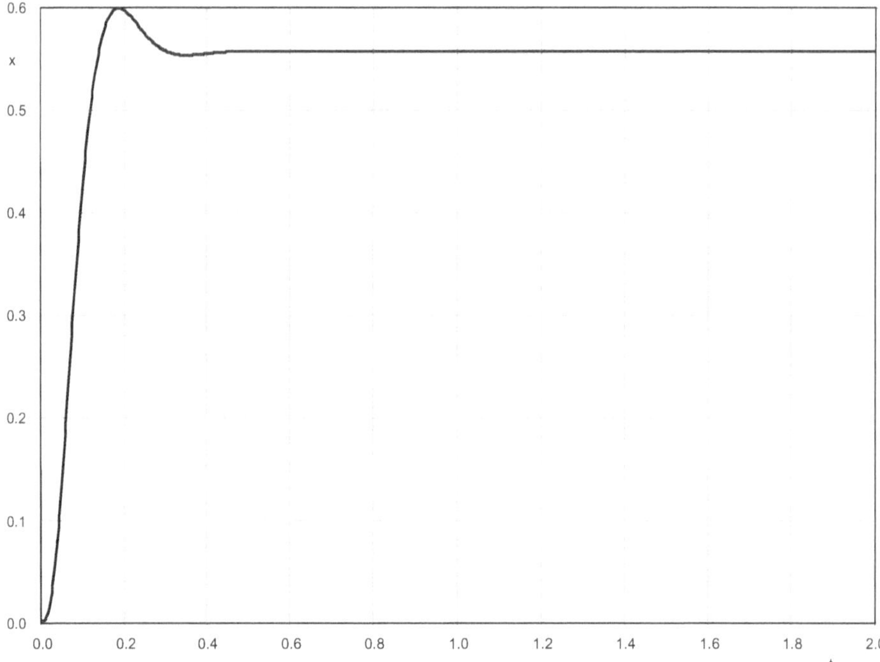

Bild 7.18 Sprungantwort nach dem Betragsoptimum mit einem P-Regler für $w = 1$

Durch das Zusammenfassen der kleinen Zeitkonstanten ergibt sich bei dem Entwurf eine leichte Überhöhung der Sprungantwort über 4,3 % von dem Endwert. Durch das fehlende I-Glied entsteht ein Regelfehler. ■

7.2.4 Allgemeine Optimierung nach dem Dämpfungsgrad

Zwischen dem offenen Regelkreis und dem geschlossenen Regelkreis bestehen für einfache Regelkreise eindeutige Beziehungen, die durch die Dämpfung bestimmt werden. Einige dieser Beziehungen sind als Grafiken dargestellt.

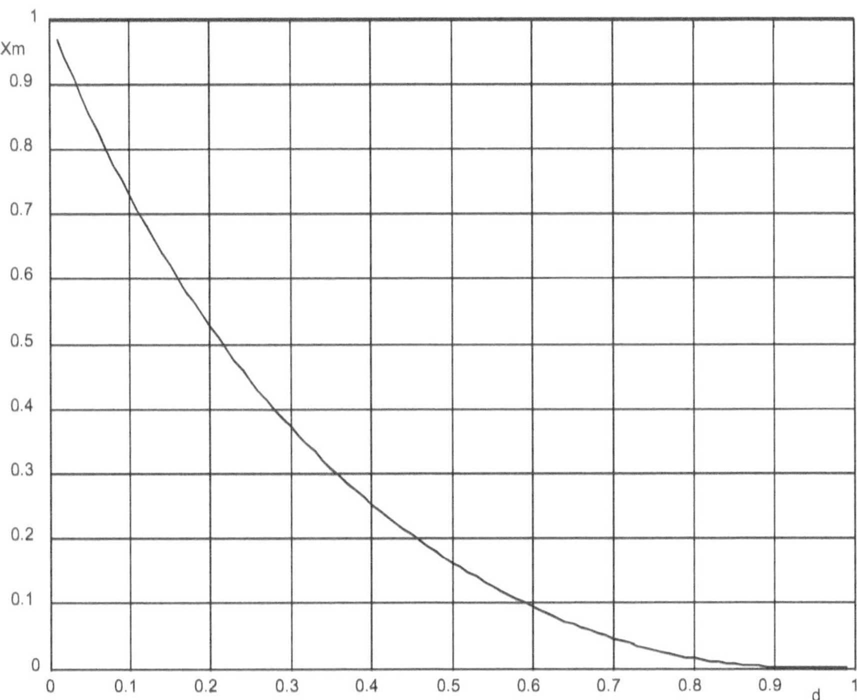

Bild 7.19 Überschwingweite der Sprungantwort in Abhängigkeit von der Dämpfung *d*

Tabelle 7.3 Zusammenhang Dämpfung, Phasenrand und Durchtrittsfrequenz ω_D, Typ 1

Dämpfung d	$\frac{\omega_0}{\omega_D}$	Phasenrand φ_R
0,1	1,0100	11,42
0,2	1,0408	22,62
0,3	1,0937	33,27
0,4	1,1724	43,12
0,5	1,2720	51,83
0,6	1,3972	59,19
0,7	1,5428	65,16
0,8	1,7042	69,86
0,9	1,8772	73,51
1	2,0582	76,35

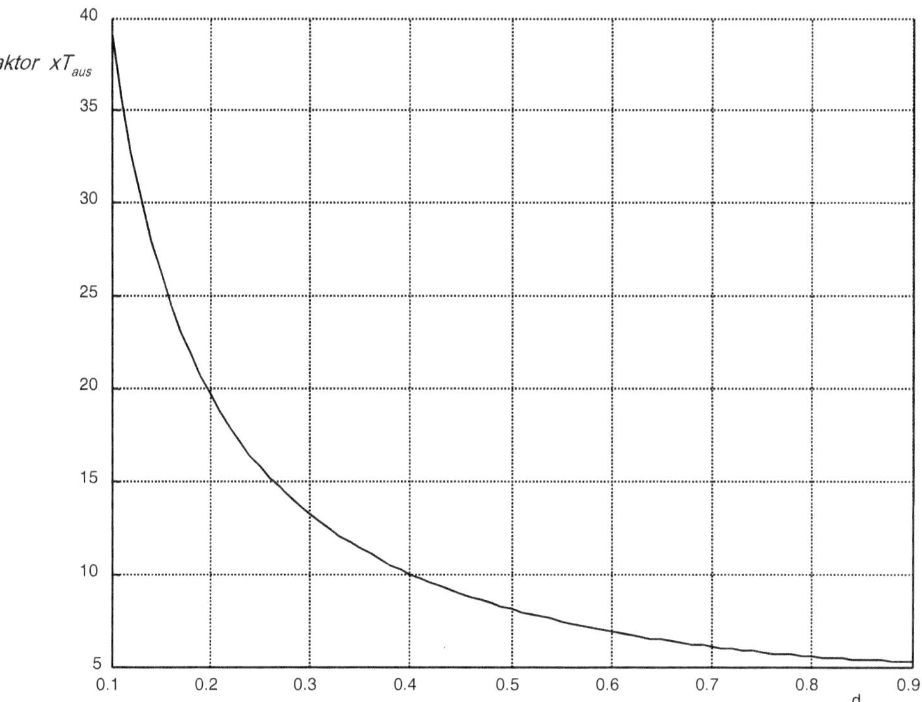

Bild 7.20 Faktor für die Ausregelzeit in Abhängigkeit von der Dämpfung

Die Ausregelzeit errechnet sich mithilfe der Grafik und der Zeitkonstanten T_0 wie folgt:

$$T_{\text{aus}} = xT_{\text{aus}} \cdot T_0 \tag{7.17}$$

Die Anregelzeit kann mit der Grafik und der folgenden Formel berechnet werden:

$$T_{\text{an}} = xT_{\text{an}} \cdot T_0 \tag{7.18}$$

Die Reglerbestimmung soll anhand eines Beispiels erläutert und diskutiert werden.

Beispiel 7.5

Für eine Regelstrecke bestehend aus drei P-T_1-Gliedern soll mithilfe des Dämpfungsgrades ein PI-Regler entworfen werden. Die Sprungantwort soll maximal 25 % überschwingen.

$$G_S(s) = \frac{1}{1+sT_1} \cdot \frac{1}{1+sT_2} \cdot \frac{K_S}{1+sT_3}$$

mit $T_1 = 0{,}1\,\text{s}$, $T_2 = 0{,}02\,\text{s}$, $T_3 = 0{,}005\,\text{s}$ und $K_S = 0{,}3$

Lösung 7.5

Die Herangehensweise gleicht in den Grundzügen dem Verfahren zum Betragsoptimum. Beim Betragsoptimum wird ein Dämpfungsgrad von $d = 0{,}707$ eingestellt. Bei diesem Verfahren wird von einem beliebigen Dämpfungsgrad zwischen 0 und 1 ausgegangen.

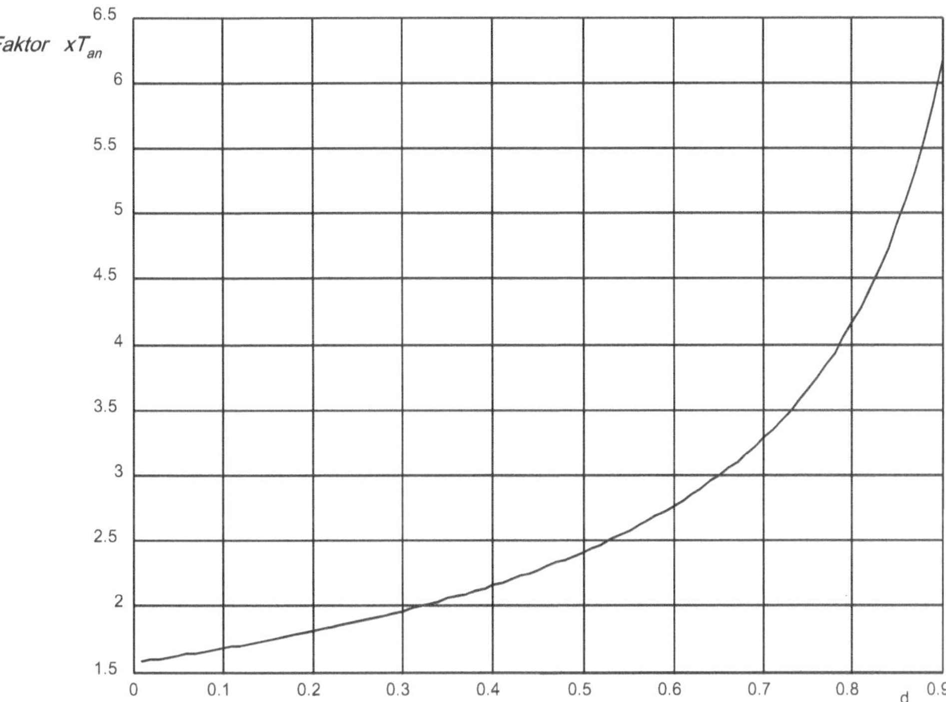

Bild 7.21 Faktor für die Anregelzeit in Abhängigkeit von der Dämpfung

1. Schritt: Dämpfungsgrad aus dem Bild 7.19 ablesen.

Für ein maximales Überschwingen von 25 % wird eine Dämpfung $d = 0{,}4$ abgelesen.

2. Schritt: Erstellen der Übertragungsfunktion für den offenen Regelkreis

Mit dem PI-Regler wird die größte Zeitkonstante kompensiert. T_n wird gleich $T_1 = 0{,}1\,\text{s}$ gesetzt. Die beiden kleinen Zeitkonstanten können zu einer zusammengefasst werden:

$$T_\sigma = 0{,}02\,\text{s} + 0{,}005\,\text{s} = 0{,}025\,\text{s}$$

Die Übertragungsfunktion des offenen Regelkreises lautet:

$$G_0(s) = \frac{K_{\text{PR}} \cdot K_{\text{S}}}{sT_1 \cdot (1 + sT_\sigma)} = \frac{1}{sT_{\text{I}} \cdot (1 + sT_\sigma)} \tag{7.19}$$

mit

$$T_{\text{I}} = \frac{T_1}{K_{\text{PR}} \cdot K_{\text{S}}}$$

Die Gleichung (7.19) entspricht dem 1. Typ Gleichung (7.7).

3. Schritt: Berechnung der Integrationszeitkonstanten T_{I}

Aus dem Bild 7.19 wird für ein Überschwingen von 25 % ein Dämpfungsfaktor $d = 0{,}4$ abgelesen.

$$T_{\text{I}} = (2 \cdot d)^2 \cdot T_\sigma = (2 \cdot 0{,}4)^2 \cdot 0{,}025\,\text{s} = 0{,}016\,\text{s}$$

4. Schritt: Berechnung der Kreisfrequenz ω_0 mit $d = 0{,}4$

$$T_0 = 2 \cdot d \cdot T_\sigma = 2 \cdot 0{,}4 \cdot 0{,}025\,\text{s} = 0{,}02\,\text{s}$$

$$\omega_0 = \frac{1}{T_0} = 50\,\text{s}^{-1}$$

5. Schritt: Berechnung der Durchtrittsfrequenz ω_D (Faktor ablesen aus der Tabelle 7.3, ω_D bei $d = 0{,}4$)

$$\omega_D = \frac{1}{1{,}1724} \cdot \omega_0 = \frac{1}{1{,}1724} \cdot 50\,\text{s}^{-1} = 42{,}6\,\text{s}^{-1}$$

6. Schritt: Bestimmen der Ausregelzeit und der Anregelzeit

Die Faktoren werden aus den Abbildungen Bild 7.20 und Bild 7.21 abgelesen.

$$T_{\text{aus}} = xT_{\text{aus}} \cdot T_0 = 10 \cdot 0{,}02\,\text{s} = 0{,}2\,\text{s}$$

$$T_{\text{an}} = xT_{\text{an}} \cdot T_0 = 2{,}2 \cdot 0{,}02\,\text{s} = 0{,}044\,\text{s}$$

7. Schritt: Berechnung der Verstärkung des Reglers K_{PR}

$$K_{PR} = \frac{T_1}{T_I \cdot K_S} = \frac{0{,}1\,\text{s}}{0{,}016\,\text{s} \cdot 0{,}3} = 20{,}88$$

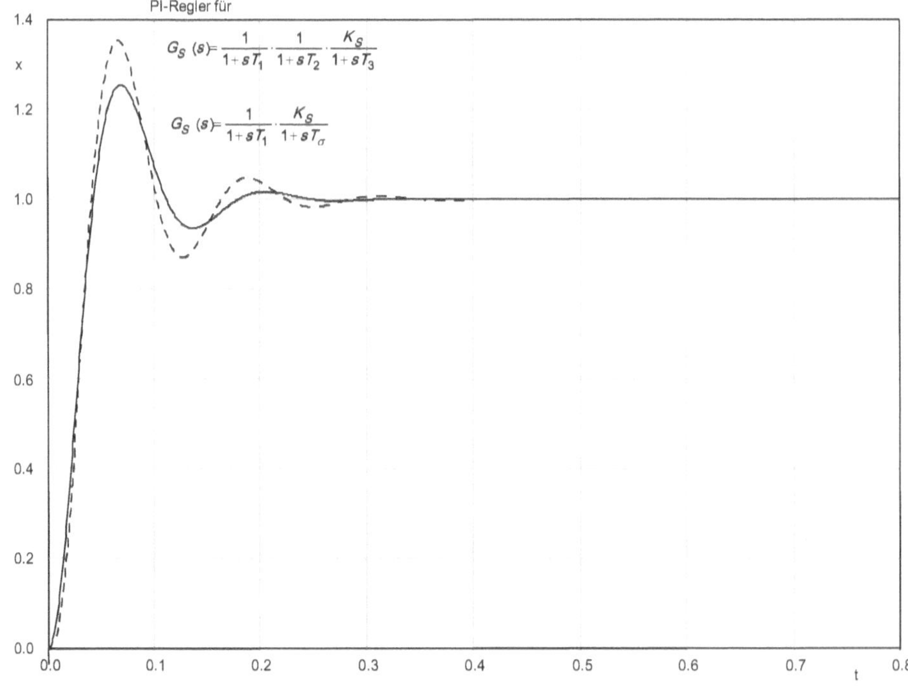

Bild 7.22 Vergleich: Typ 1 und Beispiel 7.5

Das Bild 7.22 zeigt die Simulation von zwei Sprungantworten im Vergleich. Bei der gestrichelten Sprungantwort wurde mit dem entworfenen PI-Regler und der Strecke im Beispiel 7.5 simuliert. Bei der durchgezogenen Kennlinie wurde die Strecke mit den zusammengefassten Zeitkonstanten simuliert. Das Ergebnis stellt sehr gut dar, dass die Zusammenfassung der Zeitkonstanten eine abweichende Sprungantwort ergibt. Dies muss bei einem Entwurf berücksichtigt werden. ■

Formeln für die Reglerbestimmung

Integrationszeitkonstante $$T_\mathrm{I} = (2 \cdot d)^2 \cdot T_\sigma \tag{7.20}$$

Zeitkonstante des geschlossenen Regelkreises $$T_0 = 2 \cdot d \cdot T_\sigma \tag{7.21}$$

Verstärkung des Reglers $$K_\mathrm{PR} = \frac{T_1}{T_\mathrm{I} \cdot K_\mathrm{S}} \tag{7.22}$$

■

7.2.5 Reglerentwurf nach dem Betragsoptimum für Prozessstrecken[1]

Bei dem bisherigen Verfahren der Optimierung wurde davon ausgegangen, dass die Zeitkonstanten der Strecke, also des Prozesses bekannt sind und der Regler daraufhin optimiert werden kann. In der Regel werden Prozessparameter über Messungen bestimmt. Im Kapitel 4 werden verschiedene Verfahren vorgestellt, um Strecken höherer Ordnung mit einer Zeitkonstanten zu beschreiben. Ein Verfahren zur Prozessidentifikation ist das Zeit-Prozent-Verfahren. Es wird davon ausgegangen, dass der Prozess mit der folgenden Übertragungsfunktion beschrieben werden kann:

$$G_\mathrm{S}(s) = K_\mathrm{S} \cdot \frac{1}{(1 + s\,T)^n}$$

In dieser Gleichung müssen drei Parameter bestimmt werden, um das Übertragungsverhalten zu beschreiben. Ausgangspunkt ist die Aufnahme einer Sprungantwort. Die Verstärkung K_S lässt sich durch Messungen von Ein- und Ausgangsgrößen bestimmen.

$$K_\mathrm{S} = \frac{x_2 - x_1}{y_2 - y_1}$$

Die Ordnung der Strecke und die Ersatzzeitkonstante werden nach dem Zeit-Prozent-Verfahren ermittelt. Mit der folgenden Tabelle können dann die Reglereinstellungen für einen PI- und einen PID-Regler vorgenommen werden. Die Regleroptimierung erfolgt nach dem Betragsoptimum.

Die Einstellparameter gelten für Strecken mit einer Ordnung größer als zwei.

[1] *Hans-Peter Preuß*: Robuste Adaption von Prozeßreglern, atp 33 (1991)

Tabelle 7.4 Einstellregeln nach dem Betragsoptimum für P-T_n-Strecken ab der Ordnung zwei

Strecke $G_S(s) = K_S \cdot \frac{1}{(1+s\,T)^n}$	Verstärkung K_P	Nachstellzeit T_n	Verzugszeit T_V
PI-Regler $G_R(s) = K_{PR} \cdot \frac{(1+s\,T_n)}{s\,T_n}$	$\frac{1}{4\,K_S} \cdot \frac{n+2}{n-1}$	$\frac{T}{3} \cdot (n+2)$	–
PID-Regler $G_R(s) = K_{PR} \cdot (1 + \frac{1}{s\,T_n} + s\,T_V)$	$\frac{1}{16\,K_S} \cdot \frac{7\,n+16}{n-2}$	$\frac{T}{15} \cdot (7\,n+16)$	$T \cdot \frac{n^2+4\,n+3}{7\,n+16}$

Das Verfahren soll anhand eines Beispiels erläutert werden.

Beispiel 7.6

Das Zeit-Prozent-Verfahren hat folgende Werte für eine Strecke ergeben:

$$K_S = 0{,}5\,, \quad n = 3\,, \quad T = 6{,}8\,\mathrm{s}$$

Es soll ein PI-Regler und ein PID-Regler entworfen werden.

Lösung 7.6

Die Übertragungsfunktion lautet somit:

$$G_S(s) = 0{,}5 \cdot \frac{1}{(1+s\,6{,}8)^3}$$

Als Regler soll ein PI-Regler eingesetzt werden. Die Optimierungsvorschrift ergibt dann die Einstellparameter:

$$K_{PR} = \frac{1}{4\,K_S} \cdot \frac{n+2}{n-1} = \frac{1}{4 \cdot 0{,}5} \cdot \frac{3+2}{3-1} = 1{,}25$$

$$T_n = \frac{T}{3} \cdot (n+2) = \frac{6{,}8\,\mathrm{s}}{3} \cdot (3+2) = 11{,}33\,\mathrm{s}$$

Für einen PID-Regler ergeben sich die Einstellparameter wie folgt:

$$K_{PR} = \frac{1}{16\,K_S} \cdot \frac{7\,n+16}{n-2} = \frac{1}{16 \cdot 0{,}5} \cdot \frac{7 \cdot 3+16}{3-2} = 4{,}625$$

$$T_n = \frac{T}{15} \cdot (7\,n+16) = \frac{6{,}8\,\mathrm{s}}{15} \cdot (7 \cdot 3+16) = 16{,}77\,\mathrm{s}$$

$$T_V = T \cdot \frac{n^2+4\,n+3}{7\,n+16} = 6{,}8\,\mathrm{s} \cdot \frac{3^2+4 \cdot 3+3}{7 \cdot 3+16} = 4{,}41\,\mathrm{s}$$

Der Vergleich der beiden Sprungantworten (Bild 7.23) mit den PI- und PID-Reglern zeigt grundsätzlich ein gutes Führungsübertragungsverhalten mit geringem Überschwingen. Der PID-Regler weist eine schnellere Anregelzeit auf.

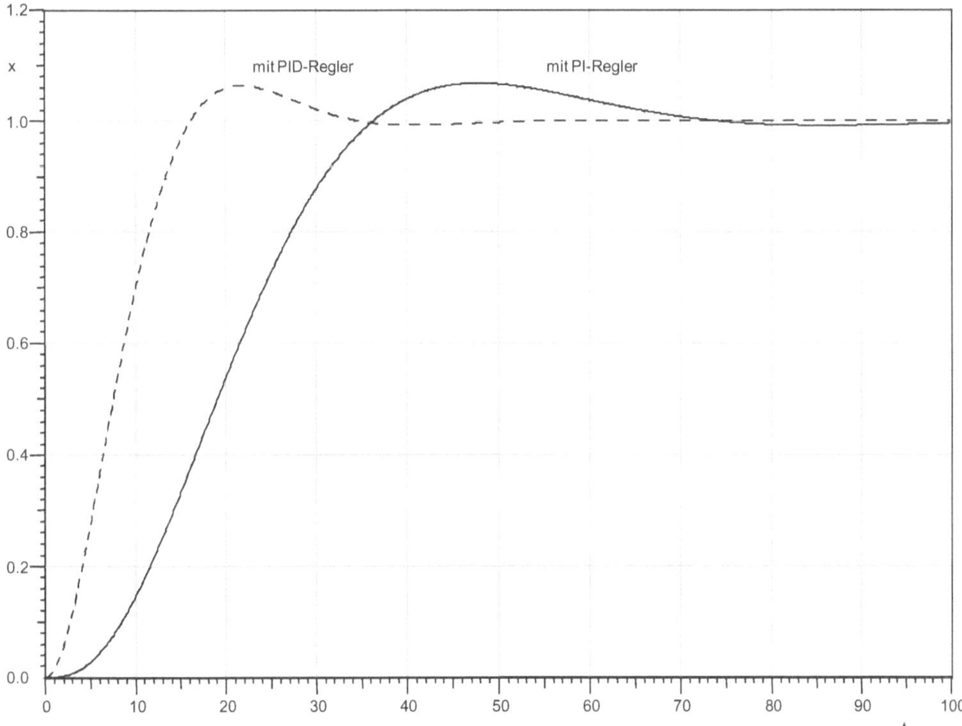

Bild 7.23 Sprungantworten nach dem Betragsoptimum für Prozesse

■

7.2.6 Symmetrisches Optimum[2]

Das Betragsoptimum ist von zwei Grundtypen der Übertragungsfunktion des offenen Regelkreises ausgegangen. Die Strecke bestand aus einer Reihenschaltung von P-T_1-Gliedern. Die größeren Zeitkonstanten wurden durch einen PI- oder einen PID-Regler kompensiert. Das symmetrische Optimum geht von einem anderen Übertragungstypen aus. Hier wird ein I-Glied in der Strecke angenommen. Ein zusätzlicher I-Anteil im Regler würde eine grundsätzliche Phasenverschiebung von 180° erzeugen. Die Gefahr der Instabilität ist somit fast vorgegeben. Für ein gutes Führungsübertragungsverhalten würde sich also ein P-Regler anbieten. Bei dem symmetrischen Optimum wird aber trotzdem ein PI-Regler eingesetzt und die entsprechenden Parameter werden so berechnet, dass bei der Durchtrittsfrequenz eine ausreichende Phasenverschiebung entsteht. Das Maximum der Phasenreserve entsteht genau bei der Durchtrittsfrequenz ω_D. Im Bode-Diagramm entsteht ein symmetrischer Verlauf um die Durchtrittsfrequenz. Das Verfahren soll schrittweise erläutert werden. Der Grundtyp des offenen Regelkreises sieht wie folgt aus:

---

[2] *Kessler, C.*: Das Symmetrische Optimum. Teil I und Teil II. Regelungstechnik 6 (1958)

Die Strecke enthält ein I-Glied und ein P-T_1-Glied

$$G_0(s) = K_R \frac{1 + s\,T_n}{s\,T_n} \cdot \frac{K_S}{s\,T_I \cdot (1 + s\,T_\sigma)} \tag{7.23}$$

Als Regler wird ein PI-Regler eingesetzt. Die Zeitkonstante wird nach folgender Formel berechnet:

Einstellvorschrift für die Nachstellzeitkonstante des PI-Reglers:

$$T_n = 4 \cdot T_\sigma \tag{7.24}$$

Die Zeitkonstante der Strecke T_σ wird nicht durch den Regler kompensiert. Die Nachstellzeitkonstante wird viermal größer gewählt. Der Verstärkungsfaktor wird nach folgender Optimierungsvorschrift berechnet:

Einstellvorschrift für den Verstärkungsfaktor des PI-Reglers:

$$K_R = \frac{T_I}{2 \cdot T_\sigma \cdot K_S} \tag{7.25}$$

Mit den eingesetzten Werten ergibt sich die Übertragungsfunktion für den symmetrisch optimierten Regelkreis zu:

$$G_0(s) = \frac{1}{2\,T_\sigma} \cdot \frac{1 + s4\,T_\sigma}{s^2 4\,T_\sigma \cdot (1 + s\,T_\sigma)} \tag{7.26}$$

Der Verlauf des Bode-Diagramms im Bild 7.25 hat dem Verfahren auch den Namen gegeben. Die Steigung von −40 dB/Dek. im unteren Frequenzbereich wird durch die beiden I-Glieder erzeugt. Damit verbunden ist auch die Phasenverschiebung von −180°. Mit dem Term $(1 + s4\,T_\sigma)$ im Zähler Gleichung (7.26) wird die Phase im mittleren Frequenzbereich angehoben. Gleichzeitig nimmt auch die Steigung im mittleren Frequenzbereich auf ca. −20 dB/Dek. ab. Mit der Anhebung wird ein maximaler Phasenrand von $\varphi_R = 37°$ erreicht. In dem oberen Frequenzbereich wird die Phase durch den Term $(1 + s\,T_\sigma)$ im Nenner wieder abgesenkt. Die Steigung wird wieder auf −40 dB/Dek. vergrößert. Eine Phasenreserve von nur 37° bedeutet, dass sich für die Sprungantwort (Bild 7.26) der Führungsübertragungsfunktion ein großer Wert für die Überschwingweite ergeben wird. Die Überschwingweite stellt sich auf $x_m = 43\,\%$ des Endwertes ein.

Für ein zusätzliches gutes Führungsverhalten muss ein Vorfilter wie im Bild 7.24 realisiert werden.

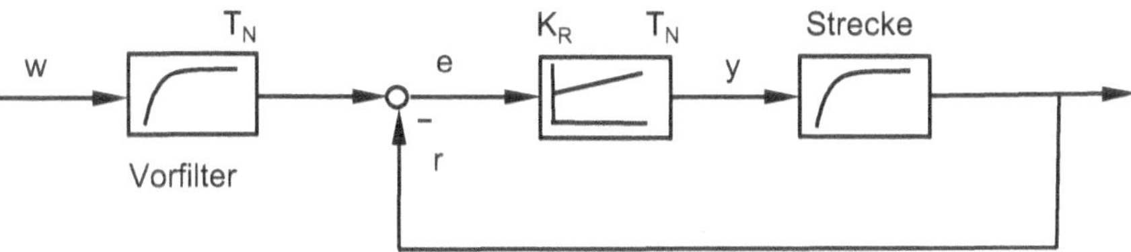

Bild 7.24 Vorfilter

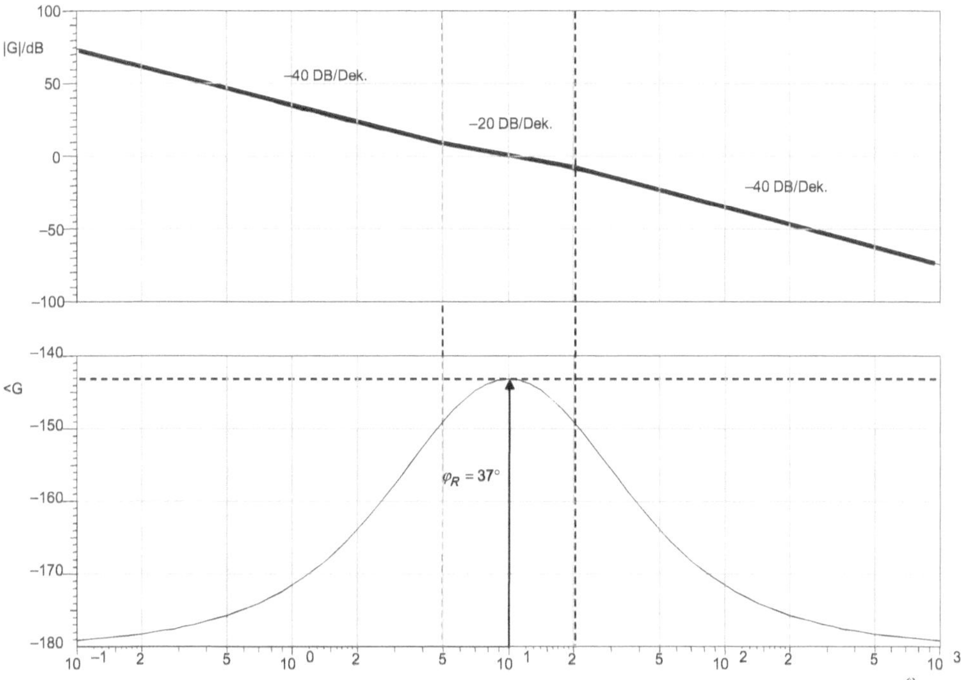

Bild 7.25 Symmetrisches Optimum

Enthält die Strecke statt des I-Gliedes ein P-T_1-Glied wie folgt

$$G_0(s) = K_R \frac{1 + s\,T_n}{s\,T_n} \cdot \frac{K_S}{(1 + s\,T_1) \cdot (1 + s\,T_\sigma)}$$

kann unter der Bedingung $T_1 > 4 \cdot T_\sigma$ das P-T_1-Glied wie ein I-Glied betrachtet werden.

$$\frac{1}{1 + sT_1} \approx \frac{1}{sT_1}$$

Für zwei große Zeitkonstanten in der Strecke wird ein PID-Regler eingesetzt. Die Übertragungsfunktion des offenen Regelkreises ergibt sich zu:

$$G_0(s) = K_R \frac{(1 + s\,T_a) \cdot (1 + s\,T_b)}{s\,T_a} \cdot \frac{K_S}{(1 + s\,T_1) \cdot (1 + s\,T_2) \cdot (1 + s\,T_\sigma)}$$

Unter Einhaltung der Bedingung $T_1 + T_2 > 16\,T_\sigma$ können die Einstellparameter für den PID-Regler berechnet werden:

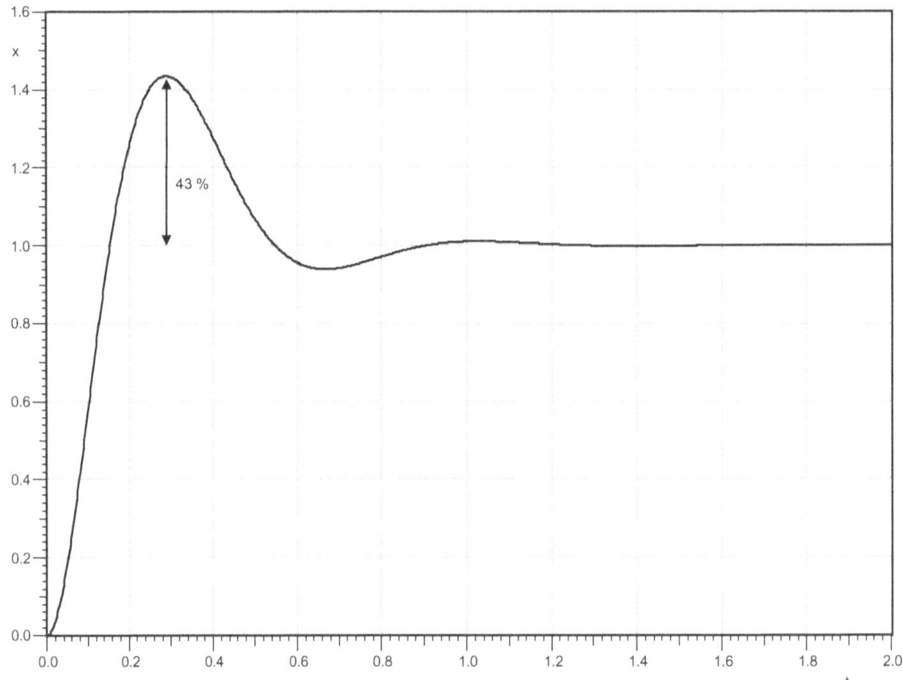

Bild 7.26 Sprungantwort der Führungsübertragungsfunktion (symmetrisches Optimum)

Einstellregeln für einen PID-Regler

Zeitkonstanten T_a und T_b $$T_a = T_b = 8\ T_\sigma \tag{7.27}$$

Verstärkungsfaktor $$K_R = \frac{T_1 \cdot T_2}{16\, K_S\, T_\sigma^2} \tag{7.28}$$

Einstellregel für die Verstärkung K_{PR} $$K_{PR} = \frac{T_1 \cdot T_2}{8\, K_S\, T_\sigma^2} \tag{7.29}$$

Einstellregel für die Nachstellzeit T_n $$T_n = 16\ T_\sigma \tag{7.30}$$

Einstellregel für die Vorhaltezeit T_V $$T_V = 4\ T_\sigma \tag{7.31}$$

■

Symmetrisches Optimum

Das symmetrische Optimum ist sehr gut geeignet für Störungen, die am Eingang der Strecke angreifen. Diese werden optimal ausgeregelt. Die großen Zeitkonstanten der Strecke werden nicht kompensiert. Für ein zusätzliches gutes Führungsverhalten muss ein Vorfilter für die Führungsgröße realisiert werden.

■

Kennwerte des symmetrischen Optimums

Anregelzeit

$$T_{\text{an}} = 3{,}1 \cdot T_\sigma$$

Ausregelzeit

$$T_{\text{aus}} = 16{,}5 \cdot T_\sigma \quad \text{für 2 \% Toleranzband}$$

■

Beispiel 7.7

Als Strecke ist folgende Übertragungsfunktion gegeben. Sie besteht aus drei P-T_1-Gliedern und einem Integrierglied:

$$G_S(s) = \frac{1}{s\,T_I} \cdot \frac{K_S}{(1 + s\,T_1) \cdot (1 + s\,T_2) \cdot (1 + s\,T_3)}$$

Mit den Werten $T_I = 0{,}1\,\text{s}$, $T_1 = 0{,}04\,\text{s}$, $T_2 = 0{,}004\,\text{s}$, $T_3 = 0{,}006\,\text{s}$ und $K_S = 0{,}5$.

Lösung 7.7

Die Zeitkonstanten sind klein gegenüber der Integrierzeitkonstanten und können zu einer Zeitkonstanten zusammengefasst werden:

$$T_\sigma = \sum_1^n T_1 + \cdots + T_n$$

$$T_\sigma = T_1 + T_2 + T_3 = 0{,}04\,\text{s} + 0{,}004\,\text{s} + 0{,}006\,\text{s} = 0{,}05\,\text{s}$$

Mit einem PI-Regler ergibt sich dann die Übertragungsfunktion des offenen Regelkreises:

$$G_0(s) = K_R \cdot \frac{1 + s\,T_n}{s\,T_n} \cdot \frac{1}{s\,T_I} \cdot \frac{K_S}{1 + s\,T_\sigma}$$

Die Zeitkonstante T_n wird nach folgender Formel berechnet:

$$T_n = 4 \cdot T_\sigma$$

$$T_n = 4 \cdot 0{,}05\,\text{s} = 0{,}20\,\text{s}$$

Die zusammengefasste Zeitkonstante der Strecke wird nicht kompensiert. Der Verstärkungsfaktor wird nach folgender Optimierungsvorschrift berechnet:

$$K_R = \frac{T_I}{2 \cdot T_\sigma \cdot K_S}$$

$$K_R = \frac{0{,}1\,\text{s}}{2 \cdot 0{,}05\,\text{s} \cdot 0{,}5} = 2$$

Es ergibt sich schließlich folgende Übertragungsfunktion des offenen Regelkreises:

$$G_0(s) = \frac{1}{2 \cdot T_\sigma} \cdot \frac{1 + s 4 \cdot T_\sigma}{s^2 4 \cdot T_\sigma} \cdot \frac{1}{1 + s\,T_\sigma}$$

■

7.2.7 Einstellregeln nach Ziegler und Nichols

Von Ziegler und Nichols wurden Einstellregeln für verfahrenstechnische Prozesse vorgeschlagen. Die Regelgrößen könnten Temperatur, Druck, Durchfluss oder Füllstand eines Behälters sein. Solche Regelstrecken werden in der Regel durch eine Reihenschaltung von P-T_1-Gliedern gut beschrieben. Auch der Ansatz, diese Strecken durch ein P-T_1-Glied in Reihe mit einem Totzeitglied zu ersetzen, führt zu annehmbaren Ergebnissen.

Das Verfahren nach Ziegler und Nichols basiert auf zwei Ansätzen:

- Reglerbestimmung an der Stabilitätsgrenze
- Reglerbestimmung mittels Sprungantwort

7.2.7.1 Reglerbestimmung an der Stabilitätsgrenze

Die Reglerverstärkung wird bei diesem Verfahren so weit erhöht, dass die Grenze zur Instabilität des Regelkreises erreicht wird. Es wird vorausgesetzt, dass dies für einen gegebenen Prozess gefahrlos geschehen kann. Nicht jeder Prozess lässt das zu.

Vorgehensweise:

1. Der Regler wird als P-Regler eingestellt.
2. Der Verstärkungsfaktor wird so lange erhöht, bis die Stabilitätsgrenze erreicht ist, d. h. bis die Regelgröße dauerhaft schwingt. Die eingestellte Verstärkung wird als kritische Verstärkung K_{krit} bezeichnet.
3. Für die schwingende Regelgröße wird die Schwingungsdauer T_{krit} gemessen.
4. Entsprechend dem verwendeten Reglertyp werden aus der kritischen Verstärkung K_{krit} und der Schwingungsdauer T_{krit} die Einstellparameter für den Regler berechnet.

	K_P	T_n	T_V
P-Regler	$0{,}5 \cdot K_{\text{Rkrit}}$	–	–
PI-Regler	$0{,}45 \cdot K_{\text{Rkrit}}$	$0{,}83 \cdot T_{\text{krit}}$	–
PID-Regler	$0{,}6 \cdot K_{\text{Rkrit}}$	$0{,}5 \cdot T_{\text{krit}}$	$0{,}125 \cdot T_{\text{krit}}$

Tabelle 7.5 Einstellregeln an der Stabilitätsgrenze

Beispiel 7.8

Der folgende Regelkreis soll nach den Vorschlägen von Ziegler und Nichols eingestellt werden.

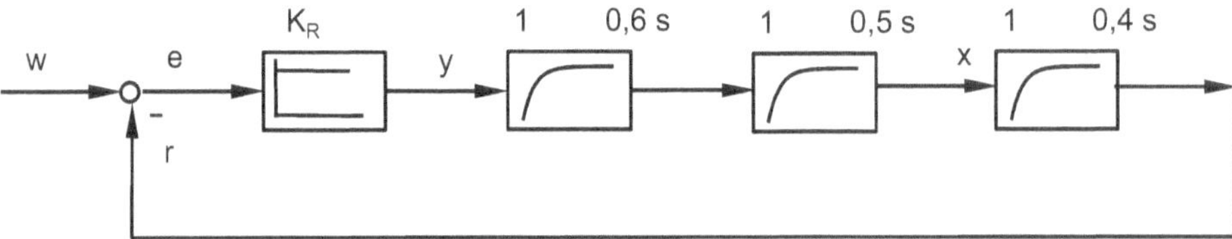

Bild 7.27 Reglerkreis mit einer Reihenschaltung von P-T_1-Gliedern

Lösung 7.8

Für das Beispiel ergibt sich eine kritische Verstärkung von $K_{\text{krit}} = 8{,}2$ und eine kritische Schwingungsdauer von $T_{\text{krit}} = 1{,}8\,\text{s}$.

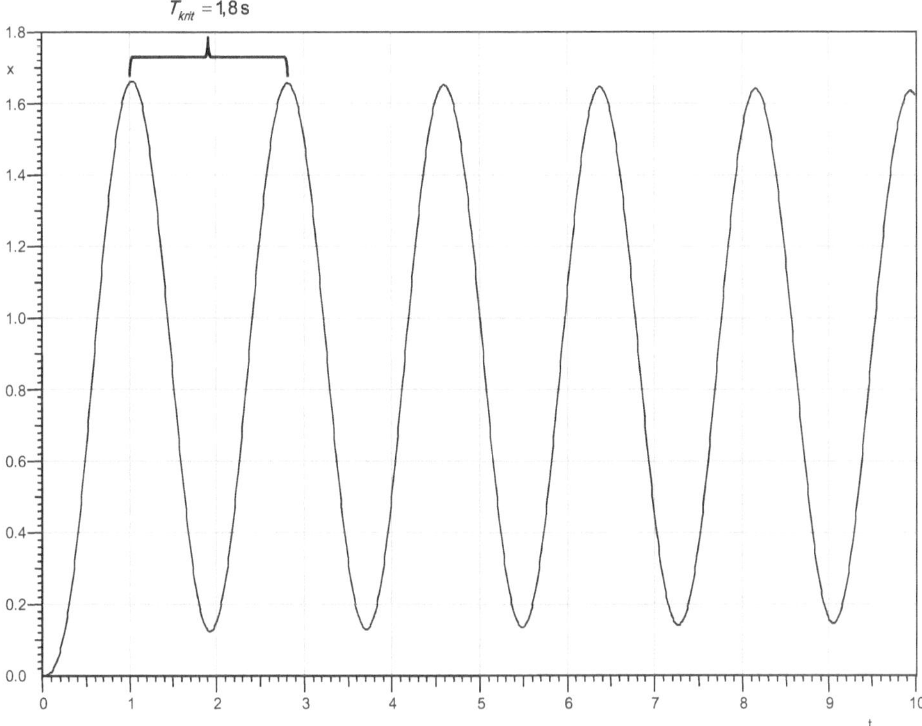

Bild 7.28 Sprungantwort bei einer kritischen Verstärkung

Mit den Werten können die Einstellparameter für die unterschiedlichen Reglertypen berechnet werden. Die Parameter ergeben sich wie folgt:

Tabelle 7.6 Berechnete Einstellwerte für die unterschiedlichen Reglertypen

	K_P	T_n	T_V
P-Regler	4,1	–	–
PI-Regler	3,69	1,49 s	–
PID-Regler	4,92	0,9 s	0,225 s

In der folgenden Grafik (Bild 7.29) werden die Sprungantworten für die unterschiedlichen Reglertypen gezeigt.

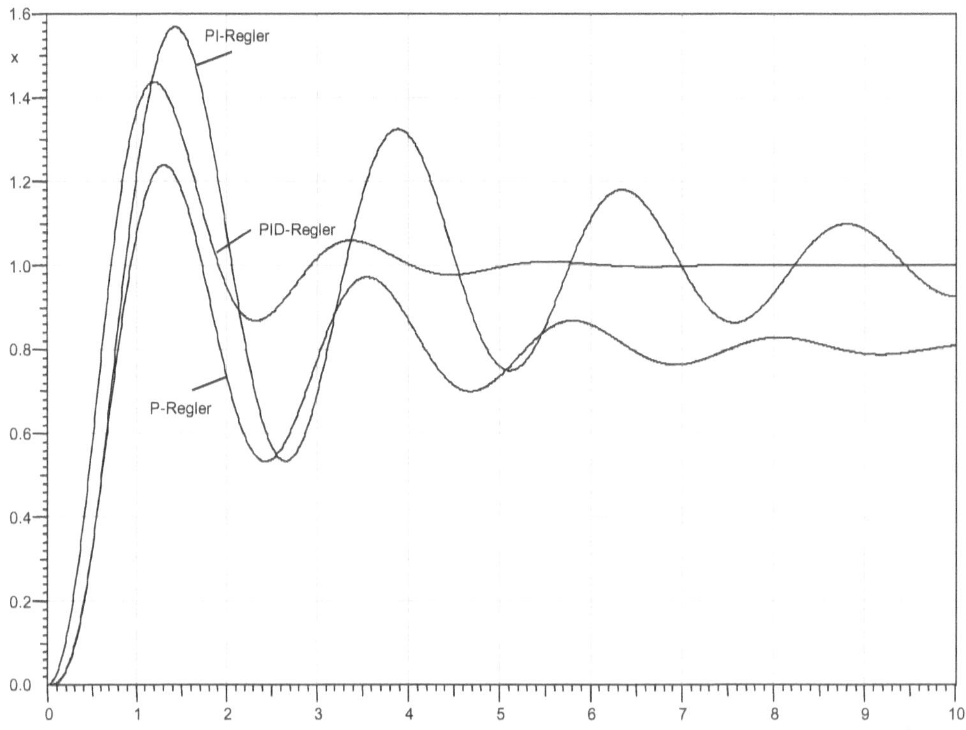

Bild 7.29 Sprungantworten verschiedener Reglertypen

Verfahren nach Ziegler und Nichols

Das Verfahren stellt ein starkes Überschwingen der Übergangsfunktion ein und ist geeignet für Störungen am Streckeneingang. Für Folgeregelungen und schnelle Ausgangsstörungen ist es weniger geeignet. Für Regelkreise mit P-T_2-Verhalten stellt sich eine Dämpfung von $d = 0{,}3$ ein.

7.2.7.2 Reglerbestimmung mittels Sprungantwort nach Ziegler und Nichols

Wie bereits erwähnt, ist die Reglerbestimmung nach dem Verfahren an der Stabilitätsgrenze nicht immer möglich. Für diesen Fall haben Ziegler und Nichols ein Verfahren angegeben, die Einstellparameter aus der Sprungantwort zu ermitteln. Erforderlich sind folgende Kenngrößen:

- T_u – Verzugszeit
- T_g – Ausgleichszeit und
- K_S – Übertragungsbeiwert der Strecke

In dem Bild 7.30 sind die Parameter eingezeichnet.

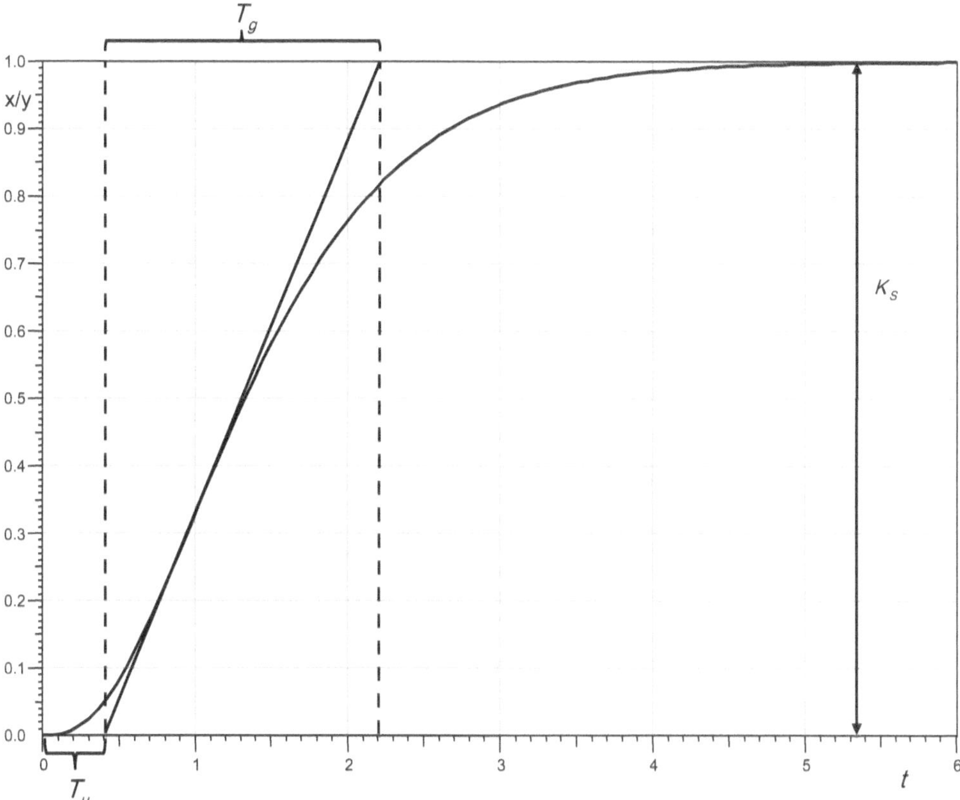

Bild 7.30 Regelstrecke mit Ausgleich (Beispiel 7.8)

1. Schritt: Sprungantwort der Strecke aufnehmen

Die Einstellparameter werden aus dem Bild mit

$$T_u = 0{,}4\,\text{s}$$

$$T_g = 1{,}8\,\text{s}$$

und $K_S = 1$ abgelesen. Mit den Streckenparametern aus der Sprungantwort haben Ziegler und Nichols direkt die Einstellparameter der Reglertypen berechnet.

2. Schritt: Auswahl des Reglers

	K_P	T_n	T_V
P-Regler	$\frac{T_g}{K_S \cdot T_u}$	–	–
PI-Regler	$0{,}9\frac{T_g}{K_S \cdot T_u}$	$3{,}33 \cdot T_u$	–
PID-Regler	$1{,}2\frac{T_g}{K_S \cdot T_u}$	$2 \cdot T_u$	$0{,}5 \cdot T_u$
PD-Regler	$1{,}2\frac{T_g}{K_S \cdot T_u}$	–	$0{,}25 \cdot T_u$

Tabelle 7.7 Einstellvorschriften für unterschiedliche Reglertypen

3. Schritt: Berechnen der Parameter

Mit den Werten können die Einstellparameter für die unterschiedlichen Reglertypen berechnet werden. Die Parameter ergeben sich wie folgt:

	K_P	T_n	T_V
P-Regler	4,5	–	–
PI-Regler	3,6	1,2 s	–
PID-Regler	5.4	0,8 s	0,168 s
PD-Regler	5.4	–	0,1 s

Tabelle 7.8 Berechnete Einstellwerte für die unterschiedlichen Reglertypen

Das Verhältnis der Zeiten T_g und T_u geht mit in die Einstellwerte des Reglers ein. Es ist leicht verständlich, dass eine große Verzugszeit, die auch als Totzeit interpretiert werden kann, schlechte Regelerergebnisse liefert. Konkret weisen bestimmte Verhältnisse auf ein gutes oder schlechtes Regelverhalten hin. Allgemein gilt:

Verhältnis von Verzugs- und Ausgleichszeit

$T_g > 10 \cdot T_u$	sehr gutes Regelverhalten
$3 \cdot T_u < T_g < 10 \cdot T_u$	Regelverhalten ist zufriedenstellend
$T_g < 3 \cdot T_u$	Regelung neigt zum Schwingen

■

Einstellregeln für P-T_1-Glieder mit Totzeit

Falls die Strecke durch ein P-T_1-Glied und ein Totzeitglied gemäß

$$G_S = \frac{K_S}{1 + s\,T} \cdot e^{-s\,T_t} \tag{7.32}$$

beschrieben wird, lassen sich mithilfe der Stabilitätsbedingung die Parameter K_{Rkrit} und T_{krit} rechnerisch für $T_t < T$ bestimmen. Es ergeben sich:

Tabelle 7.9 Einstellregeln bei einer Strecke mit Totzeit

Kritische Verstärkung	$K_{\text{Rkrit}} = \dfrac{\pi}{2\,K_\text{S}}\dfrac{T}{T_\text{t}}$
Kritische Schwingungsdauer	$T_\text{krit} = 4\,T_\text{t}$

Beispiel 7.9

Die Strecke aus dem Beispiel 7.8 soll durch die Gleichung (7.32) angenähert werden.

Lösung 7.9

Mit den Einstellregeln aus der Tabelle 7.5 werden die Reglerparameter berechnet. Aus dem Bild 7.30 können $T_\text{t} = 0{,}4\,\text{s}$ und $T = 1{,}8\,\text{s}$ abgelesen werden.

Es ergeben sich folgende Werte:

Kritische Verstärkung	$K_\text{Rkrit} = 7{,}1$
Kritische Schwingungsdauer	$T_\text{krit} = 1{,}6\,\text{s}$

Im Vergleich zu der Lösung 7.8 sind die kritische Schwingungsdauer und die kritische Verstärkung etwas kleiner. ■

Einstellregeln für Strecken ohne Ausgleich: Für Strecken ohne Ausgleich mit Verzögerung kann das Verfahren von Ziegler und Nichols mithilfe der Sprungantwort ebenfalls angewendet werden. In diesem Fall wird die Verzögerungszeit gleich T_u gesetzt und die Integrierzeitkonstante T_I wird gleich $\frac{T_\text{g}}{K_\text{S}}$ gesetzt. Mit der Tabelle 7.7 werden dann die Reglerparameter berechnet.

7.2.8 Reglerbestimmung mittels Sprungantwort nach Chien, Hrones und Reswick (CHR)

Für Strecken mit Ausgleich und Verzögerungen haben Chien, Hrones und Reswick Einstellparameter vorgeschlagen, die je nach dem gewünschten Regelverhalten eingestellt werden müssen. Sie haben ihre Einstellparameter für folgende Optimierungen entwickelt:

- aperiodischer Verlauf der Störübergangsfunktion
- aperiodischer Verlauf der Führungsübergangsfunktion
- 20 % Überschwingen der Störübergangsfunktion
- 20 % Überschwingen der Führungsübergangsfunktion

Das Vorgehen ist vergleichbar mit dem Verfahren nach Ziegler und Nichols:

1. Sprungantwort der Strecke aufnehmen
2. Bestimmung der Verzugszeit T_u, der Ausgleichszeit T_g und des Übertragungsbeiwertes K_S
3. Berechnung der Einstellparameter nach den Tabellen 7.10 und 7.11

Tabelle 7.10 Reglereinstellung nach CHR für optimales Führungsverhalten

Regler	Parameter	aperiodischer Verlauf	20 % Überschwingen
P-Regler	K_{PR}	$0{,}3\dfrac{T_g}{K_S\, T_u}$	$0{,}7\dfrac{T_g}{K_S\, T_u}$
PI-Regler	K_{PR}	$0{,}35\dfrac{T_g}{K_S\, T_u}$	$0{,}6\dfrac{T_g}{K_S\, T_u}$
	T_n	$1{,}2\, T_g$	T_g
PID-Regler	K_{PR}	$0{,}6\dfrac{T_g}{K_S\, T_u}$	$0{,}95\dfrac{T_g}{K_S\, T_u}$
	T_n	T_g	$1{,}35\, T_g$
	T_V	$0{,}5\, T_u$	$0{,}47\, T_u$

Tabelle 7.11 Reglereinstellung nach CHR für optimales Störübertragungsverhalten

Regler	Parameter	aperiodischer Verlauf	20 % Überschwingen
P-Regler	K_{PR}	$0{,}3\dfrac{T_g}{K_S\, T_u}$	$0{,}7\dfrac{T_g}{K_S\, T_u}$
PI-Regler	K_{PR}	$0{,}6\dfrac{T_g}{K_S\, T_u}$	$0{,}7\dfrac{T_g}{K_S\, T_u}$
	T_n	$4\, T_u$	$2{,}3\, T_u$
PID-Regler	K_{PR}	$0{,}95\dfrac{T_g}{K_S\, T_u}$	$1{,}2\dfrac{T_g}{K_S\, T_u}$
	T_n	$2{,}4\, T_u$	$2\, T_u$
	T_V	$0{,}42\, T_u$	$0{,}42\, T_u$

Beispiel 7.10

Aus dem Bild 7.30 wurden folgende Parameter abgelesen:

$$T_u = 0{,}4\,\text{s}$$

$$T_g = 1{,}8\,\text{s}$$

$$K_S = 1$$

Es sollen die Parameter für ein aperiodisches Führungsübertragungsverhalten mit einem PID-Regler berechnet werden.

Lösung 7.10

Für den Regler ergeben sich folgende Werte aus der Tabelle 7.10:

Regler	Parameter	aperiodischer Verlauf	Zahlenwerte
PID-Regler	K_{PR}	$0{,}6 \frac{T_g}{K_S\, T_u}$	2,7
	T_n	T_g	1,8 s
	T_V	$0{,}5\, T_u$	0,2 s

■

7.3 Vermaschte Regelkreise

7.3.1 Störgrößenaufschaltung

Oftmals kann mit einschleifigen Regelkreisen kein gutes Regelverhalten erreicht werden. Die Ursache kann ein ungünstiges Verhältnis von T_u zu T_g sein, da die Strecke eine größere Anzahl gleich großer Zeitkonstanten enthält. Bei Störungen, deren Einfluss auf die Regelgröße bekannt ist oder in einem bestimmten Rahmen vorausgesagt werden kann, gibt es die Möglichkeit, diesen Einfluss direkt in der Regelstruktur zu berücksichtigen. Voraussetzung dafür ist, dass sich die Störgrößen messtechnisch erfassen lassen. Die Störgrößenaufschaltung hat den Vorteil, dass sie die Stabilität des Regelkreises nicht beeinflusst.

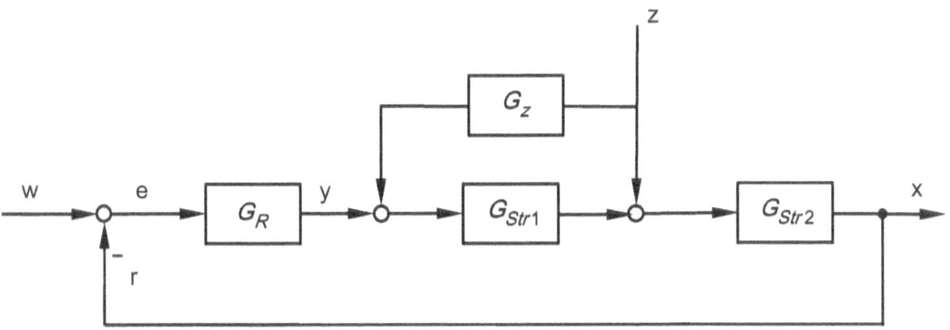

Bild 7.31 Störgrößenaufschaltung

Der Einfluss der Störgröße wird entsprechend mit G_z auf die Stellgröße geschaltet. In Bild 7.31 ist dies durch einen Summierer angedeutet. Die Übertragungsfunktion muss der Streckenübertragung entsprechen, sodass die Streckenübertragungsfunktion kompensiert wird. Für G_z muss folgende Bedingung erfüllt sein:

$$G_z(s) = \frac{-1}{G_{Str1}(s)}$$

Das Korrekturglied kann sofort korrigieren, wenn eine Störgröße auftritt. Das Problem besteht in der nicht genauen Kenntnis der Streckenübertragungsfunktion G_{Str1}. Eine dynamische Korrektur wird somit sehr schwierig. Einfacher wird es, wenn nur der stationäre Einfluss korrigiert wird. In diesem Fall muss lediglich der Verstärkungsfaktor von G_{Str1} ermittelt werden. Ein Beispiel für eine Störgrößenaufschaltung ist die Berücksichtigung der Außentemperatur in einer Gebäudeheizung, z. B. über die Vorgabe einer Temperaturkurve.

Die Regelstruktur kann aber auch so aufgebaut werden, dass die Übertragungsfunktion G_{z} auf den Eingang des Reglers wirkt (Bild 7.32). Dann muss allerdings der Regler in G_{z} mitberücksichtigt werden.

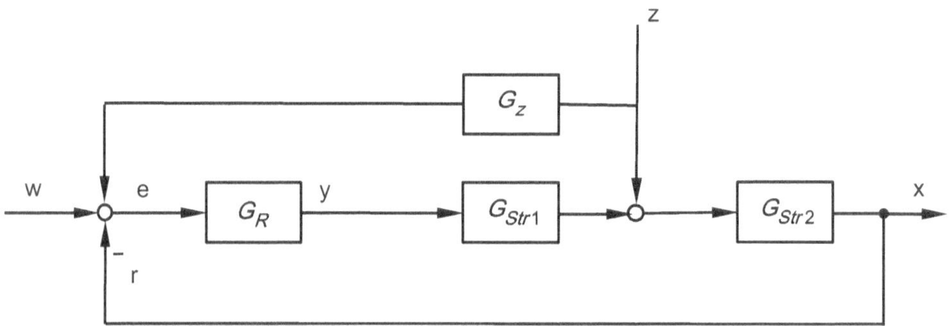

Bild 7.32 Stellgrößenaufschaltung am Regler

Beispiel 7.11

Für einen Regelkreis soll eine Störgrößenaufschaltung realisiert werden. Der Regler ist dimensioniert als PI-Regler.

$$G_{\mathrm{Str1}}(s)=\frac{K_{\mathrm{S1}}}{(1+sT_1)\cdot(1+sT_2)}$$

$$G_{\mathrm{Str2}}(s)=\frac{K_{\mathrm{S2}}}{(1+sT_3)} \tag{1}$$

$$G_{\mathrm{R}}(s)=K_{\mathrm{R}}\frac{(1+sT_n)}{sT_n}$$

Die Anordnung entspricht Bild 7.31. Die Übertragungsfunktion für Störgrößenaufschaltung ergibt:

$$G_{\mathrm{z}}(s)=-\frac{(1+sT_1)\cdot(1+sT_2)}{K_{\mathrm{S1}}} \tag{2}$$

Diese Übertragungsfunktion ist technisch nicht realisierbar. Vereinfacht wird nur der stationäre Einfluss korrigiert. Es ergibt sich:

$$G_{\mathrm{z}}(s)=-\frac{1}{K_{\mathrm{S1}}} \tag{3}$$

Die Ergebnisse wurden mit folgenden Parametern simuliert:

$$T_1=0{,}001\,\mathrm{s},\quad T_2=0{,}02\,\mathrm{s},\quad T_3=0{,}04\,\mathrm{s}$$

$$K_{\mathrm{S1}}=6, K_{\mathrm{S2}}=2$$

$$T_n=0{,}1\,\mathrm{s},\quad K_{\mathrm{R}}=0{,}3$$

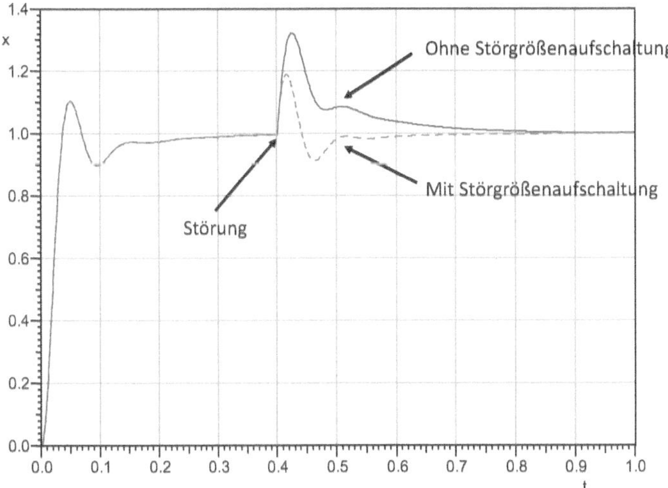

Bild 7.33 Simulation einer Störgrößenaufschaltung

Oftmals ist es technisch schwierig einen Summierpunkt hinter dem Regler einzubauen. Aus diesem Grund kann der Summierpunkt auch auf den Summierpunkt vor dem Regler gelegt werden. Dies ist in Bild 7.32 dargestellt. In diesem Fall muss der Regler mitberücksichtigt werden. Es ergibt sich folgende Gleichung.

$$G_z(s) = -\frac{(1+sT_1)\cdot(1+sT_2)}{K_{S1}} \cdot \frac{sT_n}{K_R(1+sT_n)} \tag{4}$$

Der Regler lässt sich berücksichtigen und die dynamischen Anteile der Strecke werden weggelassen.

$$G_z(s) = -\frac{1}{K_{S1}} \cdot \frac{sT_n}{K_R(1+sT_n)} \tag{5}$$

Diese Gleichung lässt sich realisieren. Beide Lösungen ergeben den gleichen Verlauf für die Störgrößenaufschaltung im Bild 7.33. ■

Störgrößenaufschaltung

- Die Abweichungen der Regelgröße werden kleiner.
- Der Regelkreis reagiert schneller auf Störungen.

■

7.3.2 Vorregelung

Eine andere Möglichkeit stellt die Vorregelung (Bild 7.34) dar. Mit einem weiteren Stellglied soll die Störgröße so zumindest konstant gehalten werden.

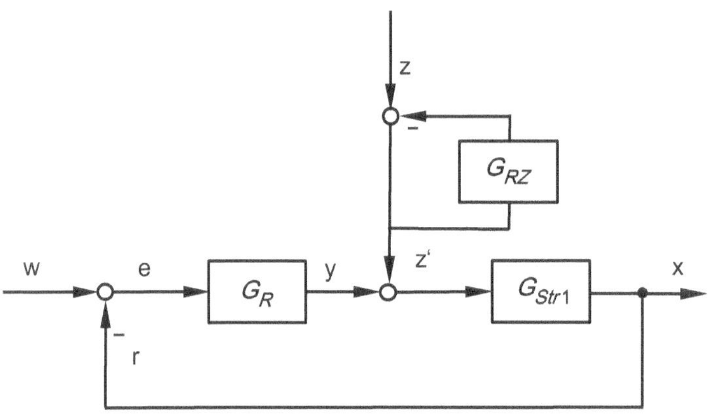

Bild 7.34 Vorregelung der Störgröße

Der Einfluss der Störung wird mit einem Faktor

$$z(s)' = \frac{1}{1 + G_{RZ}(s)} \cdot z(s)$$

beeinflusst. Im einfachsten Fall wird mit einem P-Regler der Einfluss verringert.

Vorregelung

Mit einer Vorregelung wird der Einfluss einer bekannten Störung vermindert. Die Störung muss messbar sein.

■

7.3.3 Regelung mit Hilfsstellgröße

Zur Regelung werden zwei Stellgrößen y und y_H verwendet. Zur Anwendung kommen solche Reglerstrukturen z. B. in Wärmetauschern.

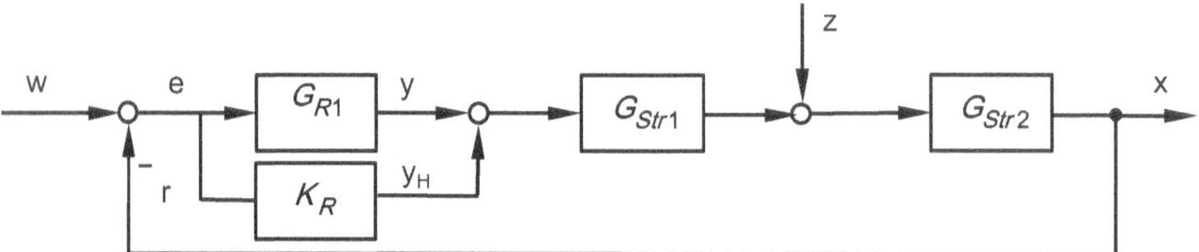

Bild 7.35 Regelung mit Hilfsstellgröße

Regelung mit Hilfsstellgröße

- Die Dynamik des Regelkreises wird gezielt verbessert.
- Störungen werden schnell ausgeregelt.

■

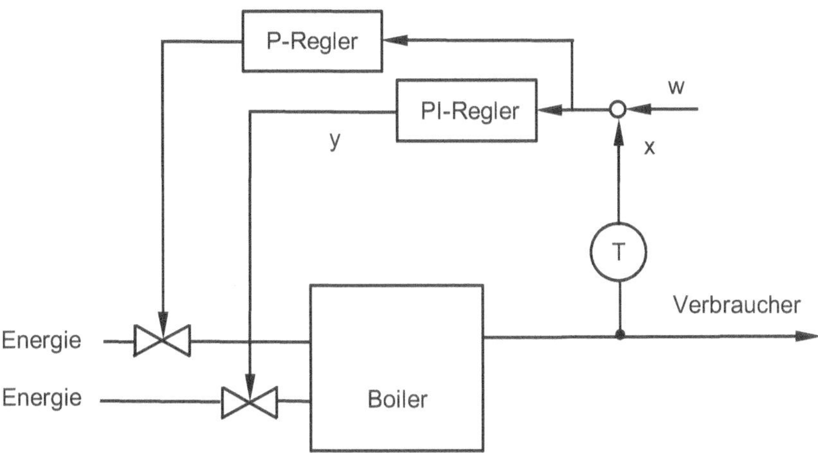

Bild 7.36 Technologieschema Wärmetauscher mit Regelung

7.3.4 Kaskadenregelung

Eine weitere Möglichkeit ist der Einsatz eines unterlagerten Regelkreises. Dazu braucht die Störgröße nicht erfasst zu werden. Die Regelstruktur der Kaskadenregelung besteht aus verschachtelten Regelschleifen. Mit der Kaskadenregelung kann die Dynamik eines Regelkreises verbessert werden. Ein großes Anwendungsfeld ist die Drehzahlregelung mit unterlagerter Stromregelung. Der innere Regelkreis muss eine wesentlich kleinere Zeitkonstante gegenüber der äußeren Regelschleife haben. Oftmals wird für den inneren Regelkreis ein P-Regler eingesetzt und für den äußeren Regler ein PI-Regler. Für den inneren Regelkreis spielt die konstante Regelabweichung nicht die entscheidende Rolle. Hier geht es um ein schnelles Ausregeln. Für den äußeren Regelkreis wird durch den PI-Regler die Regelabweichung zu null. In dem Bild 7.37 ist die grundsätzliche Struktur einer Kaskadenregelung dargestellt.

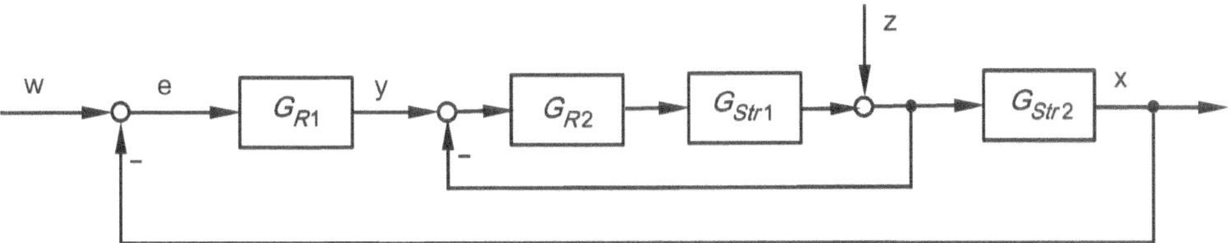

Bild 7.37 Struktur einer Kaskadenregelung

Der äußere Regler G_{R1} wird als Führungsregler bezeichnet und der innere Regler G_{R2} als Folgeregler. Das Ausgangssignal des Führungsreglers gibt die Sollgröße für den inneren Folgeregler vor. Mit dem inneren Regler kann auf Störungen in der Regelstrecke schneller reagiert werden. Greift eine Störung im inneren Regelkreis an, wird die Störung bereits hier ausgeregelt. Das Verfahren soll mit einem Beispiel veranschaulicht werden.

Beispiel 7.12

Für eine gegebene Strecke soll ein kaskadierter Reglerentwurf durchgeführt werden. Die Strecke besteht aus einer Reihenschaltung von Übertragungsgliedern. Als Voraussetzung wird angenommen, dass in der Reihenschaltung alle Ausgangsgrößen messbar sind.

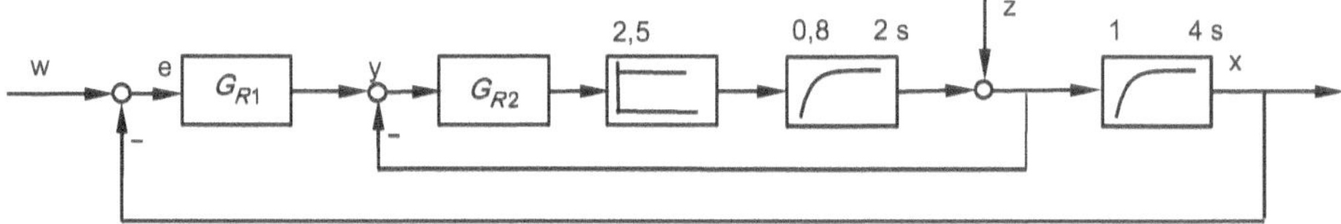

Bild 7.38 Zahlenbeispiel einer Kaskadenregelung

Lösung 7.12

1. Schritt: Zuerst wird der innere Regelkreis entworfen. Als Regler wird ein P-Regler gewählt.

Bei einem P-Regler kann die Regelabweichung vorgegeben werden und dann kann daraus die Verstärkung berechnet werden. Die Regelabweichung soll 10 % betragen.

$$\frac{e}{w} = 10\,\% = 0{,}1 = \frac{1}{1 + K_0}$$

$$0{,}1 + 0{,}1\,K_0 = 1$$

$$K_0 = 9$$

$$K_0 = K_{R1} * K_S$$

$$K_{R1} = \frac{K_0}{K_S} = \frac{9}{2{,}5 \cdot 0{,}8} = 4{,}5$$

Der innere Regelkreis kann mit dem entworfenen Regler zu einem Übertragungsglied (Bild 7.39) zusammengefasst werden. Die Störung soll an dieser Stelle erst einmal vernachlässigt werden.

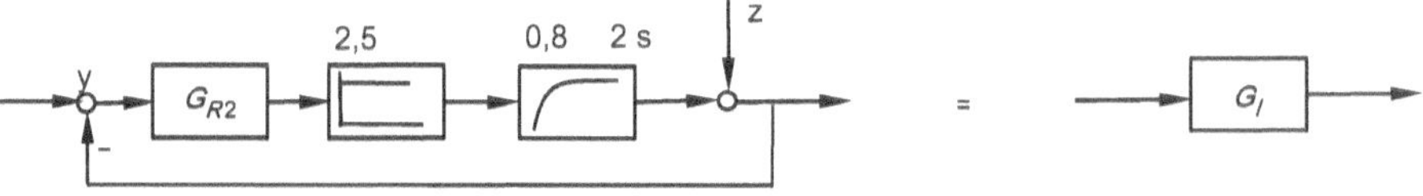

Bild 7.39 Innerer Regelkreis

Für G_I ergibt sich

$$G_I(s) = \frac{K_R\, K_{S1}\, K_{S2} \frac{1}{1+s\,T_2}}{1 + K_R\, K_{S1}\, K_{S2} \frac{1}{1+s\,T_2}}$$

$$G_I(s) = \frac{K_R\, K_{S1}\, K_{S2}}{K_R\, K_{S1}\, K_{S2} + 1 + s\,T_2}$$

$$G_I(s) = \frac{K_R\, K_{S1}\, K_{S2}}{K_R\, K_{S1}\, K_{S2} + 1} \cdot \frac{1}{1 + s\frac{T_2}{K_R\, K_{S1}\, K_{S2}+1}}$$

Mit konkreten Zahlen aus dem Beispiel folgt:

$$G_I(s) = 0{,}9\,\frac{1}{1 + s\,0{,}2}$$

Der Übertragungsbeiwert spiegelt die 10 % Regelabweichung wider und die Zeitkonstante wurde deutlich verkleinert.

2. Schritt: Der äußere PI-Regler wird nach der Kompensationsmethode entworfen.

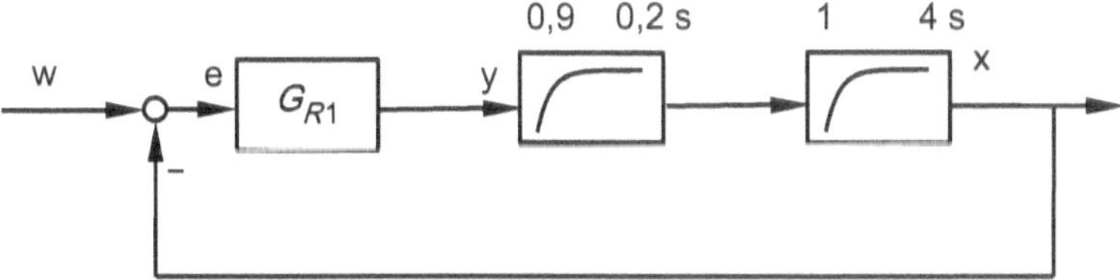

Bild 7.40 Äußerer Regelkreis der Kaskadenregelung

Für den PI-Regler werden folgende Einstellparameter ermittelt. Ein gutes Führungsverhalten wird durch die Vorgabe einer Phasenreserve von 60° erreicht.

Die Kompensation der Streckenzeitkonstante ergibt $T_n = 4\,\text{s}$. Aus dem Bode-Diagramm wird für eine Phasenreserve von 60° eine Reglerverstärkung von $K_{\text{PR}} = 23\,\text{dB}$ abgelesen, also eine Verstärkung von 14,12. ■

Für die oben angegebene Strecke wurde ein PI-Regler nach dem Kompensationsverfahren mit 60° Phasenreserve entworfen. Dieser Reglerentwurf soll mit dem nicht kaskadierten Entwurf verglichen werden. Als Vergleichskriterium sollen die Sprungantworten dienen.

Durch die Kaskadierung ist die Zeitkonstante des inneren Regelkreises deutlich verkleinert worden. Genau das zeigt sich auch in der schnelleren Sprungantwort (Bild 7.41).

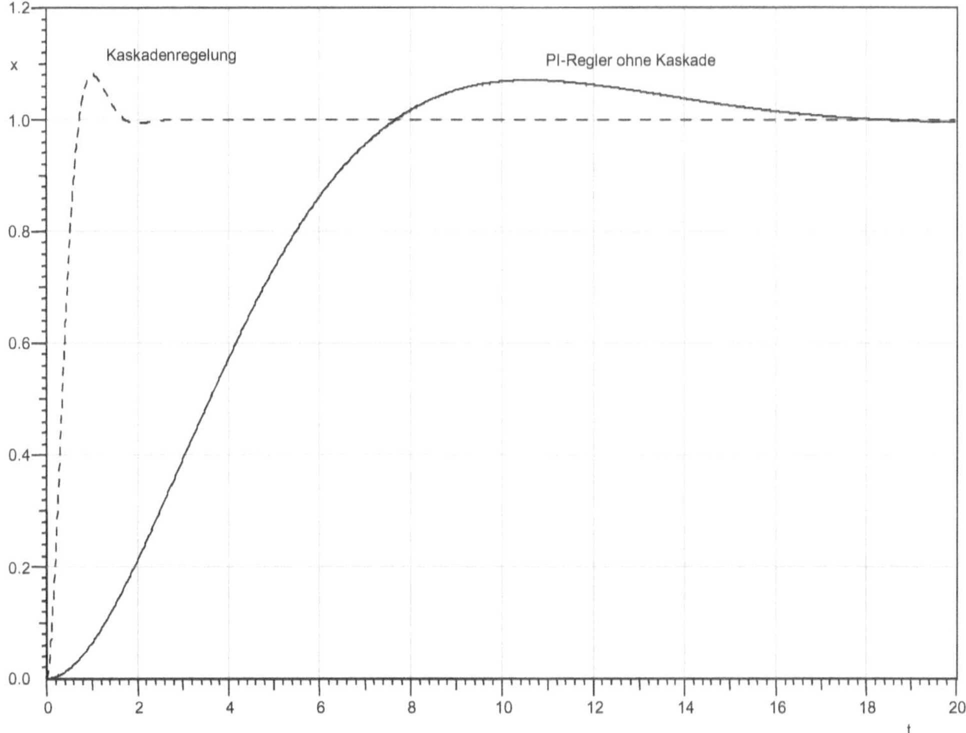

Bild 7.41 Vergleich der Sprungantworten für einen Reglerentwurf mit und ohne Kaskade

Vorteile der Kaskadenregelung

- Der Reglerentwurf wird durch die Unterteilung vereinfacht.
- Störgrößen im inneren Regelkreis werden schnell ausgeregelt.
- Verbesserung des dynamischen Verhaltens.

Nachteil der Kaskadenregelung

- Der Aufwand bei einer Kaskadenregelung ist größer (zwei Regeleinrichtungen).

■

7.4 Übungen

Aufgabe 7.1

Für einen offenen Regelkreis ist folgender Frequenzgang gegeben.

$$G_0(\mathrm{j}\omega) = K_{\mathrm{PR}} \cdot \frac{1}{(1+\mathrm{j}\omega T_1)\cdot(1+\mathrm{j}\omega T_2)\cdot(1+\mathrm{j}\omega T_3)}$$

mit $T_1 = 1\,\mathrm{s}$, $T_2 = 2\,\mathrm{s}$ und $T_3 = 5\,\mathrm{s}$, $K_{\mathrm{PR}} = 10$.

Für den offenen Regelkreis sollen die Durchtrittsfrequenz ω_{D}, die kritische Frequenz ω_{krit}, der Phasenrand φ_{R}, und der Amplitudenrand A_{R} in das Bode-Diagramm eingezeichnet werden.

Aufgabe 7.2

Für eine Strecke ist folgender Frequenzgang gegeben:

$$G_{\mathrm{S}}(\mathrm{j}\omega) = K_{\mathrm{S}} \cdot \frac{1}{(1+\mathrm{j}\omega T_1)\cdot(1+\mathrm{j}\omega T_2)}$$

mit $T_1 = 1\,\mathrm{s}$, $T_2 = 0{,}2\,\mathrm{s}$, $K_{\mathrm{S}} = 5$.

Entwerfen Sie nach der Kompensationsmethode einen PI-Regler mit einer Phasenreserve von 70°.

Aufgabe 7.3

Für eine Strecke ist folgender Frequenzgang gegeben:

$$G_{\mathrm{S}}(\mathrm{j}\omega) = K_{\mathrm{S}} \cdot \frac{1}{(1+\mathrm{j}\omega T_1)\cdot(1+\mathrm{j}\omega T_2)\cdot(1+\mathrm{j}\omega T_3)\cdot(1+\mathrm{j}\omega T_4)}$$

mit $T_1 = 1\,\mathrm{s}$, $T_2 = 0{,}1\,\mathrm{s}$, $T_3 = 0{,}5\,\mathrm{s}$, $T_4 = 0{,}02\,\mathrm{s}$, $K_{\mathrm{S}} = 3$.

Entwerfen Sie nach Betragsoptimum einen PI-Regler.

Aufgabe 7.4

Für eine Strecke ist folgender Frequenzgang gegeben:

$$G_S(j\omega) = K_S \cdot \frac{1}{(1 + j\omega T_1) \cdot (1 + j\omega T_2) \cdot (1 + j\omega T_3) \cdot (1 + j\omega T_4)}$$

mit $T_1 = 1\,\text{s}$, $T_2 = 0{,}1\,\text{s}$, $T_3 = 0{,}5\,\text{s}$, $T_4 = 0{,}02\,\text{s}$, $K_S = 3$.

Für einen PI-Regler mit $T_n = 1\,\text{s}$ und einer Reglerverstärkung von 1 soll die Anstiegszeit abgeschätzt werden.

Aufgabe 7.5

Für eine Strecke ist folgender Frequenzgang gegeben:

$$G_S(j\omega) = K_S \cdot \frac{1}{j\omega T_1 \cdot (1 + j\omega T_2)}$$

mit $T_1 = 1\,\text{s}$, $T_2 = 0{,}1\,\text{s}$, $K_S = 3$.

Entwerfen Sie einen PI-Regler nach dem Verfahren des Symmetrischen Optimum.

Bestimmen Sie die Zeitkonstante eines Vorfilters zur Erzielung eines guten Führungsverhaltens.

Aufgabe 7.6

Für einen Heizungsregelkreis ist eine Sprungantwort der Vorlauftemperatur aufgenommen worden.

Entwerfen Sie einen Regler mit einem guten Störübertragungsverhalten.

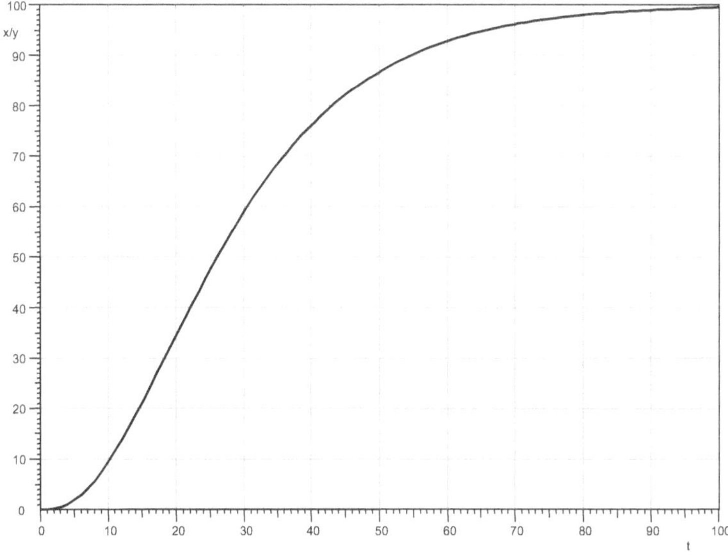

Bild 7.42 Sprungantwort einer Heizung

8 Unstetige Regler

Nach dem Durcharbeiten dieses Kapitels können Sie diese und weitere Fragen beantworten:

- Wie kann das Regelverhalten eines unstetigen Reglers eingeschätzt werden?
- Wie wird ein unstetiger Regler eingestellt?
- Welche Möglichkeiten gibt es, einen unstetigen Regler zu erweitern?

In den alltäglichen Anwendungen der Regelungstechnik, wie z. B. Kaffeeautomaten, Bügeleisen und Heizungsanlagen, werden unstetige Regler eingesetzt. Sie finden häufig Anwendung in Temperatur-, Füllstand- und Druckregelkreisen.

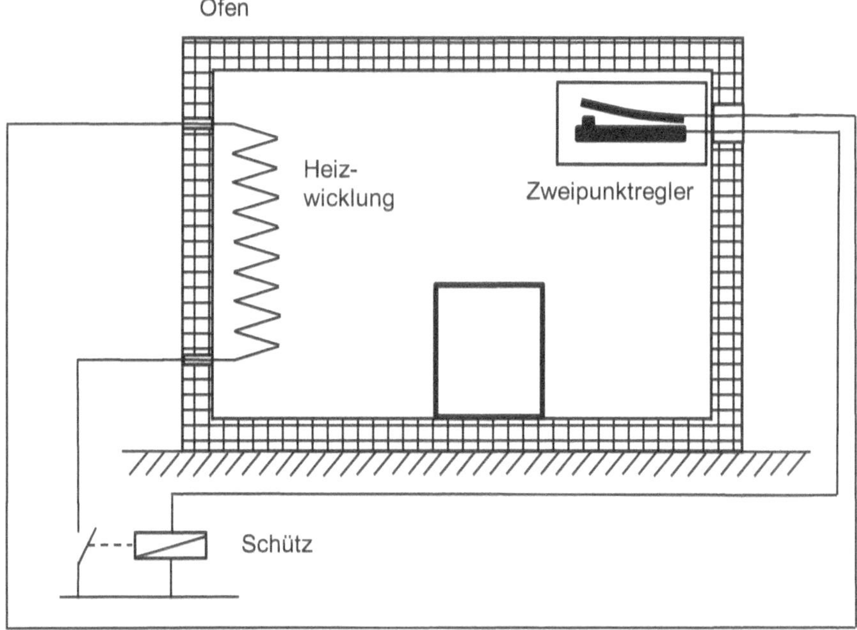

Bild 8.1 Heizungsregler

Unstetige Regler werden in der Technik im einfachsten Fall in Form von Relais und Bimetallschaltern eingesetzt. Ein Nachteil der unstetigen Regler ist, dass die Regelgröße um den eigentlichen Sollwert pendelt. Die Regelgröße x erreicht den Sollwert nur im Mittel. Die einfachste Ausführung eines unstetigen Reglers ist der abgebildete Bimetallregler in Bild 8.1. Bei ansteigender Temperatur dehnt sich der Bimetallstreifen aus (Bild 8.2). Je nach eingestelltem Sollwert unterbricht das Bimetall den Stromkreis für das Schütz. Die Heizwicklung wird nicht mehr vom Strom durchflossen. Das Bimetall dient hier als Mess- und als Schaltelement.

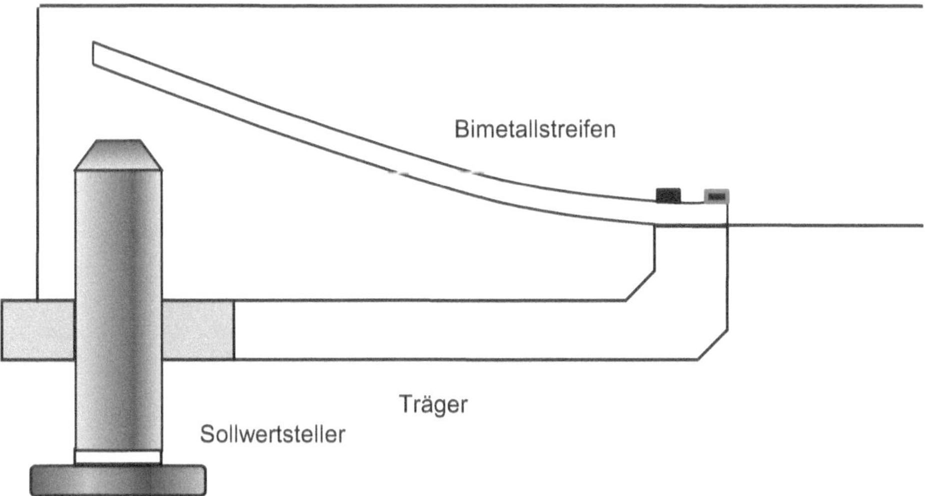

Bild 8.2 Bimetall als Ein-/Ausschalter

Unstetige Regler sind also Schalter, die zwei (Ein/Aus) oder drei (Heizen/Aus/Kühlen) Zustände annehmen können.

8.1 Zweipunktregler

Bei Zweipunktreglern kann die Stellgröße nur zwei definierte Werte annehmen (Bild 8.3).

$$y = 0 \quad y = y_{\max}$$

Dies muss nicht unbedingt nur Ein/Aus sein, denkbar wäre es auch zwischen zwei Werten umzuschalten.

$$y = 50\,\% \quad y = 100\,\%$$

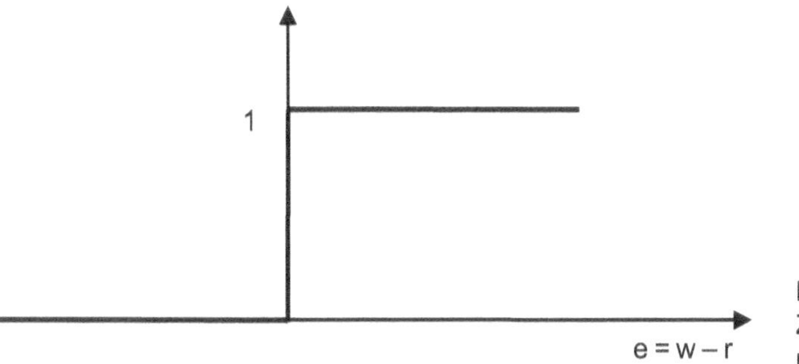

Bild 8.3 Schaltdiagramm Zweipunktregler ohne Hysterese

Beim Einschalten in Bild 8.1 ist eine Regeldifferenz $e = w - r$ vorhanden. Die Stellgröße schaltet von null auf eins, der Ofen fängt an zu heizen. Hat die Regelgröße den Sollwert erreicht, ist die Regeldifferenz gleich null und die Stellgröße schaltet von eins auf null. Die Heizwicklung wird abgeschaltet und der Ofen fängt an abzukühlen. Bei einer Schaltkurve wie in Bild 8.3 würde das zu einem sehr häufigen Ein- und Ausschalten führen, wenn nicht eine Schaltdifferenz vorhanden wäre.

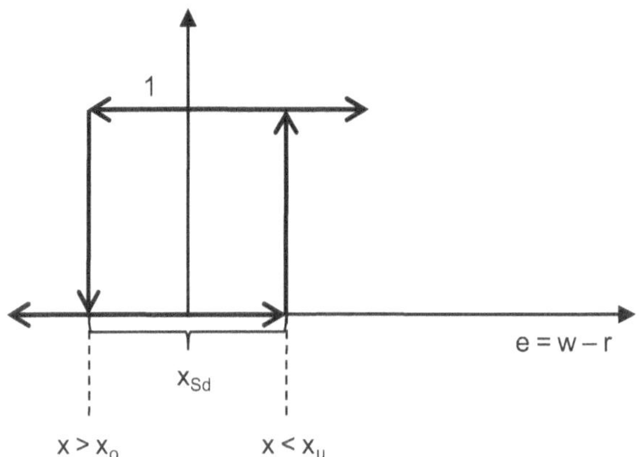

Bild 8.4 Schaltdiagramm Zweipunktregler mit Hysterese

Bei mechanischen Schaltern führt die Schaltdifferenz x_{Sd} (Hysterese) (Bild 8.4) zu einer Erhöhung der Lebensdauer der Schaltkontakte. Die Stellgröße wird jetzt erst von null auf eins geschaltet, wenn die Regelgröße etwas kleiner als der Sollwert ist. Das Blockschaltbild 8.5 beschreibt genau diesen Zusammenhang.

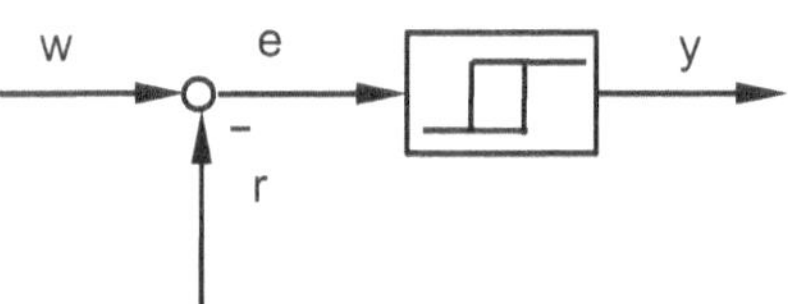

Bild 8.5 Blockschaltbild Zweipunktregler

Um den Einfluss des Zweipunktreglers genauer zu untersuchen, soll folgender Regelkreis angenommen werden:

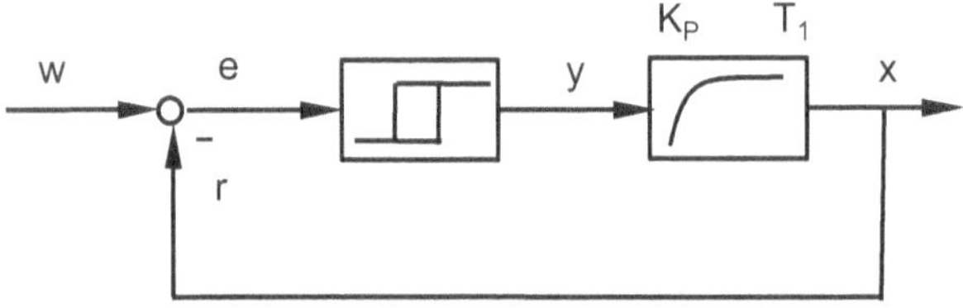

Bild 8.6 Zweipunktregler mit P-T$_1$-Strecke

Das Einschalten der Stellgröße mit der vorgegebenen Schaltdifferenz (Hysterese) hat ein Schwingen der Regelgröße x um den Sollwert w (Führungsgröße) zur Folge. Um so größer die Schaltdifferenz x_{Sd} ist, um so größer wird die Schaltperiode T_S und um so kleiner wird die Schaltfrequenz $f_S = \frac{1}{T_S}$.

Der sich einstellende Mittelwert x_m der Regelgröße entspricht nur dann genau dem Sollwert, wenn die Sollgröße $w = \frac{x_{max}}{2}$.

In diesem Fall ist der Anstiegsverlauf gleich dem Abfall der Regelgröße x (Bild 8.7).

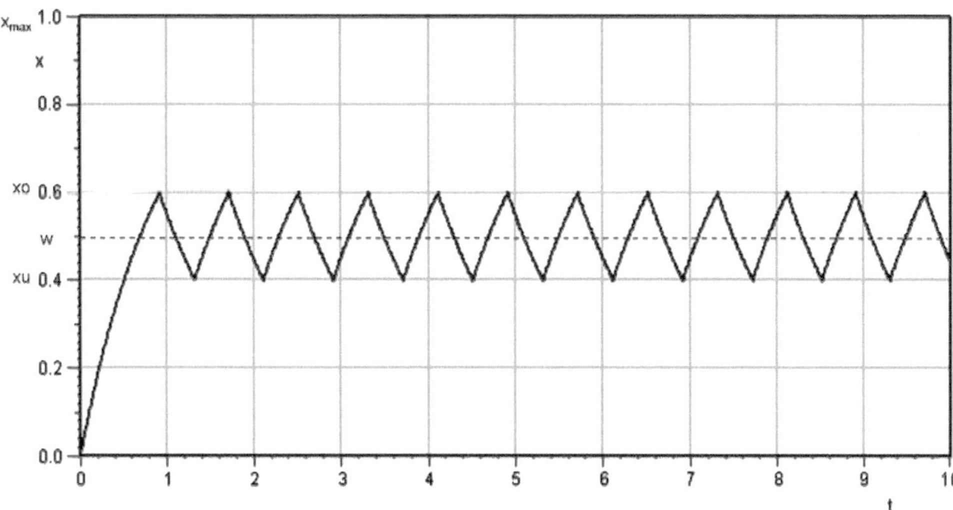

Bild 8.7 Verlauf der Regelgröße um den eingestellten Sollwert

Liegt der Sollwert aber unterhalb oder oberhalb der Hälfte des erreichbaren Endwertes $w = \frac{x_{max}}{2}$, ergibt sich durch die Asymmetrie zwischen Anstieg und Abfall eine Regeldifferenz des Mittelwertes der Regelgröße zu dem Sollwert.

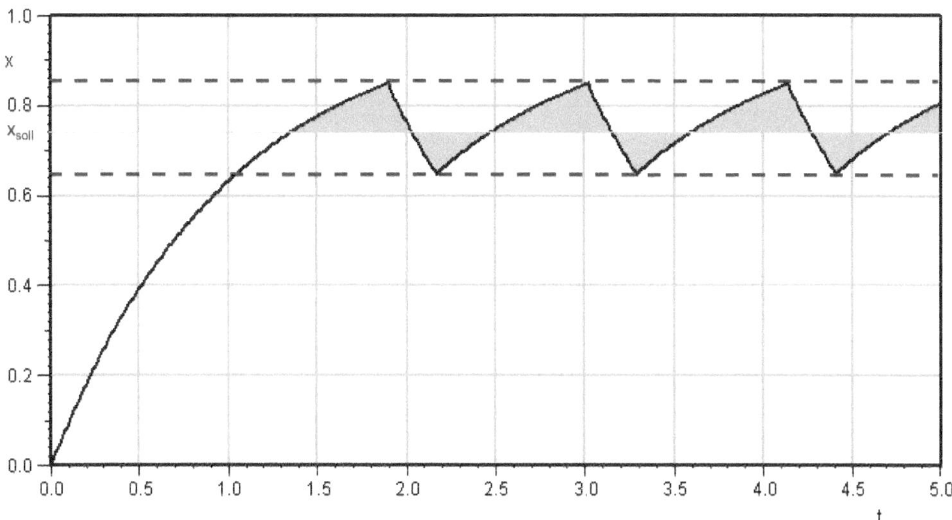

Bild 8.8 Verlauf der Regelgröße um den Sollwert $x_{soll} = 0{,}75$

Der Mittelwert x_m der Regelgröße x wird größer als der Sollwert x_{soll} (Bild 8.8). Die Regelabweichung $e = w - r$ wird negativ. Ein umgekehrtes Verhalten stellt sich ein, wenn der Sollwert unterhalb des erreichbaren halben Endwertes liegt.

In diesem Fall (Bild 8.9) ist der Mittelwert der Regelgröße kleiner als der Sollwert, d. h. die Regelabweichung $e = w - r$ ist positiv.

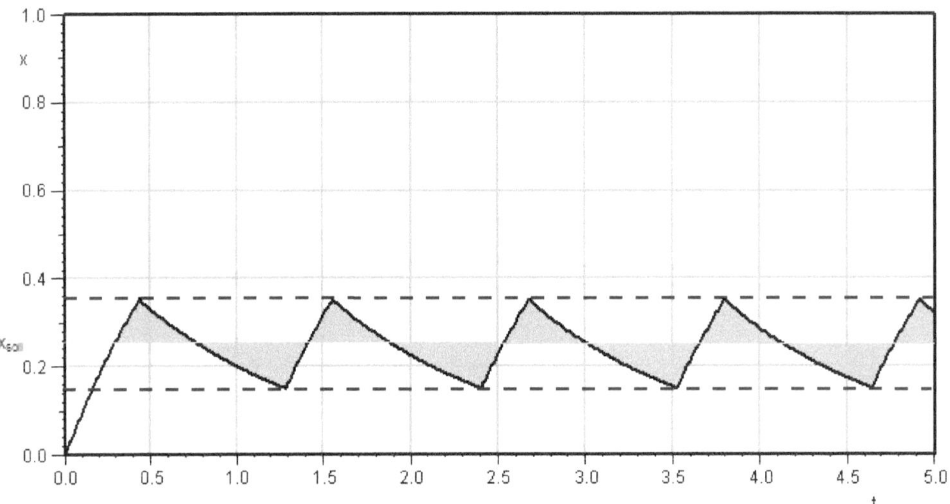

Bild 8.9 Verlauf der Regelgröße um den Sollwert $x_{soll} = 0{,}25$

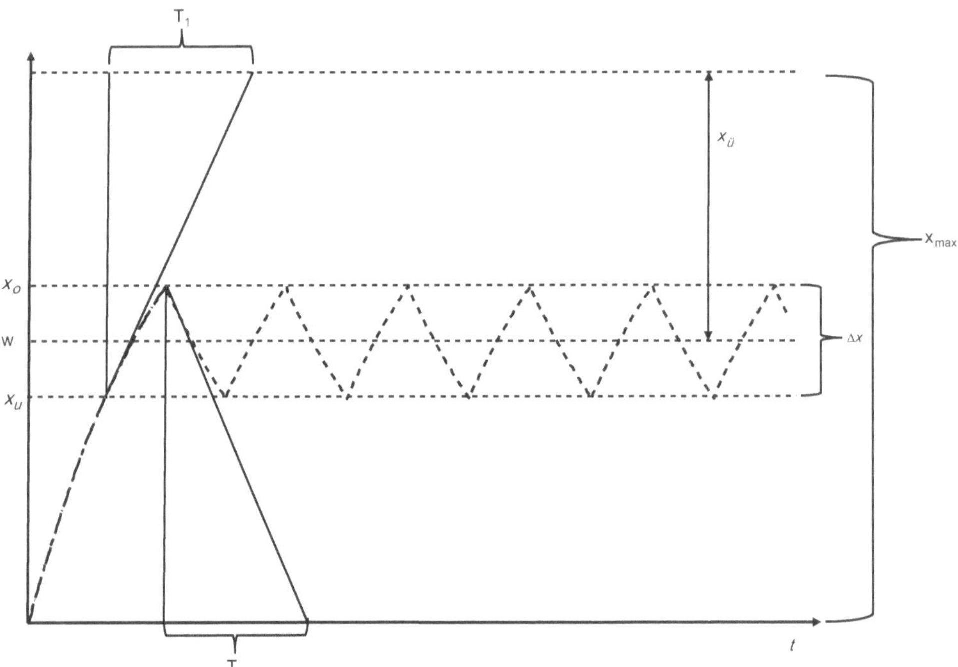

Bild 8.10 Symmetrische Schaltfrequenz und symmetrischer Verlauf der Regelgröße

Ein symmetrischer Verlauf der Stellgröße ergibt sich nur für den Fall, dass die Sollgröße $w = \frac{x_{max}}{2}$ ist. Der Wert x_{max} würde sich ergeben, wenn die Stellgröße dauernd eingeschaltet wäre. Die zur Erreichung des Sollwertes notwendige Leistung bei einer Dauereinschaltung wird gleich 100 % gesetzt. Die Überschussleistung wäre dann 0 %. Ist der erreichbare Endwert x_{max} aber doppelt so groß wie der Sollwert, beträgt die Überschussleistung 50 %.

In Bild 8.10 bedeuten:

$ü = \frac{x_{max} - w}{x_{max}} = \frac{x_ü}{x_{max}}$	Überschussleistung
x_{max}	maximal erreichbarer Wert (z. B. Temperatur)
Δx	Schwankungsbreite
$x_0 = \frac{x_o - x_u}{2}$	halbe Schaltbreite
T	Periode der Schwingung
x_o	oberer Schaltpunkt (aus)
x_u	unterer Schaltpunkt (ein)

Wird der Verlauf der Regelgröße x durch Tangenten angenähert, ergibt sich für $x_ü = 0{,}5$ eine Schwingungsperiode von:

$$T = \frac{1}{f} = 2 \cdot \Delta x \cdot \frac{T_1}{x_ü + x_0} \tag{8.1}$$

mit T_1 = Zeitkonstante der P-T_1-Strecke.

Bei der Annahme einer e-Funktion für den Verlauf der Regelgröße lässt sich die Schaltfrequenz genau berechnen.

Schaltzeiten Zweipunktregler mit P-T_1-Strecke

Einschaltzeit des Stellgliedes:

$$T_e = T_1 \cdot \ln\left(\frac{x_ü + x_0}{x_ü - x_0}\right) \tag{8.2}$$

Ausschaltzeit des Stellgliedes:

$$T_a = T_1 \cdot \ln\left(\frac{w + x_0}{w - x_0}\right) \tag{8.3}$$

Schaltperiode und Schaltfrequenz

$$T_S = T_e + T_a$$

$$f_S = \frac{1}{T_S}$$

■

Die Schaltfrequenz f_S ist für eine Überschussleistung ü von 50 %, $x_{soll} = 0{,}5x_{max}$ am größten. Für die Berechnung der Schwingungsperiode muss die Streckenzeitkonstante T_1 bekannt sein. Diese lässt sich durch Anlegen der Tangente bestimmen.

Die Schwingungsbreite Δx ist für eine Strecke 1. Ordnung gleich der Schaltdifferenz $x_o - x_u$. Dies bedeutet, dass die Schaltfrequenz unmittelbar über die Schaltdifferenz des Zeitpunktreglers beeinflusst werden kann.

Zweipunktregler mit P-T$_1$-Strecke

Ist der Sollwert w größer als $\frac{x_{max}}{2}$, wird die Regelabweichung $e = w - r$ im Mittel kleiner null. Ein umgekehrtes Verhalten stellt sich ein, wenn der Sollwert unterhalb des erreichbaren halben Endwertes liegt.

■

Beispiel 8.1

Ein Ofen wird über eine elektrische Heizung beheizt. Bei einer dauernd eingeschalteten Heizung erwärmt sich die Innentemperatur auf 100 °C. Es wird eine Zeitkonstante von 5 s gemessen. Die Schaltdifferenz wird auf 10 °C eingestellt.

a) Welche Ein- und Ausschaltzeiten stellen sich ein, wenn die Temperatur auf 50 °C geregelt werden soll?

b) Welche Ein- und Ausschaltzeiten stellen sich ein, wenn die Temperatur auf 40 °C geregelt werden soll?

Lösung 8.1

Damit ergeben sich folgende Werte:

a)

$$x_o = 55\,°\mathrm{C}, \quad x_u = 45\,°\mathrm{C}, \quad \Delta x = 10\,°\mathrm{C}, \quad x_0 = 5\,°\mathrm{C}, \quad x_ü = 50\,°\mathrm{C}, \quad T_1 = 5\,\mathrm{s}$$

$$T_e = T_1 \cdot \ln\left(\frac{x_ü + x_0}{x_ü - x_0}\right) = 5\,\mathrm{s} \cdot \ln\left(\frac{50\,°\mathrm{C} + 5\,°\mathrm{C}}{50\,°\mathrm{C} - 5\,°\mathrm{C}}\right) = 1\,\mathrm{s}$$

$$T_a = T_1 \cdot \ln\left(\frac{w + x_0}{w - x_0}\right) = 5\,\mathrm{s} \cdot \ln\left(\frac{50\,°\mathrm{C} + 5\,°\mathrm{C}}{50\,°\mathrm{C} - 5\,°\mathrm{C}}\right) = 1\,\mathrm{s}$$

$$T_S = T_e + T_a = 1\,\mathrm{s} + 1\,\mathrm{s} = 2\,\mathrm{s}$$

b)

$$x_0 = 45\,°\mathrm{C}, \quad x_u = 35\,°\mathrm{C}, \quad \Delta x = 10\,°\mathrm{C}, \quad x_0 = 5\,°\mathrm{C}, \quad x_ü = 60\,°\mathrm{C}, \quad T_1 = 5\,\mathrm{s}$$

$$T_e = T_1 \cdot \ln\left(\frac{x_ü + x_0}{x_ü - x_0}\right) = 5\,\mathrm{s} \cdot \ln\left(\frac{60\,°\mathrm{C} + 5\,°\mathrm{C}}{60\,°\mathrm{C} - 5\,°\mathrm{C}}\right) = 0{,}83\,\mathrm{s}$$

$$T_a = T_1 \cdot \ln\left(\frac{w + x_0}{w - x_0}\right) = 5\,\mathrm{s} \cdot \ln\left(\frac{40\,°\mathrm{C} + 5\,°\mathrm{C}}{40\,°\mathrm{C} - 5\,°\mathrm{C}}\right) = 1{,}26\,\mathrm{s}$$

$$T_S = T_e + T_a = 1\,\mathrm{s} + 1\,\mathrm{s} = 2{,}09\,\mathrm{s}$$

■

8.2 Zweipunktregler mit P-T_1- und Totzeitglied

Die meisten Regelstrecken bestehen aus mehreren Energiespeichern bzw. haben ein Totzeitverhalten. Reale Strecken haben also in der Regel eine Verzugszeit. Im Folgenden soll der in Bild 8.11 gezeigte Regelkreis näher untersucht werden.

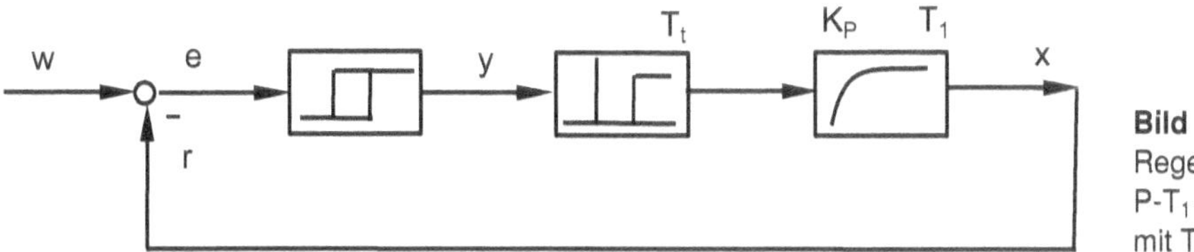

Bild 8.11 Regelkreis P-T_1-Strecke mit Totzeit

Bei einer Überschussleistung von 50 % ($w = 0{,}5 \cdot x_{max}$) entsteht eine symmetrische Schwingspanne. Im Bild 8.12 ist die Schaltdifferenz $(x_o - x_u) = 0$ gesetzt worden.

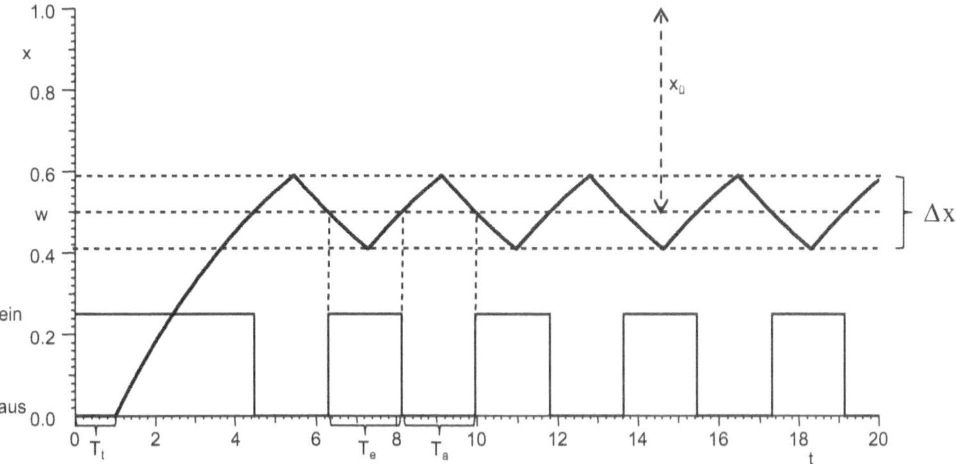

Bild 8.12 Verlauf der Regelgröße *x* für eine P-T_1- Strecke mit Totzeit

Schaltzeiten eines P-T_1-Gliedes mit Totzeit und einer Schalthysterese von null

Einschaltzeit Stellglied:

$$T_e = T_t + T_1 \cdot \ln\left(\frac{x_{max} - w \cdot e^{\frac{-T_t}{T_1}}}{x_{max} - w}\right) \tag{8.4}$$

Ausschaltzeit Stellglied:

$$T_a = T_t + T_1 \cdot \ln\left(\frac{x_{max}}{w} + \left(1 - \frac{x_{max}}{w}\right) \cdot e^{\frac{-T_t}{T_1}}\right) \tag{8.5}$$

■

Wird eine e-Funktion für den Verlauf der zu regelnden Größe angenommen und die Hysterese des Zweipunktreglers zu null gesetzt, dann ergibt die Berechnung der Schaltfrequenz:

Schaltperiode und Schaltfrequenz

$$f = \frac{1}{T} = \frac{1}{T_e + T_a}$$

Ein wichtiger Kennwert für einen Zweipunktregler ist das Schaltverhältnis (Stellgrad, Aussteuerung):

Stellgrad

$$\alpha = \frac{T_e}{T_e + T_a} = \frac{T_e}{T} \quad (8.6)$$

mit

T_e = Einschaltzeit der Stellgröße

T_a = Ausschaltzeit der Stellgröße

■

Mit dem Stellgrad lässt sich der Mittelwert der Stellgröße berechnen:

$$\bar{y} = \frac{T_e}{T_e + T_a} \cdot y_h = \alpha \cdot y_h \quad (8.7)$$

Für einen Sollwert w von 75 % des maximal erreichbaren Wertes ergibt sich ein unsymmetrischer Verlauf der Regelgröße. Die Anstiegskurve der Regelgröße x verläuft flacher als die Abfallkurve. Der Mittelwert der Regelgröße liegt unterhalb des Sollwertes. Die Schaltdifferenz wurde $(x_o - x_u) = 0$ gesetzt.

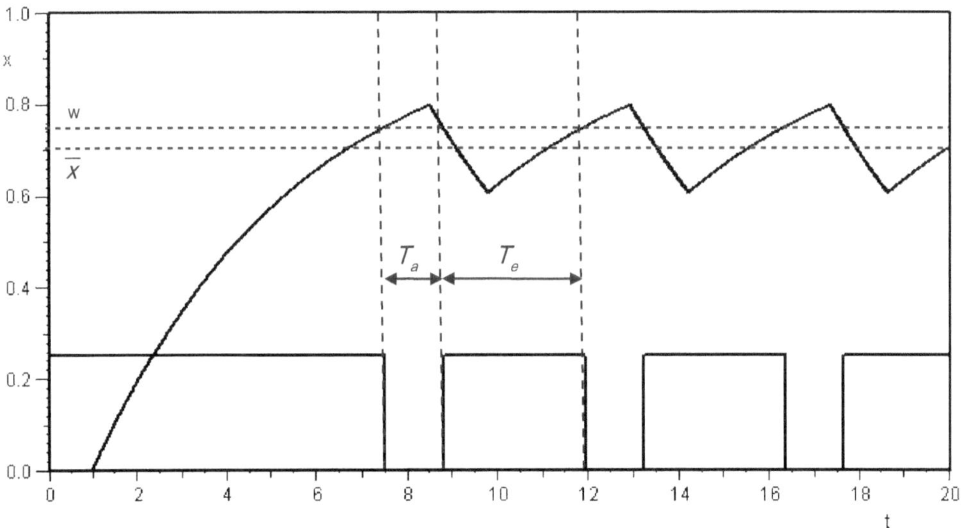

Bild 8.13 Unsymmetrischer Verlauf der Regelgröße x für einen Sollwert oberhalb des halben Endwertes

Der Mittelwert der Regelgröße ergibt sich aus den Ein- und Ausschaltzeiten der Stellgröße. In dem Bild 8.13 stellt sich ein Mittelwert der Regelgröße x von 70 % des Endwertes ein.

Dies lässt sich mit dem Stellgrad α direkt berechnen.

$$\overline{x} = \alpha * x_{\max}$$

Der Mittelwert $\overline{x}$ liegt unterhalb des Sollwertes w. Die Regelabweichung $e = w - r$ wird somit positiv.

Für einen Sollwert w unterhalb von $\frac{x_{\max}}{2}$ drehen sich die Verhältnisse um. Der Anstiegsverlauf wird steiler und der Abfall wird flacher. Der Mittelwert $\overline{x}$ der Regelgröße x lässt sich wieder über den Stellgrad α berechnen und wird sich oberhalb des Sollwertes einstellen. Die Regelabweichung $e = w - r$ wird somit negativ.

Zweipunktregler mit P-T_1-Strecken und Totzeit ohne Hysterese

Für einen Sollwert w oberhalb von $\frac{x_{\max}}{2}$ wird die Regelabweichung $e = w - r$ positiv. Für einen Sollwert w unterhalb von $\frac{x_{\max}}{2}$ drehen sich die Verhältnisse um. ■

Schaltzeiten eines P-T_1-Gliedes mit Totzeit und einer Schalthysterese ungleich null

Einschaltzeit Stellglied:

$$T_e = T_1 \cdot \ln\left(\frac{(w - x_0) \cdot e^{\frac{-T_t}{T_1}} - x_{\max}}{x_0 - x_{ü}}\right) + T_t \tag{8.8}$$

Ausschaltzeit Stellglied:

$$T_a = T_1 \cdot \ln\left(\frac{x_0 - x_{ü} + \frac{x_{\max}}{e^{\frac{-T_t}{T_1}}}}{w - x_0}\right) \tag{8.9}$$

■

In den Tabellen 8.1 bis 8.3 werden P-T_1-Strecken mit Totzeit und ohne, Zweipunktregler mit und ohne Hysterese gegenübergestellt.

Die Tabellen 8.1 bis 8.3 zeigen sehr deutlich den Einfluss von Hysterese und Totzeit. Bei einer Hysterese des Reglers wird der mittlere Regelfehler negativ, durch den Einfluss einer Totzeit der Strecke positiv. Im günstigsten Fall findet eine Kompensation statt.

Ein Parameter der neben der Schaltperiode, dem Stellgrad und der Regelabweichung ebenfalls einen Kennwert für eine unstetige Regelung darstellt, ist die maximale Schwankungsbreite. Diese wird maßgeblich durch die Hysterese des Reglers, der Zeitkonstanten des P-T_1-Gliedes und durch die Totzeit beeinflusst:

Schwankungsbreite

$$\Delta x = x_{\max} - (x_{\max} - 2 \cdot x_0) \cdot e^{-\frac{T_t}{T_1}} \tag{8.10}$$

■

Tabelle 8.1 Sollwert in der Mitte

Sollwert w	Zweipunkt-regler Hysterese	Totzeit T_t	Zeit-konstante T_1	Schalt-periode T	Stellgrad α	Mittelwert Regelgröße $\overline{e}/x_{max}$
0,5 x_{max}	0,2 x_{max}	0 s	10 s	8,11 s	0,5	0
0,5 x_{max}	0	1 s	10 s	3,8 s	0,5	0
0,5 x_{max}	0,2 x_{max}	1 s	10 s	11,34 s	0,5	0

Tabelle 8.2 Sollwert oberhalb

Sollwert w	Zweipunkt-regler Hysterese	Totzeit T_t	Zeit-konstante T_1	Schalt-periode T	Stellgrad α	Mittelwert Regelgröße $\overline{e}/x_{max}$
0,75 x_{max}	0,2 x_{max}	0 s	10 s	11,16 s	0,76	−0,01
0,75 x_{max}	0	1 s	10 s	4,82 s	0,728	0,02
0,75 x_{max}	0,2 x_{max}	1 s	10 s	14,95 s	0,743	0,007

Tabelle 8.3 Sollwert unterhalb

Sollwert w	Zweipunkt-regler Hysterese	Totzeit T_t	Zeit-konstante T_1	Schalt-periode T	Stellgrad α	Mittelwert Regelgröße $\overline{e}/x_{max}$
0,25 x_{max}	0,2 x_{max}	0 s	10 s	11,16 s	0,24	0,01
0,25 x_{max}	0	1 s	10 s	4,82 s	0,272	−0,02
0,25 x_{max}	0,2 x_{max}	1 s	10 s	14,95 s	0,257	−0,007

Für eine Totzeit $T_t = 0$ wird die Schwankungsbreite nur von der Hysterese des Reglers beeinflusst. Wird diese dann auch noch sehr klein eingestellt, kann die Schalthäufigkeit sehr groß werden.

Bei einer vorhandenen Totzeit kann die Schaltfrequenz einen Maximalwert nicht überschreiten. Nur mit einem Zweipunktregler mit einer Rückführung kann diese Schaltfrequenz vergrößert werden.

Beispiel 8.2

Ein Ofen wird beheizt. Bei einer dauernd eingeschalteten Heizung erwärmt sich die Innentemperatur auf 100 °C. Es wird eine Zeitkonstante von 5 s gemessen. Zusätzlich muss eine Totzeit von 0,5 s berücksichtigt werden. Die Schaltdifferenz wird auf 10 °C eingestellt.

a) Welche Ein- und Ausschaltzeiten stellen sich ein, wenn die Temperatur auf 40 °C geregelt werden soll?

b) Wie groß wird die Schwankungsbreite der Regelgröße?

c) Wie groß ist der Leistungsüberschuss?

Lösung 8.2

a) Einschaltzeit

$$T_e = T_1 \cdot \ln\left(\frac{(w - x_0)\cdot e^{\frac{-T_t}{T_1}} - x_{max}}{x_0 - x_ü}\right) + T_t = 5\,s \cdot \ln\left(\frac{(40\,°C - 5\,°C)\cdot e^{\frac{-0{,}5\,s}{5\,s}} - 100\,°C}{5\,°C - 60\,°C}\right) + 0{,}5\,s = 1{,}58\,s$$

Ausschaltzeit

$$T_a = T_1 \cdot \ln\left(\frac{x_0 - x_ü + \frac{x_{max}}{e^{\frac{-T_t}{T_1}}}}{w - x_0}\right) = 5\,s \cdot \ln\left(\frac{5\,°C - 60\,°C + \frac{100\,°C}{e^{\frac{-0{,}5\,s}{5\,s}}}}{40\,°C - 5\,°C}\right) = 2{,}3\,s$$

b) $\Delta x = x_{max} - (x_{max} - 2 \cdot x_0)\cdot e^{-\frac{T_t}{T_1}} = 100\,°C - (100\,°C - 2 \cdot 5\,°C)\cdot e^{-\frac{0{,}5\,s}{5\,s}} = 18{,}6\,°C$

c) $ü = \frac{x_{max} - w}{x_{max}} = \frac{100\,°C - 40\,°C}{100\,°C} = 0{,}6$

$ü = 60\,\%$

8.3 Zweipunktregler mit Regelstrecken höherer Ordnung

Der zeitliche Verlauf der Regelgröße x von Zweipunktreglern mit Strecken höherer Ordnung unterscheidet sich deutlich von den Strecken mit einem P-T_1-Glied und Totzeit.

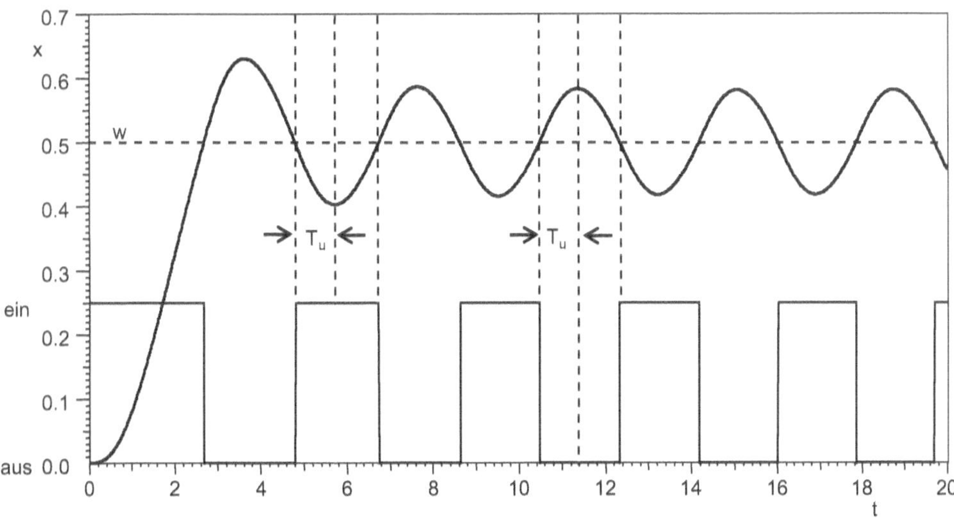

Bild 8.14 Zweipunktregler mit einem P-T_3-Glied

Der Verlauf (Bild 8.14) ist mathematisch nicht mit einer e-Funktion zu erfassen. Trotzdem wird oftmals der Ansatz gemacht, ein System höherer Ordnung durch ein P-T_1-Glied mit Totzeit zu beschreiben. Vereinfacht kann die Verzugszeit T_u der Totzeit T_t gleichgesetzt werden und die Ausgleichszeit T_g kann als Zeitkonstante T_1 eines P-T_1-Gliedes betrachtet werden.

Für den symmetrischen Fall ($w = \frac{x_{max}}{2}$) und einer Hysterese $(x_o - x_u) = 0$ des Zweipunktreglers lässt sich die Schwankungsbreite angeben, wenn die Anstiegs- und Abfallkurve der Regelgröße durch Tangenten angenähert werden:

$$\Delta x \approx x_{max} \cdot \frac{T_t}{T_1 + T_t} \tag{8.11}$$

Die Schaltfrequenz ergibt sich dann durch:

$$f = \frac{1}{T} = \frac{1}{4 \cdot T_t} \tag{8.12}$$

Es sei darauf hingewiesen, dass die Berechnungen für die Schwankungsbreite Δx und die Schaltfrequenz f nur für ein symmetrisches Einschalten und Ausschalten gelten.

Für eine zusätzliche Schaltdifferenz durch den Zweipunktregler vergrößert sich die Schwankungsbreite zu:

$$\Delta x \approx (x_o - x_u) + x_{max} \cdot \frac{T_t}{T_1 + T_t} \tag{8.13}$$

Für einen Sollwert $w = \frac{x_{max}}{2}$ stellt sich eine mittlere Regelabweichung $e = 0$ ein. Durch die Verschiebung des Arbeitspunktes ergibt sich eine mittlere Regelabweichung $\overline{e}$ der Regelgröße x (Bild 8.15).

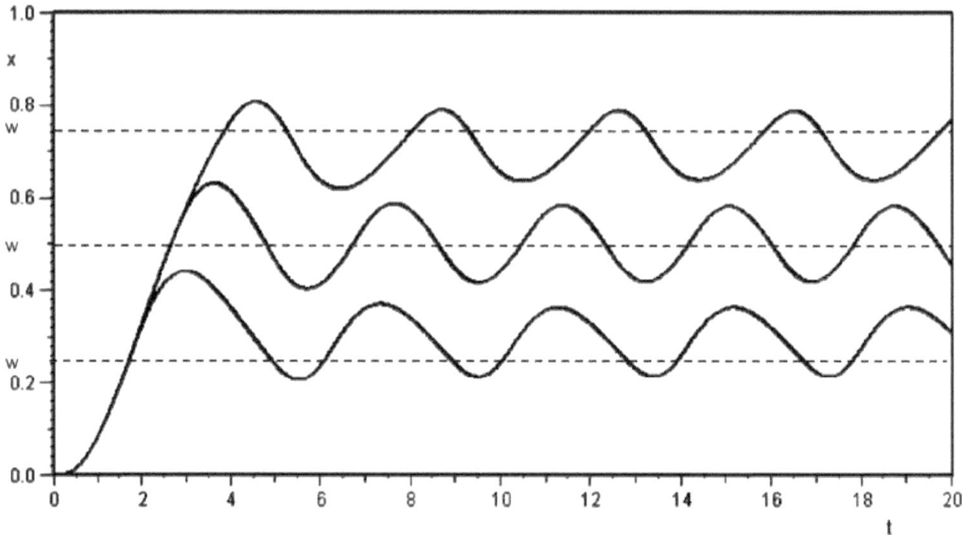

Bild 8.15 Verschiebung des Sollwertes *w*

Mit folgender Näherungsformel lässt sich diese Abweichung bestimmen:

$$\overline{e} \approx \frac{1}{2} \cdot \left(2 \cdot \frac{w}{x_{\text{max}}} - 1\right) \cdot x_{\text{max}} \cdot \frac{T_\text{u}}{T_\text{g}} \tag{8.14}$$

mit

$$e = w - x$$

und mit dem Mittelwert der Regelgröße wird dann der Stellgrad α bestimmt:

$$\overline{x} = w + \overline{e} = \frac{T_\text{e}}{T} = \alpha \cdot x_{\text{max}}$$

$$\alpha = \frac{\overline{x}}{x_{\text{max}}}$$

8.4 Optimierung von Zweipunktreglern

Bei einem Zweipunktregler mit einer Streckenverzugszeit wird sich immer eine Schwingung der Regelgröße einstellen. Das Bestreben ist natürlich, die Schwingungsbreite möglichst klein zu halten. Um eine kleine Schwingungsbreite zu erhalten, muss die Schaltfrequenz erhöht werden. Einer Erhöhung der Schaltfrequenz ist bei einem Zweipunktregler eine Grenze gesetzt. Die maximale Schaltfrequenz wird durch die Totzeit oder Verzugszeit vorgegeben. Eine kleine Schwankungsbreite wird durch folgende Fakten bestimmt:

- kleine Schaltdifferenz des Zweipunktreglers
- T_t möglichst klein gegenüber T_1
- 50 % Leistungsüberschuss $ü$
- schalten zwischen mehrfach gestuften Stellgrößen

8.4.1 Zweipunktregler mit Rückführung

Die Schwankungen eines Zweipunktreglers mit P-T_1-Glied und Totzeit können durch eine Rückführung beseitigt werden (Bild 8.16). Damit kann dem Zweipunktregler ein nahezu stetiges Verhalten gegeben werden.

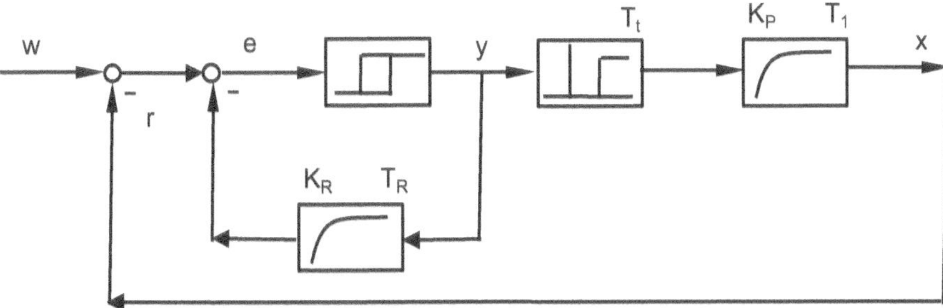

Bild 8.16 Zweipunktregler mit Rückführung

Mit dieser Rückführung werden zwei Kenngrößen beeinflusst:

- Die Schaltfrequenz wird erhöht.
- Die Schwankungsbreite wird verkleinert.

Durch die Änderung der Zeitkonstanten T_R wird die Schaltfrequenz beeinflusst. Die Zeitkonstante T_R sollte kleiner T_1 gewählt werden. Mit zunehmender Verstärkung K_R wird das Verhältnis der Aus- und Einschaltzeiten $\frac{T_a}{T_e}$ größer. Es tritt eine bleibende Regelabweichung $\overline{e}$ auf, die umso kleiner wird, je kleiner K_R gewählt wird. Bei günstiger Wahl von T_R und K_R wird die Regelgröße x quasi stetig.

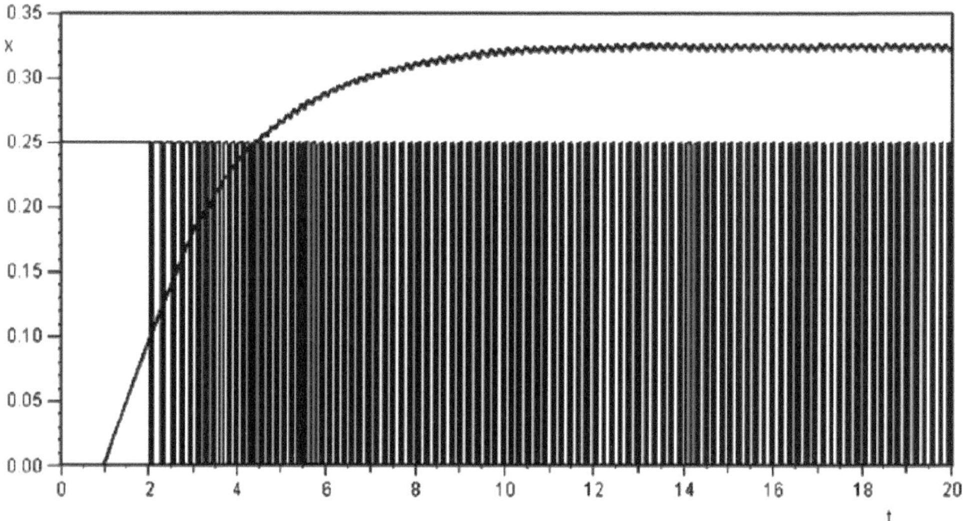

Bild 8.17 Sprungantwort eines Zweipunktreglers mit Rückführung

In dem Bild 8.17 wurde eine P-T_1-Strecke mit Totzeit geregelt. Deutlich ist die nahezu stetige Regelgröße x zu erkennen. Damit verbunden ist aber auch eine hohe Schaltfrequenz. Die Sollgröße wurde mit 0,5 festgelegt.

Nachteilig ist die entstehende Regelabweichung, die mit der einfachen Rückführung durch ein P-T_1-Glied nicht zu verhindern ist.

Zweipunktregler mit Rückführung

Die Schaltfrequenz kann trotz vorhandener Totzeit erhöht werden. Es stellt sich grundsätzlich eine Regelabweichung ein.

8.4.2 Zweipunktregler mit verzögert-nachgebender Rückführung

Durch eine verzögert-nachgebende Rückführung kann die mittlere Regelabweichung zu null geregelt werden. Hierfür werden zwei P-T_1-Glieder mit unterschiedlichen Zeitkonstanten eingesetzt.

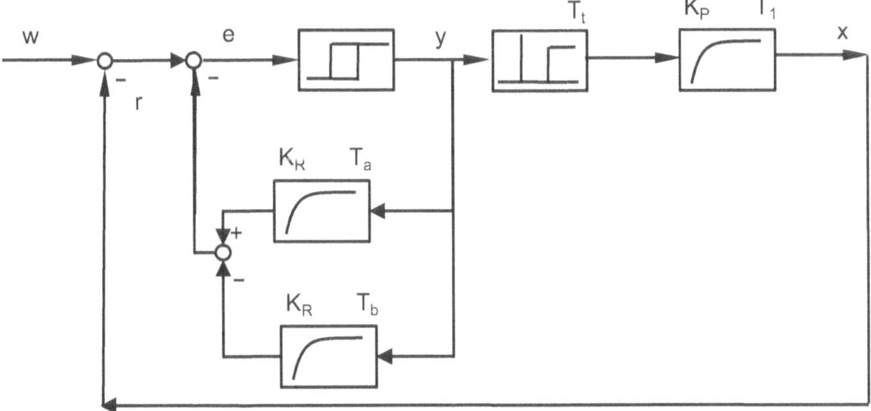

Bild 8.18 Zweipunktregler mit verzögert-nachgebender Rückführung

Die langsame Zeitkonstante T_b sollte in der Größenordnung der Streckenzeitkonstanten T_1 gewählt werden. Die schnelle Zeitkonstante T_a sollte mindestens um den Faktor 10 kleiner sein als die Streckenzeitkonstante T_1. Die Verstärkung sollte auf den Wert $K_R = 1$ gesetzt werden.

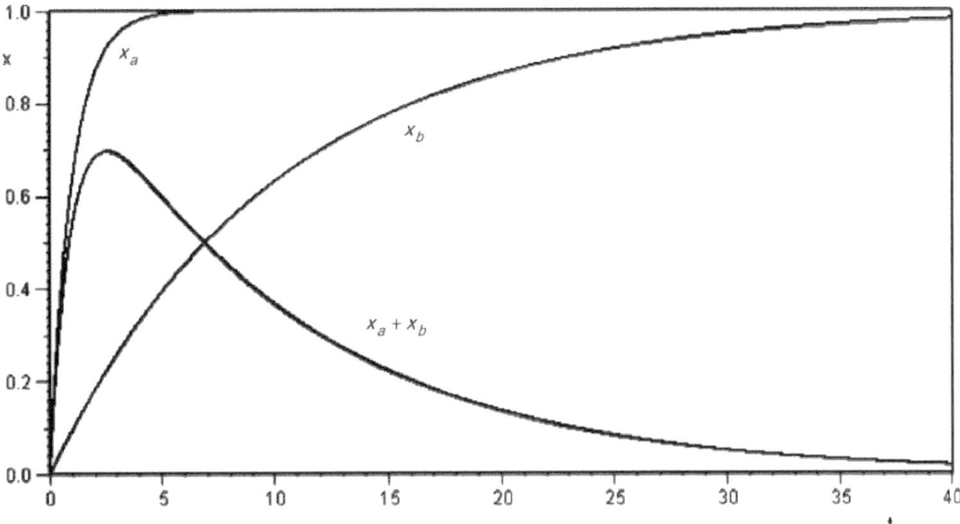

Bild 8.19 Zeitlicher Verlauf der nachgebenden Rückführung

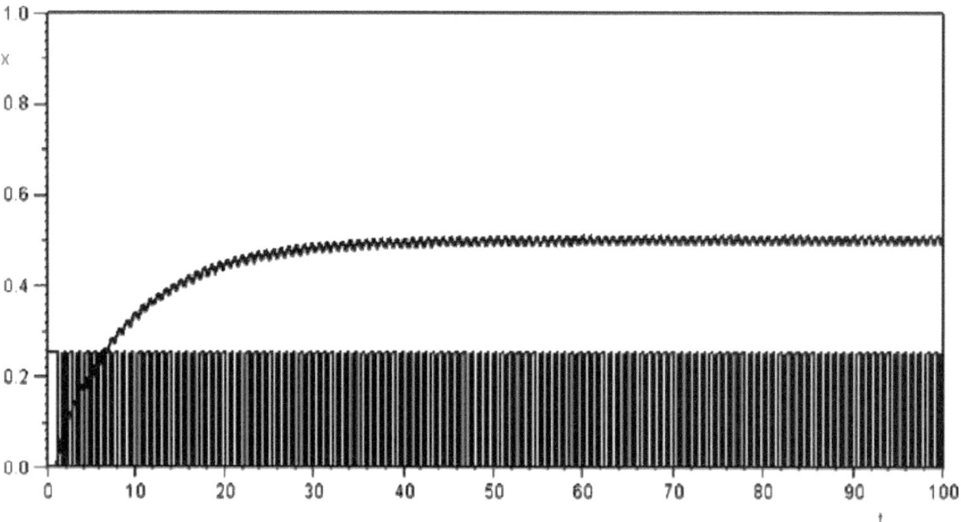

Bild 8.20 Sprungantwort eines Zweipunktreglers mit nachgebender Rückführung

Als Einstellregeln können folgende Grundsätze festgehalten werden:

- Wird K_R zu groß gewählt, steigt die Sprungantwort nur sehr langsam an.
- Ist die Zeitkonstante T_b größer als T_1, kann es zu einem Überschwingen kommen.
- Mit T_a kleiner $\frac{T_1}{10}$ nimmt die Schwingbreite ab.

Zweipunktregler mit nachgebender Rückführung

Die Schaltfrequenz kann trotz vorhandener Totzeit erhöht werden. Die Regelabweichung wird zu null.

8.5 Dreipunktregler

Wie bei einem Zweipunktregler kann die Ausgangsgröße eines Dreipunktreglers nur bestimmte Werte annehmen. Bei dem Dreipunktregler sind das drei definierte Werte, z. B. Heizen, Aus, Kühlen oder bei einer Motoransteuerung, Linkslauf, Stopp, Rechtslauf. Im Prinzip stellt der Dreipunktregler die Kombination zweier Zweipunktregler, wie im Bild 8.21 abgebildet, dar.

Das Einschalten der Stellgrößen wird an zwei Schaltpunkten x_{uE} und x_{oE} vorgenommen. Zwischen den Ausschaltpunkten x_{uA} und x_{oA} gibt es z. B. bei einem Temperaturregler einen Temperaturbereich, der keine Aktion erforderlich macht. Dies kann auch in einer anderen Darstellung wie im Bild 8.22 verdeutlicht werden. Die Schaltpunkte werden in der Regel mit zusätzlichen Hysteresen versehen.

Andererseits kann mit einem Dreipunktregler die Stellgröße auch gestaffelt geschaltet werden, so dass unterschiedliche Stellgrößen in Abhängigkeit der Regelabweichung geschaltet werden.

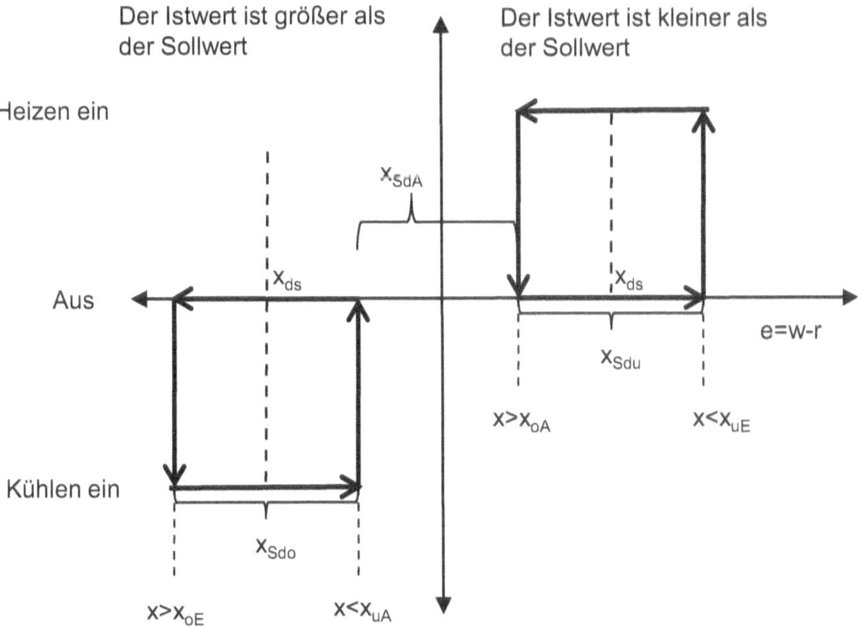

Bild 8.21 Schaltkennlinie eines Dreipunktreglers. Mit x_{SdA} Totzone, keine Schaltaktion, x_{Sdu} untere Schalthysterese, x_{Sdo} obere Schalthysterese, x_{ds} Schaltpunkt, x_{oE} oberer Einschaltpunkt, x_{oA} oberer Ausschaltpunkt, x_{uE} unterer Einschaltpunkt, x_{uA} unterer Ausschaltpunkt

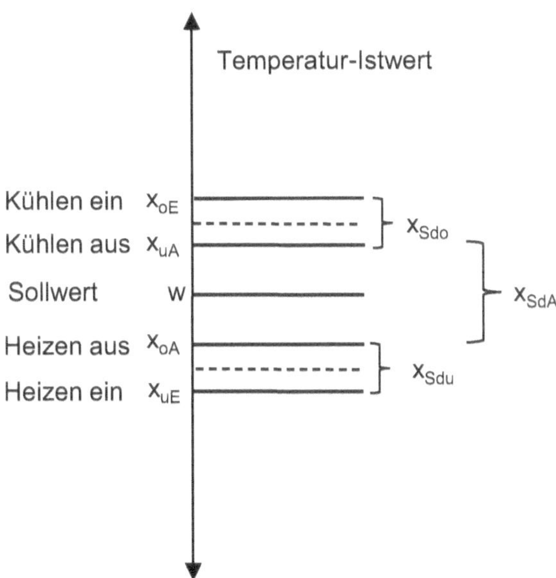

Bild 8.22 Dreipunkt-Temperaturkennlinie

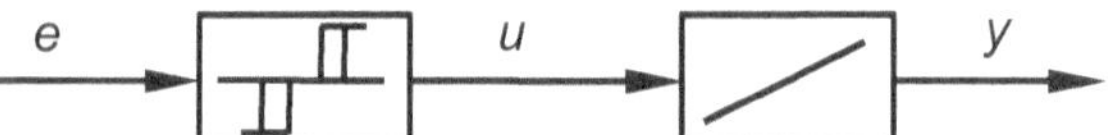

Bild 8.23 Schrittregler Blockschaltbild

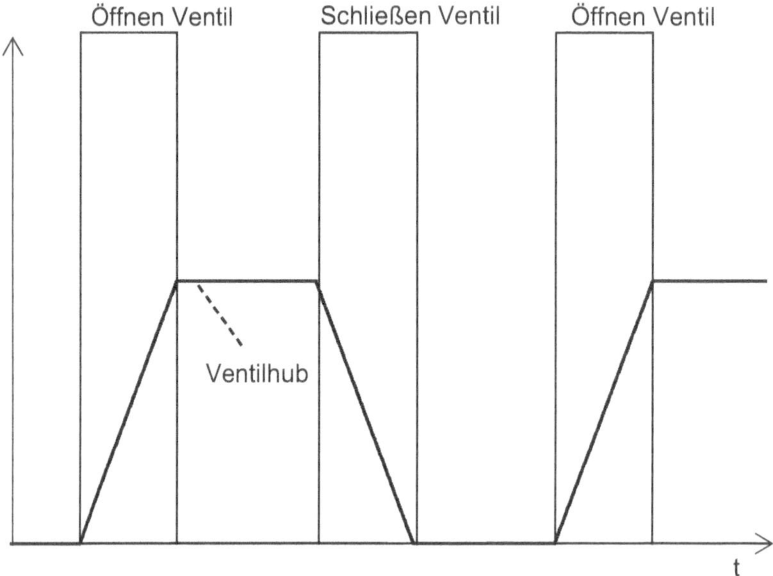

Bild 8.24 Schaltkennlinie Dreipunkt-Schrittregler

Zum Erreichen des Sollwertes wird die Stellgröße auf 110 % der Leistung gestellt. Ist der obere Grenzwert erreicht, wird abgeschaltet. Sinkt die Regelgröße unter den Sollwert, dann wird mit einer Stellgröße von 90 % gearbeitet. Sinkt die Regelgröße weiter, wird die Stellgröße wieder auf 110 % erhöht. Für den Fall, dass die Regelgröße nicht unter den unteren Grenzwert absinkt, wird die Stellgröße mit 90 % beibehalten. Mit dieser Strategie werden längere Zykluszeiten erreicht.

Der Schrittregler stellt eine besondere Anwendung des Dreipunktreglers dar. Bei Ventilen, Stellklappen und Mischerantrieben werden die Stellgrößenveränderungen oftmals durch Elektromotoren ausgeführt. Dabei wird ein Elektromotor von zwei Digitalausgängen eines Reglers angesteuert. Mit den Digitalausgängen kann der Elektromotor in zwei Richtungen gedreht werden. Damit besteht die Möglichkeit, die Ventilöffnung zu vergrößern oder zu verkleinern. Werden die beiden Digitalausgänge nicht geschaltet, behält ein Ventil seine Hubposition bei. Das bedeutet, dass im ausgeregelten Zustand keine permanente Schaltung der Digitalausgänge notwendig ist. Wie bei dem Zweipunktregler werden die Schaltpunkte mit Hysteresen versehen, um die Schalthäufigkeit bei kleinen Regelabweichungen zu reduzieren. Somit kann auch in der Stellung Aus des Dreipunkt-Schrittreglers ein Ventil geöffnet sein und damit ein Einfluss auf den Prozess nehmen. Die Stellgröße Öffnen vergrößert den Durchfluss und die Stellgröße Schließen verkleinert den Durchfluss. Dieses Öffnen, Schließen und Halten der Stellgröße ist vergleichbar mit einem integrierenden Verhalten bei linearen Übertragungsgliedern.

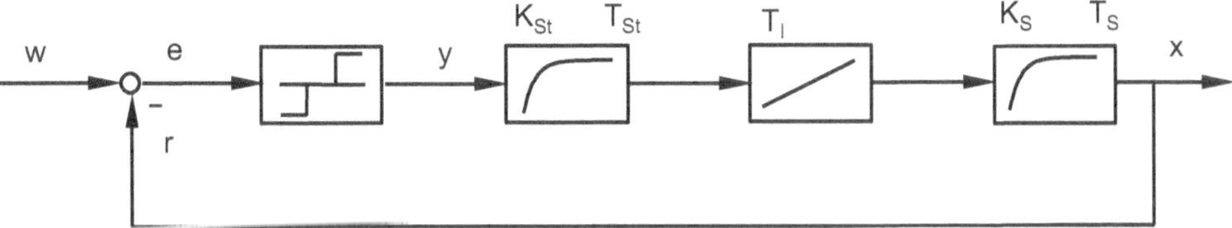

Bild 8.25 Regelkreis mit Schrittregler ohne Hysterese

Bei ungünstigen Konstellationen der Regelkreisparameter kann es zu einem dauerhaften Schwingen des Dreipunktreglers kommen. Dies soll an dem folgenden Beispiel erläutert werden. Die Hysterese wird hierbei auf null gesetzt.

Beispiel 8.3: Stabilisierung eines Schrittreglers

Für diesen Regelkreis sind folgende Parameter vorgegeben.

Dreipunktregler-Parameter	$x_{ds} = 5\,°C$; $u = 40\,V$; $x_{Sd} = 0°C$
Integrierer	$K_i = 0{,}1\,\frac{mm}{Umdr/s}$
Stellglied Motor	$K_{St} = \frac{20\,Umdr./s}{10V}$; $T_{St} = 2\,s$
Strecke	$K_S = 1\,\frac{°C}{mm}$; $T_S = 5\,s$

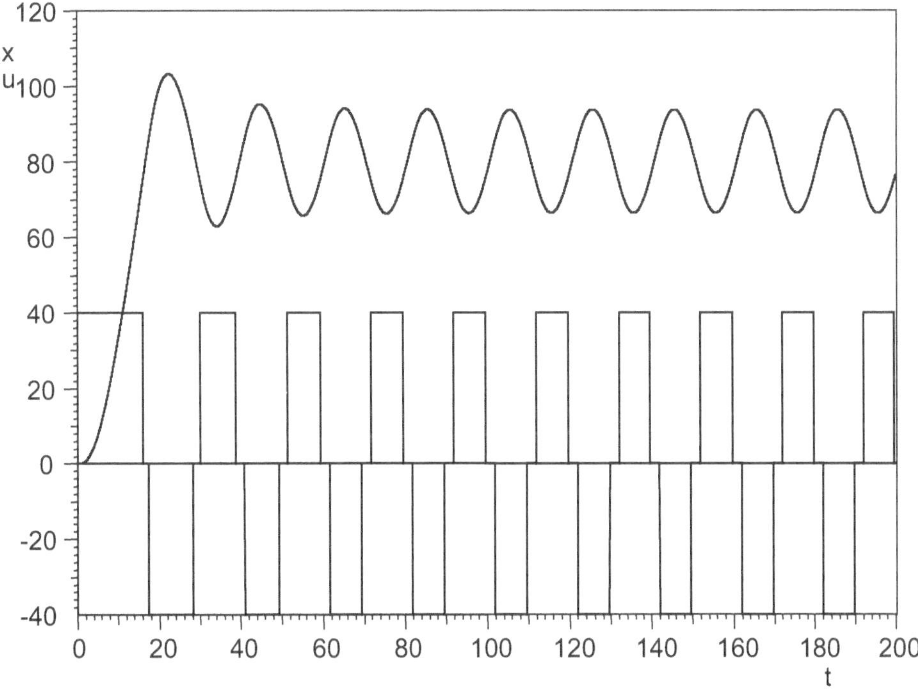

Bild 8.26 Größen im Regelkreis mit Schrittregler

Das Bild 8.26 zeigt, dass die Solltemperatur auf 80 °C eingestellt ist und die Ausgangsgröße um diese Temperatur schwingt. Die Ventilansteuerung schwingt zwischen Öffnen, Stopp und Schließen. Dieser Vorgang wird als instabil bezeichnet und sollte vermieden werden. Für das Umgehen dieses Problems bietet das Verfahren der Harmonischen Balance eine systematische Vorgehensweise. Die Beschreibungsfunktion für den Dreipunktregler lautet vereinfacht:

$$Ne_{\text{max}} = \frac{2}{\pi} \cdot k \quad \text{mit} \quad k = \frac{u}{x_{\text{ds}}} \tag{8.15}$$

In dieser Gleichung gibt u den Stellwert des Dreipunktgliedes an und x_{ds} beschreibt den Umschaltpunkt. Mit den Parametern des Beispiels ergibt sich ein Zahlenwert von

$$Ne_{\text{max}} = \frac{2}{\pi} \cdot \frac{40}{5} = 5{,}09 \tag{8.16}$$

Die Einheiten müssen mit dem linearen Anteil des Regelkreises zusammenpassen und sind hier nicht weiter aufgeführt. Diese Formel gibt eine vereinfachte Beschreibungsfunktion des Maximalwertes des nichtlinearen Dreipunktreglers an. Das Frequenzverhalten des linearen Anteils $G_{\text{L}}(\text{j}\omega)$ bestehend aus einem Integrierer und zwei P-T_1-Gliedern kann mit einem Bode-Diagramm grafisch beschrieben werden.

Für die Ermittlung der Harmonischen Balance muss der Verstärkungswert des negierten reziproken Wertes Gleichung (8.17) gebildet werden.

$$F(\text{j}\omega) = -\frac{1}{G_{\text{L}}(\text{j}\omega)} \tag{8.17}$$

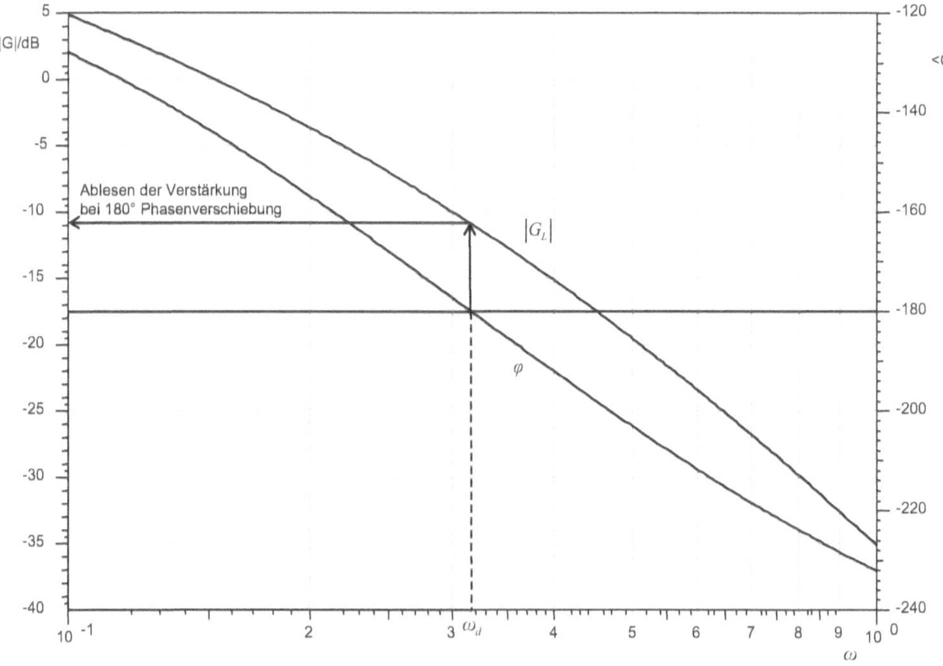

Bild 8.27 Bode-Diagramm für den instabilen Regelkreis mit Schrittregler

Die Harmonische Balance ergibt dann für einen stabilen Regelkreis mit Dreipunktregler die folgende Bedingung:

$$Ne_{\max} < |F(\mathrm{j}\omega)| \quad \text{bei} \quad \varphi = -180^\circ \tag{8.18}$$

Der Wert der Beschreibungsfunktion eines Dreipunktreglers muss für einen stabilen Regelkreis kleiner sein als der abgelesene negierte reziproke Wert aus dem Bode-Diagramm.

Bei einer Phasenverschiebung von $\varphi = -180^\circ$ wird ein Verstärkungswert von $|G_\mathrm{L}(\mathrm{j}\omega)|_\mathrm{dB} = -10{,}8\,\mathrm{dB}$ aus dem Bode-Diagramm im Bild 8.27 abgelesen. Für den Regler im Beispiel ergibt sich bei $\varphi = -180^\circ$ ein Verstärkungswert in dB von

$$|F(\mathrm{j}\omega)|_\mathrm{dB} = 10{,}8\,\mathrm{dB}; \quad |F(\mathrm{j}\omega)| = 3{,}47$$

Mit diesem Zahlenwert ist die Bedingung (8.18) für einen stabilen Dreipunktregler mit der Gleichung (8.16) nicht erfüllt. Aus dem Bode-Diagramm kann über die Kreisfrequenz ω_d auch noch zusätzlich die Schwingperiode T_d ermittelt werden.

$$T_d = \frac{2\cdot\pi}{\omega} = \frac{2\cdot\pi}{0{,}31} = 20{,}3\,s$$

Um den Regler zu stabilisieren, muss die Beschreibungsfunktion des Dreipunktreglers verkleinert werden oder der Phasenwinkel $\varphi = -180^\circ$ des linearen Anteils muss zu größeren Werten von $F(\mathrm{j}\omega)$ führen. Um dies zu erreichen, muss entweder die Stellgröße des Dreipunktreglers, der Umschaltpunkt oder der integrierende Hub des Stellmotors verändert werden.

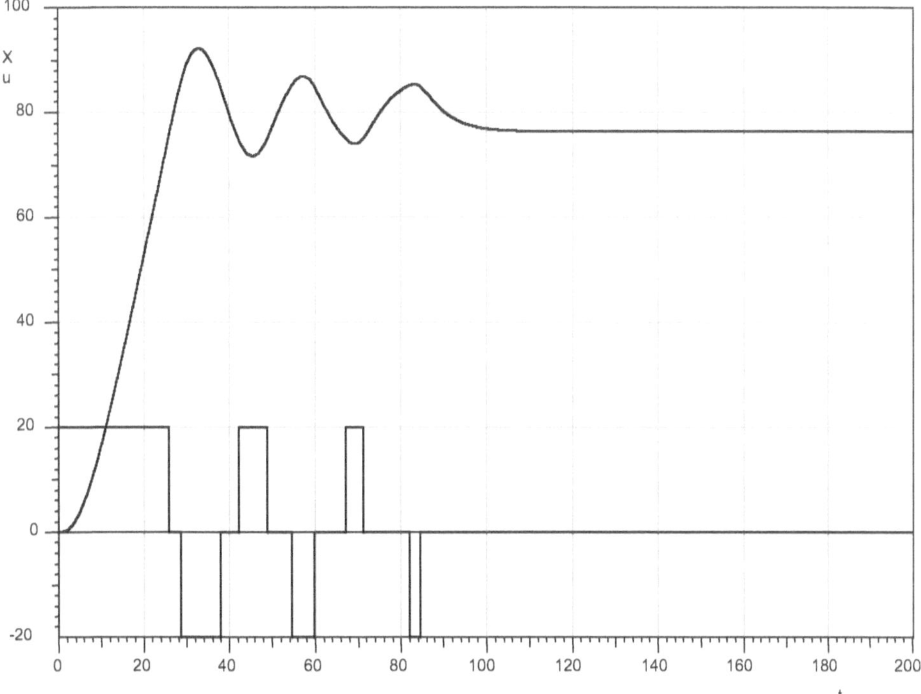

Bild 8.28 Schrittregler stabilisiert

Für den Fall, dass die Möglichkeit besteht, die Stellgröße des Dreipunktreglers zu verändern, würde eine Reduzierung auf 20 V den Regelkreis stabilisieren. Die vereinfachte Beschreibungsfunktion für den Dreipunktregler ergibt dann den Wert 2,55.

$$Ne_{\text{max}} = \frac{2}{\pi} \cdot \frac{20}{5} = 2{,}55$$

Der Regelkreis wird stabil arbeiten. ■

Beschreibungsfunktion für Dreipunktregler

$$Ne_{\text{max}} = \frac{2}{\pi} \cdot k$$

$$k = \frac{u}{x_{\text{ds}}}$$

Stabilitätsbedingung für Dreipunktregler

$$Ne_{\text{max}} < |F(\omega)| \quad \text{bei} \quad \varphi = -180^\circ$$

■

8.6 Übungen

Aufgabe 8.1

Für einen Zweipunktregler mit einer Heizungsstrecke wurde die Kurve in Bild 8.29 aufgenommen. Die Einschalt- und Ausschaltzeit beträgt jeweils 15,9 s. Der Sollwert war auf 40 °C eingestellt.

a) Geben Sie den Stellgrad an.

b) Geben Sie den maximalen Temperaturwert an, wenn der Heizungskessel dauernd eingeschaltet ist.

c) Berechnen Sie die Schwankungsbreite.

Aufgabe 8.2

Ein P-T_1-Heizsystem mit einer Totzeit soll durch einen Zweipunktregler geregelt werden. Die Streckenparameter wurden bereits gemessen. Das P-T_1-Glied hat eine Verstärkung von 0,04 und eine Zeitkonstante $T_1 = 10$ s. Die Totzeit wurde mit 1 s ermittelt. Die maximale Temperatur kann den Wert 80 °C annehmen. Der Sollwert der Regelung soll 25 °C betragen. Die Heizleistung des Stellgliedes ist mit 2000 W angegeben. Die Hysterese wird auf Null gestellt.

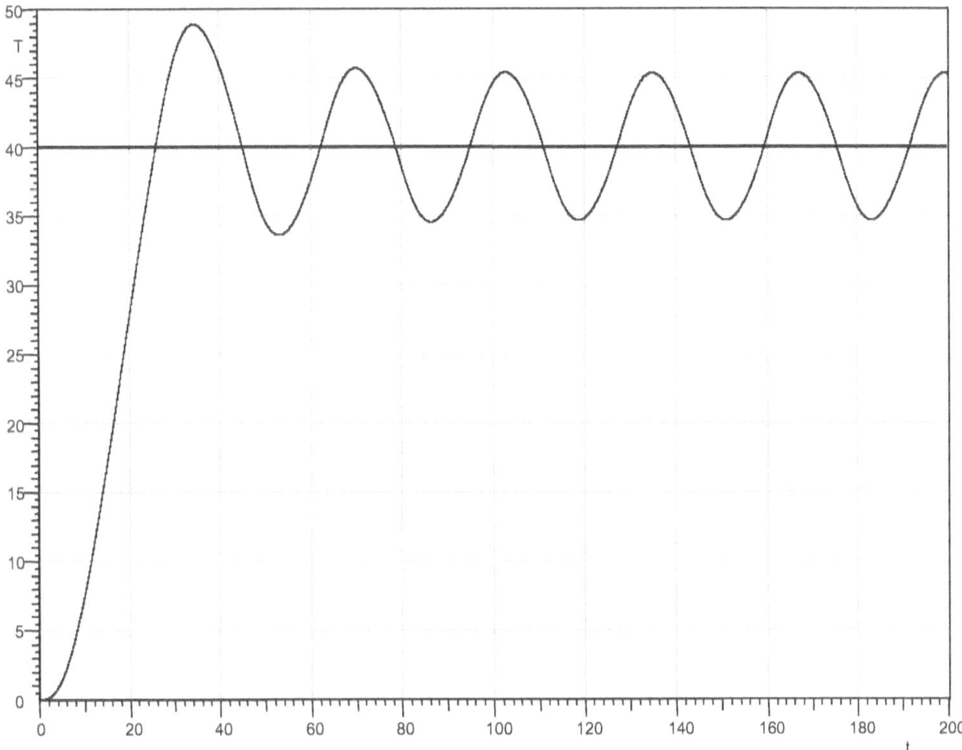

Bild 8.29 Sprungantwort

a) Berechnen Sie die Ein- und Ausschaltzeiten.

b) Geben Sie den Stellgrad an.

c) Berechnen Sie den Mittelwert der notwendigen Heizleistung.

Aufgabe 8.3

Ein P-T_1-Heizsystem mit einer Totzeit soll durch einen Zweipunktregler geregelt werden. Die Streckenparameter wurden bereits gemessen. Das P-T_1-Glied hat eine Verstärkung von 0,04 und eine Zeitkonstante $T_1 = 10$ s. Die Totzeit wurde mit 1 s ermittelt. Die maximale Temperatur kann den Wert 80 °C annehmen. Der Sollwert der Regelung soll 25 °C betragen. Die Heizleistung des Stellgliedes ist mit 2000 W angegeben. Die Hysterese wird auf ±5 °C eingestellt.

a) Berechnen Sie die Ein- und Ausschaltzeiten.

b) Berechnen Sie den Mittelwert der notwendigen Heizleistung.

c) Berechnen Sie die Schwankungsbreite.

9 Digitale Regler

Nach dem Durcharbeiten dieses Kapitels können Sie diese und weitere Fragen beantworten:

- Was unterscheidet analoge und digitale Regler?
- Wie wird ein digitaler Regler realisiert?
- Welchen Einfluss hat die Abtastperiode auf den Regler?

Heutige Regler werden nicht mehr analog mit Operationsverstärkern aufgebaut, sondern mithilfe von Mikrocontrollern realisiert. So werden die Regler als Regelalgorithmus in einer Programmiersprache wie C programmiert und im Speicher hinterlegt. Mikrocontroller verarbeiten digitale Zahlen, die in der Prozesstechnik so erst einmal nicht vorkommen. In der Automatisierungstechnik werden neben Mikrocontrollern auch sogenannte speicherprogrammierbare Steuerungen, SPSsen, eingesetzt, die letztendlich auch eine bestimmte Art von Mikroprozessor darstellen. Die Vorteile der digitalen Realisierung von Reglern sind mannigfaltig. Die Regler können platzsparend und kostengünstig gebaut werden. Sie sind universell einsetzbar und können flexibel an die entsprechende Problematik angepasst werden. Die Einstellparameter des Reglers können sogar während des laufenden Betriebs verändert werden. Dies wird z. B. bei der adaptiven Regelung eingesetzt.

Natürlich kann ein Prozessrechner mehrere Prozesse gleichzeitig regeln und zusätzlich noch Steuerungsfunktionen übernehmen. Die grundsätzliche Funktion ist aber immer gleich. Die analogen Istwerte müssen digitalisiert und mit dem Sollwert verglichen werden. Daraus ergibt sich eine Stellgröße, die wieder als Analogwert Einfluss auf den Prozess nimmt. Das Bild 9.1 zeigt die grundsätzliche Struktur eines Reglers für einen Analogregler.

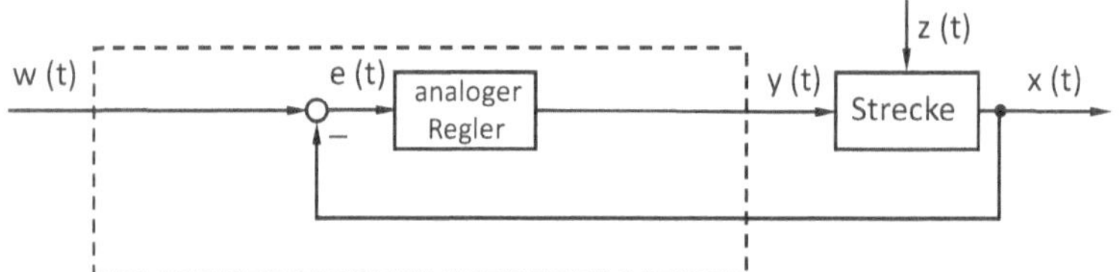

Bild 9.1 Regelkreis mit Analogregler

Dieser Analogregelkreis arbeitet ausschließlich mit analogen Größen. Anders sieht das bei einem digitalen Regelkreis aus.

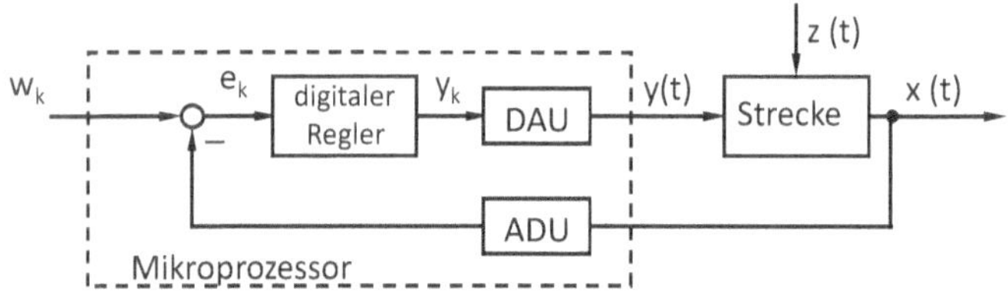

Bild 9.2 Digitaler Regelkreis

In Bild 9.2 ist gut zu erkennen, dass bei dem digitalen Regler Komponenten, die analog in digital (ADU) und digital in analog (DAU) umwandeln, dazu gekommen sind. In dem obigen Bild 9.1 wurden die zeitkontinuierlichen Signale in Abhängigkeit von der Zeit dargestellt, während die abgetasteten Werte in Bild 9.2 mit einem Index k formuliert werden. Die Formulierung mit dem Index k soll die digitalisierten Signale andeuten. Die Regelgröße $x(t)$ wird in eine digitale Zahl umgewandelt.

Bild 9.3 Abtastvorgang

Der Weg von der Analoggröße in den Digitalwert vollzieht sich in zwei Schritten (Bild 9.3). Zuerst wird der Analogwert abgetastet und für die Umwandlung in einen diskreten Wert bereitgehalten. Der Wert $x_k(t)$ wird für die Umwandlung auf einen konstanten Wert gehalten. Dieser Vorgang wird als Sample and Hold (S&H) bezeichnet. Danach wird das Signal quantisiert. Dieser gesamte Vorgang ist in Bild 9.2 vereinfacht mit ADU bezeichnet worden.

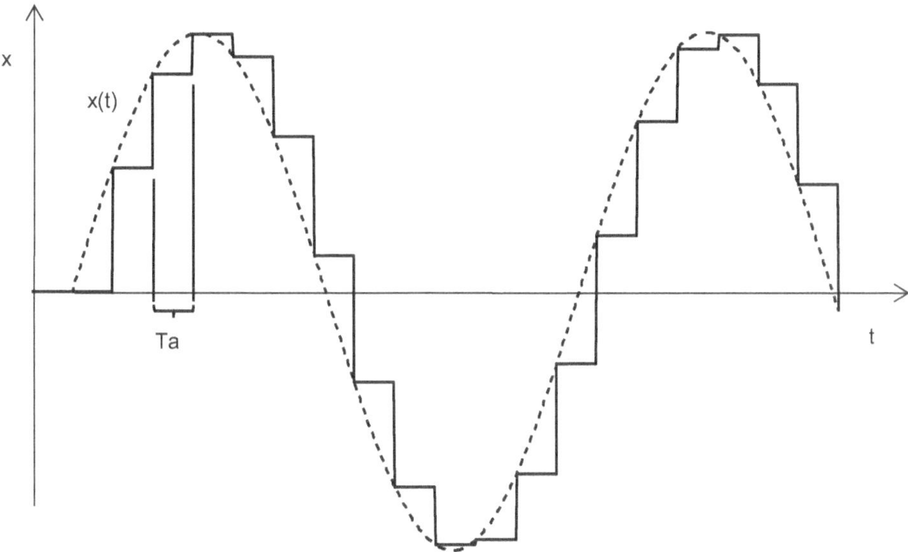

Bild 9.4 Abtastung ohne Quantisierung

Das abgetastete Signal $x_k(t)$ am Ausgang des S&H ist zu diesem Zeitpunkt in der Amplitude noch nicht quantisiert (Bild 9.4). Entsprechend der Auflösung des ADUs wird die physikalische Größe in der Amplitude gestuft. Dadurch entsteht der Quantisierungsfehler. Die Quantisierung wird durch die Auflösung des ADUs bestimmt.

$$q = \frac{U_{\text{ref}}}{2^n} \qquad \text{mit } U_{\text{ref}} \text{ als Referenzspannung}$$

Das Bild 9.5 zeigt sehr gut, dass nicht mehr alle Amplitudenwerte vorkommen, sondern nur noch gestufte. Je größer die Auflösung, desto kleiner wird die Stufung.

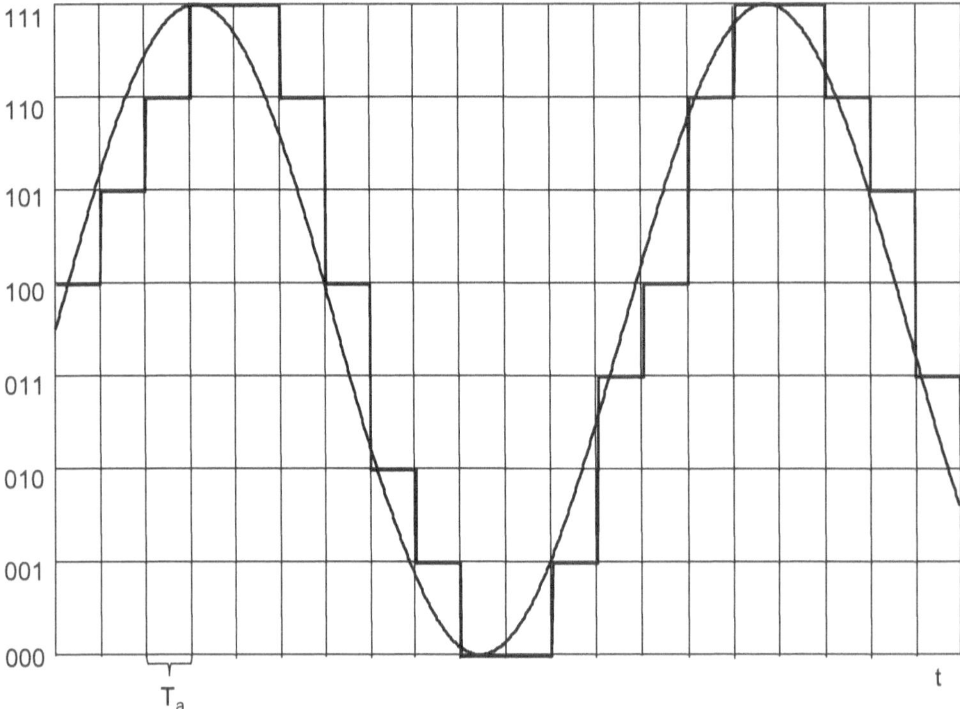

Bild 9.5 Abtastung und Quantisierung anhand eines 3-Bit-ADU

Durch die Digitalisierung des Reglers entsteht systembedingt eine Abweichung in der Amplitude der Regelgröße und es entsteht eine Verzögerung der Stellgröße um einen Abtastwert. Während der Abtastperiode T_a wird das analoge Signal in ein digitales Signal umgewandelt und es wird der Regelalgorithmus ausgeführt. Dadurch steht die ermittelte Stellgröße erst eine Abtastperiode später zur Verfügung. Die Abtastzeit kann durch die benötigten Zeiten nicht beliebig verkleinert werden. Andererseits muss die Abtastzeit nur so klein wie nötig sein. Zu beachten ist auch, dass die Stellgröße $y(t)$ als kontinuierliches, stufiges Signal am Ausgang des DAUs vorliegt.

Abtastung

Aus der kontinuierlichen analogen Regelgröße $x(t)$ werden Abtastwerte entnommen, die dann als Zahlenfolge $x(k \cdot T_a)$, mit $k = 0, 1, 2, \ldots$ dem Regelalgorithmus zugeführt werden. Nur zu diesen Zeitpunkten existieren Werte. Die Werte zwischen zwei Abtastungen sind dem Regler unbekannt. Bei einer kleinen Abtastzeit kann davon ausgegangen werden, dass sich die Regelgröße während einer Abtastperiode nicht extrem stark verändert. ■

9.1 Realisierung eines idealen PID-Reglers

Der digitale PID-Regler kann in Anlehnung an den analogen PID-Regler entworfen werden. Das hat den Vorteil, dass die Einstellparameter K_P, T_n und T_V weiterhin genutzt werden können, also auch die Entwurfsverfahren der analogen Regelungstechnik für den digitalen Regler zum Einsatz kommen.

Der PID-Regler setzt sich aus drei Komponenten zusammen.

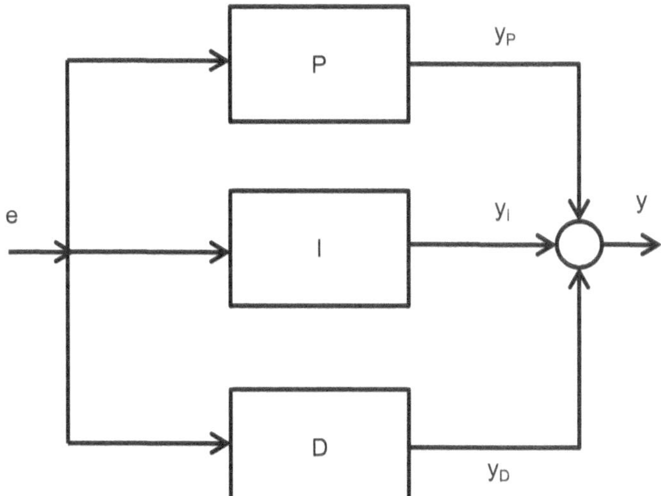

Bild 9.6 PID-Regler

Mathematisch formuliert, setzt sich die Stellgröße aus der Summe der drei Anteile zusammen.

$$y(t) = y_P + y_I + y_D = K_P \cdot e(t) + K_I \cdot \int_0^t e(\tau)\,\mathrm{d}\tau + K_D \cdot \frac{\mathrm{d}}{\mathrm{d}t} e(t)$$

Für den digitalen Regelalgorithmus liegen nur die abgetasteten Werte zu den Zeitpunkten $k \cdot T_a$ vor. Der Buchstabe k steht für die fortlaufende Folge von Zahlen. Das bedeutet, dass die Zeit t durch den Ausdruck $k \cdot T_a$ ersetzt werden muss.

Die Regelabweichung e_k wird zyklisch aus der Regelgröße x_k und dem Sollwert w_k nach der bekannten Formel

$e_k = w_k - r_k$ mit r_k als Rückführung

berechnet. Die Regelabweichung e_k geht dann in den digitalen Regelalgorithmus ein.

9.1.1 P-Anteil

Für den analogen P-Anteil ergibt sich damit eine einfache Umstellung auf einen digitalen P-Anteil. Der P-Anteil wird jeweils zum abgetasteten Zeitpunkt berücksichtigt. Der abgetastete Wert $e(t)$ wird somit zu $e(k \cdot T_a)$ und vereinfacht wird dafür e_k geschrieben.

$$Y_{P,k} = K_P \cdot e_k \tag{9.1}$$

9.1.2 I-Anteil

Ausgehend von der Gleichung für den I-Anteil

$$Y_\mathrm{I} = K_\mathrm{I} \cdot \int_0^t e(\tau)\,\mathrm{d}\tau \tag{9.2}$$

wird folgender Ansatz gemacht. Das Integral bedeutet, dass eine Fläche berechnet wird. Die Regeldifferenz $e(t)$ wird für eine Abtastperiode T_a als konstant angenommen. Dadurch kann das Integral als Summe von Rechtecken mit der jeweiligen Fläche $T_\mathrm{a} \cdot e(k \cdot T_\mathrm{a})$ angenommen werden. Es ergibt sich:

$$Y_{\mathrm{I},k} = K_\mathrm{I} \cdot T_\mathrm{a} \cdot \sum_{\mathrm{i}=0}^{k} e_\mathrm{i}$$

Für $k = 2$ entsteht

$$Y_{\mathrm{I},2} = K_\mathrm{I} \cdot T_\mathrm{a} \cdot e_0 + K_\mathrm{I} \cdot T_\mathrm{a} \cdot e_1 + K_\mathrm{I} \cdot T_\mathrm{a} \cdot e_2$$

Die Summe bedeutet, dass die einzelnen Rechteckflächen fortlaufend aufsummiert werden.

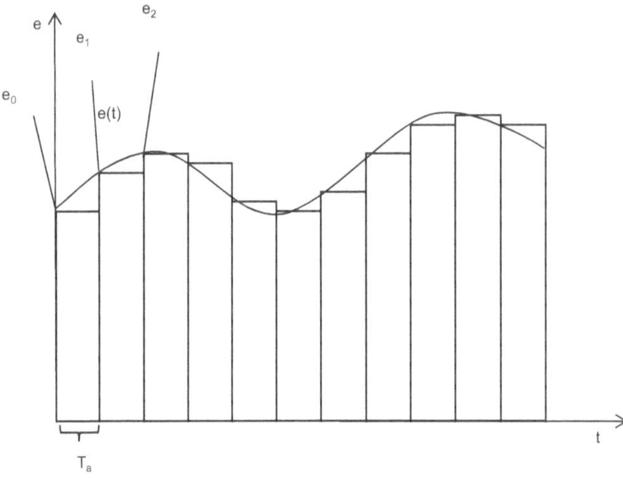

Bild 9.7 Näherung des Integrals durch Rechteckflächen

Störend an dem I-Anteil ist, dass dieser unendlich viel Speicherplatz benötigt, da die Summe alle Regeldifferenzen von e_0 bis e_k berücksichtigt. Dieser Algorithmus kann so nicht direkt implementiert werden. Um dieses Speicherplatzproblem zu umgehen, wird eine Differenzenbetrachtung durchgeführt.

$$Y_{\mathrm{I},k} - Y_{\mathrm{I},k-1} = K_\mathrm{I} \cdot T_\mathrm{a} \cdot \sum_{\mathrm{i}=0}^{k} e_\mathrm{i} - K_\mathrm{I} \cdot T_\mathrm{a} \cdot \sum_{\mathrm{i}=0}^{k-1} e_\mathrm{i} = K_\mathrm{I} \cdot T_\mathrm{a} \cdot e_\mathrm{k}$$

$$Y_{\mathrm{I},k} - Y_{\mathrm{I},k-1} = K_\mathrm{I} \cdot T_\mathrm{a} \cdot e_\mathrm{k} + K_\mathrm{I} \cdot T_\mathrm{a} \cdot \sum_{\mathrm{i}=0}^{k-1} e_\mathrm{i} - K_\mathrm{I} \cdot T_\mathrm{a} \cdot \sum_{\mathrm{i}=0}^{k-1} e_\mathrm{i} = K_\mathrm{I} \cdot T_\mathrm{a} \cdot e_\mathrm{k} \tag{9.3}$$

Bei dieser Differenzenbetrachtung werden zwei unmittelbar hintereinander liegende Abtastzeitpunkte betrachtet. Beide Stellgrößen werden über die Summe ermittelt. Wird allerdings die Differenz zwischen diesen beiden Abtastzeitpunkten genommen, fällt die Summe heraus und es verbleibt die letzte aktuelle Flächenberechnung. Wird die Formel anschließend umgestellt, so muss immer nur ein Stellgrößenwert aus der Vergangenheit gespeichert bleiben. Dazu kommt dann immer nur die aktuelle gewichtete Flächenberechnung.

$$Y_{\mathrm{I},k} = Y_{\mathrm{I},k-1} + K_\mathrm{I} \cdot T_\mathrm{a} \cdot e_\mathrm{k} \tag{9.4}$$

Die Flächenberechnung kann mit unterschiedlichen Annäherungen ermittelt werden. Für die Rückwärts-Rechteckregel wird jeweils das linke Rechteck zum aktuellen Abtastwert als Fläche berücksichtigt. Bei der Vorwärts-Rechteckregel das rechte Rechteck. Bei einer ansteigenden Regeldifferenz $e(t)$ wird die Fläche für die Rückwärts-Rechteckregel zu groß und bei einer abfallenden Regeldifferenz zu klein ermittelt. Für die Vorwärts-Rechteckregel gilt genau die Umkehrung.

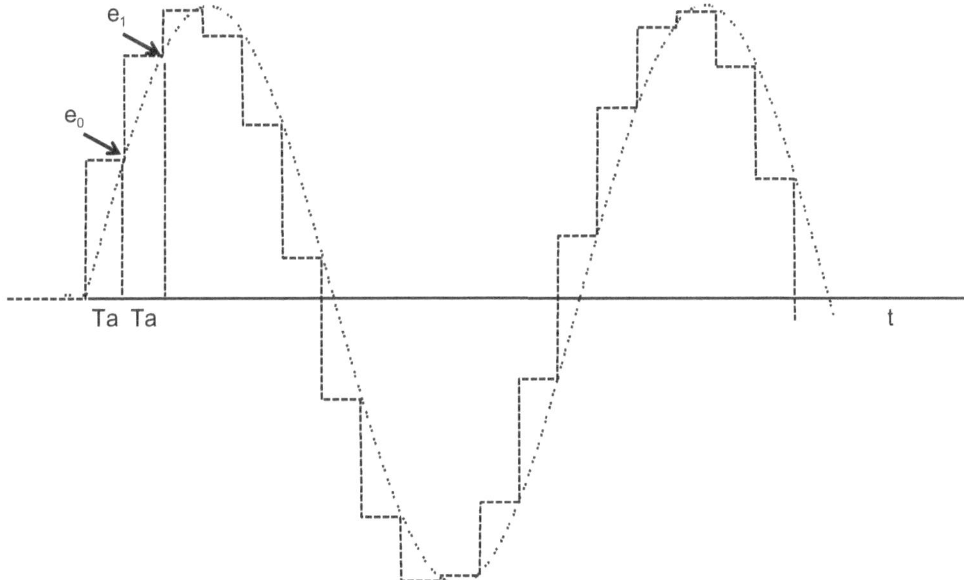

Bild 9.8 Rückwärts-Rechteckregel

9.1.3 D-Anteil

Der D-Anteil enthält eine Ableitung der Regeldifferenz. Die Ableitung von $e(t)$ entspricht einer Steigung bzw. einer zeitlichen Veränderung von $e(t)$.

$$Y_\mathrm{D} = K_\mathrm{D} \cdot \frac{\mathrm{d}}{\mathrm{d}t} e(t) \tag{9.5}$$

Für den digitalen Regler wird die Ableitung der Regelabweichung $e(t)$ als Differenz zwischen zwei Abtastzeitpunkten bezogen auf die Abtastperiode T_a angesetzt.

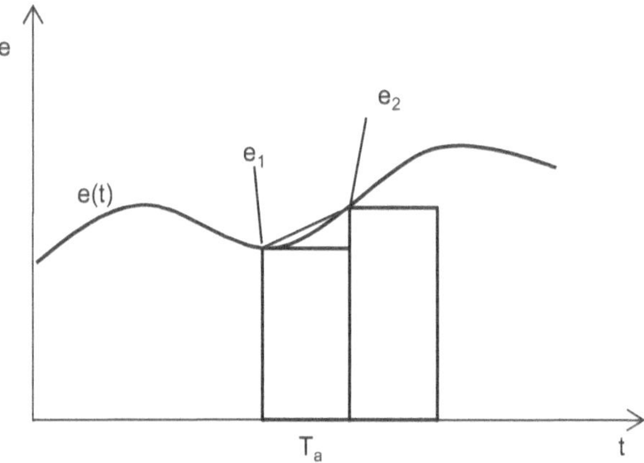

Bild 9.9 Ableitung der Regelabweichung

Somit ergibt sich allgemein:

$$Y_{D,k} = K_D \cdot \frac{e_k - e_{k-1}}{T_a}$$

9.1.4 PID-Algorithmus

Nachdem die einzelnen Komponenten des PID-Reglers ermittelt wurden, kann nun der PID-Algorithmus durch Überlagerung der Komponenten erstellt werden.

$$y_k = Y_{P,k} + Y_{I,k} + Y_{D,k} = K_P \cdot e_k + K_I \cdot T_a \cdot \sum_{i=0}^{k} e_i + K_D \cdot \frac{e_k - e_{k-1}}{T_a}$$

Wie bei dem analogen PID-Regler kann der K_P-Faktor des P-Anteils ausgeklammert werden. Damit ergeben sich die gleichen Einstellparameter K_P, T_n und T_v wie bei einem analogen PID-Regler.

$$y_k = K_P \cdot \left(e_k + \frac{K_I}{K_P} \cdot T_a \cdot \sum_{i=0}^{k} e_i + \frac{K_D}{K_P} \cdot \frac{e_k - e_{k-1}}{T_a} \right)$$

$$y_k = K_P \cdot \left(e_k + \frac{1}{T_n} \cdot T_a \cdot \sum_{i=0}^{k} e_i + T_V \cdot \frac{e_k - e_{k-1}}{T_a} \right)$$

mit

$$T_n = \frac{K_P}{K_I} \quad \text{und} \quad T_V = \frac{K_D}{K_P}$$

Zur Vermeidung der Summe wird der gleiche Ansatz gewählt wie bei dem I-Anteil, es wird eine Differenzenbetrachtung zwischen zwei Abtastzeitpunkten durchgeführt.

$$y_{k-1} = K_P \cdot \left(e_{k-1} + \frac{T_a}{T_n} \cdot \sum_{i=0}^{k-1} e_i + \frac{T_V}{T_a} \cdot (e_{k-1} - e_{k-2}) \right)$$

$$y_k - y_{k-1} = K_P \cdot \left(e_k - e_{k-1} + \frac{T_a}{T_n} \cdot \sum_{i=0}^{k} e_i - \frac{T_a}{T_n} \cdot \sum_{i=0}^{k-1} e_i + T_V \cdot \frac{e_k - e_{k-1}}{T_a} - T_V \cdot \frac{e_{k-1} - e_{k-2}}{T_a} \right) \quad (9.6)$$

Die Formel (9.6) muss umgestellt werden, d. h. y_k wird auf der linken Seite isoliert und auf der rechten Seite wird nach den Abtastwerten e_k, e_{k-1} und e_{k-2} sortiert.

$$y_k = y_{k-1} + K_P \cdot \left(e_k - e_{k-1} + \frac{T_a}{T_n} \cdot e_k + T_V \cdot \frac{e_k - e_{k-1}}{T_a} - T_V \cdot \frac{e_{k-1} - e_{k-2}}{T_a} \right)$$

$$y_k = y_{k-1} + K_P \cdot \left(e_k - e_{k-1} + \frac{T_a}{T_n} \cdot e_k + \frac{T_V}{T_a} \cdot e_k - \frac{T_V}{T_a} \cdot e_{k-1} - \frac{T_V}{T_a} \cdot e_{k-1} + \frac{T_V}{T_a} \cdot e_{k-2} \right)$$

$$y_k = y_{k-1} + K_P \cdot e_k + K_P \cdot \frac{T_a}{T_n} \cdot e_k + K_P \cdot \frac{T_V}{T_a} \cdot e_k - K_P \cdot e_{k-1} - K_P \cdot \frac{T_V}{T_a} \cdot e_{k-1}$$
$$- K_P \cdot \frac{T_V}{T_a} \cdot e_{k-1} + K_P \cdot \frac{T_V}{T_a} \cdot e_{k-2}$$

$$y_k = y_{k-1} + \left(K_P + K_P \cdot \frac{T_a}{T_n} + K_P \cdot \frac{T_V}{T_a} \right) \cdot e_k - \left(K_P + 2 \cdot K_P \cdot \frac{T_V}{T_a} \right) \cdot e_{k-1} + K_P \cdot \frac{T_V}{T_a} \cdot e_{k-2}$$

$$y_k = y_{k-1} + a_0 \cdot e_k + a_1 \cdot e_{k-1} + a_2 \cdot e_{k-2} \tag{9.7}$$

Die Koeffizienten sind:

$$a_0 = K_P + K_P \cdot \frac{T_a}{T_n} + K_P \cdot \frac{T_V}{T_a}$$

$$a_1 = -\left(K_P + 2 \cdot K_P \cdot \frac{T_V}{T_a} \right)$$

$$a_2 = K_P \cdot \frac{T_V}{T_a}$$

Die Formel (9.7) wird allgemein als Differenzengleichung bezeichnet. Sie entspricht der Differenzialgleichung für kontinuierliche Signale.

In den Koeffizienten des digitalen Regelalgorithmus ist die Abtastzeit T_a enthalten, sodass bei einem digitalen PID-Regler vier Einstellparameter angegeben werden müssen. Die Parameter K_P, T_n und T_V sind identisch mit den analogen Einstellparametern und zusätzlich gehört zu einem PID-Regler immer die Angabe der Abtastzeit T_a. Neben der aktuellen Regeldifferenz e_k werden auch zwei vergangene Regeldifferenzen e_{k-1} und e_{k-2} benötigt.

Die hergeleitete Formel

$$y_k = y_{k-1} + a_0 \cdot e_k + a_1 \cdot e_{k-1} + a_2 \cdot e_{k-2} \tag{9.8}$$

wird auch als Stellungsalgorithmus bezeichnet. Für bestimmte Anwendungen kann es besser sein, nur den Zuwachs zu berechnen. Dafür wird die Differenz zwischen dem aktuellen und dem alten Stellwert berechnet. Diese Formel wird dann als Geschwindigkeitsalgorithmus bezeichnet.

$$\Delta y = y_k - y_{k-1} = a_0 \cdot e_k + a_1 \cdot e_{k-1} + a_2 \cdot e_{k-2} \tag{9.9}$$

9.2 Der Bildbereich für Abtastsysteme

In Kapitel 3 wurde der Bildbereich für zeitkontinuierliche Funktionen eingeführt. Mit der Transformation von dem Zeitbereich in den Bildbereich lassen sich z. B. Differenzialgleichungen einfacher lösen. Übertragungsfunktionen von Strecken werden im Bildbereich formuliert, um daraus das Verhalten zu analysieren. Ein ähnlicher Ansatz kann auch für Abtastsysteme durchgeführt werden. Die abgetasteten Signale können in den Bildbereich transformiert werden. Aus dem Ausgangs-Eingangsverhalten kann dann die Übertragungsfunktionen für digitale Systeme ermittelt werden. Mit einer entsprechenden Transformation ist es möglich, aus dem Bildbereich für kontinuierliche Systeme, dem sogenannten Laplace-Bereich, direkt in den z-Bereich, also den Bildbereich für Abtastsysteme, zu wechseln.

Ohne auf die komplexe Theorie der z-Transformation einzugehen, soll anhand eines einfachen Beispiels die grundsätzliche Vorgehensweise gezeigt werden.

Als Beispiel soll ein P-$\mathrm{T_1}$-Glied herangezogen werden. Die Übertragungsfunktion wurde in Kapitel 3 hergeleitet. Sie lautet allgemein:

$$G(s) = K_\mathrm{P} \frac{1}{1 + s T_1} \tag{9.10}$$

Mit den zwei Parametern der Verstärkung K_P und der Zeitkonstanten T_1 ist ein P-$\mathrm{T_1}$-Glied hinreichend beschrieben. Im Zeitbereich entspricht das P-$\mathrm{T_1}$-Glied einer Differenzialgleichung 1. Ordnung. Das P-$\mathrm{T_1}$-Glied kann auch als Blockschaltbild dargestellt werden.

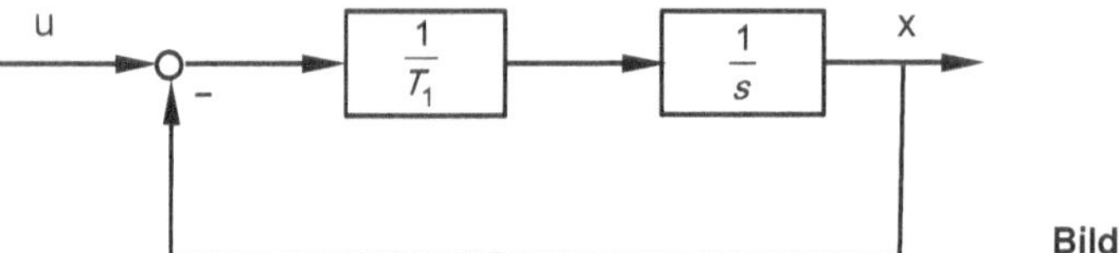

Bild 9.10 P-$\mathrm{T_1}$-Glied

Entsprechend der Laplace-Transformation steht der Ausdruck $\frac{1}{s}$ für ein Integral. In dem Blockschaltbild wird die Differenzialgleichung über das Integral notiert.

Dies kann wiederum als Gleichung geschrieben werden. Vorausgesetzt, die Anfangswerte des Integrals werden mit null angenommen.

$$x(t) = \frac{1}{T_1} \int_0^t (u(\tau) - x(\tau))\,\mathrm{d}\tau \tag{9.11}$$

Mit dieser Schreibweise soll jetzt das analoge P-$\mathrm{T_1}$-Glied in ein digitales P-$\mathrm{T_1}$-Glied überführt werden. Dazu wird das Integral wieder über die Aufsummierung von Flächen angenähert. Die einzelnen Flächen berechnen sich über den Abtastwert multipliziert mit der Antastperiode T_a. Das Integral wird durch ein Summenzeichen ersetzt.

$$x_\mathrm{k} = \frac{T_\mathrm{a}}{T_1} \cdot \sum_{\mathrm{i}=0}^{k} u_\mathrm{i} - x_\mathrm{i} \tag{9.12}$$

Wie bei der Herleitung der PID-Gleichung (9.7) wird das Summenzeichen über einen Differenzenansatz beseitigt.

$$x_k - x_{k-1} = \frac{T_a}{T_1} \cdot \sum_{i=0}^{k} (u_i - x_i) - \frac{T_a}{T_1} \cdot \sum_{i=0}^{k-1} (u_i - x_i) = \frac{T_a}{T_1} \cdot (u_k - x_k)$$

$$x_k - x_{k-1} = \frac{T_a}{T_1} \cdot (u_k - x_k)$$

$$x_k + \frac{T_a}{T_1} \cdot x_k = x_{k-1} + \frac{T_a}{T_1} \cdot u_k$$

$$x_k = \frac{x_{k-1} + \frac{T_a}{T_1} \cdot u_k}{1 + \frac{T_a}{T_1}} \tag{9.13}$$

Die Gleichung (9.13) wird weiter umgeformt, sodass eine typische Differenzengleichung entsteht.

$$x_k = \frac{x_{k-1} + \frac{T_a}{T_1} \cdot u_k}{1 + \frac{T_a}{T_1}}$$

$$x_k = \frac{T_1}{T_a + T_1} x_{k-1} + \frac{T_a}{T_a + T_1} \cdot u_k$$

$$x_k = b_1 \cdot x_{k-1} + a_0 \cdot u_k \tag{9.14}$$

Diese Differenzengleichung lässt sich auch über die z-Transformation ermitteln. Liegt nämlich die Übertragungsfunktion im Laplace-Bereich vor, kann durch die Transformation mit der Rückwärts-Rechteckregel direkt aus dem Laplace-Bereich in den z-Bereich transformiert werden. Es muss lediglich s ersetzt werden. Für die Rückwärts-Rechteckregel lautet die Gleichung:

$$s = \frac{z-1}{T_a \cdot z}$$

Eingesetzt in die Gleichung (9.10) wird daraus:

$$G(z) = K_P \cdot \frac{1}{1 + T_1 \cdot \frac{z-1}{T_a \cdot z}}$$

Die weiteren Schritte vollziehen sich in drei Etappen.

1. Schritt: Doppelbruch beseitigen

$$G(z) = K_P \cdot \frac{T_a \cdot z}{(T_a + T_1) \cdot z - T_1}$$

2. Schritt: Division durch den höchsten Nennergrad von z, also durch z in diesem Beispiel

$$G(z) = K_P \cdot \frac{T_a}{(T_a + T_1) - T_1 \cdot z^{-1}}$$

3. Schritt: Transformation in eine Differenzengleichung

Für diese Transformation wird $G(z)$ durch $\frac{x(z)}{u(z)}$ ersetzt und die Gleichung wird ausmultipliziert zu

$$(T_a + T_1) \cdot x(z) - T_1 \cdot z^{-1} \cdot x(z) = K_P \cdot T_a \cdot u(z) \tag{9.15}$$

Die Transformation wird wie folgt durchgeführt. Der Ausdruck $x(z)$ wird durch x_k ersetzt. Ein Ausdruck $x(z) \cdot z^{-1}$ wird durch x_{k-1} ersetzt usw. Das Gleiche gilt für $u(z)$. Dadurch entsteht eine Differenzengleichung. Wird x_k auf der linken Seite isoliert und K_P gleich eins gesetzt, ist die Gleichung (9.16) mit der Gleichung (9.14) identisch.

$$x_k = \frac{T_1}{T_a + T_1} \cdot x_{k-1} + K_P \cdot \frac{T_a}{T_a + T_1} \cdot u_k \tag{9.16}$$

Der Ausdruck z^{-1} entspricht $e^{-jT_a \cdot k}$ und ist eine verkürzte Schreibweise dafür. Der Exponentialausdruck entspricht einer komplexen Zahl mit dem Betrag 1 und der Phasenverschiebung $-T_a \cdot k$. Die Phasenverschiebung stellt eine Verzögerung dar, genauso wie bei einem Totzeitglied. Die Übertragungsfunktion des Totzeitgliedes wird auch über einen Exponentialausdruck beschrieben. Die einzelnen Abtastwerte sind also Verzögerungen mit der Abtastzeit T_a und Vielfachen davon.

Mit diesem Ansatz kann jede beliebige Übertragungsfunktion aus dem Laplace-Bereich in den z-Bereich transformiert werden. Hier ein Beispiel für ein System 2. Ordnung.

Beispiel 9.1

Gegeben ist ein System 2. Ordnung im Laplace-Bereich:

$$G(s) = \frac{1}{1 + s2dT + s^2T^2} \tag{1}$$

Mit der Rückwärts-Rechteckregel-Beziehung

$$s = \frac{z-1}{T_a z} \tag{2}$$

ergibt sich

$$G(z) = \frac{1}{1 + \frac{z-1}{T_a z}2dT + \left(\frac{z-1}{T_a z}\right)^2 T^2} \tag{3}$$

In der Gleichung (3) müssen die Doppelbrüche beseitigt werden und die Nenner und Zähler müssen in eine Polynomdarstellung sortiert werden und dann ergibt sich die Übertragungsgleichung im z-Bereich. Es darf nicht vergessen werden das T_a die Abtastperiode ist.

$$G(z) = \frac{{T_a}^2 z^2}{({T_a}^2 + 2dTT_a + T^2)z^2 - (2dTT_a + 2T^2)z + T^2} \tag{4}$$

Für die Transformation in den Zeitbereich muss zusätzlich die Exponenten-Schreibweise gewählt werden. Gleichzeitig wurden Zähler und Nenner durch den höchsten Nennerkoeffizienten dividiert.

$$G(z) = \frac{\frac{{T_a}^2}{({T_a}^2+2dTT_a+T^2)}}{1 - \frac{(2dTT_a+2T^2)}{({T_a}^2+2dTT_a+T^2)}z^{-1} + \frac{T^2}{({T_a}^2+2dTT_a+T^2)}z^{-2}} \tag{5}$$

mit

$$a_0 = \frac{T_a^2}{(T_a^2 + 2dTT_a + T^2)}$$
$$b_1 = -\frac{(2dTT_a + 2T^2)}{(T_a^2 + 2dTT_a + T^2)} \tag{6}$$
$$b_2 = \frac{T^2}{(T_a^2 + 2dTT_a + T^2)}$$

wird die Struktur der Gleichung übersichtlicher

$$G(z) = \frac{a_0}{1 + b_1 z^{-1} + b_2 z^{-2}} \tag{7}$$

Die Differenzengleichung kann jetzt mithilfe der z-Transformation erstellt werden.

$$G(z) = \frac{x(z)}{u(z)} = \frac{a_0}{1 + b_1 z^{-1} + b_2 z^{-2}} \tag{8}$$

$$(1 + b_1 z^{-1} + b_2 z^{-2})\,x(z) = a_0 u(z)$$

$$x_k = a_0 u_k - b_1 x_{k-1} - b_2 x_{k-2}$$

Diese Differenzengleichung könnte z. B. für eine Simulation eines Systems 2. Ordnung genutzt werden. Es ist zu bedenken, dass die Abtastperiode T_a in allen Parametern vorkommt. Eine Änderung der Abtastzeit beeinflusst alle Parameter. ■

9.3 Der reale PID-Algorithmus

Der hergeleitete PID-Algorithmus hat einen Frequenzgang, der für höhere Frequenzen stetig ansteigt. Das bedeutet, dass hohe Frequenzen stärker bewertet werden als niedrigere. Also werden hochfrequente Störungen stärker gewichtet. Technisch ist ein solcher Frequenzgang

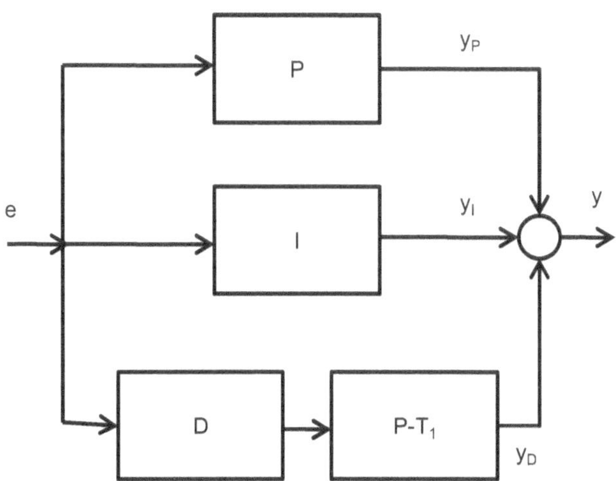

Bild 9.11 Realer PID-Regler

nicht zu realisieren. Aus diesem Grund wird dem D-Anteil ein P-T_1-Glied zugeordnet, das den ansteigenden Frequenzgang abbricht.

Aus der Übertragungsfunktion (9.17) für den PID-Regler kann mit dem vorherigen Ansatz die Differenzengleichung aufgestellt werden.

$$G_{\mathrm{PID}}(s) = K_{\mathrm{P}} \cdot \left(1 + \frac{1}{s\,T_{\mathrm{n}}} + \frac{s\,T_{\mathrm{V}}}{1 + s\,T_1}\right) \tag{9.17}$$

Zu beachten ist, dass der Einfluss von T_1 auf den D-Anteil nicht kompensierend wirkt. Aus diesem Grund sollte die Zeitkonstante T_1 ca. um den Faktor 10 kleiner gewählt werden als T_{V}.

In der Gleichung (9.17) ist der D-Anteil um den P-T_1-Anteil ergänzt worden. Für die z-Transformation wird die Variable s durch den Ausdruck $\frac{z-1}{T_{\mathrm{a}} \cdot z}$ ersetzt.

$$G_{\mathrm{PID}}(z) = \frac{a_0 + a_1 \cdot z^{-1} + a_2 \cdot z^{-2}}{b_0 + b_1 \cdot z^{-1} + b_2 \cdot z^{-2}} \tag{9.18}$$

mit

$$a_0 = K_{\mathrm{P}} \cdot (T_{\mathrm{n}} \cdot T_1 + T_{\mathrm{V}} \cdot T_{\mathrm{n}} + (T_{\mathrm{n}} + T_1) \cdot T_{\mathrm{a}} + T_{\mathrm{a}}^2)$$

$$a_1 = -K_{\mathrm{P}} \cdot (2 \cdot T_{\mathrm{n}} \cdot T_1 + 2 \cdot T_{\mathrm{V}} \cdot T_{\mathrm{n}} + T_{\mathrm{n}} \cdot T_{\mathrm{a}} + T_1 \cdot T_{\mathrm{a}})$$

$$a_2 = K_{\mathrm{P}} \cdot (T_{\mathrm{n}} \cdot T_1 + T_{\mathrm{V}} \cdot T_{\mathrm{n}})$$

und

$$b_0 = T_{\mathrm{n}} \cdot T_1 + T_{\mathrm{n}} \cdot T_{\mathrm{a}}$$

$$b_1 = -(2 \cdot T_{\mathrm{n}} \cdot T_1 + T_{\mathrm{n}} \cdot T_{\mathrm{a}})$$

$$b_2 = T_{\mathrm{n}} \cdot T_1$$

In der Gleichung (9.18) werden die Ausdrücke z, z^{-1}, z^{-2} anschließend für die Transformation in den diskreten Zeitbereich genutzt. Das Ergebnis ergibt eine Differenzengleichung.

$$\frac{y(z)}{e(z)} = \frac{a_0 + a_1 \cdot z^{-1} + a_2 \cdot z^{-2}}{b_0 + b_1 \cdot z^{-1} + b_2 \cdot z^{-2}}$$

1. Schritt Ausmultiplizieren

$$y(z) \cdot \left(b_0 + b_1 \cdot z^{-1} + b_2 \cdot z^{-2}\right) = \left(a_0 + a_1 \cdot z^{-1} + a_2 \cdot z^{-2}\right) \cdot e(z)$$

2. Schritt Transformation

$$z^{-2}\,e(z) = e_{\mathrm{k}-2},\; z^{-1}\,e(z) = e_{\mathrm{k}-1},\; e(z) = e_{\mathrm{k}}$$

Die Transformation muss auch auf $y(z)$ angewendet werden

$$b_0 \cdot y_{\mathrm{k}} + b_1 \cdot y_{\mathrm{k}-1} + b_2 \cdot y_{\mathrm{k}-2} = a_0 \cdot e_{\mathrm{k}} + a_1 \cdot e_{\mathrm{k}-1} + a_2 \cdot e_{\mathrm{k}-2}$$

3. Schritt y_{k} isolieren auf der linken Seite

$$y_{\mathrm{k}} = -\frac{b_1}{b_0} \cdot y_{\mathrm{k}-1} - \frac{b_2}{b_0} \cdot y_{\mathrm{k}-2} + \frac{a_0}{b_0} \cdot e_{\mathrm{k}} + \frac{a_1}{b_0} \cdot e_{\mathrm{k}-1} + \frac{a_2}{b_0} \cdot e_{\mathrm{k}-2}$$

Digitaler PID-T_1-Regelalgorithmus

$$y_{\mathrm{k}} = -\frac{b_1}{b_0} \cdot y_{\mathrm{k}-1} - \frac{b_2}{b_0} \cdot y_{\mathrm{k}-2} + \frac{a_0}{b_0} \cdot e_{\mathrm{k}} + \frac{a_1}{b_0} \cdot e_{\mathrm{k}-1} + \frac{a_2}{b_0} \cdot e_{\mathrm{k}-2}$$

mit

$$a_0 = K_P \cdot (T_n \cdot T_1 + T_V \cdot T_n + (T_n + T_1) \cdot T_a + T_a^2)$$

$$a_1 = -K_P \cdot (2 \cdot T_n \cdot T_1 + 2 \cdot T_V \cdot T_n + T_n \cdot T_a + T_1 \cdot T_a)$$

$$a_2 = K_P \cdot (T_n \cdot T_1 + T_V \cdot T_n)$$

und

$$b_0 = T_n \cdot T_1 + T_n \cdot T_a$$

$$b_1 = -(2 \cdot T_n \cdot T_1 + T_n \cdot T_a)$$

$$b_2 = T_n \cdot T_1$$

■

9.4 Wahl der Abtastperiode

Ein digitaler Regler hat für den Regelalgorithmus nur die Werte der Abtastung zur Verfügung. Was zwischen den Abtastwerten passiert, kann der Algorithmus nicht berücksichtigen. Damit der Regler richtig arbeiten kann, muss er schnell genug sein. Was bedeutet aber schnell genug? Der Regler muss natürlich das Abtasttheorem einhalten und es müssen alle Signale verarbeitet werden können, die sich aus dem Prozess ergeben. Die Abtastfrequenz muss also mindestens zweimal größer sein als die maximale Frequenz im Messsignal. Wie schnell sich die Regelgrößen verändern können, hängt ganz stark von der Strecke ab. Bei Temperaturen können sich die Abtastzeiten in Sekunden bewegen. Bei Drehzahlmessungen im Millisekundenbereich. Die Abtastzeiten hängen von der vorhandenen Strecke ab. Hierfür werden praktische Richtwerte vorgegeben. Für die Ermittlung der Zeitkonstanten für Strecken mit Ausgleich wurden in Kapitel 4 hauptsächlich Sprungantworten aufgenommen. Sie ergeben Zeitkonstanten, mit denen die Strecken modellhaft beschrieben werden können. Werden die Sprungantworten von analogen Regelkreisen betrachtet, so können die bekannten Zeiten wie T_1, T_e, T_u oder T_g ermittelt werden.

Regelkreise mit Ausgleich

P-$\mathrm{T_1}$-Verhalten: $T_a \leq 0{,}1 \cdot T_1$

P-$\mathrm{T_n}$-Verhalten: $T_a \leq 0{,}25 \cdot T_u$

P-$\mathrm{T_2}$-Verhalten: $T_a \leq 0{,}1 \cdot T_e$

T_u ist die Verzugszeit bei der Sprungantwort und mit T_e ist die Schwingdauer der Sprungantwort gemeint.

9.5 Einstellregeln

Für Strecken mit Ausgleich können die Einstellregeln nach Takahashi angewandt werden. Die Vorgehensweise kann mit der Methode von Ziegler und Nichols verglichen werden.

Für die Einstellung gibt es zwei Wege:

1. Der Regelkreis wird an der Stabilitätsgrenze betrieben und die Regelgröße schwingt.
2. Es werden die Kennwerte der Sprungantwort ausgewertet.

Reglertyp	K_{PR}	T_n	T_V
P	$0{,}5\,K_{PR}$	–	–
PI	$0{,}45K_{PR}$	$0{,}83\,T_{krit}$	–
PID	$0{,}6K_{PR}$	$0{,}5\,T_{krit}$	$0{,}125\,T_{krit}$

Tabelle 9.1 Reglerparametereinstellungen über die Methode 1

Die Abtastzeit T_a ist für dieses Verfahren nach Takahashi kleiner gleich 0,1 der Ausgleichszeit T_g des Systems zu wählen.

Reglertyp	K_{PR}	T_n	T_V
P	$\frac{T_g}{K_{PS}\cdot(T_u+T_a)}$	–	–
PI	$0{,}9\frac{T_g}{K_{PS}\left(T_u+\frac{T_a}{2}\right)}$	$3{,}33\cdot\left(T_u+\frac{T_a}{2}\right)$	–
PID	$1{,}2\cdot\frac{T_g}{K_{PS}(T_u+T_a)}$	$2\frac{\left(T_u+\frac{T_a}{2}\right)^2}{T_u+T_a}$	$0{,}5\cdot(T_u+T_a)$

Tabelle 9.2 Reglerparametereinstellungen über die Methode 2 (Sprungantwort)

Die Abtastzeit T_a ist für das Verfahren nach Takahashi kleiner gleich $0{,}1\,T_g$ zu wählen.

9.6 Übungen

Aufgabe 9.1

Es soll ein digitaler PID-Algorithmus programmiert werden. Für den PID-Regler sind folgende Einstellparameter ermittelt worden:

$$K_R = 2;\ T_n = 0{,}5\,\text{s};\ T_V = 0{,}01\,\text{s}$$

a) Geben Sie den Algorithmus an.
b) Ermitteln Sie die Parameter für den Algorithmus. Die Abtastzeit soll $T_a = 0{,}001\,\text{s}$ betragen.
c) Wie viel Speicher wird benötigt?
d) Wie viele Rechenoperationen sind durchzuführen?

Aufgabe 9.2

Berechnen Sie die Koeffizienten für einen digitalen PI-Regler mit den Einstellparametern $T_n = 1\,\text{s}$; $K_{PR} = 2$ und einer Abtastzeit $T_a = 0{,}001\,\text{s}$.

Aufgabe 9.3

Für die digitale Filterung eines Signals soll ein Tiefpass 1. Ordnung programmiert werden. Die Grenzfrequenz beträgt $f_g = 1\,\text{Hz}$, die Abtastung ist mit $f_a = 100\,\text{Hz}$ festgelegt worden.

a) Geben Sie den Filteralgorithmus an.
b) Berechnen Sie die Filterkoeffizienten.

10 Lösungen zu den Übungen

10.1 Einführung in die Regelungstechnik

Aufgabe 1.1

$$K = \frac{v}{u} = \frac{1}{100} \frac{\mathrm{V}}{\mathrm{min}^{-1}}$$

$$K^* = K \cdot \frac{u_\mathrm{N}}{v_\mathrm{N}} = 1$$

Aufgabe 1.2

a) $z = -70\,\mathrm{min}^{-1}$

b) $x_\mathrm{a} = 430\,\mathrm{min}^{-1}$

Aufgabe 1.3

$$K = \frac{(K_1 + K_2)\,K_5}{1 + (K_1 + K_2)\,K_3 K_4}$$

Aufgabe 1.4

a) Wert entsprechend der Solltemperatur

b) Signal am Stellantrieb des Ventils im Kreislauf des Wärmetauschers bzw. die Ventilstellung

c) Temperatur im Rührkessel

d) Ventil im Kreislauf des Wärmetauschers mit Stellantrieb

e) Rührbehälter mit Wärmetauscher und Ventil

f) Temperatursensor und Messumformer

10.2 Das stationäre Verhalten von Regelkreisen

Aufgabe 2.1

$$x + \Delta x_\mathrm{z} = 952{,}4\,\mathrm{min}^{-1} - 9{,}5\,\mathrm{min}^{-1} = 942{,}9\,\mathrm{min}^{-1}$$

Aufgabe 2.2

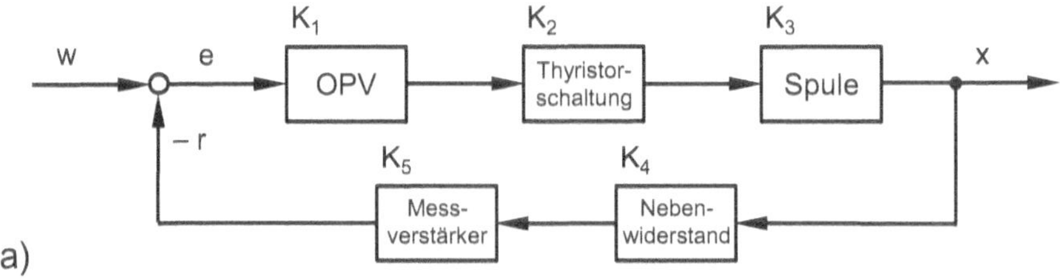

Bild 10.1 Der Wirkungsplan zu Aufgabe 2.2a)

$$K_1 = \frac{R_f}{R_e} = 8{,}2$$

$$K_2 = \frac{U_{d\alpha}}{U_{st}} = 68{,}4$$

$$K_3 = \frac{1}{R_L + R_N} = 0{,}0555\,\Omega^{-1}$$

$$K_4 = R_N = 15\,\mathrm{m}\Omega$$

$$K_5 = \frac{R_f}{R_e} = 56$$

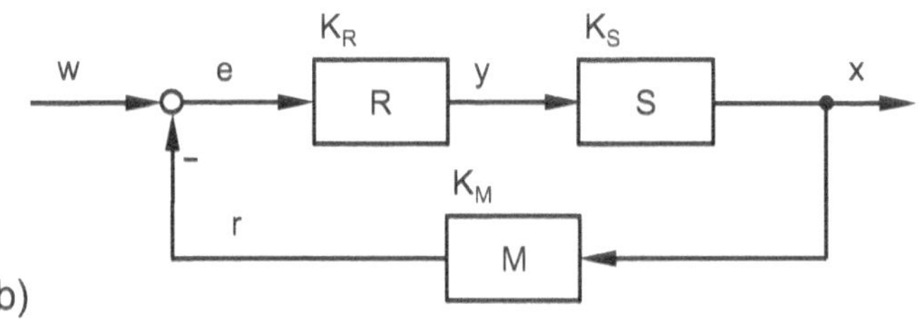

Bild 10.2 Der elementare Regelkreis zu Aufgabe 2.2b)

$$K_R = K_1 = 8{,}2$$

$$K_S = K_2 \cdot K_3 = 3{,}80\,\Omega^{-1}$$

$$K_M = K_4 \cdot K_5 = 0{,}84\,\Omega$$

c) $K_o = K_R \cdot K_S \cdot K_M = 26{,}2$

d) $F_w = \dfrac{x}{w} = \dfrac{K_R \cdot K_S}{1 + K_o} \quad \rightarrow \quad w = 5{,}24\,\mathrm{V}$

e) $\dfrac{e}{w} = \dfrac{1}{1 + K_o} = 3{,}7\,\%$

Aufgabe 2.3

a) $K_M = \dfrac{r}{x} = 0{,}1$

b) $R_2 = K_M \cdot R = 2{,}5\,\text{k}\Omega \qquad R_1 = R - R_2 = 22{,}5\,\text{k}\Omega$

c) $K_0 = K_R \cdot K_S \cdot K_M = 18$

d) $F_W = \dfrac{x}{w} = \dfrac{K_R \cdot K_S}{1 + K_0} \quad \rightarrow \quad x = 94{,}7\,\text{V}$

e) $\dfrac{e}{w} = \frac{1}{1+K_0} = 5{,}3\,\%$

f) $F_W = \dfrac{x}{w} = \dfrac{K_R \cdot K_S}{1 + K_0} \quad \rightarrow \quad w = 7{,}6\,\text{V}$

g) Regel 5 $\quad \rightarrow \quad z = z' \cdot K_S = 7{,}5\,\text{V}$

$$\frac{\Delta x_z}{z} = \frac{1}{1+K_0} \quad \rightarrow \quad \Delta x_z = 0{,}395\,\text{V}$$

h) $x + \Delta x_z = 72{,}395\,\text{V}$

$$K_M = \frac{r}{x + \Delta x_z} \quad \rightarrow \quad r = 7{,}2395\,\text{V}$$

$$e = w - r = 0{,}3605\,\text{V}$$

$$K_R = \frac{y}{e} \quad \rightarrow \quad y = 4{,}3263\,\text{V}$$

$$y' = y + z = 4{,}8263\,\text{V}$$

$$K_S = \frac{x + \Delta x_z}{y'} \quad \rightarrow \quad x + \Delta x_z = 72{,}395\,\text{V}$$

10.3 Untersuchung von Übertragungsgliedern

Aufgabe 3.1

Siehe Bild 10.3 auf S. 264

Aufgabe 3.2

$$G(\text{j}\omega) = \frac{\omega^2\, T_1\, T_2}{1 + (\omega\, T_2)^2} + \frac{\text{j}\omega\, T_1}{1 + (\omega\, T_2)^2}$$

Siehe Bild 10.4 auf S. 264

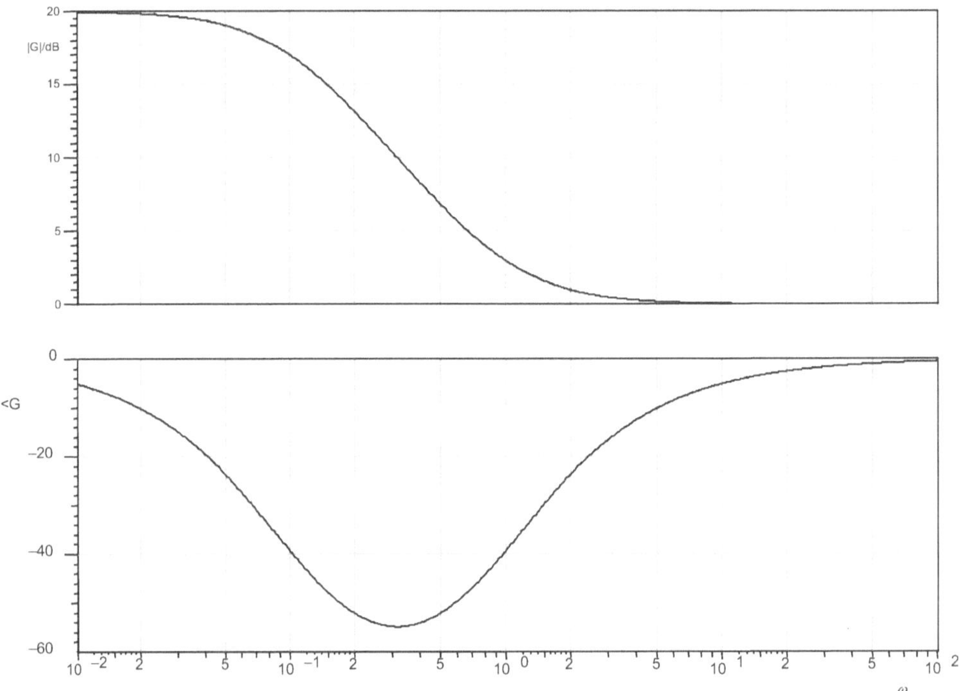

Bild 10.3 Frequenzgang

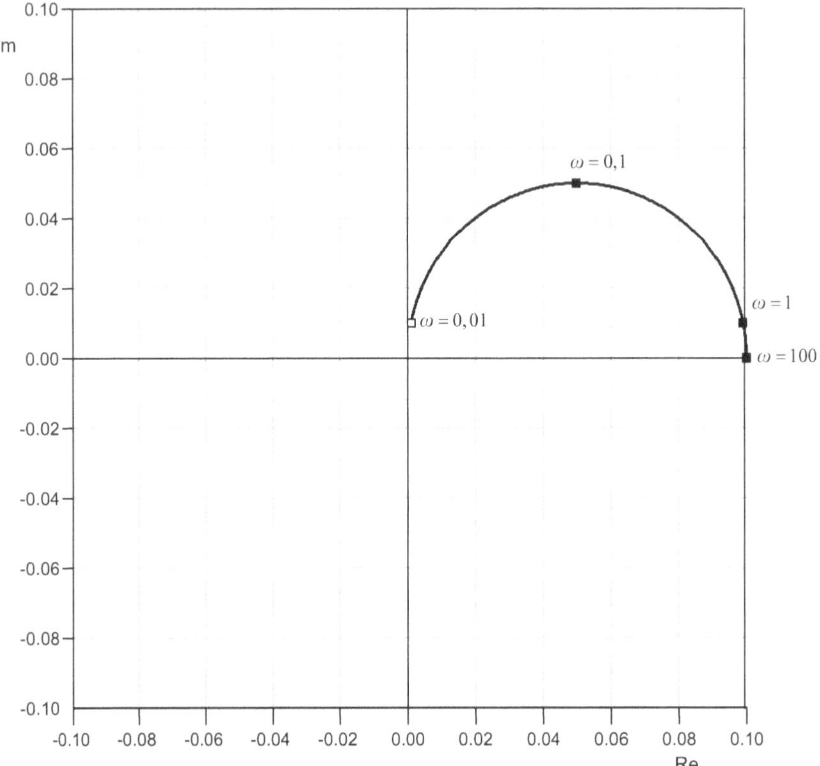

Bild 10.4 Ortskurve

Aufgabe 3.3

a) Maschenregel

$$U_0 = R_1 \cdot i_1(t) + u_\mathrm{a}(t)$$

Stromknoten

$$i_1(t) = i_2(t) + i_\mathrm{a}(t)$$

mit

$$i_\mathrm{a}(t) = C\frac{\mathrm{d}}{\mathrm{d}t}u_\mathrm{a}(t); \quad i_2(t) = \frac{u_2(t)}{R_2}$$

ergibt sich

$$\frac{\mathrm{d}}{\mathrm{d}t}u_\mathrm{a}(t) + \frac{R_1 + R_2}{R_1 \cdot R_2 \cdot C}u_\mathrm{a}(t) = \frac{1}{R_1\,C}U_0$$

b)

$$\frac{\mathrm{d}}{\mathrm{d}t}u_\mathrm{a}(t) + \frac{R_1 + R_2}{R_1 \cdot R_2 \cdot C}u_\mathrm{a}(t) = \frac{1}{R_1\,C}U_0$$

$$s\,U_\mathrm{a}(s) + \frac{R_1 + R_2}{R_1 \cdot R_2 \cdot C}U_\mathrm{a}(s) = \frac{1}{R_1\,C}U_0(s)$$

$$\frac{U_\mathrm{a}(s)}{U_0(s)} = G(s) = K\frac{1}{1 + s\,T}$$

mit

$$K = \frac{R_2}{R_1 + R_2}; \quad T = \frac{R_1\,R_2\,C}{R_1 + R_2}$$

c)

$$Z_1 = R_1; \quad Z_2 = \frac{R_2}{1 + s\,C\,R_2}$$

$$G(s) = K\frac{1}{1 + s\,T}$$

mit

$$K = \frac{R_2}{R_1 + R_2}; \quad T = \frac{R_1\,R_2\,C}{R_1 + R_2}$$

10.4 Regelstrecken

Aufgabe 4.1

a) P-T_1-Verhalten

b) $K_{PS} = \frac{x}{y} = 0{,}8$

$T = 2{,}5$ ms bei 63,2 % des Endwertes

c)

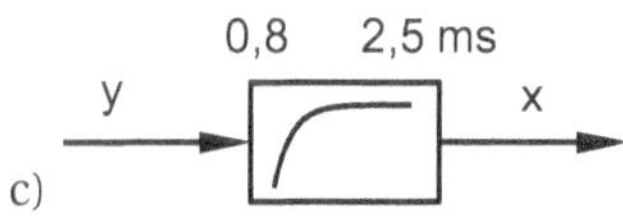

Bild 10.5 Blockschaltbild zu Aufgabe 4.1c)

d) $G(s) = K_{PS}\frac{1}{1+sT} = 0{,}8\frac{1}{1+s0{,}0025}$

Aufgabe 4.2

Kennlinie 1

a) P-T_2-Verhalten $d < 1$

b) $K_P = 5 \quad d = 0{,}3 \quad T = 10\,\text{s}$

c) $G(s) = K_P\frac{1}{1+s2dT+s^2T^2} = 5\frac{1}{1+s6+s^2 100}$

Kennlinie 2

a) P-T_2-Verhalten $d > 1$

b) $K_P = 5 \quad d = 1{,}3 \quad T = 11{,}6\,\text{s}$

c) $G(s) = K_P\frac{1}{1+s2dT+s^2T^2} = 5\frac{1}{1+s30+s^2 135} = 5\frac{1}{(1+s24{,}4)\,(1+s5{,}6)}$

Kennlinie 3

a) P-T_4-Verhalten

b) $K_P = 5 \quad n = 4 \quad T = 15\,\text{s}$

c) $G(s) = K_{PS}\frac{1}{(1+sT_1)^n} = 5\frac{1}{(1+s15)^4}$

Aufgabe 4.3

a) I-T_1-Verhalten

b) $T_1 = 4\,\text{s}$

$K_I = \frac{\Delta v}{u}\cdot\frac{1}{\Delta t} = 1{,}32\,\frac{\text{m}}{\text{m}^3}$

c) $G(s) = \frac{K}{s\,(1+sT_1)} = \frac{1{,}32}{s\quad(1+s4)}$

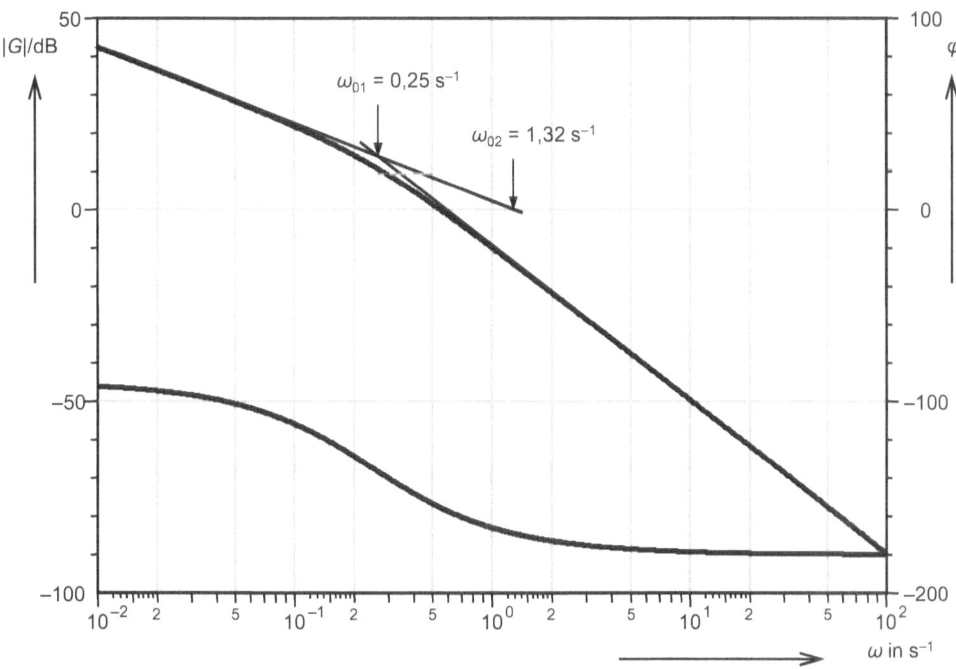

Bild 10.6 Bode-Diagramm zu 4.3c)

10.5 Regeleinrichtungen

Aufgabe 5.1

Regler 1

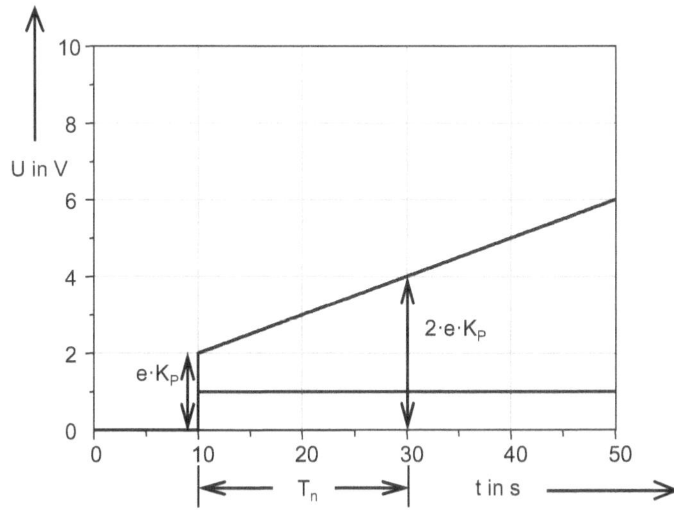

Bild 10.7 Sprungantwort von Regler 1

a) PI-Regler

b) $K_P = 2 \quad T_N = 20\,\text{s}$

Regler 2

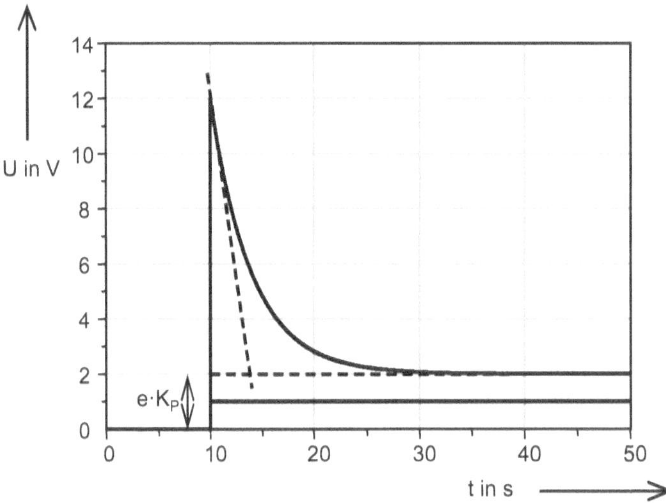

Bild 10.8 Sprungantwort von Regler 2

a) PD-T_1-Verhalten

b) $y_{max} = e \cdot K_P \left(1 + \frac{T_V}{T_1}\right)$ mit $K_P = 2 \quad y_{max} = 12\,\text{V} \quad T_1 = 4\,\text{s} \quad \rightarrow \quad T_V = 20\,\text{s}$

Regler 3

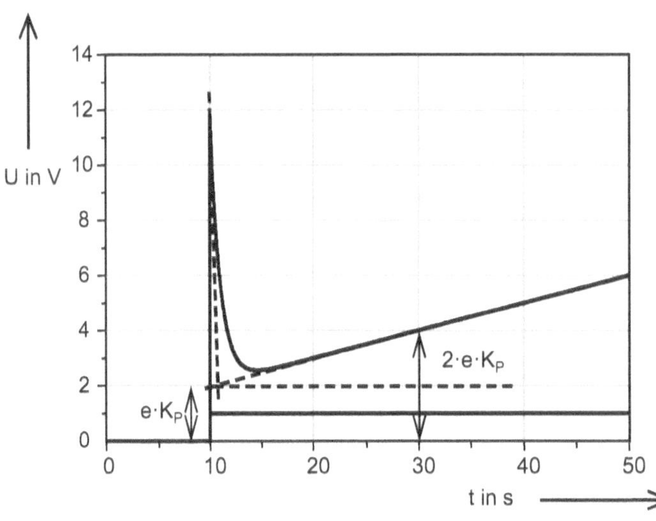

Bild 10.9 Sprungantwort von Regler 3

a) PID-T_1-Regler

b) $y_{max} = e \cdot K_P \left(1 + \frac{T_V}{T_1}\right)$ mit $K_P = 2 \quad y_{max} = 12\,\text{V} \quad T_1 = 1\,\text{s} \quad \rightarrow \quad T_V = 5\,\text{s}$ und $T_n = 20\,\text{s}$

Aufgabe 5.2

a) PI-Regler

b) $K_P = 3{,}3 \quad T_n = 0{,}15\,\text{s}$

c) In der Rückführung muss eine Reihenschaltung von R_f und C_f gewählt werden.

$$K_P = \frac{R_f}{R_e} \qquad R_f = 33\,\text{k}\Omega$$

$$T_n = R_f C_f \qquad C_f = 4{,}55\,\mu\text{F}$$

d)

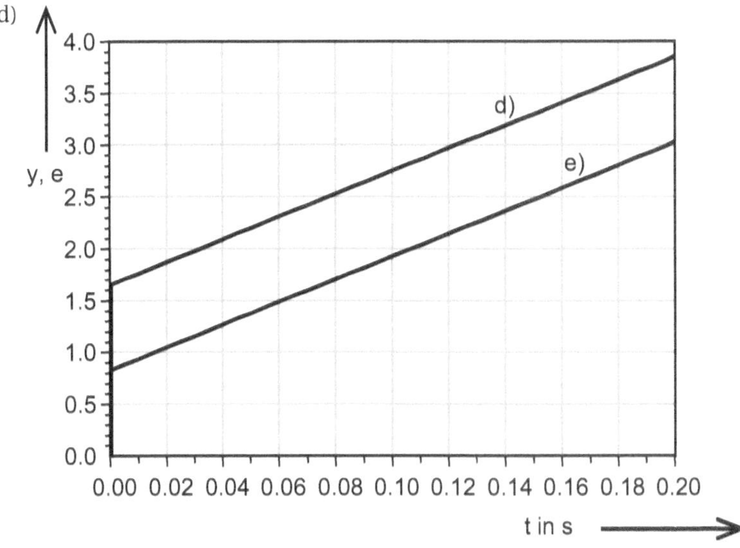

Bild 10.10 Sprungantworten für Aufgaben 5.2d) und e)

e)

$$K'_P = \frac{R'_f}{R_e} \qquad K'_P = 1{,}65$$

$$T'_n = R'_f C_f \qquad T'_n = 0{,}075\,\text{s}$$

Aufgabe 5.3

a) PD-Regler

b) $G(s) = 1{,}5\,(1 + s\,0{,}125)$

c) Die Betragskurve verläuft waagerecht bei $20\lg 1{,}5 = 3{,}5\,\text{dB}$. Ab der Knickfrequenz von $8\,\text{s}^{-1}$ steigt die Betragskurve mit 20 dB je Dekade. Der Phasenverlauf beginnt bei 0°, erreicht bei der Grenzkreisfrequenz +45° und strebt bei sehr hohen Kreisfrequenzen gegen +90°.

10.6 Anforderungen an einen Regelkreis

Aufgabe 6.1

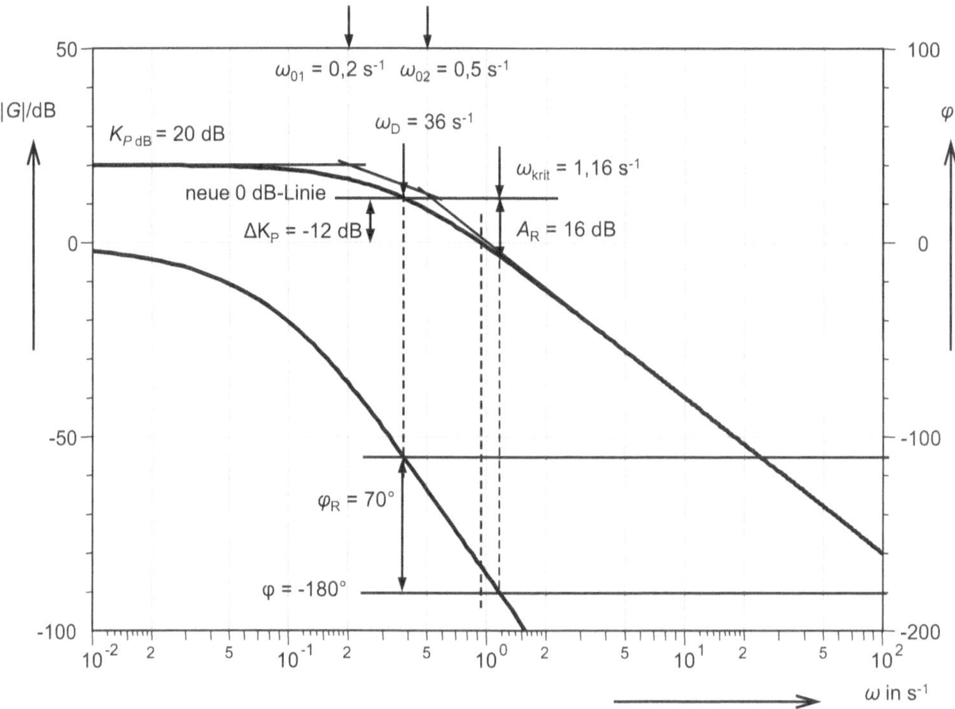

Bild 10.11 Bode-Diagramm zu Aufgabe 6.1

Der Regelkreis hat eine Phasenreserve von 15°. Damit arbeitet er an der Stabilitätsgrenze.

a) $\Delta K_{PR} = 0{,}25 \quad \rightarrow \quad K_{PR} = 0{,}5$

b)
$$A_R = 16\,\text{dB}$$
$$\omega_D = 0{,}36\,\text{s}^{-1}$$
$$\omega_{krit} = 1{,}16\,\text{s}^{-1}$$
$$K_o = 2{,}5 \quad \rightarrow \quad \frac{e}{w} = 28{,}6\,\%$$

Aufgabe 6.2

Der Regelkreis arbeitet stabil, er hat aber nur eine Phasenreserve von ungefähr 30° und wird daher ein starkes Überschwingen aufweisen.

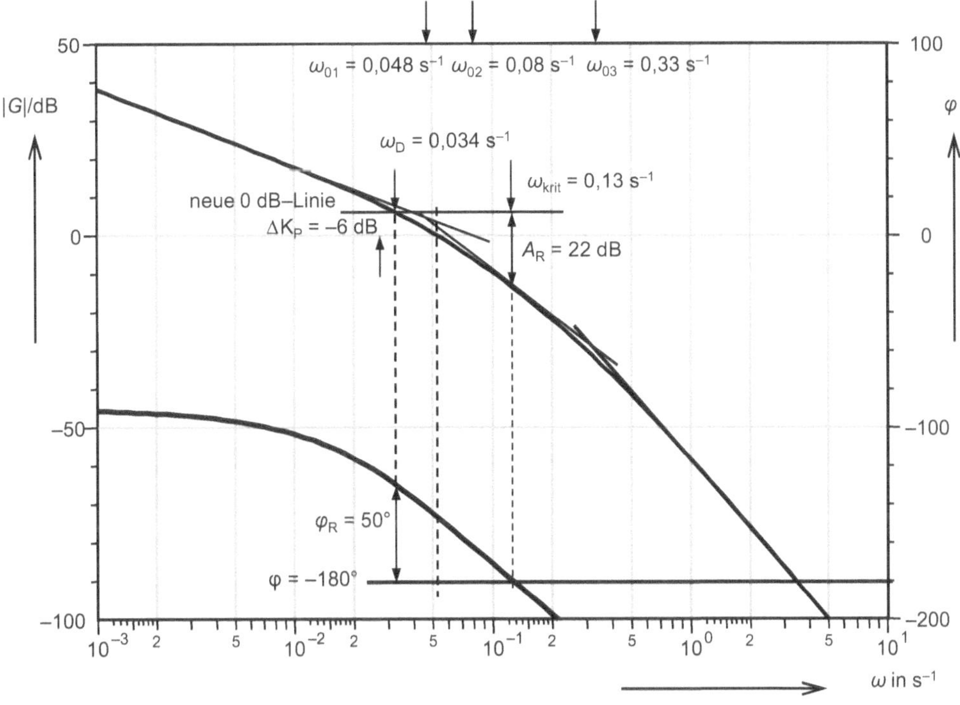

Bild 10.12 Bode-Diagramm zu Aufgabe 6.2

a) $\Delta K_{PR} = 0{,}5 \quad \rightarrow \quad K_{PR} = 1$

b)

$$A_R = 22\,\mathrm{dB}$$

$$\omega_D = 0{,}33\,\mathrm{s}^{-1}$$

$$\omega_{krit} = 0{,}13\,\mathrm{s}^{-1}$$

Wegen des I-Anteils in der Strecke wird der Regelkreis beim Ändern der Führungsgröße keine bleibende Regelabweichung zeigen.

Aufgabe 6.3

a) $\dfrac{r_m}{r_\infty} = 17\,\%$

b) $T_{an} = 0{,}25\,\mathrm{s} \quad T_{aus} = 0{,}57\,\mathrm{s}$

c) $\dfrac{e}{w} = 11{,}7\,\%$

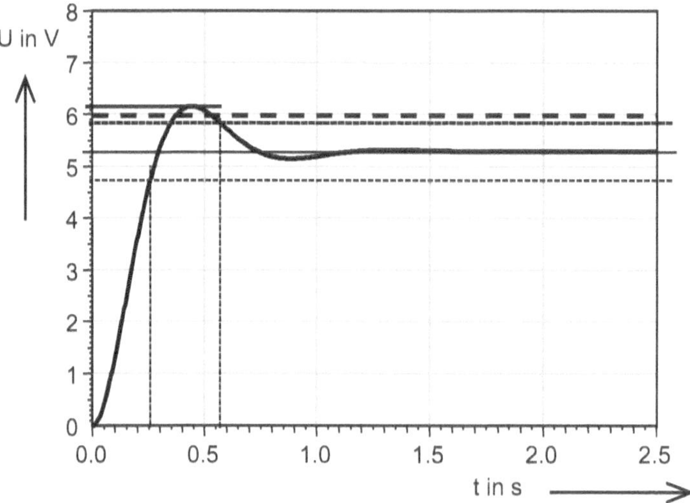

Bild 10.13 Sprungantwort zur Aufgabe 6.3

10.7 Bestimmung von Reglern

Lösung 7.1

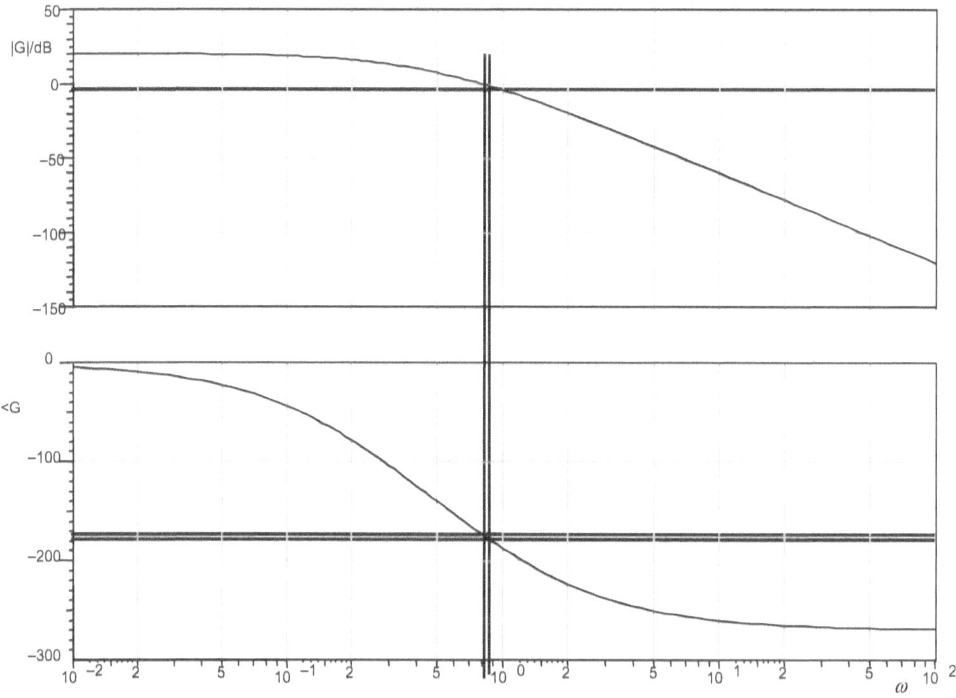

Bild 10.14 Frequenzgang offener Regelkreis

Phasenrand	φ_R = ca. 5°
Durchtrittsfrequenz	$\omega_D = 0{,}82\,s^{-1}$
Kritische Frequenz	$\omega_{krit} = 0{,}88\,s^{-1}$
Amplitudenrand	$A_R = 5\,dB$

Lösung 7.2

$$G_{PI}(s) = K_R \frac{(1 + s\,T_n)}{s\,T_n}$$

Zeitkonstante PI-Regler

$$T_n = T_1 = 1\,s$$

Übertragungsfunktion des offenen Regelkreises

$$G_0(s) = K_R \cdot K_S \frac{1}{s\,T_n\,(1 + s\,T_2)}$$

Verstärkung abgelesen

$$K_{R\,dB} = -9\,dB; \quad K_R = 0{,}35$$

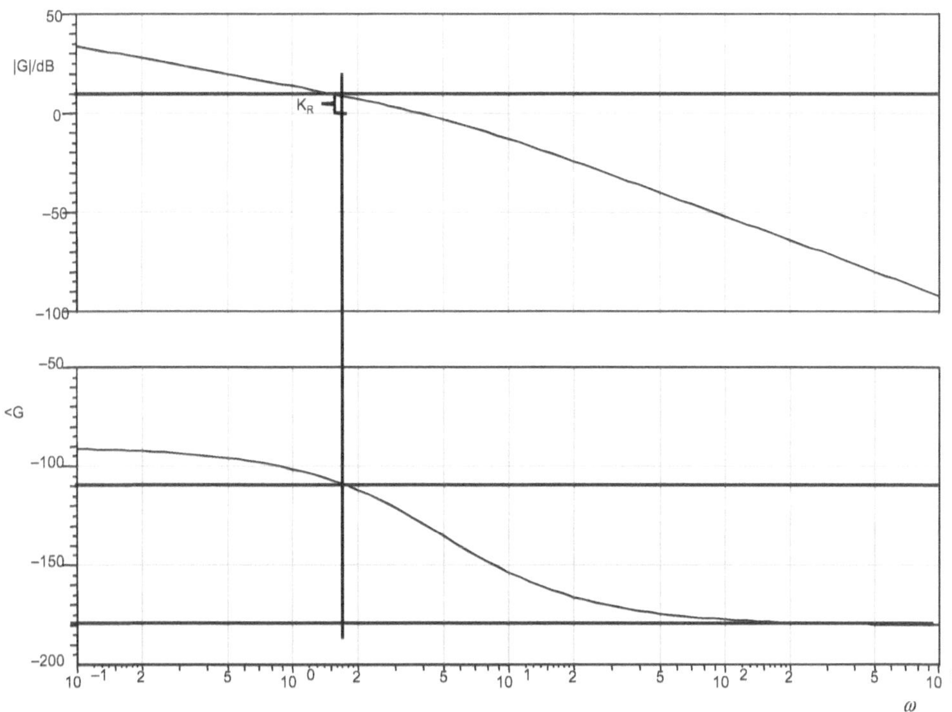

Bild 10.15 Frequenzgang offener Regelkreis mit $K_R = 1$

Lösung 7.3

Die kleinen Zeitkonstanten werden zusammengefasst.

$$T_\sigma = T_2 + T_3 + T_4 = 0{,}62\,\mathrm{s}$$

PI-Regler

$$G_{\mathrm{PI}}(s) = K_\mathrm{R} \frac{(1 + s\,T_\mathrm{n})}{s\,T_\mathrm{n}}$$

$$T_\mathrm{n} = T_1 = 1\,\mathrm{s}$$

$$K_\mathrm{R} = \frac{T_1}{2 \cdot T_\sigma \cdot K_\mathrm{S}} = \frac{1\,\mathrm{s}}{2 \cdot 0{,}62\,\mathrm{s} \cdot 3} = 0{,}27$$

Lösung 7.4

Die kleinen Zeitkonstanten werden zusammengefasst.

$$T_\sigma = T_2 + T_3 + T_4 = 0{,}62\,\mathrm{s}$$

PI-Regler

$$G_{\mathrm{PI}}(s) = K_\mathrm{R} \frac{(1 + s\,T_\mathrm{n})}{s\,T_\mathrm{n}}$$

$$T_\mathrm{n} = T_1 = 1\,\mathrm{s}$$

Berechnung der Kennzeitkonstanten T_0 und der Dämpfung d

$$G_\mathrm{F}(s) = \frac{1}{1 + s\frac{T_\mathrm{n}}{K_\mathrm{R} K_\mathrm{S}} + s^2 \frac{T_\mathrm{n} T_\sigma}{K_\mathrm{R} K_\mathrm{S}}}$$

$$T_0 = \sqrt{\frac{T_\mathrm{n} T_\sigma}{K_\mathrm{R} K_\mathrm{S}}} = \sqrt{\frac{1\,\mathrm{s} \cdot 0{,}62\,\mathrm{s}}{1 \cdot 3}} = 0{,}45\,\mathrm{s}$$

$$d = \frac{T_\mathrm{n}}{K_\mathrm{R} K_\mathrm{S} 2\, T_0} = \frac{1\,\mathrm{s}}{1 \cdot 3 \cdot 2 \cdot 0{,}45\,\mathrm{s}} = 0{,}37$$

Tabelle 7.21

$$d \approx 0{,}4$$

$$x T_\mathrm{an} = 2{,}2 \quad \text{für} \quad d = 0{,}4$$

$$T_\mathrm{an} = x T_\mathrm{an} \cdot T_0 = 2{,}2 \cdot 0{,}45\,\mathrm{s} = 0{,}99\,\mathrm{s}$$

Lösung 7.5

Entwurf nach dem symmetrischen Optimum mit einem PI-Regler

Entwurf für gutes Störverhalten

$$G_0(s) = K_R \frac{(1 + s\,T_n)}{T_n\,s} \cdot \frac{K_S}{s\,T_1 \cdot (1 + s\,T_2)}$$

$$T_n = 4 \cdot T_2 = 4 \cdot 0{,}1\,\text{s} = 0{,}4\,\text{s}$$

$$K_R = \frac{T_1}{2 \cdot T_\sigma \cdot K_S} = \frac{1\,\text{s}}{2 \cdot 0{,}1\,\text{s} \cdot 3} = 1{,}67$$

Gutes Führungsverhalten

Zusätzlicher Vorfilter als P-T_1-Glied für die Führungsgröße

$$G_V(s) = \frac{1}{1 + s\,T_{VF}} \quad \text{mit} \quad T_{VF} = 4 \cdot T_2 = 0{,}4\,\text{s}$$

Lösung 7.6

$$T_u = 7{,}5\,\text{s}; \quad T_g = 36{,}5\,\text{s}$$

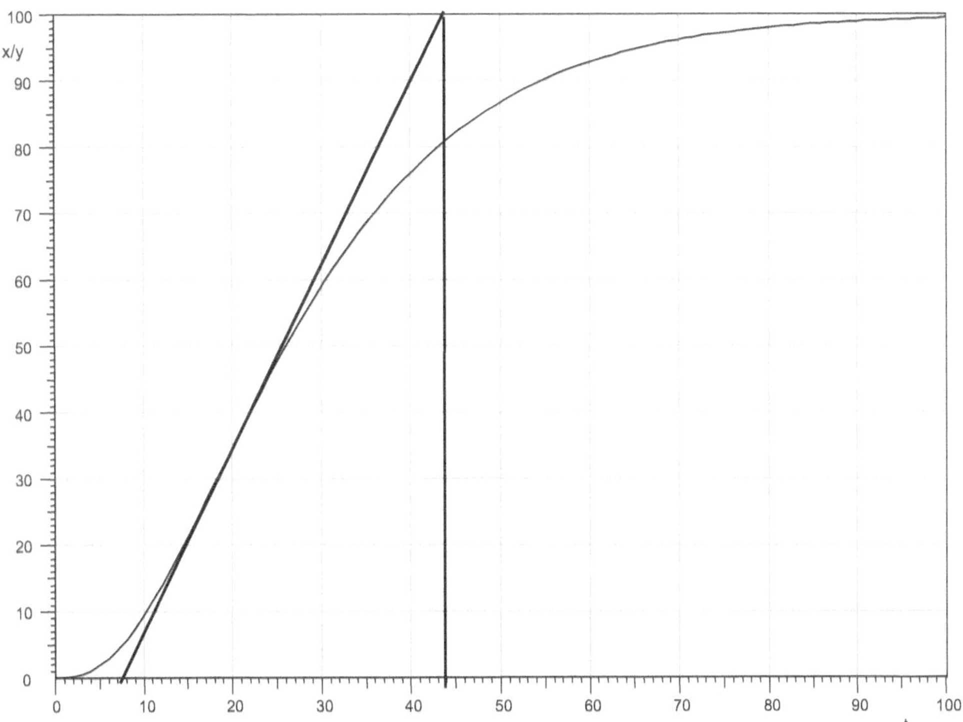

Bild 10.16 Sprungantwort der Strecke

Aus der Tabelle für das Wendetangentenverfahren ergibt sich eine Ordnung von

$$\frac{36{,}5\,\text{s}}{7{,}5\,\text{s}} = 4{,}87 \Rightarrow n = 3$$

Einstellregeln nach Ziegler und Nichols für einen PI-Regler

$$K_\text{R} = 0{,}8\frac{T_\text{g}}{K_\text{S} \cdot T_\text{u}} = 0{,}8\frac{36{,}5\,\text{s}}{100 \cdot 7{,}5\,\text{s}} = 0{,}0389 \quad \text{und} \quad T_\text{n} = 3 \cdot T_\text{u} = 3 \cdot 7{,}5\,\text{s} = 22{,}5\,\text{s}$$

Einstellregeln nach CHR (aperiodischer Verlauf, Störung)

$$K_\text{R} = 0{,}6\frac{T_\text{g}}{K_\text{S}\; T_\text{u}} = 0{,}6\frac{36{,}5\,\text{s}}{100 \cdot 7{,}5\,\text{s}} = 0{,}0292 \quad \text{und} \quad T_\text{n} = 4\; T_\text{u} = 4 \cdot 7{,}5\,\text{s} = 30\,\text{s}$$

10.8 Unstetige Regler

Lösung 8.1

a) $\alpha = \dfrac{T_\text{e}}{T_\text{e} + T_\text{a}} = 0{,}5$

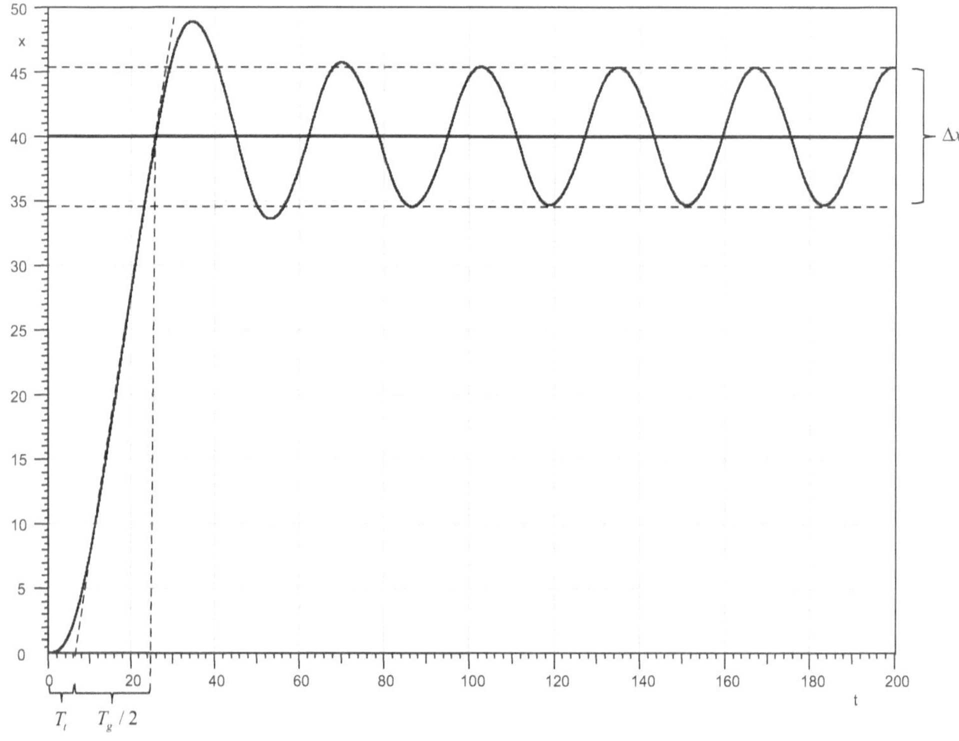

Bild 10.17 Verlauf der Regelgröße mit einem Zweipunktregler

b) $$\bar{T} = \alpha \cdot T_{max}$$

$$T_{max} = \frac{\bar{T}}{\alpha} = \frac{40\,°C}{0{,}5} = 80\,°C$$

c) Aus der Kurve wird $T_u = 6{,}4\,s$ und $T_g = 39{,}6\,s$ näherungsweise abgelesen.
$T_g/2 = 19{,}8\,s$ bei 50 % des Endwertes
Gleichsetzen von $T_u = T_t$ und $T_g = T_1$

$$\Delta x = x_{max} \cdot \frac{T_t}{T_1 + T_t} = 80\,°C \cdot \frac{6{,}4\,s}{39{,}6\,s + 6{,}4\,s} = 11{,}13\,°C$$

Lösung 8.2

a) Berechnung der Einschaltzeit

$$w = 25\,°C; \quad x_{max} = 80\,°C; \quad T_t = 1\,s; \quad T_1 = 10\,s$$

$$T_e = T_t + T_1 \cdot \ln\left(\frac{x_{max} - w \cdot e^{\frac{-T_t}{T_1}}}{x_{max} - w}\right)$$

$$T_e = 1\,s + 10\,s \cdot \ln\left(\frac{80\,°C - 25\,°C \cdot e^{\frac{-1\,s}{10\,s}}}{80\,°C - 25\,°C}\right) = 1\,s + 0{,}42\,s = 1{,}42\,s$$

Berechnung der Ausschaltzeit

$$T_a = T_t + T_1 \cdot \ln\left(\frac{x_{max}}{w} + (1 - \frac{x_{max}}{w}) \cdot e^{\frac{-T_t}{T_1}}\right)$$

$$T_a = 1\,s + 10\,s \cdot \ln\left(\frac{80\,°C}{25\,°C} + (1 - \frac{80\,°C}{25\,°C}) \cdot e^{\frac{-1\,s}{10\,s}}\right) = 1\,s + 1{,}9\,s = 2{,}9\,s$$

b) Stellgrad

$$\alpha = \frac{T_e}{T_e + T_a} = \frac{T_e}{T} = \frac{1{,}42\,s}{4{,}32\,s} = 0{,}329$$

c) Mittelwert

$$\overline{y} = \frac{T_e}{T_e + T_a} \cdot y_h = \alpha \cdot y_h = 0{,}329 \cdot 2000\,W = 658\,W$$

Lösung 8.3

a) Berechnung der Einschaltzeit

$$w = 25\,°C; \quad x_{max} = 80\,°C; \quad x_0 = 5\,°C; \quad x_ü = 55\,°C; \quad T_t = 1\,s; \quad T_1 = 10\,s$$

$$T_e = T_1 \cdot \ln\left(\frac{(w - x_0) \cdot e^{\frac{-T_t}{T_1}} - x_{max}}{x_0 - x_ü}\right) + T_t$$

$$T_e = 10\,s \cdot \ln\left(\frac{(25\,°C - 5\,°C) \cdot e^{\frac{-1\,s}{10\,s}} - 80\,°C}{5\,°C - 55\,°C}\right) + 1\,s = 3{,}1\,s$$

Berechnung der Ausschaltzeit

$$T_a = T_1 \cdot \ln\left(\frac{x_0 - x_{ü} + \frac{x_{max}}{e^{\frac{-T_t}{T_1}}}}{w - x_0}\right)$$

$$T_a = 10\,s \cdot \ln\left(\frac{5\,°C - 55\,°C + \frac{80\,°C}{e^{\frac{-1\,s}{10\,s}}}}{25\,°C - 5\,°C}\right) = 6{,}5\,s$$

$$T_a = T_1 \cdot \ln\left(\frac{x_0 - x_{ü} + \frac{x_{max}}{e^{\frac{-T_t}{T_1}}}}{w - x_0}\right)$$

$$T_a = 10\,s \cdot \ln\left(\frac{5\,°C - 55\,°C + \frac{80\,°C}{e^{\frac{-1\,s}{10\,s}}}}{25\,°C - 5\,°C}\right) = 6{,}5\,s$$

b) Mittelwert

$$\alpha = \frac{T_e}{T_e + T_a} = \frac{T_e}{T} = \frac{3{,}1\,s}{3{,}1\,s + 6{,}5\,s} = 0{,}323$$

$$\overline{y} = \frac{T_e}{T_e + T_a} \cdot y_h = \alpha \cdot y_h = 0{,}323 \cdot 2000\,W = 646\,W$$

c) Schwankungsbreite

$$\Delta x = x_{max} - (x_{max} - 2 \cdot x_0) \cdot e^{-\frac{T_t}{T_1}}$$

$$\Delta x = 80\,°C - (80\,°C - 2 \cdot 5\,°C) \cdot e^{\frac{-1\,s}{10\,s}} = 16{,}66\,°C$$

10.9 Digitale Regler

Lösung 9.1

a) PID-Algorithmus

$$y_k = -\frac{b_1}{b_0} \cdot y_{k-1} - \frac{b_2}{b_0} \cdot y_{k-2} + \frac{a_0}{b_0} \cdot e_k + \frac{a_1}{b_0} \cdot e_{k-1} + \frac{a_2}{b_0} \cdot e_{k-2}$$

b) T_1 wird $0{,}1 \cdot T_V$ gewählt

$$a_0 = K_P \cdot (T_n \cdot T_1 + T_V \cdot T_n + (T_n + T_1) \cdot T_a + T_a^2) = 0{,}012\,s^2$$

$$a_1 = -K_P \cdot (2 \cdot T_n \cdot T_1 + 2 \cdot T_V \cdot T_n + T_n \cdot T_a + T_1 \cdot T_a) = -0{,}023\,s^2$$

$$a_2 = K_P \cdot (T_n \cdot T_1 + T_V \cdot T_n) = 0{,}011\,s^2$$

$$b_0 = T_n \cdot T_1 + T_n \cdot T_a = 1 \cdot 10^{-3}\,s^2$$

$$b_1 = -(2 \cdot T_n \cdot T_1 + T_n \cdot T_a) = -1{,}5 \cdot 10^{-3}\,s^2$$

$$b_2 = T_n \cdot T_1 = 5 \cdot 10^{-4}\,s^2$$

$$y_k = 1{,}5 \cdot y_{k-1} - 0{,}5 \cdot y_{k-2} + 12 \cdot e_k - 23 \cdot e_{k-1} + 11 \cdot e_{k-2}$$

c) 2 Speicherplätze für die Rückführungskonstanten

2 Speicherplätze für die vergangenen Ergebnisse (y_{k-1}, y_{k-2})

3 Speicherplätze für die Vorwärtskonstanten

3 Speicherplätze für die Regelabweichungen (e_k, e_{k-1}, e_{k-2})

1 Speicherplatz für das aktuelle Ergebnis (y_k)

d) 5 Multiplikationen

4 Additionen

Lösung 9.2

$$a_0 = K_P \cdot (T_n \cdot T_a + T_a^2) = 2 \cdot 10^{-3}\,s^2$$

$$a_1 = -K_P \cdot T_n \cdot T_a = -2 \cdot 10^{-3}\,s^2$$

$$b_0 = T_n \cdot T_a = 1 \cdot 10^{-3}\,s^2$$

$$b_1 = -T_n \cdot T_a = -1 \cdot 10^{-3}\,s^2$$

$$y_k = -\frac{b_1}{b_0} \cdot y_{k-1} + \frac{a_0}{b_0} \cdot e_k + \frac{a_1}{b_0} \cdot e_{k-1}$$

$$y_k = 1 \cdot y_{k-1} + 2 \cdot e_k - 2 \cdot e_{k-1}$$

Lösung 9.3

a) Filteralgorithmus für einen Tiefpass 1. Ordnung

$$x_k = b_1 \cdot x_{k-1} + a_0 \cdot u_k$$

b) Berechnung der Filterkoeffizienten

$$T_a = \frac{1}{f_a} = 0{,}01\,s \qquad \omega_g = 2 \cdot \pi \cdot f_g = 6{,}283\,\frac{1}{s}$$

$$T_1 = \frac{1}{\omega_g} = 0{,}159\,s \qquad b_1 = \frac{T_1}{T_a + T_1} = 0{,}941$$

$$a_0 = \frac{T_a}{T_a + T_1} = 0{,}059$$

Verwendete Formelzeichen

A	Fläche
A_R (oder G_m)	Amplitudenreserve (auch Amplitudenrand, G_m Betragsreserve nach DIN IEC 60027-6)
C_e	Kapazität am Eingang
C_f	Kapazität in der Rückführung (feedback)
d (oder D)	Dämpfung
e	Regeldifferenz
f	Frequenz in Hz
$G(j\omega)$	Frequenzgang
$\lvert G(j\omega)\rvert$	Betragsgang
$\lvert G(j\omega)\rvert_{dB}$	Betragsgang in dB
$G(s)$	Übertragungsfunktion
$G_w(s)$	Führungsübertragungsfunktion
h	Höhe
K	Übertragungsfaktor, Übertragungsbeiwert
K_o	Kreisverstärkung
K_D	Differenzierbeiwert
K_I	Integrierbeiwert
K_I^*	normierter Integrierbeiwert
K_P	proportionaler Übertragungsbeiwert
M	Messeinrichtung
M_m	Betrag des Frequenzgangs an der Resonanzstelle
n	Grad der Strecke, Anzahl der Energiespeicher
r	Rückführgröße
R	Regler
R_e	Widerstand am Eingang
R_f	Widerstand in der Rückführung (feedback)
S	Regelstrecke
t	Zeit
T_a	Abtastzeit
T_{an} (oder T_{cr})	Anregelzeit (T_{cr} Anregelzeit (engl. control rise time) nach DIN IEC 60027-6)
T_{aus} (oder T_{cs})	Ausregelzeit (T_{cs} Ausregelzeit (engl. control setting time) nach DIN IEC 60027-6)

T_e	Periodendauer der Einschwingfrequenz
T_g (oder T_b)	Ausgleichszeit (oder balancing time)
T_I	Integrierzeit
T_n (oder T_i)	Nachstellzeit (T_i nach DIN IEC 60027-6)
T_t	Totzeit
T_u (oder T_e)	Verzugszeit (oder equivalent dead time)
T_v (oder T_d)	Vorhaltzeit (T_d nach DIN IEC 60027-6)
u	Eingangsgröße
u_a	Ausgangsspannung
u_e	Eingangsspannung
U_s	Sprunghöhe der Eingangsgröße
v	Ausgangsgröße
V	Volumen
$\dot{V}$	Volumenstrom
V_v (oder a)	Vorhaltverstärkung (a nach DIN IEC 60027-6)
w	Führungsgröße
x	Regelgröße
$x(t)$	x ist eine Funktion in Abhängigkeit der Zeit
X_0	stationärer Anfangswert der Funktion $x(t)$
X_∞	stationärer Endwert der Funktion $x(t)$, Wert der Ausgangsgröße im Beharrungszustand
X_h	Regelbereich
x_m	Überschwingweite, größte vorübergehende Abweichung vom Beharrungszustand
X_P	Proportionalbereich in %
y	Stellgröße
Y_h	Stellbereich
z	Störgröße
Z	Impedanz, Scheinwiderstand
z_r	Störgröße in der Rückführung
Δx_z	Einfluss auf die Regelgröße aufgrund einer Störgröße
Δx_{zr}	Einfluss auf die Regelgröße aufgrund einer Störgröße in der Rückführung
φ	Phasenwinkel
φ_R (oder φ_m)	Phasenreserve (auch Phasenrand, φ_m nach DIN IEC 60027-6)
ω	Kreisfrequenz in s^{-1}
ω_0	Kennkreisfrequenz
ω_D (oder ω_c)	Durchtrittskreisfrequenz (ω_c nach DIN IEC 60027-6)
ω_{krit} (oder ω_π)	kritische Kreisfrequenz (ω_π Phasenschnittkreisfrequenz nach DIN IEC 60027-6)

Literatur

Bode, H.: Systeme der Regelungstechnik mit MATLAB und Simulink. Oldenbourg Verlag, 2013

Dittmann, H.: Kennwertermittlung von Regelstrecken und Regelgeräten. Verlag Technik Berlin, 1964

Föllinger, O.: Laplace-, Fourier-, und z-Transformation. VDE Verlag, 2011

Föllinger, O.: Regelungstechnik. VDE Verlag, 2013

Föllinger, O.: Optimale Regelung und Steuerung. Oldenbourg Verlag, 1993

Föllinger, O.: Lineare Abtastsysteme. Oldenbourg Verlag, 1993

Gassmann, H.: Regelungstechnik. Ein praxisorientiertes Lehrbuch. Verlag Harri Deutsch, 2001

Gassmann, H.: Theorie der Regelungstechnik. Verlag Harri Deutsch, 2003

Hartmann, I.; Landgraf, C.: Grundlagen der linearen Regelungstechnik 1. TU-Berlin,1983

Kahlert, J.: Einführung in WinFACT. Fachbuchverlag Leipzig im Carl Hanser Verlag, 2009

Kessler, C.: Das Symmetrische Optimum. Teil I und Teil II. Regelungstechnik 6, 1958

Leonhard, W.: Einführung in die Regelungstechnik. Vieweg Verlag, 1992

Lunze, J.: Regelungstechnik 1. Springer Verlag, 2012

Mann, H.; Schiffelgen, H.; Froriep, R.: Einführung in die Regelungstechnik. Carl Hanser Verlag, 2009

Merz, L.: Grundkurs der Regelungstechnik. Oldenbourg Verlag, 2003

Müller, J.: Regeln mit SIMATIC. Publicis MCD Verlag, 2000

Preuß, H.: Robuste Adaption von Prozeßreglern. atp 33, 1991

Reuter, M.: Regelungstechnik für Ingenieure. Vieweg Verlag, 1988

Schwarze, G.: Bestimmung der regelungstechnischen Kennwerte von P-Gliedern aus der Übergangsfunktion ohne Wendetangentenkonstruktion. Messen, Steuern, Regeln, 5, 1962

Steffenhagen, B.: Kleine Formelsammlung Regelungstechnik. Fachbuchverlag Leipzig im Carl Hanser Verlag, 2011

Unbehauen, H.: Regelungstechnik I. Vieweg Verlag, 2007

Unbehauen, H.: Regelungstechnik Aufgaben. Vieweg Verlag, 1992

Wegener, A.: Analoge Regelungstechnik. Carl Hanser Verlag, 1995

Wellenreuther, G.; Zastrow, D.: Automatisieren mit SPS. Vieweg Verlag, 2002

Wendt, L.: Taschenbuch der Regelungstechnik. Verlag Harri Deutsch, 2007

Xander, E.: Regelungstechnik mit elektronischen Bauelementen. Werner Ingenieur Texte, 1970

Zacher, S.; Reuter, M.: Regelungstechnik für Ingenieure. Vieweg + Teubner Verlag, 2011

Index

W

Z